Springer-Lehrbuch

Rolf Isermann

Identifikation dynamischer Systeme 2

Besondere Methoden, Anwendungen

Zweite neubearbeitete und erweiterte Auflage

Mit 121 Abbildungen

Springer-Verlag
Berlin Heidelberg New York
London Paris Tokyo
Hong Kong Barcelona Budapest

Prof. Dr.-Ing. Dr. h.c. Rolf Isermann
Institut für Regelungstechnik,
Fachgebiet Regelsystemtechnik und Prozeßautomatisierung,
TH Darmstadt, Landgraf-Georgstraße 4,
6100 Darmstadt, FRG

ISBN 3-540-55468-8 Springer-Verlag Berlin Heidelberg New York

CIP-Titelaufnahme der Deutschen Bibliothek
Isermann, Rolf:
Identifikation dynamischer Systeme/Rolf Isermann --
Berlin ; Heidelberg; New York; London; Paris; Tokyo;
Hong Kong; Barcelona; Budapest: Springer.
2. Besondere Methoden. - 2., neubearbeitete Aufl.-1992
ISBN 3-540-55468-8

Satz: Macmillan, India Ltd., Bangalore 25;
Offsetdruck: Colordruck Dorfi GmbH, Berlin; Bindearbeiten: Lüderitz & Bauer, Berlin.
60/3020 5 4 3 2 1 0 Gedruckt auf säurefreiem Papier

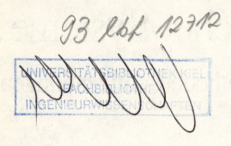

Vorwort zur 2. Auflage

Die zweite Auflage unterscheidet sich von der ersten nicht nur durch eine andere drucktechnische Gestaltung, sondern auch durch einige Änderungen, Korrekturen und Ergänzungen, die insbesondere auf eine Weiterentwicklung des Gebietes der Identifikation zurückzuführen sind. Im Band 1 wurden die bisher im zweiten Band beschriebenen Kennwerte einfacher Übertragungsglieder in das Kapitel 2 aufgenommen. Ferner enthält Band 1 am Ende der wichtigsten Kapitel Übungsaufgaben. Kapitel 15 von Band 2 wurde durch das Eigenverhalten rekursiver Parameterschätzverfahren erweitert. Die Parameterschätzung mit kontinuierlichen Signalen (Kap. 23) wurde durch einige neue Erkenntnisse bei der praktischen Anwendung ergänzt. Der Abschnitt 23.3 über Schätzung physikalischer Parameter ist neu hinzugekommen. Die Schätzung von Systemen mit Reibung in Kapitel 27 konnte aufgrund praktischer Erfahrungen erweitert werden. Zur Identifikation mit Digitalrechnern ist der Einsatz von Personalcomputern gekommen (Kap. 28). Schließlich enthalten die letzten Kapitel mehrere neue Anwendungsbeispiele, insbesondere zur Identifikation und Modellbildung von Industrierobotern, Kraftmaschinen, Werkzeugmaschinen und Stellsystemen. Für die gemeinsame Weiterentwicklung der Identifikationsmethoden und die zahlreichen Anwendungen danke ich besonders den Mitarbeitern Dr.-Ing. G. Geiger, B. Freyermuth, Frau X. He, Dr.-Ing. V. Held, Th. Knapp, Dr.-Ing. Chr. Maron, Dr.-Ing. St. Nold, Dr.-Ing. D. Pfannstiel, U. Raab, Th. Reiß, Dr.-Ing. R. Specht, Dr.-Ing. A. Schumann, K.-U. Voigt und P. Wanke.

Darmstadt, August 1992 Rolf Isermann

Vorwort

Für viele Aufgabenstellungen beim Entwurf, beim Betrieb und bei der Automatisierung technischer Systeme werden in zunehmendem Maße genaue mathematische Modelle für das dynamische Verhalten benötigt. Auch im Bereich der Naturwissenschaften, besonders Physik, Chemie, Biologie und Medizin und in den Wirtschaftswissenschaften hat das Interesse an dynamischen Modellen stark zugenommen. Das grundsätzliche dynamische Verhalten kann dabei auf dem Wege einer theoretischen Modellbildung ermittelt werden, wenn die das System beschreibenden Gesetzmäßigkeiten in analytischer Form vorliegen. Wenn man diese Gesetze jedoch nicht oder nur teilweise kennt, oder wenn einige wesentliche Parameter nicht genau bekannt sind, dann muß man eine experimentelle Modellbildung, Identifikation genannt, durchführen. Hierbei verwendet man gemessene Signale und ermittelt das zeitliche Verhalten innerhalb einer gewählten Klasse von mathematischen Modellen.

Die Systemidentifikation (oder Prozeßidentifikation) ist eine noch relativ junge Disziplin, die sich vor allem in Rahmen der Regelungstechnik seit etwa 1960 entwickelt hat. Sie verwendet Grundlagen und Methoden der Systemtheorie, Signaltheorie, Regelungstheorie und Schätztheorie, und wurde wesentlich geprägt durch die moderne Meßtechnik und digitale Rechentechnik.

In zwei Bänden werden die bekanntesten Methoden der Identifikation dynamischer Systeme behandelt. Dabei wird sowohl auf die Theorie als auch Anwendung eingegangen. Das Werk ist eine Fortsetzung der vom Verfasser im Jahr 1971 im Bibliographischen Institut und im Jahr 1974 im Springer-Verlag erschienenen Bändchen. Der Umfang ist jedoch durch die weitere Entwicklung des Gebietes erheblich angestiegen, so daß die Aufteilung in zwei Bände zweckmäßig war.

Die Behandlung von grundlegenden Methoden der Identifikation dynamischer Systeme erfolgt in Band 1. In Kapitel 1 wird zunächst das prinzipielle Vorgehen bei der Identifikation beschrieben. Die einzelnen Methoden werden nach typischen Merkmalen geordnet und es wird eine Übersicht der verschiedenen Anwendungsmöglichkeiten gegeben.

Dann folgt im Kapitel 2 eine kurze Zusammenstellung der mathematischen Modelle linearer dynamischer Systeme für zeitkontinuierliche und zeitdiskrete Signale. Dabei wird auch auf die einfach ermittelbaren Kennwerte von Übergangsfunktionen eingegangen. Die weiteren Kapitel sind in Teilen zusammengefaßt.

Im Teil A wird zunächst die Identifikation mit nichtparametrischen Modellen für zeitkontinuierliche Signale betrachtet. Dabei wird die Fourieranalyse mit nichtperiodischen Testsignalen, die Frequenzgangmessung mit periodischen Testsignalen und die Korrelationsanalyse mit stochastischen Signalen beschrieben. Dann erfolgt im Teil B die Identifikation mit nichtparametrischen Modellen, aber zeitdiskreten Signalen in Form der Korrelationsanalyse.

Der Teil C widmet sich der Identifikation mit parametrischen Modellen für zeitdiskrete Signale. Der Fall zeitdiskreter Signale wird hier zuerst besprochen, da die zugehörigen Methoden einfacher zu behandeln und weiter entwickelt sind als für zeitkontinuierliche Signale. Es wird zunächst die Parameterschätzung für statische Systeme und dann für dynamische Systeme beschrieben. Die Methode der kleinsten Quadrate in der ursprünglichen, nichtrekursiven Form wird abgeleitet. Dann werden die zugehörigen rekursiven Parameterschätzgleichungen angegeben. Es folgen die Methoden der gewichteten kleinsten Quadrate, mehrere Modifikationen der Methode der kleinsten Quadrate, die Methode der Hilfsvariablen und die stochastische Approximation.

Im Anhang werden verschiedene Grundlagen, Grundbegriffe und Ableitungen zusammengefaßt, die den Stoff einiger Kapitel ergänzen.

Der Band 2 setzt den Teil C mit einer vertiefenden Behandlung der Parameterschätzmethoden fort. Zunächst werden die Maximum-Likelihood-Methode und die Bayes-Methode beschrieben, die von einer statistischen Betrachtungsweise ausgehen. Dann folgt eine Parameterschätzmethode mit nichtparametrischem Zwischenmodell. In besonderen Kapiteln wird auf die rekursiven Parameterschätzmethoden und damit verbunden, auf die Parameterschätzung zeitvarianter Prozesse eingegangen. Weitere Kapitel über numerisch verbesserte Schätzmethoden, ein Vergleich verschiedener Parameterschätzmethoden, die Parameterschätzung im geschlossenen Regelkreis und verschiedene Probleme (Wahl der Abtastzeit, Ermittlung der Modellordnung, integrale Prozesse, usw.) schließen den Teil C ab.

Zur Identifikation mit parametrischen Modellen, aber zeitkontinuierlichen Signalen in Teil D werden zunächst verschiedene Verfahren zur Parameterbestimmung aus Übergangsfunktionen, die sog. Kennwertermittlung, beschrieben, sofern sie nicht schon in Abschnitt 2.1 betrachtet werden. Dann folgen die Parametereinstellmethoden mit Modellabgleich, die im Zusammenhang mit der Analogrechentechnik entstanden sind, Parameterschätzmethoden für Differentialgleichungen und für gemessene Frequenzgänge.

Der Teil E ist der Identifikation von Mehrgrößensystemen gewidmet. Es werden zunächst die verschiedenen Modellstrukturen und dann geeignete Identifikationsmethoden mittels Korrelation und Parameterschätzung betrachtet.

Einige Möglichkeiten zur Identifikation nichtlinearer Systeme werden in Teil F beschrieben. Hierbei steht die Parameterschätzung von dynamischen Systemen mit stetig und nichtstetig differenzierbaren Nichtlinearitäten im Vordergrund.

Schließlich wird im Teil G auf die praktische Durchführung der Identifikation eingegangen. Es werden zunächst einige Angaben zu praktischen Aspekten, wie besondere Geräte, die Elimination besonderer Störsignale, die Verifikation der erhaltenen Modelle und die Identifikation mit Digitalrechnern gemacht. Dann erfolgen Anwendungsbeispiele für mehrere technische Prozesse. Diese Beispiele zeigen exemplarisch, daß die meisten der behandelten Identifikationsmethoden in verschiedenen Einsatzfällen auch praktisch erprobt wurden.

Das Werk richtet sich an Studenten, Ingenieure in der Forschung und Praxis und an Wissenschaftler aus dem Bereich der Naturwissenschaften, die an einer Einführung und vertieften Behandlung der Identifikation dynamischer Systeme interessiert sind. Dabei werden lediglich Grundkenntnisse der Behandlung linearer, dynamischer Systeme vorausgesetzt. Der erste Band entspricht weitgehend einer Vorlesung (2 Stunden Vorlesung, 1 Stunde Übung) an der Technischen Hochschule Darmstadt ab dem sechsten Semester. Dabei wird der Stoff in der Reihenfolge der Kapitel 1, A1, A2, 2, 3, 4, 5, A3, 6, 7, 8, 9, 10 behandelt, also der etwas verkürzte Inhalt des Bandes 1.

Viele der Methoden, Untersuchungen und Ergebnisse wurden in zahlreichen Studien- und Diplomarbeiten seit 1966 und in besonderen Forschungsarbeiten seit 1972 erarbeitet. Hierzu möchte ich sowohl den damaligen Studenten als auch den Institutionen zur Forschungsförderung, besonders der Deutschen Forschungsgemeinschaft (DFG) und dem Bundesministerium für Forschung und Technologie (BMFT) sehr danken.

Der Verfasser dankt ganz besonders seinen Mitarbeitern, die in mehrjähriger Zusammenarbeit an der Untersuchung und Entwicklung von Identifikationsmethoden, der Erstellung von Programmpaketen, Simulationen auf Digitalrechnern, Anwendungen mit Prozeßrechnern und Mikrorechnern und schließlich durch das Korrekturlesen wesentlich am Entstehen dieses Buches beteiligt weren. Hierbei danke ich besonders den Herren Dr.-Ing. U. Baur, Dr.-Ing. W. Bamberger, Dr.-Ing. S. Bergmann, Dr.-Ing. P. Blessing, Dr.-Ing. W. Goedecke, Dr.-Ing. H. Hensel, Dr.-Ing. R. Kofahl, Dr.-Ing. H. Kurz, Dr.-Ing. K.-H. Lachmann, Dr.-Ing. W. Mann, Dipl.-Ing. K.H. Peter, Dr.-Ing. R. Schumann und Dr.-Ing. F. Radke. Mein Dank gilt ferner dem Springer-Verlag für die Herausgabe des Buches. Schließlich möchte ich mich noch sehr bei Frau M. Widulle für die sorgfältige Gestaltung des gesamten Textes mit der Schreibmaschine bedanken.

Darmstadt, April 1987 Rolf Isermann

Inhaltsverzeichnis

Inhaltsübersicht Band 1

Verzeichnis der Abkürzungen

Es werden nur die häufig vorkommenden Abkürzungen und Symbole angegeben.

Buchstaben-Symbole

a, b	Parameter von Differentialgleichungen oder Differenzengleichungen des *Prozesses*
c, d	Parameter von Differenzengleichungen *stochastischer Signale*
d	Totzeit $d = T_t/T_0 = 1, 2, \ldots$
e	Regeldifferenz $e = w - y$ (auch $e_w = w - y$) oder Gleichungsfehler bei Parameterschätzung oder Zahl $\mathrm{e} = 2{,}71828\ldots$
f	Frequenz, $f = 1/T_p$ (T_p Schwingungsdauer) oder Parameter
g	Gewichtsfunktion
h	Parameter
i	ganze Zahl oder laufender Index oder $\mathrm{i}^2 = -1$
j	ganze Zahl oder laufender Index
k	diskrete Zeiteinheit $k = t/T_0 = 0, 1, 2, \ldots$
l	ganze Zahl oder Parameter
m	Ordnung der Polynome $A(\;)$, $B(\;)$, $C(\;)$, $D(\;)$
n	Störsignal
p	ganze Zahl
$p(\;)$	Verteilungsdichte
q	q^{-1} Schiebeoperator $y(q^{-1}) = y(k-1)$
r	ganze Zahl
s	Variable der Laplace-Transformation $s = \delta + \mathrm{i}\omega$
t	kontinuierliche Zeit
u	Eingangssignal des Prozesses, Stellsignal, Steuergröße $u(k) = U(k) - U_{00}$
v	nichtmeßbares, virtuelles Störsignal
w	Führungsgröße, Sollwert $w(k) = W(k) - W_{00}$
x_i	Zustandsgröße
y	Ausgangssignal des Prozesses $y(k) = Y(k) - Y_{00}$
z	Variable der z-Transformation $z = \mathrm{e}^{T_0 s}$
$\mathrm{A}(s)$	Nennerpolynom von $G(s)$
$\mathrm{B}(s)$	Zählerpolynom von $G(s)$

$A(z)$	Nennerpolynom der z-Übertragungsfunktion des Prozeßmodells	
$B(z)$	Zählerpolynom der z-Übertragungsfunktion des Prozeßmodells	
$C(z)$	Nennerpolynom der z-Übertragungsfunktion des Störsignalmodells	
$D(z)$	Zählerpolynom der z-Übertragungsfunktion des Störsignalmodells	
$G(z)$	z-Übertragungsfunktion	
$G(s)$	Übertragungsfunktion für zeitkontinuierliche Signale	
$H(\,)$	Übertragungsfunktion eines Halteglieds	
K	Verstärkungsfaktor, Übertragungsbeiwert	
M	ganze Zahl	
N	ganze Zahl oder Meßzeit	
S	Leistungsdichte	
T	Zeitkonstante oder Periode einer Schwingung	
T_{95}	Einschwingzeit einer Übergangsfunktion auf 95% des Endwertes	
T_0	Abtastzeit, Abtastintervall	
T_p	Schwingungsdauer	
T_t	Totzeit	
U	Eingangsgröße des Prozesses (Absolutwert)	
V	Verlustfunktion	
Y	Ausgangsgröße des Prozesses (Absolutwert)	
$\boldsymbol{b}$	Steuervektor	
$\boldsymbol{c}$	Ausgangsvektor	
$\boldsymbol{n}$	Störsignalvektor	$(r \times 1)$
$\boldsymbol{u}$	Stellgrößenvektor, Steuergrößenvektor	$(p \times 1)$
$\boldsymbol{v}$	Störsignalvektor	$(p \times 1)$
$\boldsymbol{x}$	Zustandsgrößenvektor	$(m \times 1)$
$\boldsymbol{y}$	Ausgangsgrößenvektor	$(r \times 1)$
$\mathbf{A}$	Systemmatrix	$(m \times m)$
$\boldsymbol{B}$	Steuermatrix	$(m \times p)$
$\boldsymbol{C}$	Ausgangs-, Beobachtungsmatrix	$(r \times m)$
$\boldsymbol{F}$	Störmatrix	
$\boldsymbol{G}$	Matrix von Übertragungsfunktionen	
$\boldsymbol{I}$	Einheitsmatrix	
$\boldsymbol{J}$	Informationsmatrix	
$\boldsymbol{P}$	Kovarianzmatrix	
$\boldsymbol{0}$	Nullmatrix	
$\mathscr{A}(z)$	Nennerpolynom z-Übertragungsfunktion, geschlossener Regelkreis	
$\mathscr{B}(z)$	Zählerpolynom z-Übertragungsfunktion, geschlossener Regelkreis	
$\mathfrak{F}(\,)$	Fourier-Transformierte	
$\mathfrak{L}(\,)$	Laplace-Transformierte	
$\mathfrak{z}(\,)$	z-Transformierte	
$\mathscr{Z}(\,)$	Korrespondenz $G(s) \to G(z)$	
α	Koeffizient	
β	Koeffizient	
γ	Koeffizient	
ε	Fehlersignal	

λ	Standardabweichung des Störsignals $v(k)$, Faktor bei nachlassendem Gedächtnis, Taktzeit bei PRBS
π	3,14159...
σ	Standardabweichung, σ^2 Varianz
τ	Zeitverschiebung
ω	Kreisfrequenz $\omega = 2\pi/T_p$ (T_p Schwingungsdauer)
Δ	Abweichung, Änderung oder Quantisierungseinheit
Θ	Parameter
$\prod$	Produkt
$\sum$	Summe
$\dot{x}$	$= dx/dt$
x_0	exakte Größe
$\hat{x}$	geschätzte oder beobachtete Größe
$\tilde{x}, \Delta x$	$= \hat{x} - x_0$ Schätzfehler
$\bar{x}$	Mittelwert
X_{00}	Wert im Beharrungszustand

Mathematische Abkürzungen

$\exp(x)$	$= e^x$
$E\{\ \}$	Erwartungswert einer stochastischen Größe
$var[\ ]$	Varianz
$cov[\ ]$	Kovarianz
dim	Dimension, Anzahl der Elemente
sp	Spur einer Matrix: Summe der Diagonalelemente
adj	Adjungierte
det	Determinante
diag	Diagonal

Indizes

P	Prozeß
R	Regler, Regelalgorithmus
0	exakte Größe
00	Beharrungszustand

Sonstige Abkürzungen

AKF	Autokorrelationsfunktion
AR	Autoregressiver Signalprozeß
ARMA	Autoregressiver Signalprozeß mit gleitendem Mittel
ARMAX	Autoregressiver Signalprozeß mit gleitendem Mittel und exogener Variablen
CLS	Methode der Biaskorrektur
COR-LS	Korrelationsanalyse und LS-Parameterschätzung

Dgl.	Differentialgleichung
DRBS	Diskretes Rausch-Binär-Signal
DSFC	Diskrete Wurzelfilterung in Kovarianzform
DSFI	Diskrete Wurzelfilterung in Informationsform
DUDC	Diskrete UD-Faktorisierung in Kovarianzform
ELS	Erweiterte Methode der kleinsten Quadrate
FFT	Schnelle Fouriertransformation (Fast Fouriertransform)
GLS	Methode der verallgemeinerten kleinsten Quadrate
IVA	Methode der Hilfsvariablen (instrumental variables)
KKF	Kreuzkorrelationsfunktion
LS	Methode der kleinsten Quadrate (least squares)
MA	Signalprozeß mit gleitendem Mittel (moving average)
MIMO	multi-input multi-output (mehrere Eingänge, mehrere Ausgänge)
MISO	multi-input single-output (mehrere Eingänge, ein Ausgang)
ML	Marimum-Likelihood-Methode
MRAS	Adaptives System mit Referenzmodell
m.W.1	mit Wahrscheinlichkeit 1
ODE	Ordinary Differential Equation
PRBS	Pseudo-Rausch-Binär-Signal
PRMS	Pseudo-Rausch-Mehrstufen-Signal
PRTS	Pseudo-Rausch-Tertiär-Signal
RBS	Rausch-Binär-Signale
RELS	Rekursive erweiterte Methode der kleinsten Quadrate
RIV	Rekursive Methode der Hilfsvariablen
RLS	Rekursive LS-Methode
SIMO	single-input multi-output
SISO	single-input single-output
SITO	single-input two-output
STA	Stochastische Approximation
TLS	Methode der totalen kleinsten Quadrate (total least squares)
WLS	Methode der gewichteten kleinsten Quadrate (weighted least squares)
ZVF	Zustandsvariablen-Filter

Anmerkungen

— Testprozesse I, II, . . . , XI zur Simulation: siehe Isermann (1987), Bd. I

— Je nach Zweckmäßigkeit wird als Dimension für die Zeit in Sekunden „s“ oder „sec“ verwendet („sec“ um Verwechslungen mit der Laplace-Variablen $s = \delta + i\omega$ zu vermeiden)

— Die Vektoren und Matrizen sind in den Bildern geradestehend mit Unterstreichung gesetzt. Also entsprechen sich z.B. $\boldsymbol{x} \rightarrow \underline{\mathrm{x}}$; $\boldsymbol{K} \rightarrow \underline{\mathrm{K}}$.

C Identifikation mit parametrischen Modellen – zeitdiskrete Signale

2. Teil: Iterative und rekursive Parameterschätzmethoden

12 Maximum-Likelihood-Methode

In den vorausgegangenen Kapiteln wurden Parameterschätzmethoden behandelt, bei denen keine besonderen Annahmen über die Verteilungsdichte des Störsignals oder Fehlersignals gemacht werden mußten. Die Annahme von Modellen, deren Fehlersignal linear in den Parametern ist, erlaubte dann bei der nichtrekursiven Methode der kleinsten Quadrate eine *direkte Verarbeitung* der Daten (in einem Zug), siehe Abschnitt 1.3, was einen rechentechnischen Vorzug bedeutet. Die möglichen Strukturen der Modelle waren jedoch eingeschränkt.

Die in diesem Kapitel beschriebene Maximum-Likelihood-Methode unterscheidet sich prinzipiell von den bisher betrachteten Methoden. Sie geht von einer statistischen Betrachtungsweise aus, bei der eine Funktion der beobachteten Signale und unbekannten Parameter, die Likelihood-Funktion, gebildet wird. Für die Verteilungsdichte des Fehlersignals müssen allerdings bestimmte Annahmen gemacht werden; das Fehlersignal braucht jedoch nicht mehr linear in allen Parametern zu sein. Einfache Verhältnisse ergeben sich allerdings nur bei Annahme eines normalverteilten Fehlersignals. Die Maximum-Likelihood-Methode ist ein relativ allgemeines Parameterschätzverfahren. Sie erlaubt aufgrund der allgemeinen Schätztheorie Angaben über die asymptotische Güte der Konvergenz. Unter bestimmten Bedingungen ist sie asymptotisch effizient, d.h. es gibt keine anderen erwartungstreuen Schätzverfahren mit kleinerer Varianz.

Über die Entwicklung der Maximum-Likelihood-Methode berichtet Deutsch (1965). Das Prinzip der Maximum-Likelihood-Schätzung geht demnach auf Gauss (1809) zurück. R.A. Fisher (1921) hat sie jedoch als allgemeines Schätzverfahren eingeführt. Seitdem gehört sie zu den grundlegenden statistischen Schätzmethoden.

Zur Parameterschätzung dynamischer Prozesse wurde die Maximum-Likelihood-Methode zuerst von Åström, Bohlin (1966) auf Differenzengleichungen mit korreliertem Ausgangssignal (ARMAX-Modell) angewendet. Kashyap (1970) verwendete sie für Zustandsmodelle mit korrelierten Eingangsstörungen aber nichtkorrelierten Ausgangsstörungen und Mehra (1973) für Zustandsmodelle mit nichtkorreliertem Eingangssignal und nichtkorrelierten Ausgangsstörungen bzw. Mehra (1973) für korrelierte Ausgangsstörungen.

Die Ableitung der nichtrekursiven Maximum-Likelihood-Methode soll im folgenden in Anlehnung an Åström, Bohlin (1966) und Åström (1980) erfolgen. Dann schließt sich die Beschreibung einer rekursiven Form an, die durch Vereinfachungen aus der nichtrekursiven ML-Methode hervorgeht. Schließlich wird noch eine unterste Schranke für die Kovarianzen der Parameterschätzwerte behandelt, die Cramér–Rao-Ungleichung.

12.1 Nichtrekursive Maximum-Likelihood-Methode (ML)

Es wird ein Modell des dynamischen Prozesses in der ARMAX-Form

$$\left.\begin{aligned}\hat{A}(z^{-1})y(z) - \hat{B}(z^{-1})u(z) &= \hat{D}(z^{-1})e(z) \\ \hat{A}(z^{-1}) &= 1 + a_1 z^{-1} + \cdots + a_m z^{-m} \\ \hat{B}(z^{-1}) &= b_1 z^{-1} + b_2 z^{-2} + \cdots + b_m z^{-m} \\ \hat{D}(z^{-1}) &= 1 + d_1 z^{-1} + \cdots + d_m z^{-m}\end{aligned}\right\}\quad \begin{aligned}&(12.1.1)\\ \\ &(12.1.2)\end{aligned}$$

angenommen, wobei e ein statistisch unabhängiges normalverteiltes Signal $(0, \sigma_e)$ ist und alle Wurzeln von $D(z)$ im Inneren des Einheitskreises liegen.

Zum Vergleich sei an das Modell der Methode der kleinsten Quadrate erinnert, Gl. (8.1.9),

$$\hat{A}(z^{-1})y(z) - \hat{B}(z^{-1})u(z) = \varepsilon(z)\,. \tag{12.1.3}$$

Der Gleichungsfehler ε mußte nach Satz 8.2 nichtkorreliert sein, damit eine biasfreie Parameterschätzung ermöglicht wird. Aus dem Vergleich von Gl. (12.1.1) und (12.1.3) folgt

$$\varepsilon(z) = \hat{D}(z^{-1})e(z)\,. \tag{12.1.4}$$

Für das Modell Gl. (12.1.1) ist $\varepsilon(z)$ zu einem Prozeß mit gleitendem Mittel (moving average process) erweitert worden. Der Gleichungsfehler ε ist für diesen Fall somit ein korreliertes Signal, das durch das Filter $1/\hat{D}(z^{-1})$ in ein nichtkorreliertes Fehlersignal umgeformt wird, Bild 12.1.

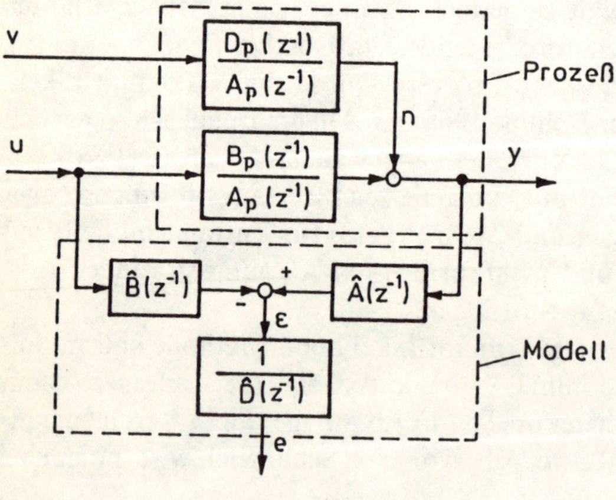

Bild 12.1. Struktur von Prozeß und Modell für die Maximum-Likelihood-Methode

Mit diesen Annahmen muß der Prozeß also die Struktur

$$y(z) = \frac{B(z^{-1})}{A(z^{-1})} u(z) + \frac{D(z^{-1})}{A(z^{-1})} v(z) \tag{12.1.5}$$

haben (ARMAX-Modell), wenn v ein nichtkorreliertes Störsignal ist, und $v = e$ gesetzt wird. Diese Struktur ergibt sich auch bei der Zustandsdarstellung siehe Abschnitt 18.2.

Zur Ableitung der Maximum-Likelihood-Methode muß das beobachtete Ausgangssignal $y(k)$ eine bestimmte Verteilungsdichte aufweisen. Da sich nur bei Annahme eines normalverteilten Ausgangssignales überschaubare Gleichungen ergeben, sei *Normalverteilung* der $y(k)$ angenommen.

Die bedingte Verteilungsdichte der beobachteten Signalwerte $\{y(k)\}$ für gegebene Eingangssignalwerte $\{u(k)\}$ und für gegebene Parameter $\boldsymbol{\theta} = [a_1, \ldots, a_m; b_1, \ldots, b_m; d_1, \ldots, d_m, \sigma_e]$ werde mit

$$p[\{y(k)\} | \{u(k)\}, \boldsymbol{\theta}] = p[\boldsymbol{y} | \boldsymbol{u}, \boldsymbol{\theta}]$$

bezeichnet und sei bekannt, Bild 12.2.

In diese Gleichung für die Verteilungsdichte werden die gemessenen Werte $y_p(k)$ und $u_p(k)$ eingesetzt. Dann erhält man die *Likelihood-Funktion*

$$p[\boldsymbol{y}_p | \boldsymbol{u}_p, \boldsymbol{\theta}] ,$$

die man in Abhängigkeit von den unbekannten Parametern θ_i betrachtet, Bild 12.3.

Da die Parameter θ_i Konstanten sind und keine stochastischen Variablen, ist die Likelihood-Funktion keine Verteilungsdichte der Parameter. Der Methode des Maximum-Likelihood liegt nun der Gedanke zugrunde, daß die besten Werte der unbekannten Parameter θ_i diejenigen sind, die dem beobachteten Ergebnis die größte Wahrscheinlichkeit verleihen. Das sind offensichtlich diejenigen Parameterwerte, die die Likelihood-Funktion maximieren. In bezug auf mehrere Parameter gilt dann als Ausgangsgleichung

$$\frac{\partial}{\partial \boldsymbol{\theta}} p[\boldsymbol{y}_p | \boldsymbol{u}_p, \boldsymbol{\theta}] = \boldsymbol{0} . \tag{12.1.6}$$

Da die $\boldsymbol{y}_p = \{y_p(k)\}$ nicht statistisch unabhängig voneinander sind, läßt sich die bisher betrachtete Verteilungsdichte nicht unmittelbar angeben. Zur Bildung der Likelihood-Funktion wird deshalb die Verteilungsdichte

$$p[\boldsymbol{e} | \boldsymbol{u}_p, \boldsymbol{\theta}]$$

des Fehlersignals $e(k)$ verwendet, das ebenfalls wie $y(k)$ normalverteilt ist, falls

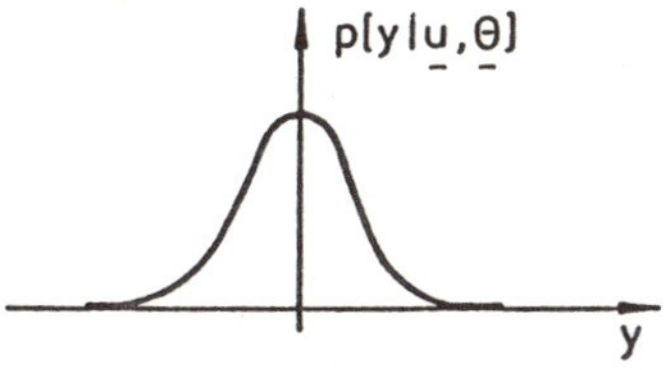

Bild 12.2. Bedingte Verteilungsdichte des beobachteten Signals $y(k)$

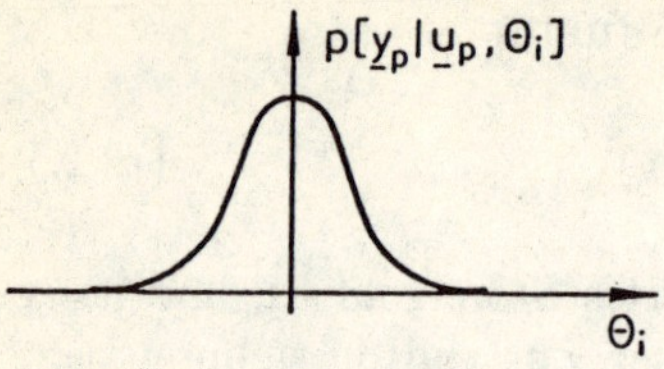

Bild 12.3. Likelihood-Funktion für einen einzigen Parameter θ_i

$A(z^{-1})/D(z^{-1})$ ein *lineares Filter* ist. Es wird als *statistisch unabhängiges Signal* angenommen. Deshalb gilt für seine bedingte Verteilungsdichte bei N gemessenen Signalen

$$p[\boldsymbol{e}|\boldsymbol{u},\boldsymbol{\theta}] = p[e(1)|\boldsymbol{u},\boldsymbol{\theta}]\cdot p[e(2)|\boldsymbol{u},\boldsymbol{\theta}]\cdots p[e(N)|\boldsymbol{u},\boldsymbol{\theta}]$$
$$= \prod_{k=1}^{N} p[e(k)|\boldsymbol{u},\boldsymbol{\theta}]\,. \tag{12.1.7}$$

Diese Funktion muß entsprechend Gl. (12.1.6) abgeleitet werden. Da die Ableitung eines aus vielen Faktoren bestehenden Produktes jedoch unangenehm zu handhaben ist, bildet man den Logarithmus der Likelihood-Funktion

$$L = \ln p[\boldsymbol{e}|\boldsymbol{u},\boldsymbol{\theta}] = \sum_{k=1}^{N} \ln p[e(k)|\boldsymbol{u},\boldsymbol{\theta}]\,. \tag{12.1.8}$$

Dadurch wird die Lage der Maxima der Likelihood-Funktion bezüglich der Parameter $\boldsymbol{\theta}$ nicht verändert. Die Parameterschätzung erfolgt schließlich durch Lösen der *Maximum-Likelihood-Gleichung*

$$\frac{\partial}{\partial\boldsymbol{\theta}}L = \frac{\partial}{\partial\boldsymbol{\theta}}\sum_{k=1}^{N} \ln p[e(k)|\boldsymbol{u},\boldsymbol{\theta}] = \boldsymbol{0}\,. \tag{12.1.9}$$

Diese Gleichung gilt noch für beliebige differenzierbare Verteilungsdichten. Das Einführen einer *Normalverteilung* erleichtert jedoch die folgende Rechnung wesentlich. Mit $E\{e(k)\} = 0$ gilt dann für einen einzigen Signalwert zum Zeitpunkt k

$$p[e(k)|\boldsymbol{u},\boldsymbol{\theta}] = \frac{1}{\sigma_e\sqrt{2\pi}}\exp[-\tfrac{1}{2}e^2(k)/\sigma_e^2]\,, \tag{12.1.10}$$

und für N Signalwerte nach Gl. (12.1.7)

$$p[\boldsymbol{e}|\boldsymbol{u},\boldsymbol{\theta}] = \prod_{k=1}^{N}\frac{1}{\sigma_e\sqrt{2\pi}}\exp[-\tfrac{1}{2}e^2(k)/\sigma_e^2]\,, \tag{12.1.11}$$

wenn die Standardabweichung σ_e aller Fehlersignale $e(k)$ gleich ist.

Der Logarithmus der Likelihood-Funktion wird dann nach Gl. (12.1.8)

$$L(\boldsymbol{\theta}) = \ln\left[\left[\frac{1}{\sigma_e\sqrt{2\pi}}\right]^N\cdot\prod_{k=1}^{N}\exp[-\tfrac{1}{2}e^2(k)/\sigma_e^2]\right]$$
$$= -\frac{1}{2\sigma_e^2}\sum_{k=1}^{N} e^2(k) - N\ln\sigma_e - \frac{N}{2}\ln 2\pi\,. \tag{12.1.12}$$

Diese Gleichung muß nun bezüglich der unbekannten Parameter a_i, b_i, d_i und σ_e maximiert werden. Bezeichnet man die in Gl. (12.1.12) auftretende Verlustfunktion mit

$$V(\boldsymbol{\theta}) = \frac{1}{2} \sum_{k=1}^{N} e^2(k) \tag{12.1.13}$$

dann muß gelten

$$\frac{\partial}{\partial a_i} V(\boldsymbol{\theta}) = 0; \quad \frac{\partial}{\partial b_i} V(\boldsymbol{\theta}) = 0; \quad \frac{\partial}{\partial d_i} V(\boldsymbol{\theta}) = 0 \tag{12.1.14}$$

$$\frac{\partial L}{\partial \sigma_e} = 2\sigma_e^{-3} V(\boldsymbol{\theta}) - N\sigma_e^{-1} = 0\,. \tag{12.1.15}$$

Aus der letzten Gleichung folgt direkt als Schätzwert für die Varianz des Fehlersignals

$$\hat{\sigma}_e^2 = \frac{2V(\boldsymbol{\theta})}{N}\,. \tag{12.1.16}$$

Die Maximum-Likelihood-Methode führt bei normalverteiltem Fehlersignal $e(k)$ also auf dieselbe Verlustfunktion Gl. (12.1.13) wie die Methode der kleinsten Quadrate. Im Unterschied zur letztgenannten Methode werden bei der Maximum-Likelihood-Methode auch die Parameter d_i des Störsignalfilters geschätzt, mit der Annahme, daß das Fehlersignal statistisch unabhängig ist.

Das Minimieren der Verlustfunktion nach Gl. (12.1.14) ist nur auf iterativem Wege möglich, da das Fehlersignal zwar linear in den Parametern a_i und b_i, aber nichtlinear in den Parametern d_i ist. Hierzu können verschiedene Optimierungsverfahren, z.B. Gradientenalgorithmen verwendet werden.

Die Ableitung von Gradientenalgorithmen kann aus der in eine Taylor-Reihe entwickelten Verlustfunktion erfolgen

$$V(\boldsymbol{\theta} + \Delta\boldsymbol{\theta}) = V(\boldsymbol{\theta}) + \boldsymbol{V}_\theta^{\mathrm{T}}(\boldsymbol{\theta})\Delta\boldsymbol{\theta} + \tfrac{1}{2}\Delta\boldsymbol{\theta}^{\mathrm{T}} \boldsymbol{V}_{\theta\theta}(\boldsymbol{\theta})\Delta\boldsymbol{\theta} + \cdots \tag{12.1.17}$$

Hierbei bedeuten

$$\boldsymbol{V}_\theta^{\mathrm{T}}(\boldsymbol{\theta}) = \left[\frac{\partial V}{\partial \boldsymbol{\theta}}\right]^{\mathrm{T}} = \left[\frac{\partial V}{\partial \theta_1}, \frac{\partial V}{\partial \theta_2}, \ldots, \frac{\partial V}{\partial \theta_p}\right] \tag{12.1.18}$$

$$\boldsymbol{V}_{\theta\theta}(\theta) = \frac{\partial^2 V}{\partial \boldsymbol{\theta}^{\mathrm{T}} \partial \boldsymbol{\theta}} = \begin{bmatrix} \dfrac{\partial^2 V}{\partial \theta_1 \partial \theta_1} & \cdots & \dfrac{\partial^2 V}{\partial \theta_1 \partial \theta_p} \\ \vdots & & \vdots \\ \dfrac{\partial^2 V}{\partial \theta_p \partial \theta_1} & \cdots & \dfrac{\partial^2 V}{\partial \theta_p \partial \theta_p} \end{bmatrix} \tag{12.1.19}$$

wobei die Matrix mit den zweiten Ableitungen die Hessesche Matrix ist.

Ein Gradientenalgorithmus erster Ordnung entsteht durch Abbruch der Taylor-Reihe nach dem Glied mit der ersten Ableitung. Dann wird

$$V(\boldsymbol{\theta} + \Delta\boldsymbol{\theta}) \approx V(\boldsymbol{\theta}) + \boldsymbol{V}_\theta^{\mathrm{T}}(\boldsymbol{\theta})\Delta\boldsymbol{\theta} = V(\boldsymbol{\theta}) + \Delta V(\boldsymbol{\theta})\,.$$

Die Veränderung $\Delta V(\boldsymbol{\theta})$ hängt von der Wahl von $\Delta\boldsymbol{\theta}$ ab. Wenn $\Delta V(\boldsymbol{\theta})$ ein Maximalwert wird, erreicht man den steilsten Abstieg. Hierzu ist offenbar $\Delta\boldsymbol{\theta}$ proportional zu $\boldsymbol{V}_\theta(\boldsymbol{\theta})$ zu wählen. Für den ν-ten Schritt kann man deshalb ansetzen

$$\Delta\boldsymbol{\theta}(\nu) = -K(\nu)\,\boldsymbol{V}_\theta(\boldsymbol{\theta}(\nu))\,.$$

$K(\nu)$ ist hierbei eine positive, skalare Größe, die eine Funktion des Iterationsschrittes ν sein kann. Der Wert $K(\nu)$ sollte einerseits so klein sein, daß der linearisierte Bereich der nichtlinearen Funktion $V(\boldsymbol{\theta})$ nicht überschritten wird und andererseits so groß, daß die Anzahl der Iterationen nicht zu sehr ansteigt. Als Gradientenalgorithmus erster Ordnung ergibt sich somit

$$\boldsymbol{\theta}(\nu+1) = \boldsymbol{\theta}(\nu) - K(\nu)\,\boldsymbol{V}_\theta(\boldsymbol{\theta}(\nu))\,. \tag{12.1.20}$$

Die Parametersuche erfolgt dann nach dem *steilsten Abstieg.*

Eine Verbesserung der Konvergenz läßt sich erreichen, wenn man die Taylor-Reihe erst nach dem Glied mit der zweiten Ableitung abbricht. Für das Extremum der Verlustfunktion gilt dann

$$\frac{\partial V(\boldsymbol{\theta}+\Delta\boldsymbol{\theta})}{\partial\boldsymbol{\theta}} = \boldsymbol{V}_\theta(\boldsymbol{\theta}) + \boldsymbol{V}_{\theta\theta}(\boldsymbol{\theta})\Delta\boldsymbol{\theta} = \boldsymbol{0}$$

und daraus folgt für die Wahl von $\Delta\boldsymbol{\theta}$

$$\Delta\boldsymbol{\theta} = -\boldsymbol{V}_{\theta\theta}^{-1}(\theta)\,\boldsymbol{V}_\theta(\boldsymbol{\theta})$$

so daß der Gradientenalgorithmus zweiter Ordnung lautet

$$\boldsymbol{\theta}(\nu+1) = \boldsymbol{\theta}(\nu) - \boldsymbol{V}_{\theta\theta}^{-1}[\boldsymbol{\theta}(\nu)]\,\boldsymbol{V}_\theta[\boldsymbol{\theta}(\nu)]\,. \tag{12.1.21}$$

Das ist der *Newton–Raphson-Algorithmus.* Anstelle der Konstanten K des Gradientenalgorithmus erster Ordnung stehen beim Gradientenalgorithmus zweiter Ordnung die zweiten Ableitungen der Verlustfunktion.

Der Gradientenalgorithmus erster Ordnung ist rechnerisch zwar einfacher, konvergiert jedoch in der Nähe des Optimums sehr langsam. Da der Gradientenalgorithmus zweiter Ordnung die Krümmung der Verlustfunktion berücksichtigt, konvergiert er in der Nähe des Optimums schnell. Jedoch muß der Anfangswert $\boldsymbol{\theta}(0)$ näher beim Optimum liegen. Sonst kann sich eine Divergenz einstellen, wenn die zweiten Ableitungen falsches Vorzeichen bekommen.

Die Methode nach Fletcher, Powell (1963) kombiniert die Vorteile beider betrachteten Gradientenmethoden. Diese und andere Methoden sind z.B. in Hoffmann, Hofmann (1971) und Wilde (1964) ausführlich beschrieben.

Åström, Bohlin (1966) haben für die Maximum-Likelihood-Methode den Newton–Raphson-Algorithmus verwendet. Die zugehörigen Gleichungen lassen sich wie folgt ableiten.

Die Elemente der ersten und zweiten partiellen Ableitungen der Verlustfunktion sind

$$\left.\begin{aligned}
\frac{\partial V}{\partial\theta_i} &= \sum_{k=1}^{N} e(k)\frac{\partial e(k)}{\partial\theta_i}\\
\frac{\partial^2 V}{\partial\theta_i\partial\theta_j} &= \sum_{k=1}^{N}\frac{\partial e(k)}{\partial\theta_i}\frac{\partial e(k)}{\partial\theta_j} + \sum_{k=1}^{N} e(k)\frac{\partial^2 e(k)}{\partial\theta_i\partial\theta_j}\,.
\end{aligned}\right\} \tag{12.1.22}$$

Zur Berechnung dieser Terme braucht man also $e(k)$ und seine ersten und zweiten Ableitungen nach den Parametern. Ihre Berechnung erfolgt besonders einfach, wenn man den Zeitverschiebungsoperator q verwendet, der wie folgt definiert ist

$$y(k)\,q^{-l} = y(k-l)\,,$$

und wenn man von der Gleichung

$$D(q^{-1})e(k) = A(q^{-1})y(k) - B(q^{-1})u(k) \tag{12.1.23}$$

ausgeht und folgende Ausdrücke ableitet

$$\left.\begin{aligned} D(q^{-1})\frac{\partial e(k)}{\partial a_i} &= y(k)q^{-i} \\ D(q^{-1})\frac{\partial e(k)}{\partial b_i} &= -\,u(k)q^{-i} \\ D(q^{-1})\frac{\partial e(k)}{\partial d_i} &= -\,e(k)q^{-i} \end{aligned}\right\} \tag{12.1.24}$$

$$D(q^{-1})\frac{\partial^2 e(k)}{\partial a_i \partial d_j} = \frac{\partial}{\partial a_i}\left[D(q^{-1})\frac{\partial e(k)}{\partial d_j}\right] = -\,q^{-j}\frac{\partial e(k)}{\partial a_i} = -\,q^{-i-j+1}\frac{\partial e(k)}{\partial a_1}$$

$$\left.\begin{aligned} D(q^{-1})\frac{\partial^2 e(k)}{\partial b_i \partial d_j} &= -\,q^{-j}\frac{\partial e(k)}{\partial b_i} = -\,q^{-i-j+1}\frac{\partial e(k)}{\partial b_1} \\ D(q^{-1})\frac{\partial^2 e(k)}{\partial d_i \partial d_j} &= -\,2q^{-j}\frac{\partial e(k)}{\partial d_i} = -\,2q^{-i-j+1}\frac{\partial e(k)}{\partial d_1}\,. \end{aligned}\right\} \tag{12.1.25}$$

Bei den letzten drei Gleichungen wurde berücksichtigt, daß z.B. aus Gl. (12.1.24)

$$\frac{\partial e(k)}{\partial a_i} = q^{-i+1}\frac{\partial e(k)}{\partial a_1} = \frac{\partial e(k-i+1)}{\partial a_1} \tag{12.1.26}$$

folgt. Die Ableitungen nach den einzelnen a_i Parametern lassen sich somit auf eine Ableitung bezüglich a_1 zurückführen, wenn man für e zeitverschobene Werte verwendet. Entsprechende Beziehungen gelten für die b_i Parameter. Man beachte, daß

$$\frac{\partial^2 e(k)}{\partial a_i \partial a_j} = \frac{\partial^2 e(k)}{\partial a_i \partial b_j} = \frac{\partial^2 e(k)}{\partial b_i \partial b_j} = 0\,. \tag{12.1.27}$$

Mit diesen Gleichungen erhält man nach Einsetzen in Gl. (12.1.22) z.B.

$$\begin{aligned} D^2(q^{-1})\frac{\partial V}{\partial a_1} &= \sum_{k=1}^{N} D(q^{-1})e(k)y(k-1) \\ D^2(q^{-1})\frac{\partial^2 V}{\partial a_1 \partial d_1} &= -\sum_{k=1}^{N} e(k-1)y(k-1) \\ &\quad - \sum_{k=1}^{N} D(q^{-1})e(k)y(k-2)\,. \end{aligned} \tag{12.1.28}$$

Hierbei erhält man De bzw. e aus Gl. (12.1.23). Da $D^2(q^{-1})$ sowohl in V_θ als auch in $V_{\theta\theta}$ vorkommt, kürzt sich dieser Term in Gl. (12.1.21) heraus.

Die Vereinfachung Gl. (12.1.26) läßt sich auch für den ersten Term der Gl. (12.1.22) verwenden.

$$\sum_{k=1}^{N} \frac{\partial e(k)}{\partial a_i} \frac{\partial e(k)}{\partial b_j} = \sum_{k=1}^{N} \frac{\partial e(k-i+1)}{\partial a_1} \cdot \frac{\partial e(k-j+1)}{\partial b_1} . \tag{12.1.29}$$

Zur Parameterschätzung ergibt sich schließlich folgender iterativer Lösungsweg:

1. Man wähle einen geeigneten Startwert $\boldsymbol{\theta}(0)$ und setze $v = 0$.
2. Dann berechne man $V_\theta(\boldsymbol{\theta})$ und $V_{\theta\theta}(\boldsymbol{\theta})$ für $k = 1, \ldots, N$ unter Verwendung von Gl. (12.1.22) bis (12.1.29).
3. Aus Gl. (12.1.21) ergeben sich dann neue Parameter $\boldsymbol{\theta}(v+1)$.
4. Dann wird $v \to v + 1$ gesetzt und von 2. an wiederholt.

Voraussetzung zur Konvergenz des Maximum-Likelihood-Verfahrens sind geeignete Startwerte der Parameter. Zur Ermittlung dieser Startwerte kann man zunächst $d_i = 0$ setzen. Dann ist $e(k)$ linear abhängig von den Parametern a_i und b_i. Die zweiten partiellen Ableitungen von $e(k)$ werden alle zu Null und man erhält mit dem angegebenen Algorithmus in einem Schritt dieselben Parameterschätzwerte wie mit der Methode der kleinsten Quadrate. Diese (biasbehafteten) Schätzwerte werden dann als Startwerte verwendet.

Wenn die Beharrungswerte Y_{00} und U_{00} bekannt sind, dann kann man wie bei der Methode der kleinsten Quadrate in Abschnitt 8.1.4 vorgehen.

Satz 12.1: Konvergenzbedingungen für die Maximum-Likelihood-Methode
Die beschriebene Maximum-Likelihood-Methode liefert für einen ARMAX-Prozeß konsistente, asymptotisch effiziente Parameterschätzwerte, da sie die untere Schranke der Cramér–Rao-Ungleichung erfüllt, Åström und Bohlin (1966), van der Waerden (1957), Deutsch (1965), (siehe auch Abschnitt 12.3), wenn folgende Bedingungen erfüllt sind:

a) $u(k) = U(k) - U_{00}$ ist exakt bekannt
b) Y_{00} ist exakt bekannt und gehört zu U_{00}
c) $e(k)$ ist statistisch unabhängig und normalverteilt
d) Die Wurzeln von $D(z) = 0$ liegen im Innern des Einheitskreises
e) Es sind geeignete Startwerte $\hat{\theta}(0)$ bekannt. □

Aus c) folgt, daß das Störsignalfilter die Form $D(z^{-1})/A(z^{-1})$ mit normalverteiltem statistisch unabhängigem Eingangssignal $v(k)$ haben muß.

Die beschriebene Maximum-Likelihood-Methode konvergiert jedoch auch für andere Verteilungen als die bei der Ableitung zugrunde gelegte, Åström, Bohlin (1966), jedoch dürfte sie dann die effiziente Eigenschaft verlieren. Weitere Hinweise, auch zum praktischen Einsatz findet man in Åström (1980).

Die ML-Methode läßt sich auch für Ausgangsfehler angeben, siehe z.B. Mehra, Tyler (1973b).

Typische Merkmale der Maximum-Likelihood-Schätzung für dynamische Prozesse sind:

a) Aufstellen einer geeigneten Beziehung für die Likelihood-Funktion
b) Annahme normalverteilter Signale (Fehlersignal)
c) Annahme eines statisch unabhängigen Fehlersignals
d) Einsatz eines numerischen Optimierungsverfahrens zur iterativen Suche der Parameter, da das Fehlersignal nichtlinear von den Parametern abhängt.

Die Annahmen b) und c) sind erforderlich, damit der Rechenaufwand zur Ableitung noch akzeptabel bleibt. Dann ergibt sich eine quadratische Verlustfunktion wie bei den LS-Methoden.

12.2 Rekursive Maximum-Likelihood-Methode (RML)

Aus den Gleichungen der nichtrekursiven ML-Methode läßt sich eine rekursive Version ableiten, die eine Näherung der nichtrekursiven Methode darstellt, Söderström (1973), Fuhrt und Carapic (1976). Hierzu geht man von folgender Schreibweise des Prozeßmodells Gl. (12.1.1) aus.

$$y(k) = \boldsymbol{\psi}^{\mathrm{T}}(k)\boldsymbol{\theta} + v(k) \tag{12.2.1}$$

mit

$$\begin{aligned}\boldsymbol{\psi}^{\mathrm{T}}(k) = [&-y(k-1)\ldots -y(k-m)u(k-d-1)\ldots u(k-d-m)\\ &v(k-1)\ldots \quad v(k-m)]\end{aligned} \tag{12.2.2}$$

$$\boldsymbol{\theta}^{\mathrm{T}} = [a_1 \ldots a_m b_1 \ldots b_m d_1 \ldots d_m]\,. \tag{12.2.3}$$

Dann schreibt man den Newton–Raphson-Algorithmus Gl. (12.1.21) zum Zeitpunkt $k+1$ an

$$\hat{\boldsymbol{\theta}}(k+1) = \hat{\boldsymbol{\theta}}(k) - V_{\theta\theta}^{-1}[\hat{\boldsymbol{\theta}}(k), k+1]\, V_{\theta}[\hat{\boldsymbol{\theta}}(k), k+1]\,. \tag{12.2.4}$$

Die Verlustfunktion nach Gl. (12.1.13) lautet in rekursiver Form

$$V(\hat{\boldsymbol{\theta}}, k+1) = V(\hat{\boldsymbol{\theta}}, k) + \tfrac{1}{2}e^2(\hat{\boldsymbol{\theta}}, k+1)\,. \tag{12.2.5}$$

Für ihre ersten und zweiten Ableitungen folgt dann

$$\boldsymbol{V}_{\theta}(\hat{\boldsymbol{\theta}}, k+1) = \underbrace{\boldsymbol{V}_{\theta}(\hat{\boldsymbol{\theta}}, k)}_{\approx \boldsymbol{0}} + e(\hat{\boldsymbol{\theta}}, k+1)\frac{\partial e(\boldsymbol{\theta}, k+1)}{\partial \boldsymbol{\theta}} \tag{12.2.6}$$

$$\begin{aligned}\boldsymbol{V}_{\theta\theta}(\hat{\boldsymbol{\theta}}, k+1) = \boldsymbol{V}_{\theta\theta}(\hat{\boldsymbol{\theta}}, k) &+ \left[\frac{\partial e(\hat{\boldsymbol{\theta}}, k+1)}{\partial \boldsymbol{\theta}}\right]^{\mathrm{T}} \frac{\partial e(\hat{\boldsymbol{\theta}}, k+1)}{\partial \boldsymbol{\theta}}\\ &+ \underbrace{e(\hat{\boldsymbol{\theta}}, k+1)\frac{\partial^2 e(\hat{\boldsymbol{\theta}}, k+1)}{\partial \boldsymbol{\theta}^2}}_{\approx 0}\end{aligned} \tag{12.2.7}$$

in der die angegebenen Terme als Null angenommen werden, Söderström (1973). Aus Gl. (12.2.1) bis (12.2.4) folgt dann der rekursive ML-Schätzalgorithmus

$$\hat{\boldsymbol{\theta}}(k+1) = \hat{\boldsymbol{\theta}}(k) + \gamma(k)e(k+1) \tag{12.2.8}$$

mit

$$\gamma(k) = \boldsymbol{P}(k+1)\boldsymbol{\varphi}(k+1) = \frac{\boldsymbol{P}(k)\boldsymbol{\varphi}(k+1)}{1+\boldsymbol{\varphi}^{\mathrm{T}}(k+1)\boldsymbol{P}(k)\boldsymbol{\varphi}(k+1)} \tag{12.2.9}$$

$$\boldsymbol{P}(k) = \boldsymbol{V}_{\theta\theta}^{-1}(\hat{\boldsymbol{\theta}}(k-1), k) \tag{12.2.10}$$

$$\boldsymbol{P}(k+1) = [\boldsymbol{I} - \gamma(k)\boldsymbol{\varphi}^{\mathrm{T}}(k+1)]\boldsymbol{P}(k) \tag{12.2.11}$$

$$\boldsymbol{\varphi}(k+1) = -\frac{\partial e(\hat{\boldsymbol{\theta}}(k), k+1)}{\partial \boldsymbol{\theta}} \tag{12.2.12}$$

$$e(k+1) = y(k+1) - \hat{\boldsymbol{\psi}}^{\mathrm{T}}(k+1)\hat{\boldsymbol{\theta}}(k) \tag{12.2.13}$$

$$\hat{v}(k+1) = e(k+1)\,. \tag{12.2.14}$$

Für Gl. (12.2.2) wird deshalb verwendet

$$\begin{aligned}\hat{\boldsymbol{\psi}}^{\mathrm{T}}(k+1) = [-y(k) \ldots &-y(k-m+1)\\ &u(k-d) \ldots u(k-d-m+1)\\ &\quad e(k) \ldots e(k-m+1)]\,.\end{aligned} \tag{12.2.15}$$

Gl. (12.2.11) folgt aus Gl. (12.2.7) durch Anwenden des Matrizen-Inversionssatzes, siehe Anhang A6. Die Elemente des Vektors

$$\begin{aligned}\boldsymbol{\varphi}^{\mathrm{T}}(k+1) = -\bigg[&\frac{\partial e(k+1)}{\partial a_1} \ldots \frac{\partial e(k+1)}{\partial a_m}\frac{\partial e(k+1)}{\partial b_1} \ldots \frac{\partial e(k+1)}{\partial b_m}\\ &\frac{\partial e(k+1)}{\partial d_1} \ldots \frac{\partial e(k+1)}{\partial d_m}\bigg]\end{aligned} \tag{12.2.16}$$

können nun mit $e(k) = \hat{v}(k)$ und Gl. (12.1.1) bestimmt werden

$$\left.\begin{aligned} z\frac{\partial e(z)}{\partial a_i} &= \frac{1}{\hat{D}(z^{-1})}y(z)z^{-(i-1)} = y'(z)z^{-(i-1)}\\ z\frac{\partial e(z)}{\partial b_i} &= -\frac{1}{\hat{D}(z^{-1})}u(z)z^{-(i-1)}z^{-d} = -u'(z)z^{-(i-1)}z^{-d}\\ z\frac{\partial e(z)}{\partial d_i} &= -\frac{1}{\hat{D}(z^{-1})}e(z)z^{-(i-1)} = -e'(z)z^{-(i-1)} \end{aligned}\right\} \tag{12.2.17}$$

$$i = 1, \ldots, m\,.$$

Sie können als gefilterte Signale interpretiert werden

$$\begin{aligned}\boldsymbol{\varphi}^{\mathrm{T}}(k+1) = [-y'(k) \ldots &-y'(k-m+1)\\ &u'(k-d) \ldots u'(k-d-m+1)\\ &\quad e'(k) \ldots e'(k-m+1)]\end{aligned} \tag{12.2.18}$$

indem man folgende rekursiven Gleichungen verwendet

$$\left.\begin{aligned} y'(k) &= y(k) - \hat{d}_1 y'(k-1) - \cdots \hat{d}_m y'(k-m) \\ u'(k-d) &= u(k-d) - \hat{d}_1 u'(k-d-1) - \cdots \hat{d}_m u'(k-d-m) \\ e'(k) &= e(k) - \hat{d}_1 e'(k-1) - \cdots \hat{d}_m e'(k-m)\ . \end{aligned}\right\} \qquad (12.2.19)$$

Für $\hat{d}_i$ können die momentanen Schätzwerte $\hat{d}_i(k)$ eingesetzt werden.

Wegen der getroffenen Vereinfachungen bei der Ableitung ist die rekursive Methode nur eine Näherung der nichtrekursiven ML-Methode.

Zum Start der Schätzalgorithmen verwende man

$$\hat{\boldsymbol{\theta}}(0) = \boldsymbol{0}; \qquad \boldsymbol{P}(0) = \alpha \boldsymbol{I}; \qquad \boldsymbol{\varphi}(0) = \boldsymbol{0} \qquad (12.2.20)$$

wobei α eine große Zahl ist, siehe Abschnitt 8.2.

Im Vergleich zur rekursiven Methode der erweiterten kleinsten Quadrate (RELS) verwendet die RML-Methode den Vektor $\boldsymbol{\varphi}(k+1)$ anstelle von $\boldsymbol{\psi}(k+1)$ in Korrekturvektor $\gamma(k)$.

Die Konvergenzbedingungen sind identisch wie bei der nichtrekursiven Maximum-Likelihood-Methode. Man beachte besonders, daß die Wurzeln von $D(z) = 0$ im Innern des Einheitskreises liegen damit Gl. (12.2.19) stabil ist.

12.3 Erreichbare Genauigkeit, Cramér–Rao-Ungleichung

Für die mit der Maximum-Likelihood-Methode erreichbaren Varianzen bzw. Kovarianzen der Schätzwerte kann eine untere Grenze angegeben werden, siehe z.B. van der Waerden (1971), Kendall und Stuart (1961), Eykhoff (1974). Hierzu wird zunächst die *Schwarzsche Ungleichung* für zwei zufällige Größen x und y betrachtet, die endliche Varianzen besitzen:

$$[E\{xy\}]^2 \leqq E\{x^2\}E\{y^2\}\ . \qquad (12.3.1)$$

Diese folgt aus der quadratischen Form

$$E\{(ax+y)^2\} = a^2E\{x^2\} + 2aE\{xy\} + E\{y^2\} = C \geqq 0$$

die für beliebige reelle a keine negativen Werte annehmen kann. Trägt man C als Funktion von a auf, dann entsteht eine Parabel, für deren Minimum gilt

$$C_{\min} = \frac{E\{x^2\}E\{y^2\} - [E\{xy\}]^2}{E\{x^2\}} = \frac{-D}{E\{x^2\}} \geqq 0\ .$$

Die Diskriminante D der quadratischen Gleichung muß somit negativ sein

$$[E\{xy\}]^2 - E\{x^2\}E\{y^2\} \leqq 0\ .$$

Siehe auch van der Waerden (1971).

Die folgenden Beziehungen werden zunächst für den skalaren Fall eines einzigen zu schätzenden Parameters θ abgeleitet. Aus dem Logarithmus der Likelihood-Funktion, Gl. (12.1.8),

$$L = \ln p[\boldsymbol{e}|\boldsymbol{u}, \theta] \qquad (12.3.2)$$

folgt für die erste Ableitung nach dem unbekannten Parameter θ_0

$$\frac{\partial L}{\partial \theta_0} = \frac{1}{p[\boldsymbol{e}|\boldsymbol{u}, \theta]} \frac{\partial p[\boldsymbol{e}|\boldsymbol{u}, \theta]}{\partial \theta_0} . \tag{12.3.3}$$

Für den Erwartungswert mit einem Bias b gilt

$$E\{\hat{\theta}\} = \theta_0 + b = \int \hat{\theta} p[\boldsymbol{e}|\boldsymbol{u}] \, \mathrm{d}e . \tag{12.3.4}$$

Ferner ist per Definition

$$\int p[\boldsymbol{e}|\boldsymbol{u}, \theta] \, \mathrm{d}e = 1 . \tag{12.3.5}$$

Durch Differentiation nach θ_0 folgt aus den beiden letzten Gleichungen und Gl. (12.3.3)

$$\begin{aligned} 1 + \frac{\partial b}{\partial \theta_0} &= \int \hat{\theta} \frac{\partial p}{\partial \theta_0} \mathrm{d}e = \int \hat{\theta} \frac{\partial p}{\partial \theta_0} \frac{1}{p} p \, \mathrm{d}e \\ &= E\left\{ \hat{\theta} \frac{\partial p}{\partial \theta_0} \frac{1}{p} \right\} = E\left\{ \hat{\theta} \frac{\partial L}{\partial \theta_0} \right\} \end{aligned} \tag{12.3.6}$$

$$\int \frac{\partial p}{\partial \theta_0} \mathrm{d}e = \int \frac{\partial p}{\partial \theta_0} \frac{1}{p} p \, \mathrm{d}e = E\left\{ \frac{\partial p}{\partial \theta_0} \frac{1}{p} \right\} = E\left\{ \frac{\partial L}{\partial \theta_0} \right\} = 0 . \tag{12.3.7}$$

Multiplikation der letzten Gl. mit $E(\hat{\theta}\}$ und Subtraktion von der vorletzten Gl. liefert

$$1 + \frac{\partial b}{\partial \theta_0} = E\left\{ [\hat{\theta} - E\{\hat{\theta}\}] \frac{\partial L}{\partial \theta_0} \right\} . \tag{12.3.8}$$

Für das rechts stehende Produkt wird nun die Schwarzsche Ungleichung angewendet, so daß folgt

$$\left[1 + \frac{\partial b}{\partial \theta_0} \right]^2 \leqq E\{[\hat{\theta} - E\{\hat{\theta}\}]^2\} \, E\left\{ \left(\frac{\partial L}{\partial \theta_0} \right)^2 \right\} . \tag{12.3.9}$$

Die Varianz des Parameterschätzwertes ist also

$$\sigma_\theta^2 \geqq \frac{\left[1 + \frac{\partial b}{\partial \theta_0} \right]^2}{E\left\{ \left(\frac{\partial L}{\partial \theta_0} \right)^2 \right\}} = \frac{\left[1 + \frac{\partial b}{\partial \theta_0} \right]^2}{J(\theta_0)} . \tag{12.3.10}$$

Hierin wird nach R.A. Fisher der Nenner "Information" genannt, für die wegen Gl. (12.3.3) auch gilt

$$J(\theta_0) = E\left\{ \left(\frac{\partial L}{\partial \theta_0} \right)^2 \right\} = - E\left\{ \frac{\partial^2 L}{\partial \theta_0^2} \right\} . \tag{12.3.11}$$

Gl. (12.3.10) wird mit *Cramér–Rao-Ungleichung* bezeichnet.

Wenn die Schätzung in der Umgebung des wahren Schätzwertes θ_0 erwartungstreu ist, wird $\partial b/\partial\theta_0 = 0$ und es gilt

$$\sigma_\theta^2 = \mathrm{var}[\Delta\theta] \leqq J^{-1}(\theta_0)\,. \tag{12.3.12}$$

Da die rechte Seite nicht von der Schätzung abhängt, gibt es also eine *feste untere Schranke* für die Varianz einer erwartungstreuen Schätzung (engl.: Cramér–Rao lower bound).

Im Fall mehrerer Parameter lautet die Cramér–Rao-Ungleichung, Eykhoff (1974),

$$\mathrm{cov}[\Delta\hat{\boldsymbol{\theta}}] = E\{[\hat{\boldsymbol{\theta}} - \boldsymbol{\theta}][\hat{\boldsymbol{\theta}} - \boldsymbol{\theta}_0]^{\mathrm{T}}\} \geqq \boldsymbol{J}^{-1} \tag{12.3.13}$$

mit der *Informationsmatrix* (Fisher)

$$\boldsymbol{J} = E\left\{\left(\frac{\partial L}{\partial\boldsymbol{\theta}_0}\right)\left(\frac{\partial L}{\partial\boldsymbol{\theta}_0}\right)^{\mathrm{T}}\right\} = -\,E\left\{\frac{\partial^2 L}{\partial\boldsymbol{\theta}_0\partial\boldsymbol{\theta}_0^{\mathrm{T}}}\right\}. \tag{12.3.14}$$

Bei normalverteiltem Fehlersignal gilt für die Likelihood-Funktion nach Gl. (12.1.12)

$$\frac{\partial L}{\partial\theta_0} = -\frac{1}{\sigma_e^2}\frac{\partial V}{\partial\theta_0} \tag{12.3.15}$$

und somit

$$\boldsymbol{J} = \frac{1}{\sigma_e^4}E\left\{\left(\frac{\partial V}{\partial\boldsymbol{\theta}_0}\right)\left(\frac{\partial V}{\partial\boldsymbol{\theta}_0}\right)^{\mathrm{T}}\right\} = \frac{1}{\sigma_e^2}E\left(\frac{\partial^2 V}{\partial\boldsymbol{\theta}_0\partial\boldsymbol{\theta}_0^{\mathrm{T}}}\right\}. \tag{12.3.16}$$

Hieraus folgt mit Gl. (12.1.16) und Gl. (12.1.19) für die Kovarianzmatrix der Parameterschätzwerte

$$\mathrm{cov}[\Delta\hat{\boldsymbol{\theta}}] \geqq \frac{2V}{N}E\{V_{\theta\theta}^{-1}\}\,. \tag{12.3.17}$$

Diese Ergebnisse zeigen, daß es unter den getroffenen Annahmen keine andere erwartungstreue Schätzung als die ML-Schätzung gibt, die eine kleinere Varianz liefert. Deshalb ist die Maximum-Likelihood-Methode eine *asymptotisch effiziente Schätzung.*

Wendet man die Cramér–Rao-Ungleichung auf die Grundgleichung der *Methode der kleinsten Quadrate* Gl. (8.1.15) an

$$\boldsymbol{Y} = \boldsymbol{\Psi}\hat{\boldsymbol{\theta}} + \boldsymbol{e} \tag{12.3.18}$$

so gilt für normalverteiltes Fehlersignal die Likelihood-Funktion nach Gl. (12.1.12)

$$L(\boldsymbol{\theta}) = -\frac{1}{2\sigma_e^2}\boldsymbol{e}^{\mathrm{T}}\boldsymbol{e} + \mathrm{const} \tag{12.3.19}$$

und es folgt für die Informationsmatrix

$$\boldsymbol{J} = \frac{1}{\sigma_e^2}E\{\boldsymbol{\Psi}^{\mathrm{T}}\boldsymbol{\Psi}\} \tag{12.3.20}$$

(vgl. auch mit Gl. (8.1.27)) und somit

$$\operatorname{cov}[\Delta\hat{\theta}] \geqq \sigma_e^2 E\{[\boldsymbol{\Psi}^{\mathrm{T}}\boldsymbol{\Psi}]^{-1}\}. \tag{12.3.21}$$

Die unterste Schranke ist somit identisch mit Gl. (8.1.68). Ferner zeigt ein Vergleich mit Gl. (8.3.7), daß bei nichtkorreliertem Fehlersignal und dem Modell Gl. (12.3.18) die Methode der kleinsten Quadrate, die Markov–Schätzung und die Maximum-Likelihood-Methode Schätzwerte kleinster Varianz liefern und sich damit vom Ergebnis her theoretisch nicht unterscheiden. Siehe auch Eykhoff (1974), S. 413.

Ein Vergleich der berechneten untersten Cramér–Rao Schranke mit Simulationsergebnissen in van den Boom (1982) zeigt eine gute Übereinstimmung für die besten Parameterschätzmethoden. Es wird ferner für einen Prozeß zweiter Ordnung dargestellt, daß mit zunehmendem Störsignal/Nutzsignal-Verhältnis σ_n/σ_{yu} für die Varianzen gilt:

— $\operatorname{var}[\Delta\hat{a}_i]$ ist zunächst proportional zu $(\sigma_n/\sigma_{yu})^2$ und strebt dann gegen einen festen Wert (ab etwa $\sigma_n/\sigma_{yu} \geqq 2$)
— $\operatorname{var}[\Delta\hat{b}_i]$ nimmt proportional zu $(\sigma_n/\sigma_{yu})^2$ zu
— $\operatorname{var}[\Delta\hat{c}_i]$ und $\operatorname{var}[\Delta\hat{d}_i]$ (Störsignalfilter) sind näherungsweise unabhängig von σ_n/σ_{yu}.

Siehe auch Eykhoff (1974), S. 259.

12.4 Zusammenfassung

Die Maximum-Likelihood-Methode geht aus einer statistischen Betrachtungsweise der beobachteten Signale hervor. Nach Annahme einer normalen Verteilungsdichtefunktion für das Fehlersignal ergibt sich eine quadratische Verlustfunktion, die für das betrachtete ARMAX-Modell durch ein Gradienten-Verfahren minimiert werden kann. Im Vergleich zu den auf der Methode der kleinsten Quadrate beruhenden Methoden ist der programmtechnische Aufwand der ML-Methode wesentlich höher. Dafür kann aber gezeigt werden, daß die ML-Methoden bei Erfüllung der getroffenen Annahmen asymptotisch effiziente Ergebnisse liefert, da sie die Cramér–Rao-Ungleichung erfüllt. Nach verschiedenen Vereinfachungen kann auch eine rekursive ML-Methode angegeben werden, die Ähnlichkeiten zur RELS-Methode zeigt.

13 Bayes-Methode

Bei den bisher behandelten Parameterschätzmethoden wurde angenommen, daß die Prozeßparameter $\boldsymbol{\theta}$ konstante Größen darstellen. Es wird nun davon ausgegangen, daß die Parameter $\boldsymbol{\theta}$ Zufallsgrößen sind. Das heißt, sie können entweder stochastische Variable sein oder aber als unbekannte, zufällig verteilte Konstanten aufgefaßt werden. Dann besitzt der Parametervektor eine Verteilungsdichte $p[\boldsymbol{\theta}]$. Bei der Ableitung der Bayes-Schätzung wird nun davon ausgegangen, daß die wesentliche Information in der bedingten Verteilungsdichte $p[\boldsymbol{\theta}|\boldsymbol{Y}]$ enthalten ist, also in der Verteilungsdichte der Parameter $\boldsymbol{\theta}$ für die vorliegenden Meßwerte $\boldsymbol{Y}$. $p[\boldsymbol{\theta}|\boldsymbol{Y}]$ wird nach den Messungen, also a posteriori, ermittelt. Aufgrund der dann vorliegenden A-posteriori-Verteilungsdichte sind nun "beste" Parameterschätzwerte $\hat{\boldsymbol{\theta}}$ zu bestimmen. Dies kann z.B. durch Einführen einer Verlustfunktion bzw. eines Kriteriums zur Bestimmung der Parameterschätzwerte $W(\hat{\boldsymbol{\theta}}, \boldsymbol{\theta}_0)$ sein. Dessen Minimierung führt dann auf

$$\min_{\hat{\boldsymbol{\theta}}_0} \int_m W(\hat{\boldsymbol{\theta}}, \boldsymbol{\theta}_0) p[\boldsymbol{\theta}_0|\boldsymbol{Y}] \, \mathrm{d}^m \boldsymbol{\theta}_0 \tag{13.1}$$

bzw.

$$\frac{\partial}{\partial \hat{\boldsymbol{\theta}}} \int_m W(\hat{\boldsymbol{\theta}}, \boldsymbol{\theta}_0) p[\boldsymbol{\theta}_0|\boldsymbol{Y}] \, \mathrm{d}^m \boldsymbol{\theta}_0 = \boldsymbol{0} \tag{13.2}$$

wobei $\int_m$ ein m-faches Integral über $\mathrm{d}\theta_1, \mathrm{d}\theta_2, \ldots, \mathrm{d}\theta_m$ bedeutet.

Das Kriterium kann z.B. eine quadratische Funktion sein

$$W = (\hat{\boldsymbol{\theta}} - \boldsymbol{\theta}_0)^{\mathrm{T}} (\hat{\boldsymbol{\theta}} - \boldsymbol{\theta}_0) \,, \tag{13.3}$$

was im eindimensionalen Fall auf

$$\min \int (\hat{\theta} - \theta_0)^2 \, p[\theta_0|\boldsymbol{Y}] \, \mathrm{d}\theta_0 \tag{13.4}$$

und nach Differentiation nach $\hat{\theta}$ auf

$$\hat{\theta} = \int \theta_0 p[\theta_0|\boldsymbol{Y}] \, \mathrm{d}\theta_0 \tag{13.5}$$

führt, also auf den Mittelwert der Verteilungsdichtefunktion. Eine andere Möglichkeit ist das Kriterium für den wahrscheinlichsten Wert, nämlich das Maximum der Verteilungsdichte

$$\hat{\boldsymbol{\theta}} = \min_{\hat{\boldsymbol{\theta}}_0} p[\boldsymbol{\theta}_0|\boldsymbol{Y}] \,. \tag{13.6}$$

Zur Bestimmung der jeweils erforderlichen bedingten Verteilungsdichte $p[\boldsymbol{\theta}_0|\boldsymbol{Y}]$ wird die *Bayessche Regel* angewendet

$$p[\boldsymbol{\theta}, \boldsymbol{Y}] = p[\boldsymbol{\theta}|\boldsymbol{Y}]\,p[\boldsymbol{Y}]\,. \tag{13.7}$$

Hierbei ist $p[\boldsymbol{\theta}, \boldsymbol{Y}]$ die Verbundverteilungsdichte und $p[\boldsymbol{Y}]$ die Verteilungsdichte der Meßwerte, die a posteriori aus den Meßwerten folgt. Es gilt ferner

$$p[\boldsymbol{\theta}, \boldsymbol{Y}] = p[\boldsymbol{Y}|\boldsymbol{\theta}]\,p[\boldsymbol{\theta}]\,. \tag{13.8}$$

Somit folgt aus Gl. (13.7)

$$p[\boldsymbol{\theta}, \boldsymbol{Y}] = \frac{p[\boldsymbol{\theta}, \boldsymbol{Y}]}{p[\boldsymbol{Y}]} \tag{13.9}$$

oder mit Gl. (13.8)

$$p[\boldsymbol{\theta}, \boldsymbol{Y}] = \frac{p[\boldsymbol{Y}|\boldsymbol{\theta}]\,p[\boldsymbol{\theta}]}{p[\boldsymbol{Y}]} \tag{13.10}$$

wobei die Verteilungsdichte der Parameter $p[\boldsymbol{\theta}]$ a priori bekannt sein muß.

Verwendet man Gl. (13.6) als Kriterium, dann muß nach Gl. (13.9) gesucht werden

$$\hat{\boldsymbol{\theta}} = \max_{\boldsymbol{\theta}_0} p[\boldsymbol{\theta}_0, \boldsymbol{Y}] \tag{13.11}$$

da $p[\boldsymbol{Y}]$ a posteriori festliegende Größen sind. Das Ergebnis kann dann als ein nichtbedingter Maximum-Likelihood-Schätzwert aufgefaßt werden. Bei Verwendung von Gl. (13.8) wird

$$\hat{\boldsymbol{\theta}} = \max_{\boldsymbol{\theta}_0} p[\boldsymbol{Y}|\boldsymbol{\theta}_0]\,p[\boldsymbol{\theta}_0] \tag{13.12}$$

gesucht. Falls $p[\theta_0]$ gleich verteilt ist, gilt

$$\hat{\boldsymbol{\theta}} = \max_{\boldsymbol{\theta}_0} p[\boldsymbol{Y}|\boldsymbol{\theta}_0] \tag{13.13}$$

also das Maximum der in Abschnitt 12.1 behandelten Likelihood-Funktion. In diesem Fall geht die Bayes-Schätzung in eine Maximum-Likelihood-Schätzung über.

Für eine weitergehende Betrachtung der Bayes-Schätzung wird auf die Literatur verwiesen, z.B. Lee (1964), Nahi (1969), Eykhoff (1974), Eine jüngere, umfassende Übersicht gibt Peterka (1981).

Über die Anwendung der Bayes-Methode sind nur wenige Veröffentlichungen bekannt. Dies hängt zusammen mit den rechentechnischen Problemen bei der Ermittlung der bedingten Verteilungsdichte und der meist unbekannten Verteilungsdichte der Parameter. Deshalb hat die Bayes-Schätzung hauptsächlich theoretische Bedeutung. Sie kann als die allgemeinste und umfassendste Schätzmethode angesehen werden, aus der sich durch Spezialisierung andere grundlegende Schätzmethoden ableiten lassen.

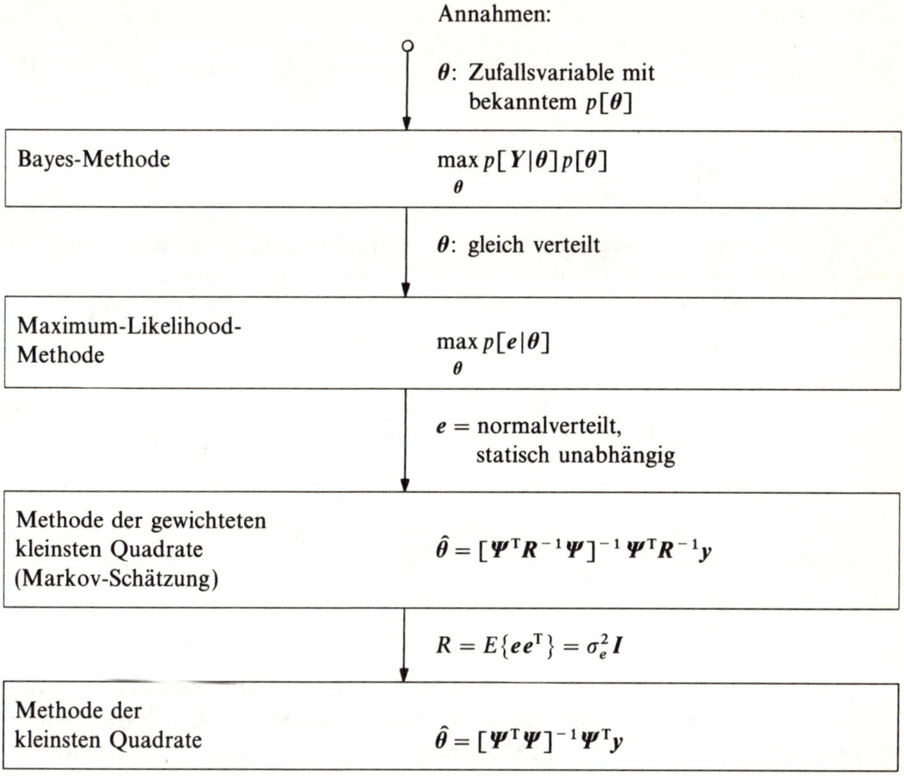

Bild 13.1. Ableitung verschiedener Parameterschätzmethoden aus der Bayes-Methode durch spezialisierende Annahmen

Dies ist zusammenfassend in Bild 13.1 dargestellt. Durch die Annahme gleichförmig verteilter Parameter, d.h. $p(\boldsymbol{\theta}_0) = \text{const}$ erhält man aus der Bayes-Schätzung nach Gl. (13.13) bzw. Gl. (12.1.6) eine Maximum-Likelihood-Schätzung. Wie bei der Ableitung der in Kap. 12 beschriebenen Maximum-Likelihood-Methode angegeben, verwendet man besser den Gleichungsfehler $\boldsymbol{e}$ anstelle der gemessenen Signale $\boldsymbol{Y}$ und bildet

$$\hat{\boldsymbol{\theta}} = \max_{\boldsymbol{\theta}_0} p[\boldsymbol{e}|\boldsymbol{\theta}_0] . \tag{13.14}$$

Nimmt man nun an, daß das Fehlersignal $\boldsymbol{e}$ statistisch unabhängig und normalverteilt ist mit $E\{\boldsymbol{e}\} = 0$ und die Kovarianzmatrix

$$\boldsymbol{R} = E\{\boldsymbol{e}\boldsymbol{e}^{\mathrm{T}}\}$$

besitzt, dann gilt nach Gl. (12.1.11)

$$p[\boldsymbol{e}|\boldsymbol{\theta}] = \frac{1}{(2\pi)^{N/2}(\det \boldsymbol{R})^{1/2}} \exp[-\tfrac{1}{2}\boldsymbol{e}^{\mathrm{T}}\boldsymbol{R}^{-1}\boldsymbol{e}] . \tag{13.15}$$

Hieraus folgt

$$\ln p[\boldsymbol{e}|\boldsymbol{\theta}] = -\tfrac{1}{2}\boldsymbol{e}^{\mathrm{T}}\boldsymbol{R}^{-1}\boldsymbol{e} + \text{const} \tag{13.16}$$

und

$$\frac{\partial}{\partial\boldsymbol{\theta}}\ln p[\boldsymbol{e}|\boldsymbol{\theta}] = -\frac{\partial}{\partial\boldsymbol{\theta}}\boldsymbol{e}^{\mathrm{T}}\boldsymbol{R}^{-1}\boldsymbol{e} = \boldsymbol{0}\,. \tag{13.17}$$

Es ist also die quadratische Verlustfunktion Gl. (13.16) zu minimieren, deren Fehler $\boldsymbol{e}$ mit der Inversen ihrer Kovarianzmatrix gewichtet wird. Nach Gl. (8.3.6) und (8.3.4) ist dies die Methode der gewichteten kleinsten Quadrate mit minimaler Varianz der Schätzwerte,

$$\hat{\boldsymbol{\theta}} = [\boldsymbol{\Psi}^{\mathrm{T}}\boldsymbol{R}^{-1}\boldsymbol{\Psi}]^{-1}\boldsymbol{\Psi}^{\mathrm{T}}\boldsymbol{R}^{-1}\boldsymbol{y} \tag{13.18}$$

also eine Markov-Schätzung. Für nichtkorrelierte Fehlersignale gilt

$$\boldsymbol{R} = \sigma_e^2\boldsymbol{I} \tag{13.19}$$

so daß aus Gl. (13.18) die Schätzung nach der einfachen Methode der kleinsten Quadrate

$$\hat{\boldsymbol{\theta}} = [\boldsymbol{\Psi}^{\mathrm{T}}\boldsymbol{\Psi}]^{-1}\boldsymbol{\Psi}^{\mathrm{T}}\boldsymbol{y} \tag{13.20}$$

folgt.

Die in Kapitel 12 beschriebene Maximum-Likelihood-Methode kann, da das Fehlersignal $\boldsymbol{e}$ sowohl normalverteilt als auch statistisch unabhängig angenommen wurde, als Methode der kleinsten Quadrate betrachtet werden, deren Schätzgleichung, wegen der nichtlinearen Abhängigkeit des Fehlersignals von den Parametern des Störsignalpolynoms $D(z^{-1})$, iterativ gelöst wird.

Zur Ableitung der Methode der gewichteten kleinsten Quadrate und der kleinsten Quadrate ist allerdings die Annahme normalverteilter Signale nicht erforderlich, wie bereits in Kap. 8 gezeigt wurde.

14 Parameterschätzung mit nichtparametrischen Zwischenmodellen (zweistufige Methoden)

Wenn die Struktur des Prozeßmodells nicht im voraus bekannt ist, kann es zweckmäßig sein, zunächst ein nichtparametrisches Modell zu identifizieren und dann in einer zweiten Stufe die Parameter eines parametrischen Modells zu schätzen. Zur ersten Identifikationsstufe müssen keine Annahmen über die Modellstruktur gemacht werden; die dabei ermittelten nichtparametrischen Modelle sind im allgemeinen auch für lineare Prozesse mit verteilten Parametern korrekt. Die Suche der passenden Modellordnung und Totzeit erfolgt dann aufgrund des nichtparametrischen Modells in der zweiten Identifikationsstufe. Da das nichtparametrische Modell schon eine beträchtliche Datenreduktion beinhaltet, kann hierzu im Vergleich zur Parameterschätzung, die die gemessenen Ein- und Ausgangssignale direkt verwendet, viel Rechenaufwand gespart werden. Denn bei der einstufigen Parameterschätzung muß für jede gewählte Ordnung oder Totzeit der ganze Datensatz erneut verarbeitet werden. Das nichtparametrische Modell ist ferner ein willkommenes Zwischenergebnis, da es eine einfache Beurteilung der Güte einer Identifikation unterstützt. Diese Vorteile der zweistufigen Prozeßidentifikation können besonders bei der On-line-Identifikation mit Prozeßrechnern und bei der Identifikation von Mehrgrößensystemen von Nutzen sein.

Den Weg der zweistufigen Prozeßidentifikation sind auch andere Autoren gegangen. Saridis und Stein (1968) und Saridis (1974) haben mittels der stochastischen Approximation und der Korrelationsanalyse zunächst die Gewichtsfunktion ermittelt. Dann wurden $2m$ unbekannte Parameter eines kanonischen Zustandsraummodelles berechnet, indem $p = 2m$ Werte der Gewichtsfunktion verwendet wurden. Mehra (1970) verwendet $p \geqq 2m$ Werte der Autokorrelationsfunktion des Ausgangssignales, wobei für das Eingangssignal weißes Rauschen angenommen werden mußte. Das Eingangssignal wurde jedoch nicht gemessen. Zur Schätzung der Parameter eines kanonischen Zustandsraummodelles wurde dann die Yule–Walker-Gleichung verwendet.

Diese Methoden ergeben aber keine effiziente Parameterschätzung, da in den ersten beiden Fällen nur $2m$ Gleichungen verwendet wurden, also keine Regression in der zweiten Stufe durchgeführt wurde, und im letzten Fall nur die Information des Ausgangssignales enthalten ist.

In den folgenden Abschnitten werden zweistufige Identifikationsverfahren beschrieben, die effizientere Schätzungen ergeben, da Ein- und Ausgangssignal und $p \geqq 2m$ Gleichungen verwendet werden.

Da die einfachsten nichtparametrischen Modelle Antwortfunktionen auf nichtperiodische Eingangssignale sind, wie z.B. Sprungfunktionen oder Rechteckimpulse, wird in Abschnitt 14.1 ein Parameterschätzverfahren betrachtet, das von diesen Modellen ausgeht.

Ein sehr allgemein und flexibel einsetzbares Verfahren ergibt sich dann, wenn man für in weiten Bereichen beliebige Eingangssignale zunächst Auto- und Kreuzkorrelationsfunktionen ermittelt und sie dann zur Parameterschätzung verwendet, Abschnitt 14.2.

14.1 Antwortfunktionen auf nichtperiodische Testsignale und Methoden der kleinsten Quadrate

Bei kleinem Störsignalpegel läßt sich eine Prozeßidentifikation sehr einfach und mit etwa gleicher Genauigkeit wie bei anderen Identifikationsverfahren durchführen, wenn man mehrere Antwortfunktionen auf determinierte Eingangssignale gleicher Form mißt und sie anschließend zur Elimination stochastischer Störsignale arithmetisch mittelt. Die Eingangssignale müssen dabei die interessierenden Eigenwerte der Prozesse anregen, können aber sonst beliebige Form haben. Bevorzugt werden wegen der einfachen Erzeugung Sprung- oder Rampenfunktionen und Rechteck- oder Trapezimpulse. Sprung- oder Rampenfunktionen regen besonders die niederen Frequenzen an, Rechteck- oder Trapezimpulse die mittleren und höheren Frequenzen. Rechteckimpulse sind zu bevorzugen, wenn das Modell zur Beschreibung des Verhaltens eines geschlossenen Regelkreises verwendet wird. Es ist im allgemeinen zweckmäßig, Sprungfunktionen und Rechteckimpulse zu einer Testsignalfolge geeignet zu kombinieren, siehe Kap. 3.

Es werde mit $u_j(k)$ ein determiniertes Eingangssignal und mit $y_{pj}(k)$ das zugehörige Ausgangssignal betrachtet. Hierbei sind $u_j(k)$ und $y_j(k)$ Abweichungen vom Beharrungszustand, also z.B.

$$y_j(k) = Y_j(k) - Y_{00} \,.$$

Die Beharrungswerte Y_{00} und U_{00} müssen bekannt sein, bzw. durch vorherige Identifikation bestimmt werden. Werden M gleiche Eingangssignale hintereinander eingegeben, dann gilt für die gemittelte Antwortfunktion

$$\bar{y}_p(k) = \frac{1}{M} \sum_{j=1}^{M} y_{pj}(k) \,. \tag{14.1.1}$$

Bei einem dem Ausgangsnutzsignal $y_u(k)$ überlagerten stationären Störsignal $n(k)$ erhält man mit

$$y_{pj}(k) = y_{uj}(k) + n_j(k) \tag{14.1.2}$$

für den Erwartungswert

$$E\{\bar{y}_p(k)\} = y_u(k) + E\{\bar{n}(k)\} \,. \tag{14.1.3}$$

Der Erwartungswert des gemittelten Ausgangssignales ist also gleich dem Nutzsignal falls $E\{n(k)\} = 0$.

Zur Parameterschätzung wird nun $\bar{y}_p(k) = y(k)$ gesetzt. Es wird ein parametrisches Modell in Form einer Differenzengleichung angenommen

$$y(k) = -a_1 y(k-1) - a_2 y(k-2) - \cdots - a_m y(k-m) + b_1 u(k-d-1) + b_2 u(k-d-2) + \cdots + b_m u(k-d-m) \tag{14.1.4}$$

bzw.

$$y(k) = \boldsymbol{\psi}^{\mathrm{T}}(k)\boldsymbol{\theta}\,. \tag{14.1.5}$$

wobei

$$\boldsymbol{\psi}^{\mathrm{T}}(k) = [-y(k-1)\ldots -y(k-m) \mid u(k-d-1)\ldots u(k-d-m)] \tag{14.1.6}$$

$$\boldsymbol{\theta}^{\mathrm{T}} = [a_1 \ldots a_m \mid b_1 \ldots b_m]\,. \tag{14.1.7}$$

Setzt man in Gl. (14.1.5) die geschätzten Parameter $\hat{\boldsymbol{\theta}}$ ein, dann kann

$$y_{\mathrm{M}}(k) = \boldsymbol{\psi}^{\mathrm{T}}(k)\hat{\boldsymbol{\theta}} \tag{14.1.8}$$

als die Vorhersage $y_{\mathrm{M}}(k)$ des Modelles aufgrund der Meßwerte $y(k-1), \ldots, y(k-m)$ und $u(k-d-1), \ldots, u(k-d-m)$ interpretiert werden. Man bildet nun den Fehler

$$e(k) = y(k) - y_{\mathrm{M}}(k) = y(k) - \boldsymbol{\psi}^{\mathrm{T}}(k)\hat{\boldsymbol{\theta}} \tag{14.1.9}$$

und wendet die Methode der kleinsten Quadrate an. Hierzu wird Gl. (14.1.4) für die Zeitpunkte $1 \leqq k \leqq l$ der gemittelten Antwortfunktion $y(k)$ in Vektorform geschrieben

$$\begin{bmatrix} y(1) \\ y(2) \\ y(3) \\ \vdots \\ y(l) \end{bmatrix} = \left[\begin{array}{cccc|cccc} 0 & 0 & & 0 & u(-d) & 0 & \cdots & 0 \\ -y(1) & 0 & & 0 & u(1-d) & u(-d) & \cdots & 0 \\ -y(2) & -y(1) & & 0 & u(2-d) & u(1-d) & \cdots & 0 \\ \vdots & \vdots & & \vdots & \vdots & \vdots & & \vdots \\ -y(l-1) & -y(l-2) & \cdots & -y(l-m) & u(l-d-1) & u(l-d-2) & \cdots & u(l-d-m) \end{array}\right] \begin{bmatrix} a_1 \\ a_2 \\ \vdots \\ a_m \\ b_1 \\ b_2 \\ \vdots \\ b_m \end{bmatrix}$$

$$\boldsymbol{y} = \boldsymbol{R}\boldsymbol{\theta}\,. \tag{14.1.10}$$

Mit

$$e^T = [e(1)e(2) \dots e(l)] \qquad (14.1.11)$$

gilt dann für den Fehler

$$\boldsymbol{e} = \boldsymbol{y} - \boldsymbol{R\theta} \qquad (14.1.12)$$

und Minimieren der Verlustfunktion

$$V = \boldsymbol{e}^T\boldsymbol{e} = \sum_{k=1}^{l} e^2(k) \quad l \geqq 2m \qquad (14.1.13)$$

führt nach Kapitel 8 auf die Schätzgleichung

$$\hat{\boldsymbol{\theta}} = [\boldsymbol{R}^T\boldsymbol{R}]^{-1}\boldsymbol{R}^T\boldsymbol{y} . \qquad (14.1.14)$$

Die Parameterschätzwerte dieser zweistufigen Identifikationsmethode sind konsistent im quadratischen Mittel, da für das Fehlersignal mit Gl. (14.1.2), (14.1.1), (14.1.4), (14.1.9) gilt

$$\lim_{M\to\infty} E\{e(k)\}|_{\hat{\theta}=\theta_0} = \lim_{M\to\infty} E\{\bar{n}(k) + a_1\bar{n}(k-1) + \cdots + a_m\bar{n}(k-m)\} = 0 \qquad (14.1.15)$$

falls $E\{n(k)\} = 0$, und somit

$$\lim_{M\to\infty} E\{\hat{\boldsymbol{\theta}} - \boldsymbol{\theta}_0\} = \lim_{M\to\infty} E\{[\boldsymbol{R}^T\boldsymbol{R}]^{-1}\boldsymbol{R}^T\boldsymbol{e}\} = \boldsymbol{0} \qquad (14.1.16)$$

$$\lim_{M\to\infty} E\{(\hat{\boldsymbol{\theta}} - \boldsymbol{\theta}_0)(\hat{\boldsymbol{\theta}} - \boldsymbol{\theta}_0)^T\} = \lim_{M\to\infty} E\{[\boldsymbol{R}^T\boldsymbol{R}]^{-1}\boldsymbol{R}^T\boldsymbol{e}^T\boldsymbol{e}\boldsymbol{R}[\boldsymbol{R}^T\boldsymbol{R}]^{-1}\} = \boldsymbol{0} . \qquad (14.1.17)$$

Die Wahl von l ist so zu treffen, daß bei nichtperiodischen Eingangssignalen alle Werte $y(k)$ eines transitorischen Ablaufes erfaßt werden.

Eine untere Schranke ergibt sich durch $l \geqq 2m$, also durch die Zahl der zu schätzenden Parameter. Eine obere Schranke wird durch

$$\det[\boldsymbol{R}^T\boldsymbol{R}] \neq 0 \qquad (14.1.18)$$

vorgegeben. Die Matrix $\boldsymbol{R}^T\boldsymbol{R}$ wird näherungsweise singulär, wenn durch zu große l, also durch zuviel Werte aus dem neuen Beharrungszustand, ihre Zeilen näherungsweise linear abhängig werden.

Ein Sonderfall dieses Parameterschätzverfahrens entsteht, wenn die Antwortfunktion gleich einer Gewichtsfunktion ist, also $y_i(k) = g(k)$. Es ist dann $u(0) \neq 0$ und $u(k) = 0$ für $k \neq 0$ zu setzen, Isermann u.a. (1973b), vgl. Gl. (14.2.23).

Der Unterschied dieser zweistufigen Methode zur einstufigen Methode der kleinsten Quadrate nach Kap. 8 besteht darin, daß die Ausgangswerte vor der Parameterschätzung gemittelt werden und somit eine erste Verminderung des Störsignaleinflusses erreicht wird. Außerdem wird dadurch das Biasproblem bei korreliertem Fehlersignal umgangen.

14.2 Korrelationsanalyse und Methode der kleinsten Quadrate (COR-LS)

Wenn als Eingangssignal ein stationäres stochastisches oder pseudo-stochastisches Signal verwendet wird, dann gilt für die Autokorrelationsfunktion des Eingangssignales

$$\Phi_{uu}(\tau) = \lim_{N\to\infty} \frac{1}{N+1} \sum_{k=0}^{N} u(k)u(k-\tau) \tag{14.2.1}$$

und für die Kreuzkorrelationsfunktion aus Ein- und Ausgangssignal

$$\Phi_{uy}(\tau) = \lim_{N\to\infty} \frac{1}{N+1} \sum_{k=0}^{N} u(k-\tau)y(k)\,. \tag{14.2.2}$$

Die Korrelationsfunktionen können dabei auch rekursiv ermittelt werden. Gemäß Abschnitt 6.1.3 gilt dann

$$\hat{\Phi}_{uy}(\tau, k) = \hat{\Phi}_{uy}(\tau, k-1) + \frac{1}{k+1}[u(k-\tau)y(k) - \hat{\Phi}_{uy}(\tau, k-1)]\,, \tag{14.2.3}$$

wobei für die Gewichtung der neuen Meßwerte auch noch andere Möglichkeiten bestehen.

Für das Prozeßmodell gelte die Differenzengleichung

$$\begin{aligned} y(k) = &-a_1 y(k-1) - a_2 y(k-2) - \cdots - a_m y(k-m) + b_1 u(k-d-1) \\ &+ b_2 u(k-d-2) + \cdots + b_m u(k-d-m)\,. \end{aligned} \tag{14.2.4}$$

Nach Multiplikation mit $u(k-\tau)$ und Bilden des Erwartungswertes erhält man gemäß Abschnitt 2.2 die Differenzengleichung für die Korrelationsfunktion

$$\begin{aligned} \Phi_{uy}(\tau) = &-a_1 \Phi_{uy}(\tau-1) - a_2 \Phi_{uy}(\tau-2) - \cdots - a_m \Phi_{uy}(\tau-m) \\ &+ b_1 \Phi_{uu}(\tau-d-1) + b_2 \Phi_{uu}(\tau-d-2) \\ &+ \cdots + b_m \Phi_{uu}(\tau-d-m)\,. \end{aligned} \tag{14.2.5}$$

Diese Beziehung ist die grundlegende Gleichung für das folgend beschriebene Parameterschätzverfahren, Isermann u.a. (1973b), (1974a), (1975). Ein ähnliches Verfahren wurde von Scheurer (1973) angegeben. Es sei angemerkt, daß Gl. (14.2.5) auch dann entsteht, wenn Gl. (14.2.4) mit $u(k-\tau)$ multipliziert wird und wenn dann der Mittelwert über eine endliche Anzahl N von Produkten gebildet wird. Zur Bezeichnung dieser Mittelwerte seien jedoch die Symbole für die exakten Korrelationsfunktionen verwendet. Somit gilt Gl. (14.2.5) auch für

$$\hat{\Phi}_{uy}(\tau) = \frac{1}{N+1} \sum_{k=0}^{N} u(k-\tau)y(k)\,. \tag{14.2.6}$$

Die zur Parameterschätzung verwendeten Kreuzkorrelationsfunktionswerte seien $\Phi_{uy}(\tau) \neq 0$ im Bereich $-P \leqq \tau \leqq M$ und es sei $\Phi_{uy}(\tau) \approx 0$ für $\tau < -P$ und $\tau > M$, vgl. Bild 14.1. Dann gilt das folgende Gleichungssystem

$$
\begin{bmatrix}
\Phi_{uy}(-P+m) \\
\vdots \\
\Phi_{uy}(-1) \\
\Phi_{uy}(0) \\
\Phi_{uy}(1) \\
\vdots \\
\Phi_{uy}(M)
\end{bmatrix}
=
\left[\begin{array}{ccc|}
-\Phi_{uy}(-P+m-1) & \cdots & -\Phi_{uy}(-P) \\
\vdots & & \vdots \\
-\Phi_{uy}(-2) & \cdots & -\Phi_{uy}(-1-m) \\
-\Phi_{uy}(-1) & \cdots & -\Phi_{uy}(-m) \\
-\Phi_{uy}(0) & \cdots & -\Phi_{uy}(1-m) \\
\vdots & & \vdots \\
-\Phi_{uy}(M-1) & \cdots & -\Phi_{uy}(M-m)
\end{array}\right.
$$

$$
\left.\begin{array}{ccc}
\Phi_{uu}(-P+m-d-1) & \cdots & \Phi_{uu}(-P-d) \\
\vdots & & \vdots \\
\Phi_{uu}(-d-2) & \cdots & \Phi_{uu}(-1-d-m) \\
\Phi_{uu}(-d-1) & \cdots & \Phi_{uu}(-d-m) \\
\Phi_{uu}(-d) & \cdots & \Phi_{uu}(1-d-m) \\
\vdots & & \vdots \\
\Phi_{uu}(M-d-1) & \cdots & \Phi_{uu}(M-d-m)
\end{array}\right]
\begin{bmatrix}
a_1 \\ a_2 \\ \vdots \\ a_m \\ b_1 \\ b_2 \\ \vdots \\ b_m
\end{bmatrix}
$$

$$
\hat{\boldsymbol{\Phi}}_{uy} = \boldsymbol{S} \cdot \boldsymbol{\theta}. \tag{14.2.7}
$$

Gl. (14.2.7) kann als Vorhersage von Werten $[\hat{\Phi}_{uy}(\tau)]_M$ aufgrund des Modelles

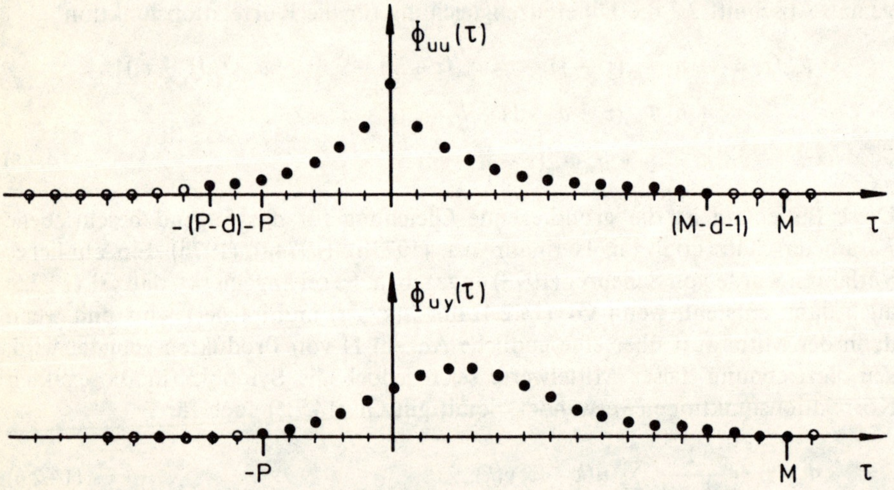

Bild 14.1. Zur Parameterschätzung verwendete Korrelationsfunktionswerte bei farbigem Rauschen als Eingangssignal

Gl. (14.2.4) bzw. (14.2.5) und aufgrund der vergangenen Werte $\hat{\Phi}_{uy}(\tau-1), \ldots,$ $\hat{\Phi}_{uy}(\tau-m)$ und $\hat{\Phi}_{uu}(\tau-d-1), \ldots, \hat{\Phi}_{uu}(\tau-d-m)$ aufgefaßt werden.

In Vektorform lautet diese Vorhersage

$$[\hat{\Phi}_{uy}]_M = \boldsymbol{S}\boldsymbol{\theta} \,. \tag{14.2.8}$$

Als Gleichungsfehler sei definiert

$$\boldsymbol{e} = \hat{\boldsymbol{\Phi}}_{uy} - [\hat{\boldsymbol{\Phi}}_{uy}]_M \,, \tag{14.2.9}$$

also der Fehler zwischen der neuen Beobachtung und seiner Vorhersage durch das Modell. Die Anwendung der Methode der kleinsten Quadrate liefert dann nach Minimieren der Verlustfunktion

$$V = \boldsymbol{e}^{\mathrm{T}}\boldsymbol{e} = \sum_{\tau=-P+m}^{M} e^2(\tau) \tag{14.2.10}$$

nach Kapitel 8 die Schätzgleichung

$$\hat{\boldsymbol{\theta}} = [\boldsymbol{S}^{\mathrm{T}}\boldsymbol{S}]^{-1}\boldsymbol{S}^{\mathrm{T}}\hat{\boldsymbol{\Phi}}_{uy} \,. \tag{14.2.11}$$

Bild 14.2 zeigt eine identifizierte Korrelationsfunktion (Gewichtsfunktion), die große Streuungen aufweist. Nach Anwenden der Parameterschätzung nach Gl. (14.2.11) ergibt sich eine Glättung und eine wesentlich bessere Übereinstimmung mit der exakten Gewichtsfunktion.

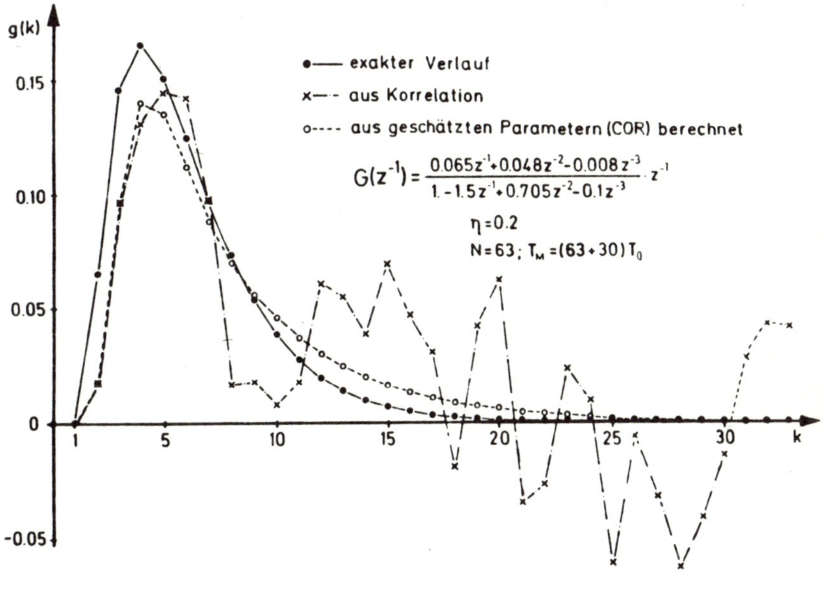

Bild 14.2. Identifizierte Gewichtsfunktionen nach Anwenden eines nicht-parametrischen Identifikationsverfahrens (Korrelationsanalyse) und eines parametrischen Identifikationsverfahrens (Korrelation und Parameterschätzung)

Es wird nun die Konvergenz der Schätzung untersucht. Nach Kapitel 6 ist

$$\lim_{N\to\infty} E\{\hat{\Phi}_{uu}(\tau)\} = \Phi^0_{uu}(\tau) \tag{14.2.12}$$

$$\lim_{N\to\infty} E\{\hat{\Phi}_{uy}(\tau)\} = \Phi^0_{uy}(\tau) \tag{14.2.13}$$

falls $E\{n(k)\} = 0$ und $E\{u(k-\tau)n(k)\} = 0$.

Somit konvergieren die endlichen Mittelwerte nach Gl. (14.2.6) gegen die exakten Werte der Korrelationsfunktionen und es folgt, falls das verwendete Modell in Struktur und Ordnung exakt mit dem Prozeß übereinstimmt

$$\lim_{N\to\infty} E\{\boldsymbol{e}\} = \lim_{N\to\infty} E\{[\hat{\boldsymbol{\Phi}}_{uy} - \hat{\boldsymbol{\Phi}}_{uy}]_M\} = \boldsymbol{0}\,. \tag{14.2.14}$$

Mit der Annahme, daß die Prozeßparameter erwartungstreu geschätzt werden, folgt aus den Gln. (14.2.11), (14.2.9) und (14.2.8) (s. auch Gl. (8.1.32) ff.)

$$\lim_{N\to\infty} E\{\hat{\boldsymbol{\theta}}\} = \boldsymbol{\theta}_0 + \lim_{N\to\infty} E\{[\boldsymbol{S}^{\mathrm{T}}\boldsymbol{S}]^{-1}\boldsymbol{S}^{\mathrm{T}}\boldsymbol{e}\}\,. \tag{14.2.15}$$

Da der zweite Term wegen Gl. (14.2.14) verschwindet, wird die Bedingung für die gerade getroffene Annahme erfüllt. Somit gilt

$$\lim_{N\to\infty} E\{\hat{\boldsymbol{\theta}}\} = \boldsymbol{\theta}_0\,. \tag{14.2.16}$$

Für die Kovarianz der Schätzwerte gilt

$$\begin{aligned} E\{(\hat{\boldsymbol{\theta}} - \boldsymbol{\theta}_0)(\hat{\boldsymbol{\theta}} - \boldsymbol{\theta})^{\mathrm{T}}\} &= E\{[[\boldsymbol{S}^{\mathrm{T}}\boldsymbol{S}]^{-1}\boldsymbol{S}^{\mathrm{T}}\boldsymbol{e}][[\boldsymbol{S}^{\mathrm{T}}\boldsymbol{S}]^{-1}\boldsymbol{S}^{\mathrm{T}}\boldsymbol{e}]^{\mathrm{T}}\} \\ &= E\{[\boldsymbol{S}^{\mathrm{T}}\boldsymbol{S}]^{-1}\boldsymbol{S}^{\mathrm{T}}\boldsymbol{e}^{\mathrm{T}}\boldsymbol{e}\boldsymbol{S}[\boldsymbol{S}^{\mathrm{T}}\boldsymbol{S}]^{-1}\} \end{aligned}$$

und mit Gl. (14.2.14) folgt

$$\lim_{N\to\infty} E\{(\hat{\boldsymbol{\theta}} - \boldsymbol{\theta}_0)(\hat{\boldsymbol{\theta}} - \boldsymbol{\theta}_0)^{\mathrm{T}}\} = \boldsymbol{0}\,. \tag{14.2.17}$$

Die Parameterschätzwerte sind also konsistent im quadratischen Mittel.

Diese Parameterschätzmethode kann in der ersten Stufe nichtrekursiv oder rekursiv angewendet werden.

Nichtrekursive Version:

a) $u(k)$ und $y(k)$ werden gespeichert.
b) $\Phi_{uy}(\tau)$ und, falls erforderlich, $\Phi_{uu}(\tau)$ werden entsprechend Gl. (14.2.6) bestimmt. $\hat{\boldsymbol{\theta}}$ wird nach Gl. (14.2.11) geschätzt.

Rekursive Version:

a) $\Phi_{uy}(\tau, k)$ und, falls erforderlich, $\Phi_{uu}(\tau, k)$ werden nach Gl. (14.2.3) nach jedem Abtastschritt rekursiv bestimmt. $u(k)$ und $y(k)$ müssen dann nicht gespeichert werden.
b) $\hat{\boldsymbol{\theta}}$ wird nach Gl. (14.2.11) nach jedem Abtastschritt, oder, falls dies nicht erforderlich ist, nach größeren Zeitabschnitten geschätzt.

Die beschriebene Methode der Korrelationsanalyse und kleinsten Quadrate

(COR-LS) unterscheidet sich von der ursprünglichen Methode der kleinsten Quadrate (LS), Kap. 8, z.B. in folgenden Eigenschaften:

a) Anstelle der $(N \times 2m)$ Matrix $\boldsymbol{\Psi}$ wird die $(P + M - m + 1) \times (2m)$ Matrix $\boldsymbol{S}$ verarbeitet, also im allgemeinen eine Matrix kleinerer Dimension. Die Matrizen $[\boldsymbol{\Psi}^T \boldsymbol{\Psi}]$ und $[\boldsymbol{S}^T \boldsymbol{S}]$ haben jedoch beide dieselbe Dimension $(2m \times 2m)$.
b) Die Methode COR-LS verwendet $(P + M + 1)$ Werte der KKF, die Methode LS $(2m - 1)$ Werte. Bei entsprechender Wahl von P und M können also bei COR-LS mehr Werte von $\Phi_{uy}(\tau)$ berücksichtigt werden.
c) Es ergeben sich konsistente Parameterschätzwerte für beliebige stationäre Störsignale.

Bei der grundlegenden Differenzengleichung Gl. (14.2.4) wurden nur die Änderungen der Signale

$$y(k) = Y(k) - Y_{00}; \qquad u(k) = U(k) - U_{00}$$

betrachtet. Setzt man diese Beziehungen in Gl. (14.2.4) ein und ermittelt Gl. (14.2.5), dann läßt sich zeigen, daß die Wahl von Y_{00} keinen Einfluß auf die Parameterschätzung hat, sofern

$$U_{00} = E\{u(k)\} = 0 .$$

Sind die Gleichwerte unbekannt, dann kann man wie in Abschnitt 8.1.4 beschrieben vorgehen, also insbesondere durchführen:

— Elimination der Gleichwerte durch Differenzenbildung
— Implizite Schätzung eines Gleichwertparameters
— Explizite Schätzung eines Gleichwertparameters.

Bei impliziter Gleichwertschätzung folgt aus

$$Y(k) + a_1 Y(k-1) + \cdots + a_m Y(k-m) = b_1 U(k-d-1) + \cdots + b_m U(k-d-m) + K_0 \qquad (14.2.18)$$

für die Korrelationsfunktion

$$\left.\begin{aligned} \hat{\Phi}_{UU}(\tau) &= \frac{1}{N+1} \sum_{k=0}^{N} U(k) U(k-\tau) \\ \hat{\Phi}_{UY}(\tau) &= \frac{1}{N+1} \sum_{k=0}^{N} U(k-\tau) Y(k) \end{aligned}\right\} \qquad (14.2.19)$$

und mit dem Parametervektor $\boldsymbol{\theta}_*$, Gl. (8.1.93), lautet Gl. (14.2.7)

$$\hat{\boldsymbol{\Phi}}_{UY} = \underbrace{\left[\begin{array}{c|c} \boldsymbol{S} & \begin{matrix} 1 \\ \vdots \\ 1 \end{matrix} \end{array}\right]}_{\boldsymbol{S}_*} \boldsymbol{\theta}_* \qquad (14.2.20)$$

und die Schätzgleichung

$$\hat{\boldsymbol{\theta}}_* = [\boldsymbol{S}_*^{\mathrm{T}} \boldsymbol{S}_*]^{-1} \boldsymbol{S}_*^{\mathrm{T}} \hat{\boldsymbol{\Phi}}_{UY} \,. \tag{14.2.21}$$

Das bisher beschriebene Verfahren gilt für beliebige Autokorrelationsfunktion des Eingangssignals, also für ein beliebig farbiges, stationäres stochastisches Signal, das anregend von genügend hoher Ordnung ist, so daß det $[\boldsymbol{S}^{\mathrm{T}}\boldsymbol{S}] \neq 0$, Wenn das Eingangssignal jedoch *weißes Rauschen* ist, vereinfachen sich die Gleichungen. Mit der Autokorrelationsfunktion für das weiße Rauschen

$$\Phi_{uu}(\tau) = 0 \quad \text{für } |\tau| \neq 0$$

$$\Phi_{uu}(0) \neq 0$$

und mit

$$\Phi_{uy}(\tau) = 0 \quad \text{für } \tau < 0$$

gilt dann nach Gl. (6.2.7)

$$\hat{g}(\tau) = \frac{1}{\Phi_{uu}(0)} \hat{\Phi}_{uy}(\tau) \tag{14.2.22}$$

und aus Gl. (14.1.10) folgt

$$\begin{bmatrix} g(1+d) \\ g(2+d) \\ \vdots \\ g(l+d) \end{bmatrix} = \left[\begin{array}{ccc|cccc} -g(d) & \cdots & -g(1+d-m) & 1 & 0 & \cdots & 0 \\ -g(1+d) & \cdots & -g(2+d-m) & 0 & 1 & & 0 \\ \vdots & & \vdots & \vdots & \vdots & \ddots & \vdots \\ & & & & & & 1 \\ -g(l+d-1) & \cdots & -g(l+d-m) & 0 & 0 & & 0 \end{array}\right] \begin{bmatrix} a_1 \\ \vdots \\ a_m \\ b_1 \\ \vdots \\ b_m \end{bmatrix} \tag{14.2.23}$$

$$\boldsymbol{g} = \boldsymbol{Q}\boldsymbol{\theta} \,. \tag{14.2.23}$$

Wendet man auf dieses Gleichungssystem die Methode der kleinsten Quadrate an, dann wird

$$\hat{\boldsymbol{\theta}} = [\boldsymbol{Q}^{\mathrm{T}}\boldsymbol{Q}]^{-1}\boldsymbol{Q}^{\mathrm{T}}\boldsymbol{g} \,. \tag{14.2.24}$$

Wird ein PRBS verwendet, dessen Taktzeit λ gleich der Abtastzeit T_0 ist, dessen Periode N und dessen Amplitude a ist, dann lautet seine Autokorrelationsfunktion

$$\Phi_{uu}(\tau) = \begin{cases} a^2 \\ -\dfrac{a^2}{N} = -\alpha & \text{für } |\tau| \neq 0 \end{cases} \tag{14.2.25}$$

und aus Gl. (14.2.7) folgt, vgl. Bild 14.3,

$$\begin{bmatrix} \Phi_{uy}(1) \\ \Phi_{uy}(2) \\ \vdots \\ \Phi_{uy}(1+d) \\ \vdots \\ \Phi_{uy}(M) \end{bmatrix} = \left[\begin{array}{ccc|ccc} & & & -\alpha & \cdots & -\alpha \\ -\Phi_{uy}(0) & \cdots & -\Phi_{uy}(1-m) & -\alpha & \cdots & -\alpha \\ -\Phi_{uy}(1) & \cdots & -\Phi_{uy}(2-m) & \vdots & & \\ \vdots & & \vdots & \Phi_{uu}(0) & \cdots & -\alpha \\ -\Phi_{uy}(d) & \cdots & -\Phi_{uy}(1+d-m) & -\alpha & \ddots & \vdots \\ \vdots & & \vdots & \vdots & & \Phi_{uu}(0) \\ -\Phi_{uy}(M-1) & \cdots & -\Phi_{uy}(M-m) & -\alpha & & -\alpha \end{array}\right] \begin{bmatrix} a_1 \\ \vdots \\ a_m \\ b_1 \\ \vdots \\ b_m \end{bmatrix}$$

$$\Phi'_{uy} = S' \cdot \theta \, . \tag{14.2.26}$$

Die Parameterschätzung ist dann

$$\hat{\theta} = [S'^{\mathrm{T}} S']^{-1} S'^{\mathrm{T}} \Phi'_{uy} \, . \tag{14.2.27}$$

Außer den in der Einführung zu Teil C genanntenVorteilen einer zweistufigen Parameterschätzung verfügt diese *Korrelationsanalyse mit Parameterschätzung* noch über andere Vorzüge. In der rekursiven Version müssen keine Startmatrix

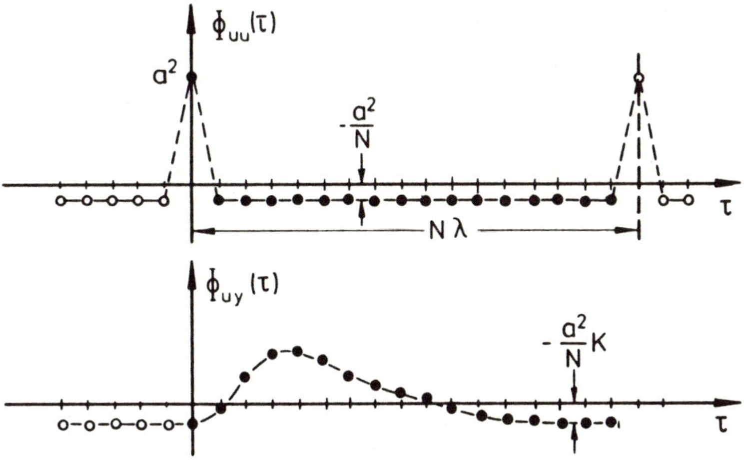

Bild 14.3. Zur Parameterschätzung verwendete Korrelationsfunktionswerte bei einem PRBS als Eingangssignal. $\lambda = T_0$. K, Verstärkungsfaktor des Prozesses

und keine Anfangswerte der Parameter gewählt werden. Eine Divergenz der Schätzwerte ist unter den getroffenen Voraussetzungen nicht möglich. Im Vergleich zu den anderen erwartungstreuen Parameterschätzverfahren hat diese Methode eine kleine Rechenzeit, wenig Speicherplatzbedarf und liefert besonders gute Ergebnisse, vgl. Kapitel 18. Sie kann ferner, im Unterschied zu anderen Parameterschätzmethoden auch bei Störungen des Eingangssignales eingesetzt werden, siehe Abschnitt 20.5.

14.3 Zusammenfassung

Die zweistufigen Parameterschätzmethoden mit nichtparametrischem Zwischenmodell haben im Vergleich zu den einstufigen Methoden den Vorzug, daß zunächst keine Annahmen über die Ordnung und Totzeit gemacht werden müssen und daß das Zwischenmodell besonders bei einer On-line-Identifikation gut zur Beurteilung des Versuchs geeignet ist. Eine folgende Suche der passenden Ordnungszahl und Totzeit ist wegen der vorausgegangenen Datenreduktion mit relativ geringem Aufwand möglich. Die beschriebenen Methoden liefern ferner für beliebige stationäre Störsignale im quadratischen Mittel konsistente Parameterschätzwerte. Besonders COR–LS hat sich als eine robuste Parameterschätzmethode erwiesen. Ein Vergleich mit anderen Methoden wird in Kap. 18 und Anwendungen werden in Kap. 29 gebracht.

15 Rekursive Parameterschätzmethoden

Die aus den verschiedenen Parameterschätzmethoden abgeleiteten rekursiven Schätzalgorithmen weisen einen ähnlichen Aufbau auf. Dies wird noch deutlicher, wenn man sie in einer *einheitlichen Form* darstellt, was in Abschnitt 15.1 gezeigt wird. Bei der praktischen Anwendung spielt die Konvergenz der rekursiven Schätzalgorithmen eine wichtige Rolle. Ausgehend von der vereinheitlichten Darstellung werden deshalb in Abschnitt 15.2 eine kurze Ableitung und die Ergebnisse verschiedener Ansätze zur Konvergenzanalyse angegeben. Hierunter sind z.B. Ljapunov-Funktionen in rekursiver Form, Approximationen der zeitdiskreten Algorithmen durch Differentialgleichungen und Anwendungen der Martingale-Konvergenz-Theorie.

15.1 Einheitliche Darstellung rekursiver Parameterschätzmethoden

Die rekursiven Parameterschätzalgorithmen RLS, RELS, RIV, RML und STA lassen sich einheitlich wie folgt darstellen, siehe Tabelle 15.1:

$$\hat{\boldsymbol{\theta}}(k+1) = \hat{\boldsymbol{\theta}}(k) + \boldsymbol{\gamma}(k)\,e(k+1) \tag{15.1.1}$$

$$\boldsymbol{\gamma}(k) = \mu(k+1)\,\boldsymbol{P}(k)\,\boldsymbol{\varphi}(k+1) \tag{15.1.2}$$

$$e(k+1) = y(k+1) - \boldsymbol{\psi}^{\mathrm{T}}(k+1)\,\hat{\boldsymbol{\theta}}(k)\,. \tag{15.1.3}$$

Sie unterscheiden sich zunächst, je nach Berücksichtigung eines Störsignalmodells oder nicht, im Parametervektor $\hat{\boldsymbol{\theta}}$ und Datenvektor $\boldsymbol{\psi}^{\mathrm{T}}(k+1)$. Die weiteren Unterschiede treten in der Bildung des Korrekturvektors $\boldsymbol{\gamma}(k)$ auf, wobei besonders der neu festgelegte Datenvektor $\boldsymbol{\varphi}(k+1)$ die jeweilige Methode charakterisiert. $\mu(k+1)$ ist ein Zahlenwert. Auf diese einheitliche Form lassen sich auch die rekursiven Referenzmodellverfahren mit Ausgangsfehler bringen, Matko und Schumann (1982).

Mit Hilfe dieser einheitlichen Darstellung wird der modulare Aufbau von Rechenprogrammen mit verschiedenen rekursiven Schätzverfahren erleichtert.

Diese rekursiven Parameterschätzverfahren lassen sich nun noch weiter modifizieren. Führt man nach den Gln. (8.3.36) bis (8.3.38) eine exponentiell nachlassende Gewichtung vergangener Meßwerte (Vergessensfaktor λ), aber mit zeitvariablem $\lambda(k)$ und eine Gewichtung $\beta(k)$ der neuesten Meßwerte ein, dann gilt, Schumann

Tabelle 15.1. Einheitliche Darstellung rekursiver Parameterschätzalgorithmen für $b_0=0$ und $d=0$ $\hat{\boldsymbol{\theta}}(k+1)=\hat{\boldsymbol{\theta}}(k)+\gamma(k)\,e(k+1)$; $\gamma(k)=\mu(k+1)\,\boldsymbol{P}(k)\,\boldsymbol{\varphi}(k+1)$; $e(k+1)=y(k+1)-\boldsymbol{\psi}^{\mathrm{T}}(k+1)\,\hat{\boldsymbol{\theta}}(k)$. Die Festlegung der Elemente von $\boldsymbol{\varphi}(k+1)$ im Falle RIV und RML ist in den entsprechenden früheren Kapiteln angegeben

Methode	$\hat{\boldsymbol{\theta}}$	$\boldsymbol{\psi}^{\mathrm{T}}(k+1)$	$\mu(k+1)$	$\boldsymbol{P}(k+1)$	$\boldsymbol{\varphi}(k+1)$	Erwartungstreu und konsistent f. Störfilter
RLS	$[\hat{a}_1 \ldots \hat{a}_m \mid \hat{b}_1 \ldots \hat{b}_m]^{\mathrm{T}}$	$[-y(k) \ldots -y(k-m+1)$ $u(k) \ldots u(k-m+1)]$	$\dfrac{1}{1+\boldsymbol{\psi}^{\mathrm{T}}(k+1)\,\boldsymbol{P}(k)\,\boldsymbol{\psi}(k+1)}$	$[\boldsymbol{I}-\gamma(k)\,\boldsymbol{\psi}^{\mathrm{T}}(k+1)]\,\boldsymbol{P}(k)$	$\boldsymbol{\psi}(k+1)$	$1/A(z^{-1})$
RIV		wie RLS	$\dfrac{1}{1+\boldsymbol{\psi}^{\mathrm{T}}(k+1)\,\boldsymbol{P}(k)\,\boldsymbol{\varphi}(k+1)}$	$[\boldsymbol{I}-\gamma(k)\,\boldsymbol{\varphi}^{\mathrm{T}}(k+1)]\,\boldsymbol{P}(k)$	$[-h(k) \ldots -h(k-m+1)$ $u(k) \ldots u(k-m+1)]$	$D(z^{-1})/C(z^{-1})$
STA		wie RLS	1	$\rho(k+1)\,\boldsymbol{I}=\dfrac{\alpha}{k+1}\boldsymbol{I}$	$\boldsymbol{\psi}(k+1)$	$1/A(z^{-1})$
RELS	$[\hat{a}_1 \ldots \hat{a}_m \mid \hat{b}_1 \ldots \hat{b}_m \mid \hat{d}_1 \ldots \hat{d}_m]^{\mathrm{T}}$	$[-y(k) \ldots -y(k-m+1)$ $u(k) \ldots u(k-m,+1)$ $e(k) \ldots e(k-m+1)]$	wie RLS	wie RLS	$\boldsymbol{\psi}(k+1)$	$D(z^{-1})/A(z^{-1})$
RML		wie RELS	$\dfrac{1}{1+\boldsymbol{\varphi}^{\mathrm{T}}(k+1)\,\boldsymbol{P}(k)\,\boldsymbol{\varphi}(k+1)}$	$[\boldsymbol{I}-\gamma(k)\,\boldsymbol{\varphi}^{\mathrm{T}}(k+1)]\,\boldsymbol{P}(k)$	$[-y'(k) \ldots -y'(k-m+1)$ $u'(k) \ldots u'(k-m'1)$ $e'(k) \ldots e'(k-m'1)]$	$D(z^{-1})/A(z^{-1})$

(1982):

$$\hat{\boldsymbol{\theta}}(k+1) = \hat{\boldsymbol{\theta}}(k) + \beta(k+1)\boldsymbol{P}(k+1)\boldsymbol{\varphi}(k+1)e(k+1)$$

$$= \hat{\boldsymbol{\theta}}(k) + \frac{1}{\beta(k+1)\boldsymbol{\chi}^{\mathrm{T}}(k+1)\boldsymbol{P}(k)\boldsymbol{\varphi}(k+1) + \lambda(k+1)}$$

$$\times \beta(k+1)\boldsymbol{P}(k)\cdot\boldsymbol{\varphi}(k+1)e(k+1) \tag{15.1.4}$$

$$\boldsymbol{P}^{-1}(k+1) = \lambda(k+1)\boldsymbol{P}^{-1}(k) + \beta(k+1)\boldsymbol{\varphi}(k+1)\boldsymbol{\chi}^{\mathrm{T}}(k+1) \tag{15.1.5}$$

$$0 < \lambda(k) \leqq 1 \qquad 0 < \beta(k) \leqq 1 \tag{15.1.6}$$

mit

$$\boldsymbol{\chi}(k+1) = \boldsymbol{\psi}(k+1) \quad \text{für RLS, RELS, RIV} \tag{15.1.7}$$

$$\boldsymbol{\chi}(k+1) = \boldsymbol{\varphi}(k+1) \quad \text{für RML}\,. \tag{15.1.8}$$

Diese Form ist vor allem für die Konvergenzanalyse geeignet.

15.2 Konvergenz rekursiver Parameterschätzmethoden

Für einige rekursive Parameterschätzmethoden kann das Konvergenzverhalten analytisch untersucht werden. Dabei sind der deterministische Fall (ohne Störsignale) und der stochastische Fall (mit stochastischen Störsignalen) zu unterscheiden. Das deterministische Verhalten kann durch Ansetzen geeigneter Ljapunov-Funktionen analysiert werden. Bei stochastischen Störsignalen haben sich die Approximation durch eine gewöhnliche Differentialgleichung (ODE-Methode) oder, ebenfalls über Ljapunov-Funktionen, die Anwendung der Martingale-Theorie bewährt. Im folgenden werden bisher bekannt gewordene Konvergenzaussagen kurz abgeleitet und zusammenfassend dargestellt. Dabei wird von der einheitlichen Darstellung der Schätzalgorithmen nach Gln. (15.1.4) bis (15.1.6) und Tabelle 15.1 ausgegangen.

Die folgenden Angaben beschränken sich hauptsächlich auf die Parameterschätzverfahren RLS, RELS und RML. Dann können folgende Beziehungen verwendet werden.

Führt man den Zeitverschiebeoperator q^{-1} ein, so daß

$$y(k-1) = q^{-1}y(k); \quad y(k-2) = q^{-2}y(k); \text{ usw.} \tag{15.2.1}$$

dann gilt für den Prozeß das ARMAX-Modell, Gl. (9.2.8),

$$y(k) = [1 - A(q^{-1})]\,y(k) + B(q^{-1})\,u(k) + D(q^{-1})\,v(k) \tag{15.2.2}$$

$$\left.\begin{aligned} A(q^{-1}) &= 1 + a_1 q^{-1} + \cdots + a_m q^{-m} \\ B(q^{-1}) &= b_1 q^{-1} + \cdots + b_m q^{-m} \\ D(q^{-1}) &= 1 + d_1 q^{-1} + \cdots + d_m q^{-m}\,. \end{aligned}\right\} \tag{15.2.3}$$

Bei der Parameterschätzung wird üblicherweise der *A-priori-Fehler*

$$e(k) = y(k) - \boldsymbol{\psi}^{T}(k)\,\hat{\boldsymbol{\theta}}(k-1) \tag{15.2.4}$$

zugrunde gelegt, (RLS: Gl. (8.1.14), RELS: Gl. (9.2.9), RML: Gl. (12.2.13)). Berechnet man diesen Fehler nach der Schätzung mit den jüngsten Meßwerten $y(k)$ und $u(k)$, dann erhält man den *A-posteriori-Fehler*

$$e_0(k) = y(k) - \boldsymbol{\psi}^{T}(k)\,\hat{\boldsymbol{\theta}}(k)\,. \tag{15.2.5}$$

Da bei den Methoden RELS und RML anstelle von $v(k)$ der A-priori-Fehler $e(k)$ verwendet wird, Gl. (9.2.11) und (12.2.13), gilt für das Schätzmodell

$$y(k) = [1 - \hat{A}(q^{-1})]\,y(k) + \hat{B}(q^{-1})u(k) + \hat{D}(q^{-1})\,e(k)\,. \tag{15.2.6}$$

Subtraktion der Gln. (15.2.6) und (15.2.2) und Ergänzen mit $D(q^{-1})\,e(k)$ liefert

$$D(q^{-1})\,[e(k) - v(k)] = -\,\boldsymbol{\psi}^{T}(k)\,\Delta\hat{\boldsymbol{\theta}}(k) \tag{15.2.7}$$

wobei die Parameterfehler

$$\Delta\hat{\boldsymbol{\theta}}(k) = \hat{\boldsymbol{\theta}}(k) - \boldsymbol{\theta}_0 \tag{15.2.8}$$

sind. Nach Gl. (15.1.4) ist

$$\Delta\hat{\boldsymbol{\theta}}(k) = \Delta\hat{\boldsymbol{\theta}}(k-1) + \beta(k)\,\boldsymbol{P}(k)\,\boldsymbol{\varphi}(k)\,e(k)\,. \tag{15.2.9}$$

Setzt man $\boldsymbol{\chi}(k) = \boldsymbol{\psi}(k)$, dann folgt für RLS, RELS und RIV aus den Gln. (15.2.4), (15.2.5), (15.2.9) und (8.2.14)

$$\begin{aligned} e_0(k) &= e(k) - \boldsymbol{\psi}^{T}(k)\,[\hat{\boldsymbol{\theta}}(k) - \hat{\boldsymbol{\theta}}(k-1)] \\ &= e(k)\,[1 - \beta(k)\,\boldsymbol{\psi}^{T}(k)\,\boldsymbol{P}(k)\,\boldsymbol{\varphi}(k)] \\ &= e(k)\,\frac{\lambda(k)}{\lambda(k) + \beta(k)\,\boldsymbol{\psi}^{T}(k)\,\boldsymbol{P}(k-1)\,\boldsymbol{\varphi}(k)}\,. \end{aligned} \tag{15.2.10}$$

Setzt man dies in Gl. (15.2.9) ein und berücksichtigt die aus dem Matrizeninversionssatz folgende Beziehung (Anhang A6)

$$\boldsymbol{P}(k)\,\boldsymbol{\varphi}(k) = \frac{\boldsymbol{P}(k-1)\,\boldsymbol{\varphi}(k)}{\lambda(k) + \beta(k)\,\boldsymbol{\psi}^{T}(k)\,\boldsymbol{P}(k-1)\,\boldsymbol{\varphi}(k)}$$

dann erhält man anstelle von Gl. (15.2.9) eine Rekursionsbeziehung mit dem A-posteriori-Fehler

$$\Delta\hat{\boldsymbol{\theta}}(k) = \Delta\hat{\boldsymbol{\theta}}(k-1) + \frac{\beta(k)}{\lambda(k)}\,\boldsymbol{P}(k-1)\,\boldsymbol{\varphi}(k)\,e_0(k) \tag{15.2.11}$$

vgl. Schumann (1982), (1986).

15.2.1 Konvergenz im deterministischen Fall

Wenn keine stochastischen Störsignale einwirken, wird man nur die RLS-Methode verwenden. Es wird nun die Ljapunov-Funktion

$$V(k) = \Delta\hat{\boldsymbol{\theta}}^{\mathrm{T}}(k)\,\boldsymbol{P}^{-1}(k)\,\Delta\hat{\boldsymbol{\theta}}(k) \geqq 0 \tag{15.2.12}$$

verwendet, in der die Parameterschätzfehler mit der symmetrischen, positiv (semi) definiten Inversen der Kovarianzmatrix $\boldsymbol{P}$, Gl. (8.1.24), gewichtet werden, de Larminat (1979), Schumann (1982), Schumann (1986). Einsetzen von Gl. (15.2.9) und Gl. (15.1.5) ergibt

$$V(k) = \lambda(k)\,V(k-1) + \beta(k)\,\boldsymbol{\psi}^{\mathrm{T}}(k)\,\Delta\hat{\boldsymbol{\theta}}(k-1)\,[\boldsymbol{\psi}^{\mathrm{T}}(k)\,\Delta\hat{\boldsymbol{\theta}}(k-1) + 2e(k)]$$
$$+ \beta^2(k)\,\boldsymbol{\psi}^{\mathrm{T}}(k)\,\boldsymbol{P}(k)\,\boldsymbol{\psi}(k)\,e^2(k)\,. \tag{15.2.13}$$

Mit Gl. (15.2.4) folgt

$$V(k) = \lambda(k)\,V(k-1) - \lambda(k)\,\mu(k)\,e^2(k) \tag{15.2.14}$$

$$\mu(k) = \frac{\beta(k)}{\lambda(k) + \beta(k)\,\boldsymbol{\psi}^{\mathrm{T}}(k)\,\boldsymbol{P}(k-1)\,\boldsymbol{\psi}(k)} \tag{15.2.15}$$

und wegen $\lambda(k) \leqq 1$

$$V(k-1) - V(k) \geqq \mu(k)\,e^2(k) \tag{15.2.16}$$

bzw. nach Summation

$$V(0) - V(k) \geqq \sum_{i=1}^{k} \mu(i)\,e^2(i)\,. \tag{15.2.17}$$

Da die Summanden alle positiv sind, gilt bei beschränktem $V(0)$ für die Verlustfunktion $V(k) \leqq V(0)$ für alle k. Für $k \to \infty$ muß die Summe dann auch beschränkt sein, so daß gelten muß

$$\lim_{k \to \infty} \mu(k)\,e^2(k) = 0\,. \tag{15.2.18}$$

Aus Gl. (15.1.4) folgt für die Parameterfehleränderung

$$\Delta\Delta\hat{\boldsymbol{\theta}}(k) = \Delta\hat{\boldsymbol{\theta}}(k) - \Delta\hat{\boldsymbol{\theta}}(k-1) = \hat{\boldsymbol{\theta}}(k) - \hat{\boldsymbol{\theta}}(k-1)$$
$$= \beta(k)\boldsymbol{P}(k)\,\boldsymbol{\psi}(k)\,e(k)\,. \tag{15.2.19}$$

Dann gilt

$$\mu(k)\,e^2(k) = \Delta\Delta\hat{\boldsymbol{\theta}}^{\mathrm{T}}(k)\,\boldsymbol{P}^{-1}(k-1)\,\Delta\Delta\hat{\boldsymbol{\theta}}(k) + \frac{\beta(k)}{\lambda(k)}\,e_0^2(k)\,. \tag{15.2.20}$$

Diese Beziehungen erhält man aus Gl. (15.2.15) und (15.2.10) über

$$e_0(k) = \mu(k)\,\frac{\lambda(k)}{\beta(k)}\,e(k)$$

und Zerlegen der linken Seite in

$$\mu(k)\,e^2(k) = \frac{\beta(k)}{\lambda(k)}\,e(k)\,e_0(k)\,.$$

Auf der rechten Seite wird dann Gl. (15.2.11) und (15.2.19) eingesetzt und vom Matrizenversionssatz Gl. (8.2.14) Gebrauch gemacht.

Aus Gl. (15.2.20) und (15.2.18) folgt dann

Satz 15.1: Konvergenz der rekursiven Methode der kleinsten Quadrate (RLS) im deterministischen Fall

Die rekursive Methode der kleinsten Quadrate besitzt eine globale Konvergenz, d.h. die Parameterschätzwerte $\hat{\boldsymbol{\theta}}(k)$, die Parameterfehleränderungen $\Delta\Delta\hat{\boldsymbol{\theta}}(k)$ und der A-posteriori-Fehler $e_0(k)$ sind für alle k beschränkt und es gilt

$$\lim_{k\to\infty} e_0(k) = 0$$

$$\lim_{k\to\infty} \Delta\Delta\hat{\boldsymbol{\theta}}(k) = \lim_{k\to\infty} [\hat{\boldsymbol{\theta}}(k) - \hat{\boldsymbol{\theta}}(k-1)] = \boldsymbol{0}$$

unter folgenden Bedingungen:

a) Ordnung m und Totzeit d sind bekannt
b) Signaländerungen $u(k)$ und $y(k)$ sind exakt meßbar
c) Gewichtungsparameter $\beta(k) > 0$ für alle k
d) $\boldsymbol{P}^{-1}(k)$ ist stets positiv definit, d.h. det $\boldsymbol{P}^{-1} > 0$, auch für $k \to \infty$. □

Gl. (15.1.5) zeigt, daß für $\lambda(k) < 1$ bei verschwindender Anregung ($u(k) = 0 \to \boldsymbol{\psi}^{\mathrm{T}} = \boldsymbol{0}^{\mathrm{T}}$) die positive Definitheit von $\boldsymbol{P}^{-1}(k)$ verschwindet. Deshalb setzt die vollständige Konvergenz $\lambda = 1$ voraus.

15.2.2 Konvergenz bei stochastischen Störsignalen über gewöhnliche Differentialgleichungen

Der Grundgedanke der von Ljung (1977a, 1977b) vorgeschlagenen ODE-Methode ist, die rekursiven Schätzgleichungen durch *gewöhnliche Differentialgleichungen* zu *approximieren* und deren Stabilitätseigenschaften zu untersuchen. Die folgende heuristische Ableitung lehnt sich an Matko, Schumann (1982) und Ljung (1977a) an, und geht von den Gln. (15.1.4) und (15.1.5) aus. Betrachtet werden die Methoden RLS, RELS, RML und RIV.

Es wird, vgl. Gl. (8.1.72), die Korrelationsmatrix

$$\boldsymbol{\Phi}(k) = \frac{1}{k} \boldsymbol{P}^{-1}(k) \tag{15.2.21}$$

in Gln. (15.1.4), (15.1.5) eingeführt. Dann gilt

$$\frac{\hat{\boldsymbol{\theta}}(k+1) - \hat{\boldsymbol{\theta}}(k)}{\Delta\tau} = \boldsymbol{\Phi}^{-1}(k+1)\,\boldsymbol{\varphi}(k+1)\,e(k+1) \tag{15.2.22}$$

$$\frac{\boldsymbol{\Phi}(k+1)-\boldsymbol{\Phi}(k)}{\Delta\tau}=\boldsymbol{\varphi}(k+1)\boldsymbol{\chi}^{\mathrm{T}}(k+1)$$

$$-\frac{\lambda(k+1)+(k+1)(1-\lambda(k+1))}{\beta(k+1)}\boldsymbol{\Phi}(k) \qquad (15.2.23)$$

wobei ein neuer Zeitmaßstab τ mit dem variablen Intervall

$$\Delta\tau(k)=\frac{\beta(k)}{k} \qquad (15.2.24)$$

verwendet wird. Für *große* k wird $\Delta\tau$ immer kleiner und strebt gegen Null, so daß die Differenzengleichungen in Differentialgleichungen übergehen. $\Delta\tau$ soll jedoch so gegen Null streben, daß die Identifikationsdauer τ nicht verschwindet, d.h. Werte bis ∞ annehmen kann. Deshalb muß für die konvergente Reihe mit positiven Gliedern gelten

$$\tau=\sum_{k=1}^{\infty}\Delta\tau(k)=\sum_{k=1}^{\infty}\frac{\beta(k)}{k}=\infty \qquad (15.2.25)$$

$$\sum_{k=1}^{\infty}\left(\frac{\beta(k)}{k}\right)^{\delta}<\infty \quad (\delta<1)\,. \qquad (15.2.26)$$

Die letzte Bedingung betrifft die Konvergenzgeschwindigkeit von $\Delta\tau$. Damit der Term vor $\boldsymbol{\Phi}(k)$ in Gl. (15.2.23) endlich bleibt für $k\to\infty$ muß ferner sein

$$\lambda(k)=1 \qquad (15.2.27)$$

d.h. bei exponentiell nachlassendem Gedächtnis $\lambda<1$ ist keine Konvergenz zu erwarten.

Die Existenz der Inversen von $\boldsymbol{\Phi}(k+1)$ in Gl. (15.2.22) setzt ferner voraus, daß

$$\det\boldsymbol{\Phi}(k)>0\,, \qquad (15.2.28)$$

also $\boldsymbol{\Phi}(k)$ positiv definit ist. Der Prozeß muß deshalb identifizierbar sein und fortdauernd genügend angeregt werden, vgl. Satz. 8.3.

Mit diesen und einigen weiteren Bedingungen können die Differenzengleichungen Gl. (15.2.22) und (15.2.23) durch die Differentialgleichungen

$$\frac{\mathrm{d}}{\mathrm{d}\tau}\boldsymbol{\theta}(\tau)=\boldsymbol{\Phi}^{-1}(\tau)\boldsymbol{f}(\boldsymbol{\theta}(\tau)) \qquad (15.2.29)$$

$$\frac{\mathrm{d}}{\mathrm{d}\tau}\boldsymbol{\Phi}(\tau)=\boldsymbol{G}(\boldsymbol{\theta}(\tau))-\boldsymbol{\Phi}(\tau) \qquad (15.2.30)$$

mit

$$\boldsymbol{f}(\boldsymbol{\theta}(\tau))=E\{\bar{\boldsymbol{\varphi}}(k+1,\boldsymbol{\theta})\bar{e}(k+1,\boldsymbol{\theta})\} \qquad (15.2.31)$$

$$\boldsymbol{G}(\boldsymbol{\theta}(\tau))=E\{\bar{\boldsymbol{\varphi}}(k+1,\boldsymbol{\theta})\bar{\boldsymbol{\chi}}^{\mathrm{T}}(k+1,\boldsymbol{\theta})\} \qquad (15.2.32)$$

beschrieben werden, Ljung (1977a). Hierbei sind $\bar{\boldsymbol{\varphi}}(k+1,\boldsymbol{\theta})$, $\bar{\boldsymbol{\chi}}^{\mathrm{T}}(k+1,\boldsymbol{\theta})$ und

$\bar{e}(k+1, \boldsymbol{\theta})$ stationäre Prozesse, die bei konstanten Parametern $\boldsymbol{\theta}$ entstehen würden. Damit diese Prozesse stationär sind, müssen der Prozeß und das Prozeßmodell für große k stabil sein. Diese Schätzgleichungen Gl. (15.1.4), (15.1.5) konvergieren mit Wahrscheinlichkeit Eins (m.W.1), wenn die Gl. (15.2.29, 30) asymptotisch stabil sind. Dabei sind die asymptotisch stabilen stationären Punkte der Differentialgleichungen die einzig möglichen Konvergenzpunkte der Schätzgleichungen.

Für den A-priori-Fehler $\bar{e}(k, \boldsymbol{\theta})$ (der hier wegen der konstant angenommenen Parameter gleich dem A-posteriori-Fehler ist) gilt nach Gl. (15.2.7)

$$\bar{e}(k, \boldsymbol{\theta}) = -H(q^{-1})\,\bar{\boldsymbol{\psi}}^{\mathrm{T}}(k)\,\Delta\boldsymbol{\theta} + v(k) \tag{15.2.33}$$

mit

$$\left.\begin{aligned} &\Delta\boldsymbol{\theta} = \boldsymbol{\theta} - \boldsymbol{\theta}_0 \\ &H(q^{-1}) = 1/D(q^{-1}) \quad \text{für RELS, RML} \\ &H(q^{-1}) = 1 \qquad\qquad\;\; \text{für RLS}\,. \end{aligned}\right\} \tag{15.2.34}$$

Für RIV muß $H(q^{-1})$ nicht näher spezifiziert werden.

Gl. (15.2.33) kann auch geschrieben werden

$$\bar{e}(k, \boldsymbol{\theta}) = -\bar{\boldsymbol{\psi}}_{\mathrm{F}}^{\mathrm{T}}(k)\,\Delta\boldsymbol{\theta} + v(k) \tag{15.2.35}$$

$$\bar{\boldsymbol{\psi}}_{\mathrm{F}}(k, \boldsymbol{\theta}) = H(q^{-1})\,\bar{\boldsymbol{\psi}}(k, \boldsymbol{\theta})\,. \tag{15.2.36}$$

Hiermit erhält man für die Gl. (15.2.31, 32)

$$\boldsymbol{f}(\boldsymbol{\theta}(\tau)) = -E\{\bar{\boldsymbol{\varphi}}(k+1, \boldsymbol{\theta})\,\bar{\boldsymbol{\psi}}_{\mathrm{F}}^{\mathrm{T}}(k+1, \boldsymbol{\theta})\,\Delta\boldsymbol{\theta}\} = -\boldsymbol{G}_{\mathrm{F}}(\boldsymbol{\theta}(\tau))\cdot\Delta\boldsymbol{\theta} \tag{15.2.37}$$

$$\boldsymbol{G}_{\mathrm{F}}(\boldsymbol{\theta}(\tau)) = E\{\bar{\boldsymbol{\varphi}}(k+1, \boldsymbol{\theta})\,\bar{\boldsymbol{\psi}}_{\mathrm{F}}^{\mathrm{T}}(k+1, \boldsymbol{\theta})\}\,. \tag{15.2.38}$$

a) *Konvergenzpunkte*

Aus $\mathrm{d}\hat{\boldsymbol{\theta}}(\tau)/\mathrm{d}\tau = \boldsymbol{0}$ und $\mathrm{d}\boldsymbol{\Phi}(\tau)/\mathrm{d}\tau = \boldsymbol{0}$ folgen aus Gl. (15.2.29, 30) für den Konvergenzpunkt $\boldsymbol{\theta} = \boldsymbol{\theta}^*$

$$\boldsymbol{\Phi}^{-1}\boldsymbol{f}(\boldsymbol{\theta}^*) = \boldsymbol{\Phi}^{-1}\cdot E\{\bar{\boldsymbol{\varphi}}(k+1, \boldsymbol{\theta}^*)\,\bar{e}(k+1, \boldsymbol{\theta}^*)\} = \boldsymbol{0} \tag{15.2.39}$$

$$\boldsymbol{\Phi} = G(\boldsymbol{\theta}^*) = E\{\bar{\boldsymbol{\varphi}}(k+1, \boldsymbol{\theta}^*)\,\bar{\boldsymbol{\chi}}^{\mathrm{T}}(k+1, \boldsymbol{\theta}^*)\}\,. \tag{15.2.40}$$

Die stationären Werte von $\boldsymbol{\Phi}$ ergeben sich also direkt aus den stationären Werten $\boldsymbol{\theta}^*$. Aus Gl. (15.2.39) folgt dann nach Einsetzen von Gl. (15.2.35)

$$\boldsymbol{\Phi}^{-1}\cdot E\{\bar{\boldsymbol{\varphi}}(k+1, \boldsymbol{\theta}^*)\,\bar{\boldsymbol{\psi}}_{\mathrm{F}}^{\mathrm{T}}(k+1, \boldsymbol{\theta}^*)\,(\boldsymbol{\theta}_0 - \boldsymbol{\theta}^*) + \bar{\boldsymbol{\varphi}}(k+1, \boldsymbol{\theta}^*)\,v(k+1)\} = 0\,.$$

Da $\boldsymbol{\Phi}$ nach Gl. (15.2.28) positiv definit vorausgesetzt wird (genügende Anregung) gilt für den Konvergenzpunkt

$$\begin{aligned} \boldsymbol{\theta}^* &= \boldsymbol{\theta}_0 + [E\{\bar{\boldsymbol{\varphi}}(k+1, \boldsymbol{\theta}^*)\,\bar{\boldsymbol{\psi}}_{\mathrm{F}}^{\mathrm{T}}(k+1, \boldsymbol{\theta}^*)]^{-1}\,\boldsymbol{\Phi}\,E\{\bar{\boldsymbol{\varphi}}(k+1, \boldsymbol{\theta}^*)\,v(k+1)\} \\ &= \boldsymbol{\theta}_0 + \boldsymbol{b}\,. \end{aligned} \tag{15.2.41}$$

Setzt man nun für $\boldsymbol{\varphi}$ and $\boldsymbol{\psi}_{\mathrm{F}}$ die für die jeweiligen Methoden geltenden Elemente nach Tabelle 15.1 und Gl. (15.2.36) ein, dann erhält man die in Tabelle 15.2

angegebenen Bedingungen für erwartungstreue Konvergenzpunkte $\boldsymbol{\theta}^* = \boldsymbol{\theta}_0$ und somit $\boldsymbol{b} = \boldsymbol{0}$. Es ergeben sich also als Konvergenzpunkte der Differentialgleichungen die richtigen Parameter, wenn dieselben Bedingungen wie für die Erzielung einer konsistenten Parameterschätzung mit den entsprechenden nichtrekursiven Methoden erfüllt werden.

b) *Lokale Konvergenz*

Es wird nun die Konvergenz in der Nähe des Konvergenzpunktes $\boldsymbol{\theta}^*$, also die lokale Konvergenz betrachtet. Hierzu wird Gl. (15.2.29) um den Konvergenzpunkt linearisiert und $\mathrm{d}\boldsymbol{\Phi}(\tau)/\mathrm{d}\tau = \boldsymbol{0}$ gesetzt. Dann folgt mit Gl. (15.2.35)

$$\frac{\mathrm{d}}{\mathrm{d}\tau}[\boldsymbol{\theta} - \boldsymbol{\theta}^*] = \boldsymbol{\Phi}^{-1}\boldsymbol{f}(\boldsymbol{\theta}^*) = -\boldsymbol{\Phi}^{-1}G_{\mathrm{F}}(\boldsymbol{\theta}^*)[\boldsymbol{\theta} - \boldsymbol{\theta}^*] \tag{15.2.42}$$

$$\boldsymbol{\Phi} = \boldsymbol{G}(\boldsymbol{\theta}^*) \tag{15.2.43}$$

und somit

$$\frac{\mathrm{d}}{\mathrm{d}\tau}[\boldsymbol{\theta} - \boldsymbol{\theta}^*] = -\boldsymbol{G}(\boldsymbol{\theta}^*)^{-1}\boldsymbol{G}_{\mathrm{F}}(\boldsymbol{\theta}^*)[\boldsymbol{\theta} - \boldsymbol{\theta}^*] \tag{15.2.44}$$

Diese Gleichung ist asymptotisch stabil, wenn die Eigenwerte der Matrix

$$-\boldsymbol{G}(\boldsymbol{\theta}^*)^{-1}\boldsymbol{G}_{\mathrm{F}}(\boldsymbol{\theta}^*) \tag{15.2.45}$$

in der linken Halbebene der s-Ebene liegen. Dies ist nach Ljung (1977a) der Fall, wenn $\boldsymbol{G}^{-1} = \boldsymbol{\Phi}^{-1}$ eine positiv definite symmetrische Matrix ist und wenn $\boldsymbol{G}_{\mathrm{F}} + \boldsymbol{G}_{\mathrm{F}}^{\mathrm{T}}$ positiv semidefinit ist. Denn dann gilt für ein lineares System

$$\dot{\boldsymbol{x}}(t) = \boldsymbol{A}\boldsymbol{x}(t)$$

mit der Ljapunov-Funktion

$$V = \boldsymbol{x}^{\mathrm{T}}(t)\boldsymbol{Q}\boldsymbol{x}(t)$$

die Beziehung

$$\dot{V} = \boldsymbol{x}^{\mathrm{T}}(t)[\boldsymbol{A}^{\mathrm{T}}\boldsymbol{Q} + \boldsymbol{Q}\boldsymbol{A}]\boldsymbol{x}(t) = -\boldsymbol{x}^{\mathrm{T}}(t)\boldsymbol{M}\boldsymbol{x}(t)$$

und das System ist stabil, falls

$$\boldsymbol{M} = -[\boldsymbol{A}^{\mathrm{T}}\boldsymbol{Q} + \boldsymbol{Q}\boldsymbol{A}]$$

positiv semidefinit ist. Setzt man nun

$$\boldsymbol{A} = -\boldsymbol{G}\boldsymbol{G}_{\mathrm{F}} \text{ und } \boldsymbol{Q} = \boldsymbol{G}^{-1}$$

wird

$$M = \boldsymbol{G}_{\mathrm{F}} + \boldsymbol{G}_{\mathrm{F}}^{\mathrm{T}}\,.$$

Die Matrix $\boldsymbol{G}_{\mathrm{F}} + \boldsymbol{G}_{\mathrm{F}}^{\mathrm{T}}$ ist ferner dann positiv semidefinit, wenn $H(q^{-1})$ nach Gl. (15.2.33), also das Filter, das nach Gl. (15.2.36) die Elemente von $\boldsymbol{\psi}_{\mathrm{F}}$ und $\boldsymbol{\psi}$ in

Verbindung bringt, *positiv reell* ist, siehe Ljung (1977a). D.h. zur lokalen Konvergenz der rekursiven Parameterschätzalgorithmen muß die Bedingung erfüllt sein, daß $H(q^{-1})$ bzw. $H(z^{-1})$ stabil ist und

$$\operatorname{Re} H(e^{i\omega T_0}) > 0 \qquad -\pi < \omega T_0 \leqq \pi \,. \tag{15.2.46}$$

Die Eigenschaften positv reeller Übertragungsfunktionen werden in Anhang A7 beschrieben.

Für RELS ist mit $\boldsymbol{\varphi}^{\mathrm{T}} = \boldsymbol{\psi}^{\mathrm{T}}$ und $\boldsymbol{\chi}^{\mathrm{T}} = \boldsymbol{\psi}^{\mathrm{T}}$

$$\left.\begin{aligned} \boldsymbol{\Phi} = \boldsymbol{G}(\boldsymbol{\theta}^*) &= E\{\bar{\boldsymbol{\psi}}(k+1, \boldsymbol{\theta}^*)\,\bar{\boldsymbol{\psi}}^{\mathrm{T}}(k+1, \boldsymbol{\theta}^*)\} \\ \boldsymbol{G}_{\mathrm{F}}(\boldsymbol{\theta}^*) &= E\{\bar{\boldsymbol{\psi}}(k+1, \boldsymbol{\theta}^*)\,\bar{\boldsymbol{\psi}}_{\mathrm{F}}^{\mathrm{T}}(k+1, \boldsymbol{\theta}^*)\} \\ \text{und} \quad H(q^{-1}) &= 1/D(q^{-1})\,. \end{aligned}\right\} \tag{15.2.47}$$

Somit muß das inverse Störfilterpolynom $1/D(z^{-1})$ positiv reell sein.

Für RML gelten mit $\boldsymbol{\varphi}^{\mathrm{T}}(k) = \boldsymbol{\psi}^{\mathrm{T}}(k)/D(q^{-1})$, $\boldsymbol{\chi}^{\mathrm{T}}(k) = \boldsymbol{\varphi}^{\mathrm{T}}(k)$, und

$$H(q^{-1}) = 1/D(q^{-1})$$

die Beziehungen

$$\begin{aligned} \boldsymbol{\Phi} = \boldsymbol{G}(\boldsymbol{\theta}^*) &= E\{\bar{\boldsymbol{\psi}}(k+1, \boldsymbol{\theta}^*)/D(q^{-1})\cdot\bar{\boldsymbol{\psi}}^{\mathrm{T}}(k+1, \boldsymbol{\theta}^*)/D(q^{-1})\} \\ \boldsymbol{G}_{\mathrm{F}}(\boldsymbol{\theta}^*) &= E\{\bar{\boldsymbol{\psi}}(k+1, \boldsymbol{\theta}^*)/D(q^{-1})\cdot\bar{\boldsymbol{\psi}}^{\mathrm{T}}(k+1, \boldsymbol{\theta}^*)/D(q^{-1})\}\,. \end{aligned} \tag{15.2.48}$$

Deshalb ist

$$-\boldsymbol{G}(\boldsymbol{\theta}^*)^{-1}\, G_{\mathrm{F}}(\boldsymbol{\theta}^*) = -\boldsymbol{I} \tag{15.2.49}$$

und es treten keine weitere Bedingungen für die lokale Konvergenz auf. Dies trifft auch für RLS und RIV zu. In Tabelle 15.2 sind alle Bedingungen für die lokale Konvergenz zusammengefaßt.

c) *Globale Konvergenz*

Für die Parameterfehler in bezug auf den Konvergenzpunkt $\boldsymbol{\theta}^*$ wird nun auf das System von Differentialgleichungen Gl. (15.2.29, 30) mit Gl. (15.2.37)

$$\frac{\mathrm{d}}{\mathrm{d}\tau}[\boldsymbol{\theta}(\tau) - \boldsymbol{\theta}^*] = -\boldsymbol{\Phi}(\tau)^{-1}\,\boldsymbol{G}_{\mathrm{F}}(\boldsymbol{\theta}(\tau))\,[\boldsymbol{\theta}(\tau) - \boldsymbol{\theta}^*] \tag{15.2.50}$$

$$\frac{\mathrm{d}}{\mathrm{d}\tau}\boldsymbol{\Phi}(\tau) = \boldsymbol{G}(\boldsymbol{\theta}(\tau)) - \boldsymbol{\Phi}(\tau) \tag{15.2.51}$$

die Ljapunov-Funktion

$$V(\tau) = \Delta\boldsymbol{\theta}^{\mathrm{T}}(\tau)\,\boldsymbol{\Phi}(\tau)\,\Delta\boldsymbol{\theta}(\tau) \tag{15.2.52}$$

mit

$$\Delta\boldsymbol{\theta}(\tau) = \boldsymbol{\theta}(\tau) - \boldsymbol{\theta}^*$$

angewandt. Dann wird

$$\frac{\mathrm{d}}{\mathrm{d}\tau} V(\tau) = -\Delta\boldsymbol{\theta}^{\mathrm{T}}[\boldsymbol{G}_{\mathrm{F}}^{\mathrm{T}} + \boldsymbol{G}_{\mathrm{F}} - \boldsymbol{G} + \boldsymbol{\Phi}]\Delta\boldsymbol{\theta}$$

$$= -\Delta\boldsymbol{\theta}^{\mathrm{T}}[\boldsymbol{N} + \boldsymbol{\Phi}]\Delta\boldsymbol{\theta}\,. \tag{15.2.53}$$

Der Konvergenzpunkt ist somit global stabil, falls $[\boldsymbol{N} + \boldsymbol{\Phi}]$ eine positiv definite Matrix ist. Da $\boldsymbol{\Phi}$ nach Voraussetzung positiv definit ist, muß nur gefordert werden, daß

$$\boldsymbol{N} = \boldsymbol{G}_{\mathrm{F}}^{\mathrm{T}} + \boldsymbol{G}_{\mathrm{F}} - \boldsymbol{G} \tag{15.2.54}$$

positiv definit ist. Dies ist dann der Fall, wenn

$$H(q^{-1}) - \frac{1}{2} \tag{15.2.55}$$

positiv reell ist, siehe Ljung (1977a).

Für RELS muß deshalb entsprechend den Gln. (15.2.47)

$$\frac{1}{D(q^{-1})} - \frac{1}{2} \tag{15.2.56}$$

positiv reell sein. Für die Methode RLS gilt mit $H(q^{-1}) = 1$, $\boldsymbol{\psi}_{\mathrm{F}} = \boldsymbol{\psi}$, $\boldsymbol{G}_{\mathrm{F}} = \boldsymbol{G}$

$$\boldsymbol{N} = \boldsymbol{G}^{\mathrm{T}}\,.$$

Diese ist aber wegen der angenommenen positiv definiten Matrix $\boldsymbol{\Phi}$ ebenfalls positiv definit, so daß RLS global konvergiert. Für die Methoden RIV und RML sind allgemeine Angaben zur globalen Konvergenz an weitere Annahmen gebunden, z.B. keine Korrelation der Hilfsvariablen mit dem Störsignal (RIV) oder die Existenz einer einzigen Lösung $\boldsymbol{f}(\boldsymbol{\theta}) = \boldsymbol{0}$, siehe Söderström u.a. (1978) und Matko, Schumann (1982). Die wichtigsten Bedingungen für die globale Konvergenz sind in Tabelle 15.2 zusammengefaßt.

Es sei noch angemerkt, daß diese Konvergenzergebnisse für die Differentialgleichungen erhalten wurden, die die rekursiven Schätzgleichungen für große Zeiten approximieren. Dies ist aus einem Vergleich von Trajektorien der Differentialgleichungen mit den Schätzwerten aus Simulationen in Söderström (1978) zu erkennen. Die anfängliche Konvergenzgeschwindigkeit der Schätzwerte ist für das gewählte Beispiel wesentlich größer. Die Parameterschätzwerte sind nach ca. 100 Abtastschritten nahe den wirklichen Werten. Die begleitenden Differentialgleichungen erreichen diese Werte erst viel später. Die Bedingungen für globale Konvergenz haben deshalb ebenfalls nur beschränkte Aussagekraft für den anfänglichen Verlauf der wirklichen Schätzwerte. Hinzu kommt noch, daß die Bedingungen für positiv reelle $1/D(z^{-1})$ oder $1/D(z^{-1}) - 1/2$ im praktischen Anwendungsfall kaum überprüfbar sind, da ja das Störfilterpolynom $D(z^{-1})$ nicht bekannt ist. (Bei stabilen Störsignalfiltern mit Ordnung $m = 1$ sind diese Ausdrücke immer positiv reell, bei $m = 2$ ergeben sich nur geringe Einschränkungen der zulässigen Parameter, siehe Ljung (1977a)). Die Konvergenzanalyse mit der

Tabelle 15.2. Bedingungen für die Konvergenz rekursiver Parameterschätzverfahren bei fortdauernder Anregung (nachy der ODE-Methode)

Methode	Konvergenzpunkt ohne Bias	Lokale Konvergenz	Globale Konvergenz
RLS	$v(k)$: weißes Rauschen	keine	keine
RIV	$\boldsymbol{\varphi}(k+1)$ nicht korreliert mit $v(k)$	keine	
RELS	$v(k)$: weißes Rauschen	$\dfrac{1}{D(z^{-1})}$ positiv reell	$\left(\dfrac{1}{D(z^{-1})}-\dfrac{1}{2}\right)$ positiv reell
RML	$v(k)$: weißes Rauschen	keine	

ODE-Methode liefert jedoch wertvolle Hinweise für das generelle Verhalten rekursiver Schätzalgorithmen.

15.2.3 Konvergenz bei stochastischen Störsignalen mit der Martingale-Theorie

Eine andere Möglichkeit zur Konvergenzanalyse rekursiver Parameterschätzverfahren bietet sich über die *Martingale-Konvergenz-Theorie* an, siehe z.B. Solo (1979), (1981), Kumar, Moore (1979b) und Matko, Schumann (1982), Schumann (1986). Zur Analyse von Methoden RLS und RELS (mit A-posteriori-Fehler) wird in Anlehnung an die Ljapunov-Funktion Gl. (15.2.12) verwendet

$$V(k) = \Delta\boldsymbol{\theta}^{\mathrm{T}}(k)\,\boldsymbol{P}^{-1}\,\Delta\boldsymbol{\theta}(k) + 2\left[\sum_{i=0}^{k} \beta(i)\,q(i)\,p(i) + c^2\right] \tag{15.2.57}$$

mit $c^2 < \infty$. Hierbei sind $q(i)$ und $p(i)$ mit Gl. (15.2.7) wie folgt festgelegt

$$q(k) = -\,\boldsymbol{\psi}^{\mathrm{T}}(k)\,\Delta\boldsymbol{\theta}(k) = [e(k) - v(k)]/H(q^{-1}) \tag{15.2.58}$$

$$\begin{aligned} p(k) &= e(k) - v(k) - q(k)\,(1 + \varepsilon_1)/2 \\ &= q(k)\,[H(q^{-1}) - (1 + \varepsilon_1)/2] \end{aligned} \tag{15.2.59}$$

mit

$$0 < \varepsilon_1 \ll 1\,. \tag{15.2.60}$$

Gl. (15.2.57) enthält also eine Ljapunov Funktion für die Parameterfehler und einen von vergangenen Fehlersignalen abhängigen Zusatzterm.

Setzt man nun die aus den Schätzgleichungen Gl. (15.1.4) und Gl. (15.1.5) folgenden Rekursionsbeziehungen

$$\Delta\hat{\boldsymbol{\theta}}(k) = \Delta\hat{\boldsymbol{\theta}}(k-1) + \beta(k)\boldsymbol{P}(k)\boldsymbol{\varphi}(k)e(k) \tag{15.2.61}$$

$$\boldsymbol{P}^{-1}(k) = \lambda(k)\boldsymbol{P}^{-1}(k-1) + \beta(k)\boldsymbol{\varphi}(k)\boldsymbol{\psi}^{\mathrm{T}}(k) \tag{15.2.62}$$

ein, dann folgt nach Bildung des bedingten Erwartungswertes

$$E\left\{\frac{V(k)}{k}\middle| k-1\right\} \leqq \frac{V(k-1}{k-1} - \frac{V(k-1)}{k(k-1)} - \frac{\beta(k)}{k}\varepsilon_1[\boldsymbol{\psi}^{\mathrm{T}}(k)\Delta\boldsymbol{\theta}(k)]^2$$

$$+ 2\frac{1}{k}\beta^2(k)\boldsymbol{\psi}^{\mathrm{T}}(k)\boldsymbol{P}(k)\boldsymbol{\psi}(k)\sigma_v^2 \qquad 15.2.63)$$

mit der Varianz σ_v^2 von $v(k)$.

$V(k)$ ist positiv falls

$$\sum_{i=0}^{k}\beta(i)q(i)p(i) > -c^2 > -\infty\,. \tag{15.2.64}$$

Deshalb muß die Übertragungsfunktion

$$H(z^{-1}) - \frac{1}{2}(1+\varepsilon_1)\,, \tag{15.2.65}$$

die $p(k)$ und $q(k)$ verbindet, positiv reell sein.

Unter einem *Martingale* versteht man nun nach Doob (1953) einen diskreten stochastischen Signalprozeß $\{x(k)\}$, wenn $E\{|x(k)|\} < \infty$ ist für alle k und wenn m.W.1 gilt

$$E\{x(k)|k-1\} = x(k-1)\,. \tag{12.2.66}$$

Der Martingale-Konvergenzsatz sagt nun aus:
Gilt für die positiven stochastischen Signalprozesse $\{z(k)\}$ mit $E\{z(k)\} < \infty$, $\{\alpha(k)\}$ und $\{\beta(k)\}$

$$E\{z(k)|k-1\} \leqq z(k-1) - \alpha(k-1) + \beta(k-1) \tag{15.2.67}$$

dann folgt aus $\sum_{i=0}^{\infty}\beta(i) < \infty$ m.W.1, daß $z(k)$ m.W.1, für $k \to \infty$ zu einer beschränkten stochastischen Variablen konvergiert und
$\sum_{i=0}^{\infty}\alpha(i) < \infty$ m.W.1 gilt. Siehe z.B. Schumann (1982).

Unter der Voraussetzung $\beta(k) \leqq \beta(k-1)$, Kumar und Moore (1979b) folgt dann mit Hilfe des Martingale-Konvergenzsatzes, Solo (1979):
Wenn

$$\sum_{k=1}^{\infty}\frac{1}{k}\beta^2(k)\boldsymbol{\psi}^{\mathrm{T}}(k)\boldsymbol{P}(k)\boldsymbol{\psi}(k) < \infty \tag{15.2.68}$$

dann

$$\sum_{k=1}^{\infty}\frac{V(k-1)}{k(k-1)} < \infty \tag{15.2.69}$$

$$\sum_{k=1}^{\infty} \frac{\beta(k)}{k} \varepsilon_1 [\boldsymbol{\psi}^{\mathrm{T}}(k) \Delta\boldsymbol{\theta}(k)]^2 < \infty \tag{15.2.70}$$

und $V(k)/k$ konvergiert zu einer endlichen nicht negativen stochastischen Variablen. Aus Gl. (15.2.69) folgt dann

$$\lim_{k\to\infty} \frac{V(k-1)}{k-1} = \lim_{k\to\infty} \frac{V(k)}{k} = 0\,. \tag{15.2.71}$$

Aus Gl. (15.2.57) folgt ferner

$$\lim_{k\to\infty} \Delta\boldsymbol{\theta}(k) = \boldsymbol{0} \tag{15.2.72}$$

falls

$$\lim_{k\to\infty} \frac{\boldsymbol{P}^{-1}(k)}{k} > 0 \text{ (positiv definit)} \tag{15.2.73}$$

ist, d.h. genügend angeregt wird. Da die Konvergenzanalyse für alle k gilt, ist somit für RELS und als Sonderfall mit $H(q^{-1}) = 1$ auch RLS eine globale Konvergenz nachgewiesen. Für $\varepsilon_1 \approx 0$ erhält man dieselben Ergebnisse wie mit der ODE-Methode. Mit $\varepsilon_1 > 0$ können die Bedingungen etwas erweitert werden, siehe Schumann (1982), Matko und Schumann (1982).

15.3 Eigenwertverhalten rekursiver Parameterschätzverfahren

Faßt man die zu schätzenden Prozeßparameter $\hat{\boldsymbol{\theta}}(k)$ als Zustandsgrößen auf, dann können einige Eigenschaften zeitdiskreter Zustandsrückführungen und Beobachter auf rekursive Parameterschätzungen übertragen werden, wie Kofahl (1988) gezeigt hat.

15.3.1 Parameterschätzung in Beobachterform

Für einen Prozeß in *Zustandsgrößendarstellung* nach Gl. (2.3.31) lautet die Rekursionsgleichung eines Zustandsbeobachters mit einem Ein- und einem Ausgangssignal

$$\hat{\boldsymbol{x}}(k+1) = \boldsymbol{A}\hat{\boldsymbol{x}}(k) + \boldsymbol{b}u(k) + \boldsymbol{h}[y(k) - \boldsymbol{c}^{\mathrm{T}}\hat{\boldsymbol{x}}(k)]\,, \tag{15.3.1}$$

siehe z.B. Isermann (1987). Für den Zustandsgrößenfehler

$$\tilde{\boldsymbol{x}}(k+1) = \boldsymbol{x}(k+1) - \hat{\boldsymbol{x}}(k+1)\,, \tag{15.3.2}$$

gilt dann

$$\tilde{\boldsymbol{x}}(k+1) = [\boldsymbol{A} - \boldsymbol{h}\boldsymbol{c}^{\mathrm{T}}]\,\tilde{\boldsymbol{x}}(k)\,. \tag{15.3.3}$$

Damit die Zustandsgrößenfehler asymptotisch verschwinden

$$\lim_{k\to\infty} \tilde{\boldsymbol{x}}(k) = \boldsymbol{0}\,, \tag{15.3.4}$$

muß Gl. (15.3.3) asymptotisch stabil sein. Die charakteristische Gleichung des Beobachters

$$\det[z\boldsymbol{I} - \boldsymbol{A} + \boldsymbol{h}\boldsymbol{c}^{\mathrm{T}}] = (z - z_1)(z - z_2) \cdots (z - z_m) \tag{15.3.5}$$

muß deshalb Wurzeln $|z_i| < 1, i = 1, 2, \ldots, m$ besitzen.

Faßt man nun die zeitvarianten Parameter $\boldsymbol{\theta}$ eines Prozesses als Zustandsgrößen auf, dann kann als *Parameterzustandsmodell* des Prozesses geschrieben werden

$$\boldsymbol{\theta}(k+1) = \boldsymbol{I}\boldsymbol{\theta}(k) + \boldsymbol{\eta}(k) \tag{15.3.6}$$

$$y(k+1) = \boldsymbol{\psi}^{\mathrm{T}}(k+1)\boldsymbol{\theta}(k) + n(k+1)\,. \tag{15.3.7}$$

Hierbei beschreibt $\boldsymbol{\eta}(k)$ eine (deterministische) Parameteränderung. Das daraus entstehende Blockschaltbild ist in Bild 15.1 oben angegeben. Ein entsprechendes Modell für stochastische Parameteränderungen wird in Abschnitt 16.4 in Form eines vektoriellen Markov-Prozesses bzw. eines Random-walk-Prozesses angesetzt.

Der rekursive LS-Parameterschätzalgorithmus lautet nach Gl. (8.2.15)

$$\begin{aligned} \hat{\boldsymbol{\theta}}(k+1) &= \hat{\boldsymbol{\theta}}(k) + \boldsymbol{\gamma}(k)e(k+1) \\ e(k+1) &= y(k+1) - \boldsymbol{\psi}^{\mathrm{T}}(k+1)\hat{\boldsymbol{\theta}}(k) \end{aligned} \tag{15.3.8}$$

mit

$$\boldsymbol{\psi}^{\mathrm{T}}(k+1) = [-y(k) \cdots -y(k-m+1)\,u(k-d) \cdots u(k-d-m+1)]\,. \tag{15.3.9}$$

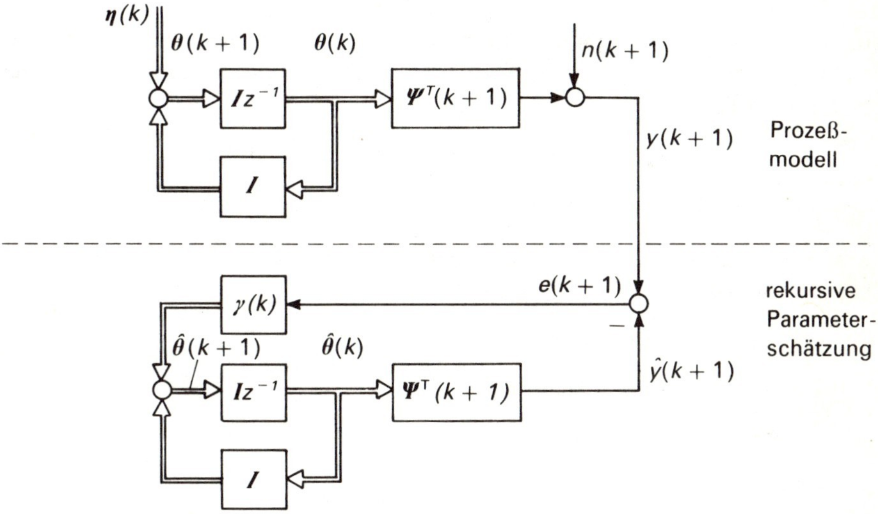

Bild 15.1. Blockschaltbild von Prozeßmodell und rekursiver LS-Parameterschätzung in Zustandsgrößendarstellung

Stellt man diese Schätzgleichung ebenfalls in Form eines Parameterzustandsmodells dar, dann erhält man Bild 15.1, unterer Teil. Das zugehörige Blockschaltbild entspricht einem Zustandsgrößenbeobachter nach Gl. (15.3.1) ohne Eingangssignal ($\boldsymbol{b} = \boldsymbol{0}$) und den Äquivalenzen

$$\boldsymbol{A} \to \boldsymbol{I}; \qquad \boldsymbol{h} \to \gamma(k); \qquad \boldsymbol{c} \to \boldsymbol{\psi}(k+1)\,. \tag{15.3.10}$$

Dieser "Parameterzustands-Beobachter" hat demnach eine zeitvariante Rückführung $\gamma(k)$ und einen zeitvarianten Ausgangsvektor $\boldsymbol{\psi}^{\mathrm{T}}(k+1)$.

Für den Parameterschätzfehler folgt aus Gl. (15.3.6), (15.3.7) und (15.3.8)

$$\begin{aligned}\boldsymbol{e}_\theta(k+1) &= \boldsymbol{\theta}(k+1) - \hat{\boldsymbol{\theta}}(k+1)\\ &= [\boldsymbol{I} - \gamma(k)\,\boldsymbol{\psi}^{\mathrm{T}}(k+1)]\,\boldsymbol{e}_\theta(k) + \boldsymbol{\eta}(k) - \gamma(k)\,n(k+1)\,.\end{aligned} \tag{15.3.11}$$

Dies entspricht der homogenen Vektordifferenzengleichung (15.3.3) des Beobachters, allerdings mit dem Unterschied, daß γ und $\boldsymbol{\psi}^{\mathrm{T}}$ von den gemessenen Signalen abhängige, zeitvariante Größen sind. Zusätzlich wirken Störsignale $\boldsymbol{\eta}(k)$ und $\gamma(k)\,n(k+1)$ ein, die bei zeitinvariantem Prozeß und für $n(k) = 0$ verschwinden.

Damit die Parameterschätzfehler nach Gl. (15.3.11) nicht divergieren, muß der homogene Anteil asymptotisch stabil sein. Dieser enthält aber, im Unterschied zum Beobachter, zeitvariante Parameter. Unter der Annahme, daß diese Parameter festgehalten werden, kann man analog zu Gl. (15.3.5) eine charakteristische Gleichung bilden

$$\det\,[z\boldsymbol{I} - \boldsymbol{I} + \gamma(k)\,\boldsymbol{\psi}^{\mathrm{T}}(k+1)] = 0\,. \tag{15.3.12}$$

Hierin sind $\gamma(k)$ und $\boldsymbol{\psi}^{\mathrm{T}}(k+1)$ von den gemessenen Signalen abhängige Größen.

In Analogie zum Beobachter kann man nun aus dieser Gleichung Eigenwerte berechnen. Nach Kofahl (1988) folgt, mit $\gamma(k) = \gamma$ und $\boldsymbol{\psi}^{\mathrm{T}}(k+1) = \boldsymbol{\psi}^{\mathrm{T}}$ als konstante Größen:

$$\begin{aligned}\det\,[z\boldsymbol{I} - \boldsymbol{I} + \gamma\boldsymbol{\psi}^{\mathrm{T}}] &= \det\,[(z\boldsymbol{I} - \boldsymbol{I})\,(\boldsymbol{I} + (z\boldsymbol{I} - \boldsymbol{I})^{-1}\,\gamma\boldsymbol{\psi}^{\mathrm{T}})]\\ &= \det\,[z\boldsymbol{I} - \boldsymbol{I}]\,\det\,[\boldsymbol{I} + ((z\boldsymbol{I} - \boldsymbol{I})^{-1}\,\gamma)\,\boldsymbol{\psi}^{\mathrm{T}}]\,.\end{aligned} \tag{15.3.13}$$

Durch Anwendung der Beziehung $\det(\boldsymbol{A} + \boldsymbol{u}\boldsymbol{v}^{\mathrm{T}}) = \det(\boldsymbol{A})\,[1 + \boldsymbol{v}^{\mathrm{T}}\boldsymbol{A}^{-1}\boldsymbol{u}]$, (Gröbner, 1966) folgt aus Gl. (15.3.13)

$$\begin{aligned}&\det\,[z\boldsymbol{I} - \boldsymbol{I}]\,\det(\boldsymbol{I})\,[1 + \boldsymbol{\psi}^{\mathrm{T}}\boldsymbol{I}^{-1}\,[(z\boldsymbol{I} - \boldsymbol{I})^{-1}\gamma]]\\ &\quad= (z-1)^n\,[1 + \boldsymbol{\psi}^{\mathrm{T}}(z-1)^{-1}\gamma]\\ &\quad= (z-1)^{n-1}\,[z - 1 + \boldsymbol{\psi}^{\mathrm{T}}\gamma]\end{aligned} \tag{15.3.14}$$

und hieraus die Eigenwerte

$$\to z_i = 1; \quad i = 1, \ldots, n-1 \tag{15.3.15}$$

$$\to z_n = 1 - \boldsymbol{\psi}^{\mathrm{T}}\gamma\,. \tag{15.3.16}$$

Der als konstant angenommene Eigenwert z_n ist nun wegen der zeitveränderlichen Größen $\boldsymbol{\psi}^{\mathrm{T}}(k)$ und $\gamma(k+1)$ von der Zeit abhängig. Er wird deshalb als „zeitvarianter Eigenwert" der Parameterschätzgleichung bezeichnet.

Hieraus folgt:

Satz 15.1: Die rekursive Parameterschätzung nach der Methode der kleinsten Quadrate hat bei n zu schätzenden Parametern

- $(n-1)$ feste Eigenwerte bei

$$z_i = 1; \quad i = 0, 1, \ldots, n-1 \tag{15.3.17}$$

- einen „zeitvarianten Eigenwert" bei

$$\begin{aligned} z_n &= 1 - \boldsymbol{\psi}^{\mathrm{T}}(k+1)\gamma(k) \\ &= [\lambda + \boldsymbol{\psi}^{\mathrm{T}}(k+1)\boldsymbol{P}(k)\boldsymbol{\psi}(k+1)]^{-1}, \end{aligned} \tag{15.3.18}$$

wobei

$$0 < z_n(k) \leq \lambda . \tag{15.3.19}$$

Die rechte Seite von Gl. (15.3.18) folgt nach Einsetzen von Gl. (16.1.3). □

Nach Kofahl (1988) wandert der „zeitvariante Eigenwert" bei plötzlicher Anregung

$$z_n(k) \longrightarrow 0 . \tag{15.3.20}$$

Bei fehlender Anregung ist

$$\boldsymbol{\psi}(k) = \boldsymbol{\psi}(k-1) = \cdots = \boldsymbol{\psi}_0 = \text{const} ,$$

und es folgt mit Gl. (8.3.35)

$$\boldsymbol{\psi}^{\mathrm{T}}(k+1)\boldsymbol{P}(k)\boldsymbol{\psi}(k+1) = \boldsymbol{\psi}_0^{\mathrm{T}}\boldsymbol{P}(k)\boldsymbol{\psi}_0 = \frac{\boldsymbol{\psi}_0^{\mathrm{T}}\boldsymbol{P}(k-1)\boldsymbol{\psi}_0}{\boldsymbol{\psi}_0^{\mathrm{T}}\boldsymbol{P}(k-1)\boldsymbol{\psi}_0 + \lambda} .$$

n maliges Anwenden dieser rekursiven Beziehung führt auf

$$\begin{aligned} \boldsymbol{\psi}_0^{\mathrm{T}}\boldsymbol{P}(k)\boldsymbol{\psi}_0 &= \frac{\boldsymbol{\psi}_0^{\mathrm{T}}\boldsymbol{P}(k-n)\boldsymbol{\psi}_0}{\boldsymbol{\psi}_0^{\mathrm{T}}\boldsymbol{P}(k-n)\boldsymbol{\psi}_0[1 + \lambda + \cdots + \lambda^{n-1}] + \lambda^n} \\ &= \frac{1}{[1 + \lambda + \cdots + \lambda^{n-1}] + \lambda^n[\boldsymbol{\psi}_0^{\mathrm{T}}\boldsymbol{P}(k-n)\boldsymbol{\psi}_0]^{-1}} \end{aligned}$$

und somit

$$\lim_{n\to\infty} \boldsymbol{\psi}_0^{\mathrm{T}}\boldsymbol{P}(k+n)\boldsymbol{\psi}_0 = [(1-\lambda)^{-1} + 0]^{-1} = 1 - \lambda .$$

Somit geht der „Eigenwert" bei fehlender Anregung

$$\lim_{k\to\infty} z_n(k) \to \lambda . \tag{15.3.21}$$

Dieses Verhalten ist im Bild 15.2 zu erkennen.

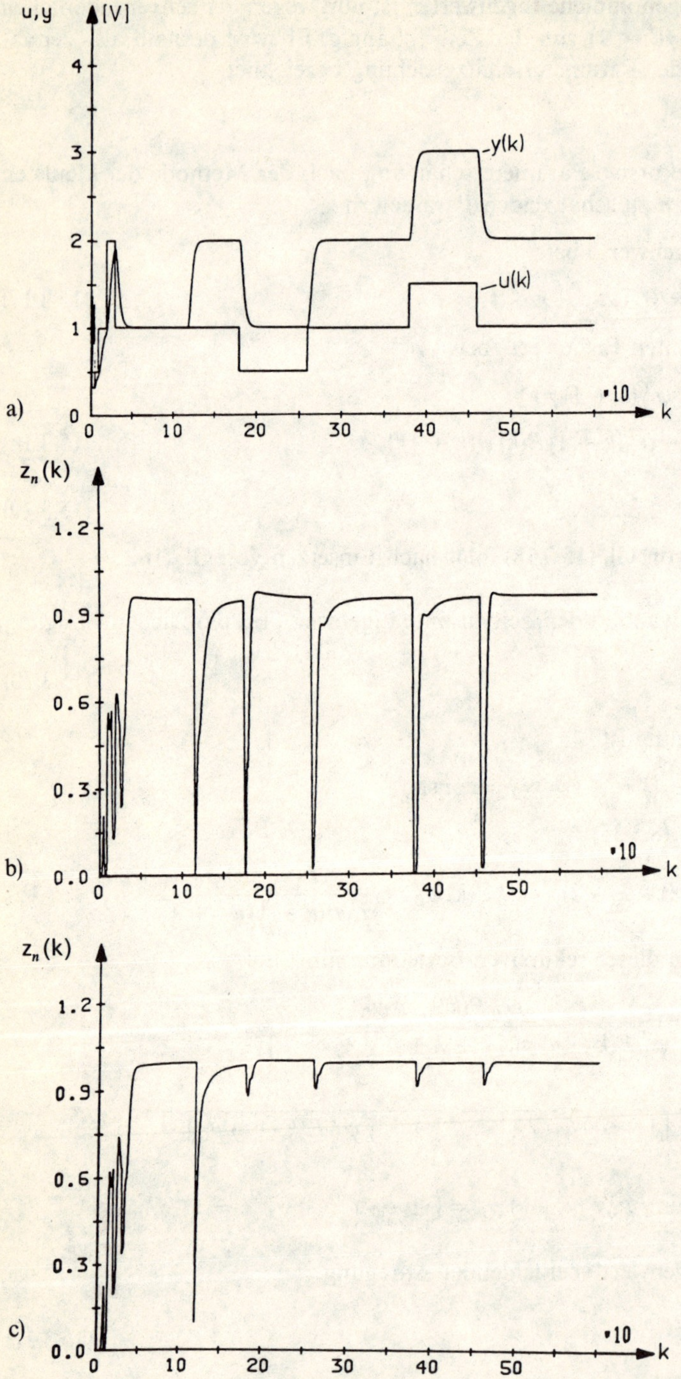
u,y
[V]
4
3
2
1
0
y(k)
u(k)
a)
•10
k
0
10
20
30
40
50
$z_n(k)$
1.2
0.9
0.6
0.3
0.0
b)
•10
k
0
10
20
30
40
50
$z_n(k)$
1.2
0.9
0.6
0.3
0.0
c)
•10
k
0
10
20
30
40
50

Der „Eigenwert“ $z_n(k)$ ist demnach als Maß für die Anregung der Parameterschätzung geeignet und kann für die Steuerung bzw. Überwachung der Parameterschätzung z.B. bei adaptiven Regelungen eingesetzt werden, Kofahl (1988), oder bei der Wahl des zeitveränderlichen Vergessensfaktors bei zeitvarianten Prozessen, Knapp und Isermann (1990).

15.3.2 Rekursive Parameterschätzung in Regelkreisdarstellung

Aus Bild 8.4 geht hervor, daß die rekursive Parameterschätzung RLS in Form eines Regelkreises mit zeitvarianter Regelstrecke und integralwirkenden Reglern für jeden Parameter

$$\hat{\boldsymbol{\theta}}(z) = \boldsymbol{G}_{\mathrm{R}}(z)\,\Delta\hat{\boldsymbol{\theta}}(z)$$

mit

$$G_{\mathrm{R}i}(z) = \frac{\hat{\theta}_i(z)}{\Delta\hat{\theta}_i(z)} = \frac{1}{1 - z^{-1}} \tag{15.3.22}$$

dargestellt werden kann, wobei $\Delta\hat{\boldsymbol{\theta}}(k+1)$ die Regelgröße und $\hat{\boldsymbol{\theta}}(k)$ die Stellgröße sind. Diese Darstellung hat Becker (1989) wie folgt erweitert. Nach einer Blockschaltbildumformung werden transformierte Parameter definiert:

Transformations-Parameter-Sollwert-Vektor: $\boldsymbol{\theta}^*_{\mathrm{w}}(k+1) = y(k+1)\,\boldsymbol{\gamma}(k+1)$

Transformations-Parameter-Vektor: $\boldsymbol{\theta}^*(k+1) = y_m(k+1)\,\boldsymbol{\gamma}(k+1)$

und somit

$$\boldsymbol{\theta}^*_{\mathrm{w}}(k+1) - \boldsymbol{\theta}^*(k+1) = \Delta\hat{\boldsymbol{\theta}}(k+1) = \hat{\boldsymbol{\theta}}(k+1) - \hat{\boldsymbol{\theta}}(k)\,. \tag{15.3.23}$$

Hieraus folgt dann ein Mehrgrößen-Regelkreis. Für die Transformations-Parameter gilt

$$\boldsymbol{\theta}^*_{\mathrm{w}}(k+1) = \boldsymbol{\gamma}(k)\,y_m(k+1) = \boldsymbol{\gamma}(k)\,\boldsymbol{\psi}^{\mathrm{T}}(k+1)\,\hat{\boldsymbol{\theta}}(k) = \boldsymbol{S}(k)\,\hat{\boldsymbol{\theta}}(k) \tag{15.3.24}$$

mit der zeitvarianten Regelstrecke

$$\boldsymbol{S}(k) = \boldsymbol{\gamma}(k)\,\boldsymbol{\psi}^{\mathrm{T}}(k+1)\,. \tag{15.3.25}$$

Nun können allgemeine Mehrgrößen-Regler

$$G_{\mathrm{R}i}(z) = \frac{\hat{\theta}_i(z)}{\Delta\hat{\theta}_i(z)} = \frac{Q(z)}{P(z)} \tag{15.3.26}$$

angesetzt werden. Das Führungsverhalten des Regelkreises ergibt sich unter

Bild 15.2. Verhalten des „zeitvarianten Eigenwertes“ $z_n(k)$ der rekursiven LS-Parameterschätzung für den Testprozeß VI ($m = 3$, Isermann (1988)). Änderung der Verstärkung $K_p \rightarrow 2K_p$ bei $k = 120$. **a** Verlauf von Ein- und Ausgangssignal; **b** Eigenwert $z_n(k)$ für $\lambda = 0{,}95$; **c** Eigenwert $z_n(k)$ für $\lambda = 1{,}0$

Annahme einer Regelstrecke $\boldsymbol{S}(k)$ mit konstanten Parametern aus

$$\boldsymbol{G}_w(z) = [\boldsymbol{I} + \boldsymbol{S}(k)\boldsymbol{G}_{\mathrm{R}}(z)]^{-1}\,\boldsymbol{S}(k)\boldsymbol{G}_{\mathrm{R}}(z)\,. \tag{15.3.27}$$

Die charakteristische Gleichung lautet dann

$$\det[\boldsymbol{I} + \boldsymbol{S}(k)\boldsymbol{G}_{\mathrm{R}}(z)] = 0\,. \tag{15.3.28}$$

Hieraus folgen die Pole nach Becker (1989) aus

$$P(z)^{2m-1}[P(z) + Q(z)\boldsymbol{\psi}^{\mathrm{T}}(k+1)\gamma(k)] = 0\,, \tag{15.3.29}$$

also

— $(2m-1)$ feste Pole: $P(z) = 0$

— „zeitvariante Pole“: $P(z) + Q(z)\boldsymbol{\psi}^{\mathrm{T}}(k+1)\gamma(k) = 0$.

Mit dem I-Regler nach Gl. (15.3.24) gilt

$$(z-1)^{2m-1}[z - 1 + \boldsymbol{\psi}^{\mathrm{T}}(k+1)\gamma(k)] = 0\,. \tag{15.3.30}$$

Es ergeben sich also folgende Eigenwerte des LS-Parameterschätzers

- $(2m-1)$ feste Eigenwerte bei $z_i = 1, i = 0, 1, \ldots, 2m-1$
- ein „zeitvarianter Eigenwert“ bei

$$\begin{aligned} z_{2m}(k) &= 1 - \boldsymbol{\psi}^{\mathrm{T}}(k+1)\gamma(k) \\ &= 1 - \boldsymbol{\psi}^{\mathrm{T}}(k+1)\boldsymbol{P}(k)\boldsymbol{\psi}(k+1)\,. \end{aligned}$$

Becker (1989) hat nun anstelle des I-Reglers andere Regler vorgeschlagen, z.B. Regler mit doppeltem Integralanteil, um bei linear ansteigenden (zeitvarianten) Parameteränderungen ohne „Schleppfehler“ zu folgen.

Eine wesentliche Verbesserung bei der Schätzung zeitvarianter Prozesse konnte durch eine Vorsteuerung

$$\hat{\boldsymbol{\theta}}(k+1) = \hat{\boldsymbol{\theta}}(k) + \Delta\boldsymbol{\theta}_v(k)$$

erreicht werden, wobei $\Delta\boldsymbol{\theta}_v(k)$ als Sollwert dynamisch modifizierter Parameter-Regler von einer die Zeitvarianz kennzeichnende Größe, z.B. einer Last, gesteuert wurde. Dies wurde am Beispiel der Parameterschätzung für ein Flugzeug gezeigt, wobei $\Delta\boldsymbol{\theta}_v(k)$ über den gemessenen Staudruck vorgesteuert wurde.

15.4 Zusammenfassung

Rekursive Parameterschätzalgorithmen können in einer einheitlichen Form so dargestellt werden, daß sie sich nur in der Definition von Datenvektoren unterscheiden, Abschnitt 15.1. Zur Analyse der Konvergenz rekursiver Parameterschätzverfahren eignen sich im deterministischen Fall für RLS Rekursionsbeziehungen für die Ljapunov-Funktion der Parameterschätzfehler. Bei stochastischen Störungen können die Schätzalgorithmen für große Zeiten durch ein System von Differentialgleichungen approximiert und dessen Stabilität untersucht werden (ODE-Methode) oder es könen stochastiche Rekursionsgleichungen einer erweiterten Ljapunovfunktion mit Hilfe der Maringale-Konvergenztheorie verwendet werden.

Aus diesen Untersuchungen folgen für jeweils getroffene Annahmen:

— RLS zeigt sowohl ohne als auch mit stochastischen Störsignalen eine globale Konvergenz. Bei stochastischen Störsignalen ergibt sich allerdings ein Konvergenzpunkt mit Bias.
— RELS mit A-posteriori-Fehler konvergiert global für stochastische Störungen, wenn die Inverse des Störsignalfilters positiv reelle Bedingung(en) erfüllt.
— RML und RIV konvergieren zumindest lokal (in der Nähe des erwartungstreuen Konvergenzpunktes).

Die robusteste Methode ist somit die rekursive Methode der kleinsten Quadrate (RLS). Bei den erwartungstreuen rekursiven Schätzmethoden (RELS, RML, RIV) muß eine gewisse Verschlechterung der Konvergenzeigenschaften in Kauf genommen werden. Dies verwundert nicht, da das Eingangssignal $v(k)$ für das Störsignalfilter unbekannt ist, und ebenfalls nur als rekursiv erhaltener Schätzwert ermittelt wird (RELS, RML) oder deren Effekt über geschätzte Nutzsignalwerte (Hilfsvariablen) zu eliminieren versucht wird (RIV).

Bei allen rekursiven Schätzverfahren ist jedoch eine gemeinsame Voraussetzung zur Konvergenz, daß die Korrelationsmatrix $\boldsymbol{\Phi}(k)$ bzw. die Matrix $\boldsymbol{P}^{-1}(k)$ für alle k positiv definit ist, d.h. daß der Prozeß fortdauernd mit der Ordnung m angeregt wird, siehe Satz 8.3.

16 Parameterschätzung zeitvarianter Prozesse

Bei vielen Prozessen sind die Parameter der sie beschreibenden, linear angenommenen Differenzengleichungen nicht konstant. Sie verändern sich durch interne oder externe Einflüsse mit der Zeit. Besonders häufig tritt der Fall auf, daß man das dynamische Verhalten für kleine Signaländerungen zwar um den Betriebspunkt linearisieren kann. Bei Änderungen des Betriebspunktes macht sich dann das in Wirklichkeit nichtlineare Verhalten bemerkbar. Falls das nichtlineare Verhalten nicht stark ausgeprägt ist und die Betriebspunktänderungen langsam erfolgen, kann man dann auch mit linearen Differenzgleichungen, aber zeitvarianten Parametern brauchbare Ergebnisse erhalten.

Ausgehend von den rekursiven Parameterschätzverfahren für Prozesse mit konstanten Parametern wird in Abschnitt 16.1 zunächst die exponentielle Gewichtung mit konstantem Vergessensfaktor für langsame Parameteränderungen behandelt. In manchen Fällen läßt sich eine Verbesserung erreichen, wenn der Vergessensfaktor der jeweiligen Situation variabel angepaßt wird, Abschnitt 16.2. Bei schnelleren Parameteränderungen empfiehlt sich ein direkter Eingriff in die Kovarianzmatrix, Abschnitt 16.3. Schließlich wird auf die Nutzung von A-priori-Information über die Parameteränderung in Abschnitt 16.4 eingegangen. Falls Modelle für die Parameteränderung zur Verfügung stehen, können auch schnell zeitvariante Prozesse identifiziert werden.

Die folgenden Betrachtungen werden hauptsächlich am Beispiel der Methode der kleinsten Quadrate (RLS) durchgeführt, lassen sich jedoch mit Hilfe von Tabelle 15.1 sinngemäß auf andere rekursive Schätzmethoden übertragen.

16.1 Exponentielle Gewichtung mit konstantem Vergessensfaktor

Im Zusammenhang mit der rekursiven Methode der gewichteten kleinsten Quadrate wurde in Abschnitt 8.3.2 bereits eine Möglichkeit zur Identifikation langsam zeitvarianter Prozesse angegeben. Die Fehler wurden dabei mit dem Gewicht

$$w(k) = \lambda^{N'-k} \tag{16.1.1}$$

versehen, was zu einem exponentiell nachlassenden Gedächtnis führt.

Die rekursiven Schätzalgorithmen lauten dann, siehe G1. (8.3.36) bis (8.3.38)

$$\hat{\boldsymbol{\theta}}(k+1) = \hat{\boldsymbol{\theta}}(k) + \boldsymbol{\gamma}(k)[y(k+1) - \boldsymbol{\psi}^{\mathrm{T}}(k+1)\hat{\boldsymbol{\theta}}(k)] \tag{16.1.2}$$

$$\boldsymbol{\gamma}(k) = \frac{1}{\boldsymbol{\psi}^{\mathrm{T}}(k+1)\boldsymbol{P}(k)\boldsymbol{\psi}(k+1) + \lambda}\boldsymbol{P}(k)\boldsymbol{\psi}(k+1) \tag{16.1.3}$$

$$\boldsymbol{P}(k+1) = [\boldsymbol{I} - \boldsymbol{\gamma}(k)\boldsymbol{\psi}^{\mathrm{T}}(k+1)]\boldsymbol{P}(k)\frac{1}{\lambda}\,. \tag{16.1.4}$$

Der Einfluß des Vergessensfaktor λ läßt sich direkt aus der rekursiven Beziehung Gl. (8.3.31) für die Inverse der Kovarianzmatrix erkennen

$$\boldsymbol{P}^{-1}(k+1) = \lambda\boldsymbol{P}^{-1}(k)\boldsymbol{\psi}(k+1)\boldsymbol{\psi}^{\mathrm{T}}(k+1)\,. \tag{16.1.5}$$

$\boldsymbol{P}^{-1}$ ist dabei proportional zur Informationsmatrix $\boldsymbol{J}$. Gl. (12.3.20). Durch $\lambda < 1$ werden die Informationswerte des letzten Schritts verkleinert bzw. die Kovarianzwerte vergrößert. Es werden dem ursprünglichen rekursiven Schätzalgorithmus also schlechtere Schätzwerte vorgetäuscht, so daß die neuen Meßwerte ein größeres Gewicht erhalten.

Für $\lambda = 1$ gilt nach Gl. (8.1.69) und (8.2.18)

$$\lim_{k\to\infty} E\{\boldsymbol{P}(k)\} = \boldsymbol{0} \tag{16.1.6}$$

und

$$\lim_{k\to\infty} \mathrm{E}\{\boldsymbol{\gamma}(k)\} = \lim_{k\to\infty} \mathrm{E}\{\boldsymbol{P}(k+1)\boldsymbol{\psi}(k+1)\} = 0\,. \tag{16.1.7}$$

Für große Zeiten k haben die Meßwerte dann kaum noch einen Einfluß auf $\hat{\boldsymbol{\theta}}(k+1)$. Wegen Gl. (16.1.5) gehen dann die Elemente von $\boldsymbol{P}^{-1}(k)$ gegen ∞. Dies folgt auch aus Gl. (8.2.20) und Gl. (8.1.24).

Bei Verwenden eines Vergessensfaktors $\lambda < 1$ gilt jedoch, ausgehend von Gl. (16.1.5) und einer Ableitung wie Gl. (8.2.20)

$$\boldsymbol{P}^{-1}(k) = \lambda^k \boldsymbol{P}^{-1}(0) + \sum_{i=0}^{k} \lambda^{k-i}\boldsymbol{\psi}(i)\boldsymbol{\psi}^{\mathrm{T}}(i)\,. \tag{16.1.8}$$

Für große Werte α der Startmatrix $\boldsymbol{P}(0) = \alpha\boldsymbol{I}$ verschwindet der erste Term, Gl. (8.2.22). Da für $\lambda < 1$

$$\lim_{k\to\infty}\sum_{i=1}^{k}\lambda^{k-i} = \lim_{k\to\infty}\sum_{i=0}^{k-1}\lambda^{i} < \infty$$

(Konvergente Reihe mit positiven Gliedern) konvergiert $\boldsymbol{P}^{-1}(k)$ gegen feste Werte

$$\lim_{k\to\infty} E\{\boldsymbol{P}^{-1}(k)\} = \boldsymbol{P}^{-1}(\infty), \tag{16.1.9}$$

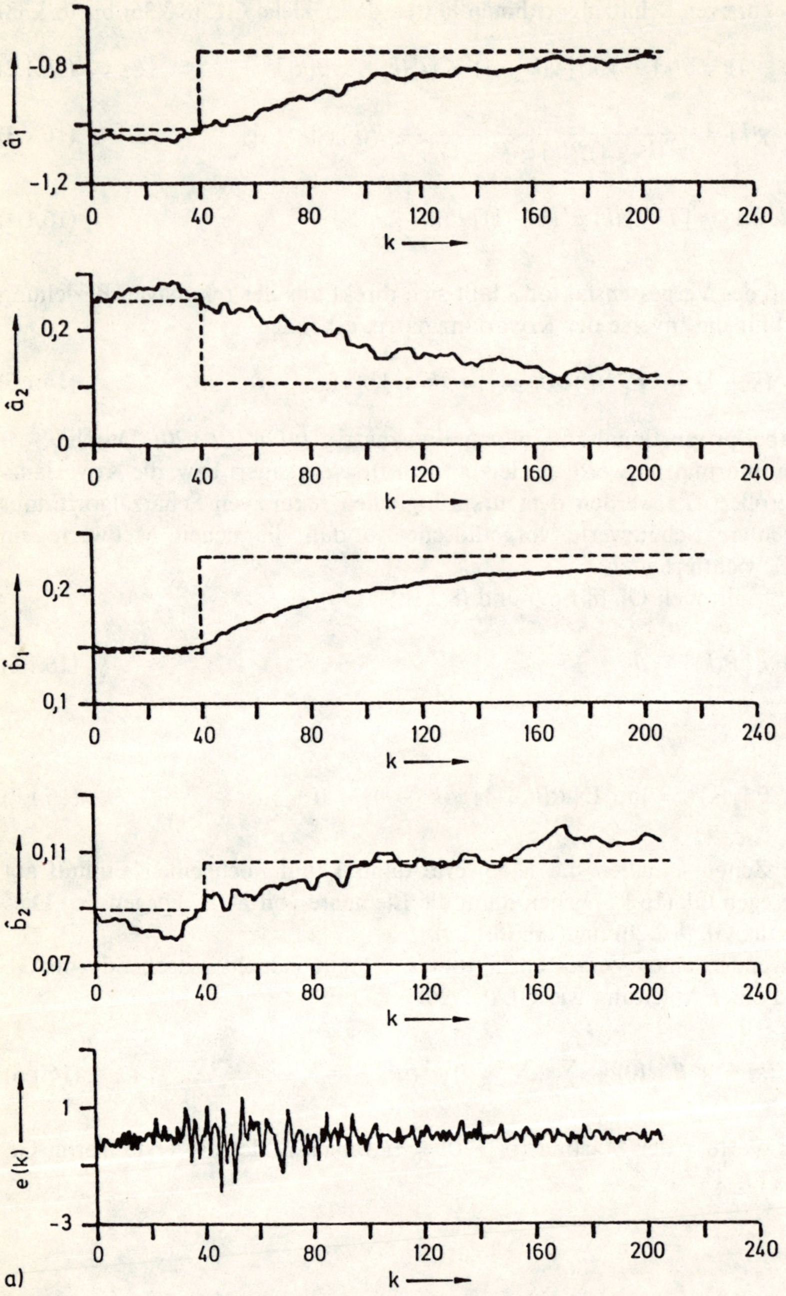

a) λ = 0,98

Bild 16.1 a und b. Rekursive Parameterschätzung mit RELS für festen Vergessensfaktor λ bei sprungförmiger Änderung der Zeitkonstante T_2. $\sigma_n^2 = 0{,}05$

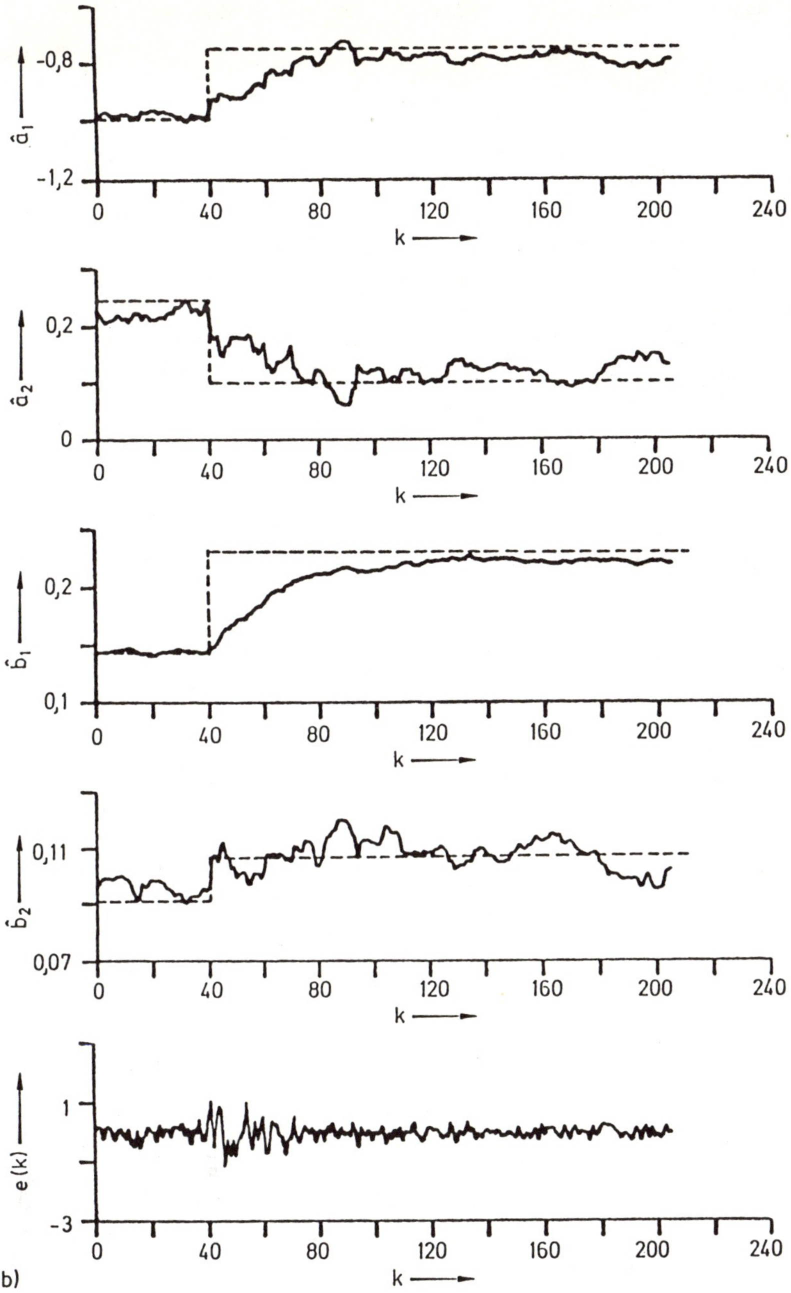

$\hat{a}_1$
-0,8
-1,2
$\hat{a}_2$
0,2
0
$\hat{b}_1$
0,2
0,1
$\hat{b}_2$
0,11
0,07
e(k)
1
-3
0
40
80
120
160
200
240
k
b)

b) λ = 0,95

nimmt also keine unendlich großen Werte an. Demzufolge sind auch

$$\lim_{k \to \infty} E\{\boldsymbol{P}(k)\} = \boldsymbol{P}(\infty) \tag{16.1.10}$$

und

$$\lim_{k \to \infty} E\{\gamma(k)\} = \gamma(\infty) \tag{16.1.11}$$

endlich und von Null verschieden. Dadurch gehen im Schätzalgorithmus Gl. (16.1.2) die neuen Meßwerte bei großen k mit konstantem Gewicht ein und nicht mit immer kleiner werdendem Gewicht wie bei $\lambda = 1$. Der Parameterschätzalgorithmus bleibt dadurch „empfindlich“ für eventuelle Parameteränderungen und kann deshalb langsamen Parameteränderungen folgen. Wegen der kleiner werdenden effektiven Mittelungszeit wird allerdings der Störsignalfluß größer, so daß die Varianzen der Parameterfehler ansteigen. Dies soll an einem Beispiel gezeigt werden.

Beispiel 16.1
Parameterschätzung eines zeitvarianten Prozesses mit konstantem Vergessensfaktor

Der Prozeß zweiter Ordnung (Testprozeß VII, Isermann (1987))

$$G(s) = \frac{K}{(1 + T_1 s)(1 + T_2 s)}$$

mit $K = 1$, $T_1 = 7{,}5$ s, $T_2 = 5$ s wird mit der Abtastzeit $T_0 = 4$ s abgetastet. Mit Halteglied nullter Ordnung ergeben sich die Parameter der z-Übertragungsfunktion zu

$$\begin{aligned} a_1 &= -1{,}036 \qquad & b_1 &= 0{,}1387 \\ a_2 &= 0{,}2636 \qquad & b_2 &= 0{,}0889. \end{aligned}$$

Bei einem bestimmten Zeitpunkt wird die Zeitkonstante T_2 auf $T_2 = 2{,}5$ s geändert, so daß

$$\begin{aligned} a_1 &= -0{,}7885 \qquad & b_1 &= 0{,}2210 \\ a_2 &= 0{,}1185 \qquad & b_2 &= 0{,}1089. \end{aligned}$$

Dem Ausgangssignal wurde ein Rauschsignal mit $\sigma_n^2 = 0{,}05$ überlagert, der Eingang mit einem PRBS mit Amplitude 10 V angeregt, so daß $\eta = \sigma_n / y_\infty = 0{,}022$.

Bild 16.1 zeigt die Parameterschätzwerte für zwei verschiedene Werte von λ. Bei kleinerem Wert λ folgen die geschätzten Parameter der Änderung schneller, haben jedoch eine größere Standardabweichung. □

Der Vergessensfaktor λ ist also wie folgt zu wählen:

— λ klein, wenn Parameteränderungsgeschwindigkeit $\Delta\hat{\boldsymbol{\theta}}(k) = \hat{\boldsymbol{\theta}}(k) - \hat{\boldsymbol{\theta}}(k-1)$ groß, (z.B. $\lambda = 0{,}90$). Dann dürfen aber nur kleine Störsignale einwirken.

— λ groß, wenn Parameteränderungsgeschwindigkeit klein, (z.B. $\lambda = 0{,}98$). Dann dürfen die Störsignale etwas größeren Einfluß haben.

Da die Methoden RML und RELS in der *Startphase* wegen der unbekannten $e(k) = \hat{v}(k)$ schlecht konvergieren, kann man die Konvergenz etwas beschleunigen, wenn die ersten Fehlersignale wenig und die folgenden Fehlersignale zunehmed bis 1 gewichtet werden. Dies erreicht man z.B. durch ein zeitvariables $\lambda(k)$ entsprechend Söderström u.a. (1974)

$$\lambda(k+1) = \lambda_0 \lambda(k) + (1 - \lambda_0) \tag{16.1.12}$$

mit $\lambda_0 < 1$ und $\lambda(0) < 1$.

Für $\lambda_0 = 0{,}95$ und $\lambda(0) = 0{,}95$ erhält man z.B.

$$\lambda(5) = 0{,}9632 \qquad \lambda(10) = 0{,}9715 \qquad \lambda(20) = 0{,}9829.$$

Es gilt lim $k \to \infty$ $\lambda(k+1) = 1$.

Die Gewichtungen nach Gl. (16.1.12) und Gl. (16.1.1) lassen sich kombinieren, wenn man folgenden Algorithmus verwendet

$$\lambda(k+1) = \lambda_0 \lambda(k) + \lambda(1 - \lambda_0)\,. \tag{16.1.13}$$

Dann wird nach einer schwächeren Gewichtung in der Startphase, entsprechend der Vorgabe von λ_0 und $\lambda(0)$, für große k eine exponentiell nachlassende Gewichtung der jeweils vergangenen Messungen erreicht, da

$$\lim_{k \to \infty} \lambda(k+1) = \lambda\,.$$

Parameterschätzalgorithmen mit *konstantem Vergessensfaktor* sind somit für Prozesse geeignet, deren Parameteränderungsgeschwindigkeit nicht zu groß ist und die dauernd durch das Eingangssignal angeregt werden.

Auch wenn die Prozeßparameter konstant sind, kann man noch gute Ergebnisse erhalten, wenn die Störsignale im Hinblick auf die "Gedächtnislänge" $M = 1/(1 - \lambda)$, siehe Abschnitt 8.3.2, nicht zu groß sind. Probleme können jedoch dann auftreten wenn bei konstantem Vergessensfaktor $\lambda < 1$ der Prozeß durch das Eingangssignal *nicht genügend angeregt* wird. Dann nehmen die Werte der Matrix $\boldsymbol{P}^{-1}(k+1)$ nach Gl. (16.1.5) wegen $\boldsymbol{\psi}(k+1) \approx \boldsymbol{0}$ laufend ab (Elemente der Informationsmatrix werden kleiner) bzw. es nehmen die Elemente von $\boldsymbol{P}(k+1)$ (Kovarianzmatrix) zu (Aufblähen der Kovarianzmatrix). Da der Korrekturvektor nach Gl. (8.2.16)

$$\gamma(k) = \boldsymbol{P}(k+1)\boldsymbol{\psi}(k+1)$$

ist, wird der Schätzalgorithmus immer empfindlicher. Es genügt dann ein kleines Störsignal oder ein numerischer Störeinfluß um plötzlich große Schwankungen der Parameterschätzwerte entstehen zu lassen. Der rekursive Schätzalgorithmus wird dann zumindest vorübergehend instabil. Eine solche Situation kann z.B. bei adaptiven Regelsystemen beobachtet werden, bei denen die Prozeßanregung von den Parameterfehlern und den Störsignalen abhängt, siehe z.B. Isermann (1987).

Hier empfiehlt sich, die Prozeßanregung laufend zu überwachen oder aber den Vergessensfaktor variabel zu machen.

Anstelle einer exponentiellen Gewichtung vergangener Meßwerte kann auch ein *Gedächtnis endlicher Läng* eingeführt werden, bei dem nur die jeweils N letzten Meßwerte eingehen („bewegtes Rechteck-Fenster"), siehe z.B. Young (1984). Hierauf wird nicht näher eingegangen, da die behandelte exponentielle Gewichtung nur eine kleine Änderung des ursprünglichen Schätzalgorithmus erfordert.

16.2 Exponentielle Gewichtung mit variablem Vergessensfaktor

Um den Vergessensfaktor an die jeweilige Situation anzupassen, kann man ihn vom Wert des A-posteriori-Fehlers aus steuern. Wenn der Fehler $e_0(k)$ klein ist, ist die Schätzung offenbar korrekt, oder aber es herrscht keine Anregung. Es kann dann in beiden Fällen $\lambda(k) \approx 1$ sein. Wenn aber der Fehler groß ist, muß $\lambda(k)$ klein gewählt werden, damit eine schnelle Anpassung möglich wird. Als Maß für den „Informationsinhalt" der Schätzung wurde von Fortescue u.a. (1981) vorgeschlagen, die gewichtete Summe der A-posteriori-Fehler zu verwenden, die in rekursiver Form lautet

$$\Sigma(k) = \lambda(k)\,\Sigma(k-1) + [1 - \psi^{\mathrm{T}}(k)\gamma(k-1)]e^2(k)\,. \tag{16.2.1}$$

Es wird nun $\lambda(k)$ so gewählt, daß der „Informationsgehalt" konstant bleibt, also

$$\Sigma(k) = \Sigma(k-1) = \cdots = \Sigma_0 \tag{16.2.2}$$

so daß folgt

$$\lambda(k) = 1 - \frac{1}{\Sigma_0}[1 - \psi^{\mathrm{T}}(k)\gamma(k-1)]e^2(k)\,. \tag{16.2.3a}$$

Hieraus folgt mit dem zeitvarianten Eigenwert $z_n(k)$ der Parameterschätzung, Gl. (15.3.18), Kofahl (1988),

$$\lambda(k) = 1 - \frac{1}{\Sigma_0} z_n(k)e^2(k) \tag{16.2.3b}$$

Σ_0 muß nun geeignet gewählt werden. Es wird vorgeschlagen

$$\Sigma_0 = \sigma_n^2 N_0 \tag{16.2.4}$$

wobei σ_n^2 die Varianz des Störsignales und N_0 ein Faktor ist, für den gilt, vgl. Abschnitt 8.3.2,

$$N_0 = 1/(1 - \lambda_0)\,. \tag{16.2.5}$$

Ein kleines N_0 ergibt eine empfindliche Schätzung (λ_0 klein), also schnelle Anpassung und umgekehrt. Zusätzlich muß ein kleinstes $\lambda_{\min}$ festgelegt werden, so daß $\lambda = \lambda_{\min}$ ermittelt wird.

Beispiel 16.2
Parameterschätzung eines zeitvarianten Prozesses mit variablem Vergessensfaktor

Für den gleichen gestörten Prozeß wie Beispiel 16.1 wurde $\Sigma_0 = 8$ gewählt, also $N_0 = 8/0{,}05 = 160$. Wie Bild 16.2 zeigt, stellt sich $\lambda \approx 1$ ein, wenn die Parameter konstant sind. Nach Änderung der Parameter ergeben sich stark schwankende Werte im Bereich $0{,}7 < \lambda(k) < 1{,}0$. Der Einschwingvorgang zu den neuen Parameterwerten liegt etwa zwischen den Ergebnissen für festes $\lambda = 0{,}95$ und $0{,}98$ von Bild 16.1. □

Ein praktisches Problem dieses Verfahrens ist die Wahl von Σ_0. Wird es zu klein gewählt, dann schwankt $\lambda(k)$ zu stark, auch wenn keine Parameteränderungen vorliegen. Bei zu großem Σ_0 erfolgt die Anpassung an neue Parameter zu langsam. Ein weiterer Nachteil ist, daß sich $\lambda(k)$ auch bei Änderungen der Störsignalvarianz σ_n^2 ändert, ohne daß sich die Prozeßparameter ändern. Dies erfolgt so, daß $\lambda(k)$ kleiner wird bei größer werdendem σ_n^2, also gerade umgekehrt wie es eigentlich sinnvoll wäre.

Eine Verbesserung dieses Verhaltens läßt sich erreichen, Siegel (1985), wenn man $\sigma_n^2(k)$ schätzt, z.B. durch die Rekursionsbeziehung

$$\hat{\sigma}_n^2(k) = \kappa\hat{\sigma}_n^2(k-1) + (1-\kappa)e^2(k) \quad (\kappa < 1). \tag{16.2.6}$$

Wenn folgende Schranken überschritten werden

$$\left.\begin{aligned} &\hat{\sigma}_n^2(k) \geqq \sigma_{n0}^2 \\ \text{oder}\quad &\Delta\hat{\sigma}_n^2(k) \geqq |\hat{\sigma}_n^2(k) - \hat{\sigma}_n^2(k-1)| \end{aligned}\right\} \tag{16.2.7}$$

wird davon ausgegangen, daß sich die Parameter geändert haben und N_{02} klein gewählt, so daß

$$\Sigma_0 = \hat{\sigma}_n^2 N_{02}\,.$$

Falls die Schranken nicht überschritten werden, gilt

$$\Sigma_0 = \hat{\sigma}_n^2 N_{01}$$

mit $N_{01} > N_{02}$. (z.B. $N_{01} = 10N_{02}$)

16.3 Beeinflußung der Kovarianzmatrix

Die in den letzten Abschnitten behandelten Methoden mit Vergessensfaktor λ sind nur für langsame Parameteränderungen geeignet, da der von der Kovarianzmatrix $\boldsymbol{P}(k)$ abhängige Korrekturvektor $\gamma(k)$ sich nur langsam (exponentiell) ändert, siehe Gl. (16.1.2) bis (16.1.5). Bei schnellen Parameteränderungen muß sich $\gamma(k)$ und damit $\boldsymbol{P}(k)$ schnell ändern können. Dies erreicht man z.B. durch Addition einer Matrix $\boldsymbol{R}(k)$ zu $\boldsymbol{P}(k)$, so daß aus Gl. (16.1.4) folgt

$$\boldsymbol{P}(k+1) = [\boldsymbol{I} - \gamma(k)\boldsymbol{\psi}^{\mathrm{T}}(k+1)]\,\boldsymbol{P}(k)\frac{1}{\lambda} + \boldsymbol{R}(k)\,. \tag{16.3.1}$$

Beschränkt man sich, wie beim Start des rekursiven Schätzalgorithmus, Gl. (8.2.21),

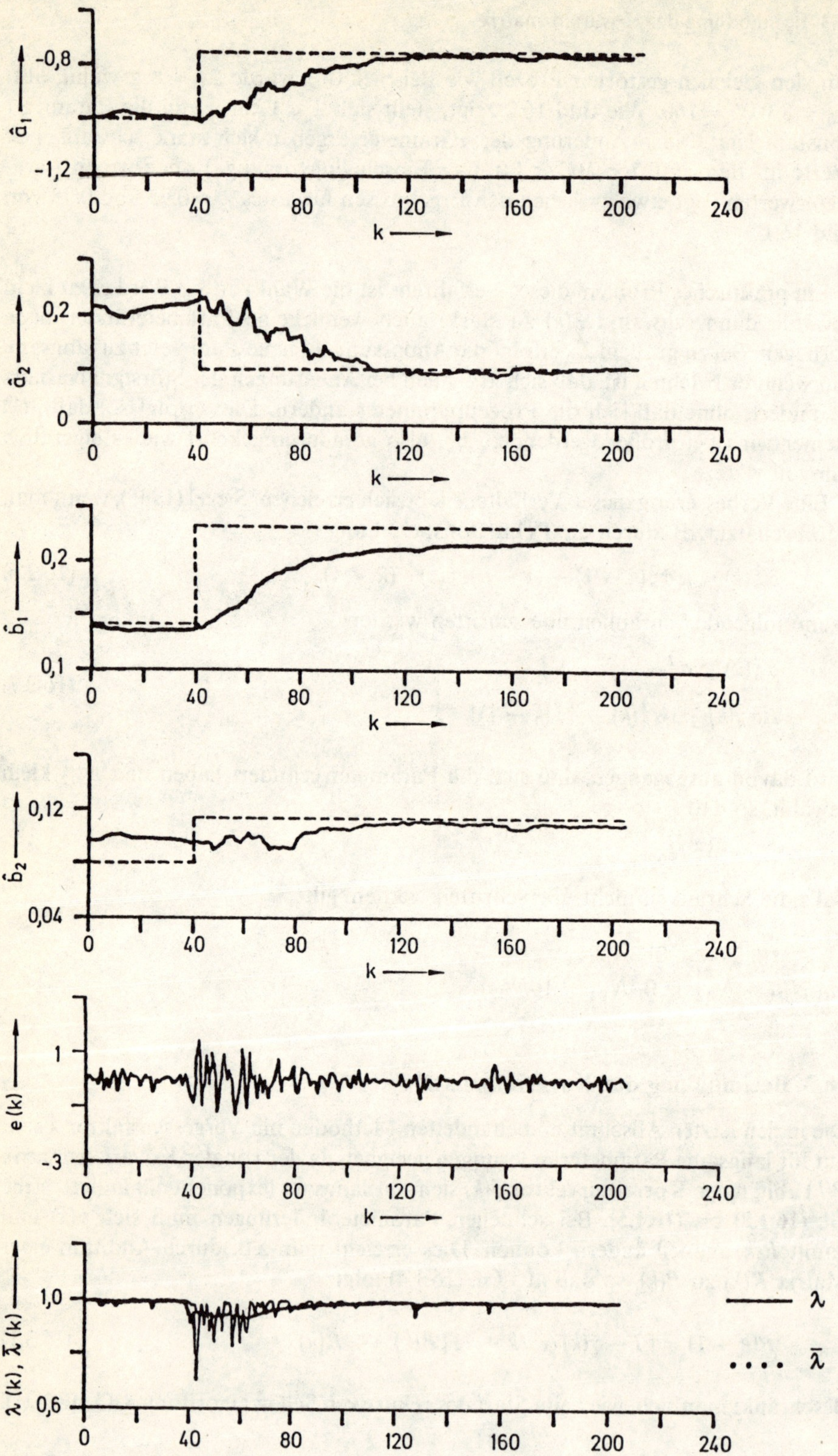

$\hat{a}_1$
-0,8
-1,2
0 40 80 120 160 200 240
k
$\hat{a}_2$
0,2
0
0 40 80 120 160 200 240
k
$\hat{b}_1$
0,2
0,1
0 40 80 120 160 200 240
k
$\hat{b}_2$
0,12
0,04
0 40 80 120 160 200 240
k
e (k)
1
-3
0 40 80 120 160 200 240
k
$\lambda(k)$, $\bar{\lambda}(k)$
1,0
0,6
0 40 80 120 160 200 240
k
λ
$\bar{\lambda}$

auf eine diagonale Matrix $\boldsymbol{R}(k)$, dann kann man z.B. wählen

$$\boldsymbol{R}(k) = \beta \frac{e^2(k)}{\hat{\sigma}_n^2(k)} \cdot \boldsymbol{I} \tag{16.3.2}$$

wenn die Schranken Gl. (16.2.7) überschritten werden. Unterhalb der Schranken ist $\boldsymbol{R}(k) = \boldsymbol{0}$.

Von Nachteil ist, daß so alle Diagonalelemente von $\boldsymbol{P}(k)$ gleichgroß addierte Werte erhalten. Man kann deshalb die Elemente abhängig von bisherigen Werten von $\boldsymbol{P}(k)$ machen und

$$\boldsymbol{R}(k) = \alpha_R \boldsymbol{P}(k) \quad \alpha_R \gg 1 \tag{16.3.3}$$

verwenden. (z.B. $\alpha_R = 100 \cdots 1000$). Dies kann auch als ein *Neustart* bezeichnet werden. In Abschnitt 16.4 wird gezeigt, daß $\boldsymbol{R} = \boldsymbol{W}$ gesetzt werden kann, wenn die Kovarianz $\boldsymbol{W}$ der Parameterschwankungen bekannt ist.

Beispiel 16.3
Parameterschätzung eines zeitvarianten Prozesses durch Hochsetzen der Kovarianzmatrix

Für den gleichen Prozeß wie Beispiel 16.1.1 wurde nach einer Erkennung von Parameteränderungen durch Überschreiten der Schranke $\Delta\hat{\sigma}_n^2(k)$ (Gradient der geschätzten Varianz des Störsignals bzw. Fehlersignals nach Gl. (16.2.7)) die Kovarianzmatrix mittels $\alpha_R = 100$ hochgesetzt. Es ergibt sich eine schnelle Einschwingung auf die neuen Parameterwerte, allerdings mit vorübergehend großen Varianzen. □

Eine andere Möglichkeit der Beeinflussung der Kovarianzmatrix wird von Hägglund (1985) vorgeschlagen. Dabei wird die Kovarianzmatrix so modifiziert, daß die enthaltene Information konstant bleibt. Die Anwendung wird jedoch auf langsam veränderliche Parameter beschränkt. Weitere Hinweise zur Parameterschätzung zeitvarianter Prozesses findet man in Kofahl (1988).

16.4 Modelle für die Parameteränderung

Bei den bisher betrachteten Modifikationen von rekursiven Parameterschätzmethoden wurde davon ausgegangen, daß sich alle Parameter in unbekannter Weise mehr oder weniger schnell ändern. Wenn jedoch A-priori-Informationen über Art und Zeitpunkt der Parameteränderungen bekannt sind, sollte man versuchen, diese in das Identifikationsverfahren einzufügen. So kann z.B. ein *determini-*

◄

Bild 16.2. Rekursive Parameterschätzung mit RELS für variablen Vergessensfactor $\lambda(k)$ bei sprungförmiger Änderung der Zeitkonstante T_2. $\Sigma_0 = 8$, $\lambda_{\min} = 0{,}5$, $\sigma_n^2 = 0{,}05$

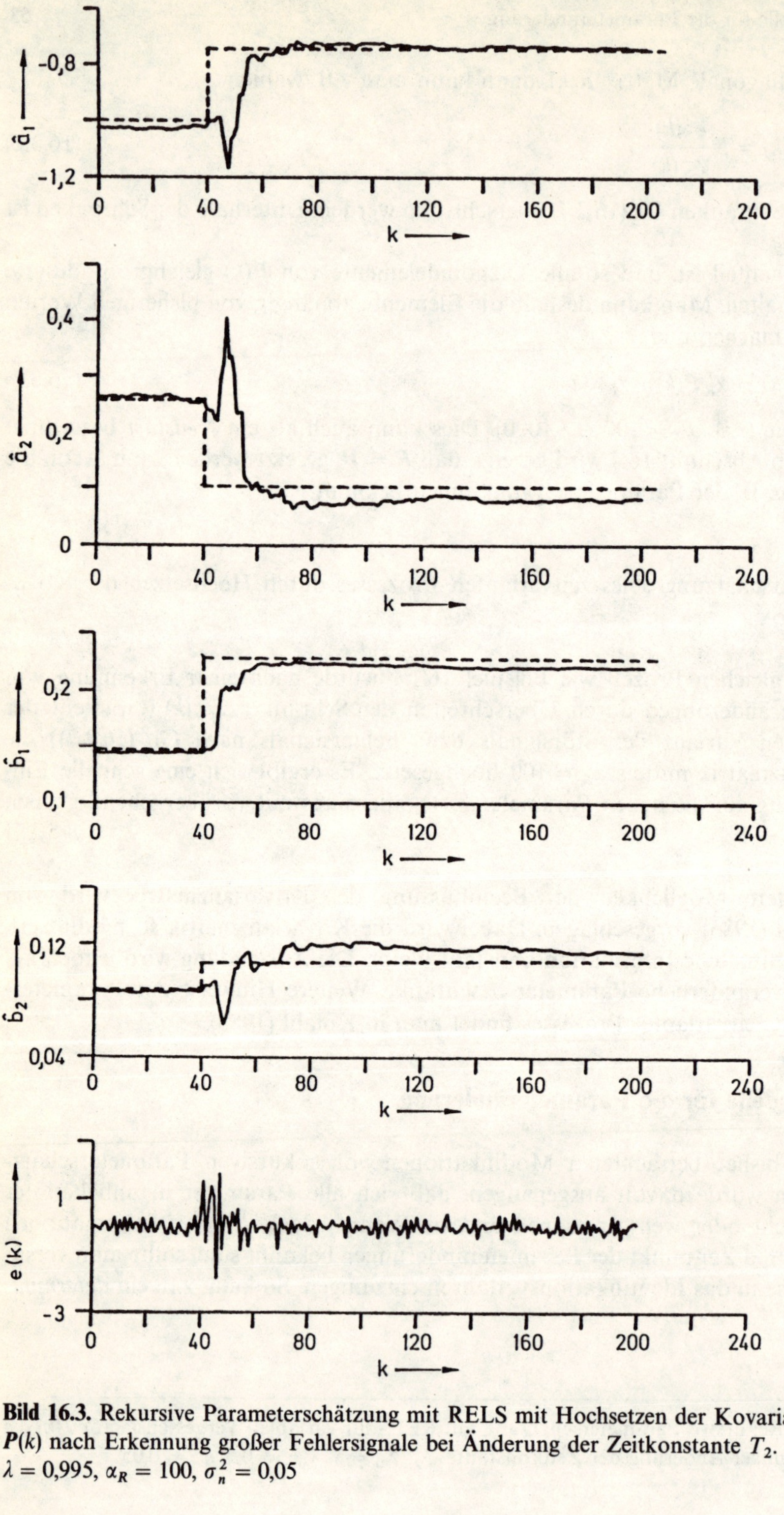

Bild 16.3. Rekursive Parameterschätzung mit RELS mit Hochsetzen der Kovarianzmatrix $\boldsymbol{P}(k)$ nach Erkennung großer Fehlersignale bei Änderung der Zeitkonstante T_2.
$\lambda = 0{,}995$, $\alpha_R = 100$, $\sigma_n^2 = 0{,}05$

stisches Parameteränderungsgesetz in periodischer Form

$$\boldsymbol{\theta}(k) = \boldsymbol{\theta}_1 + \boldsymbol{\theta}_2 \sin(\omega k T_0 + \varphi) \tag{16.4.1}$$

oder in Form einer Taylor-Reihe

$$\boldsymbol{\theta}(k) = \boldsymbol{\theta}_1 + \boldsymbol{\theta}_2 k + \boldsymbol{\theta}_3 k^2 + \cdots \tag{16.4.2}$$

bekannt sein, wobei aber $\boldsymbol{\theta}_1, \boldsymbol{\theta}_2, \cdots$ oder einzelne ihrer Elemente unbekannt sind.

Als Beispiel wird eine zeitvariante Differenzengleichung

$$a_1(k)y(k-1) + y(k) = b_1(k)u(k-1) \tag{16.4.3}$$

mit

$$\begin{aligned} a_1(k) &= a_{10} + a_{11}(k-k_0) + a_{12}(k-k_0)^2 \\ b_1(k) &= b_{10} + b_{12}(k-k_0) \end{aligned} \tag{16.4.4}$$

betrachtet. Durch Einsetzen folgt

$$\begin{aligned} a_{10}y(k-1) + a_{11}(k-k_0)y(k-1) + a_{12}(k-k_0)^2 y(k-2) \\ = b_{10}u(k-1) + b_{11}(k-k_0)u(k-1) \end{aligned} \tag{16.4.5}$$

bzw.

$$\begin{aligned} y(k) &= \boldsymbol{\psi}^{\mathrm{T}}(k)\hat{\boldsymbol{\theta}} \\ \boldsymbol{\psi}^{\mathrm{T}}(k) &= [y(k-1)(k-k_0)y(k-1)(k-k_0)^2 y(k-1)u(k-1) \\ &\quad \times (k-k_0)u(k-1)] \\ \boldsymbol{\theta}^{\mathrm{T}} &= [a_{10}\, a_{11}\, a_{12}\, b_{10}\, b_{11}]. \end{aligned} \tag{16.4.6}$$

Nach Einführen eines Gleichungsfehlers erhält man eine Modellgleichung die linear in den Parametern ist, so daß die nichtrekursiven oder rekursiven Parameterschätzmethoden anwendbar sind. Es empfiehlt sich jedoch, $(k - k_0)$ nach einigen Abtastschritten wieder auf Null zurückzusetzen, Xianya, Evans (1984). Eine Parameterschätzung mit Taylor-Reihenansatz für die Parameter und Prozesse mit kontinuierlichen Signalen wurde von Kreuzer (1975) angegeben.

Ein *stochastisches Parameteränderungsgesetz* kann z.B. in Form eines vektoriellen Markov-Prozesses erster Ordnung

$$\hat{\boldsymbol{\theta}}(k+1) = \boldsymbol{\Gamma}\hat{\boldsymbol{\theta}}(k) + \boldsymbol{\Xi}\boldsymbol{w}(k) \tag{16.4.7}$$

angesetzt werden, wobei $\boldsymbol{w}(k)$ ein weißer Rauschsignalvektor ist, mit

$$E\{\boldsymbol{w}(k)\} = \boldsymbol{0} \quad \text{und} \quad E\{\boldsymbol{w}(i)\boldsymbol{w}^{\mathrm{T}}(j)\} = \boldsymbol{W}\delta(i-j) \tag{16.4.8}$$

und $\delta(i-j)$ die Kronecker-Deltafunktion ist. $\boldsymbol{\Gamma}$ kann hierbei zur Vereinfachung diagonal angesetzt werden. Besonders einfach wird mit $\boldsymbol{\Gamma} = \boldsymbol{\Xi} = \boldsymbol{I}$ das Random-walk-Modell (nichtstationäre Zufallsbewegung, Integrator mit stochastischem Eingang)

$$\hat{\boldsymbol{\theta}}(k+1) = \hat{\boldsymbol{\theta}}(k) + \boldsymbol{w}(k)\,. \tag{16.4.9}$$

Es wird nun kurz auf das prinzipielle Vorgehen für den stochastischen Markov-Parameteränderungsprozeß Gl. (16.4.7) in Verbindung mit der Methode der kleinsten Quadrate eingegangen, Young (1984). Es gilt nun für den Prozeß (8.1.14)

$$y(k) = \boldsymbol{\psi}^{\mathrm{T}}(k)\hat{\boldsymbol{\theta}}(k-1) + e(k)$$

$$\hat{\boldsymbol{\theta}}(k) = \boldsymbol{\Gamma}\hat{\boldsymbol{\theta}}(k-1) + \boldsymbol{\Xi}\boldsymbol{w}(k-1)\,. \tag{16.4.7a}$$

Hierbei sei angenommen, daß $\boldsymbol{\Gamma}$ und $\boldsymbol{\Xi}$ bekannt sind. Die zusätzliche Information Gl. (16.4.7) wird nun dazu verwendet, die Schätzwerte $\hat{\boldsymbol{\theta}}(k+1)$ und $\boldsymbol{P}(k+1)$ der üblichen Methode der kleinsten Quadrate durch die Vorhersage $\hat{\boldsymbol{\theta}}(k+1|k)$ und $\boldsymbol{P}(k+1|k)$ aufgrund des Parameteränderungsmodells zu verbessern. Hierbei bedeutet $\cdots(k+1|k)$ die Vorhersage für den Zeitpunkt $(k+1)$ aufgrund der Meßwerte bis zum Zeitpunkt (k).

Zunächst gilt wegen Gl. (16.4.8)

$$E\{\hat{\boldsymbol{\theta}}(k+1)\} = \boldsymbol{\Gamma}\hat{\boldsymbol{\theta}}(k)\,. \tag{16.4.10}$$

Der A-priori-Schätzfehler ist nun

$$\Delta\hat{\boldsymbol{\theta}}(k+1|k) = \hat{\boldsymbol{\theta}}(k+1|k) - \boldsymbol{\theta}(k+1)\,. \tag{16.4.11}$$

Nach Einsetzen von Gl. (16.4.7) und (16.4.10) folgt

$$\begin{aligned}\Delta\hat{\boldsymbol{\theta}}(k+1|k) &= \boldsymbol{\Gamma}\hat{\boldsymbol{\theta}}(k) - \boldsymbol{\Gamma}\boldsymbol{\theta}(k) - \boldsymbol{\Xi}\boldsymbol{w}(k)\\ &= \Gamma\Delta\hat{\boldsymbol{\theta}}(k) - \boldsymbol{\Xi}\boldsymbol{w}(k)\,.\end{aligned} \tag{16.4.12}$$

Die Kovarianzmatrix des A-priori-Schätzfehlers wird dann, Gl. (8.2.18),

$$\begin{aligned}\boldsymbol{P}(k+1|k) &= \frac{1}{\sigma_e^2}\operatorname{cov}[\Delta\hat{\boldsymbol{\theta}}(k+1|k]\\ &= \frac{1}{\sigma_e^2}E\{\Delta\hat{\boldsymbol{\theta}}(k+1|k)\Delta\hat{\boldsymbol{\theta}}^{\mathrm{T}}(k+1|k)\}\\ &= \boldsymbol{\Gamma}\boldsymbol{P}(k)\boldsymbol{\Gamma}^{\mathrm{T}} + \boldsymbol{\Xi}\boldsymbol{W}'\boldsymbol{\Xi}^{\mathrm{T}}\end{aligned} \tag{16.4.13}$$

$$\text{wobei}\quad E\{\Delta\hat{\boldsymbol{\theta}}(k)\boldsymbol{w}^{\mathrm{T}}(k)\} = 0 \quad\text{und}\quad \boldsymbol{W}' = \boldsymbol{W}/\sigma_e^2\,. \tag{16.4.14}$$

Diese A-priori-Vorhersagen können nun in den rekursiven RLS-Algorithmus Gl. (16.1.2) bis (16.1.4) eingeführt werden, so daß die *rekursive Methode der kleinsten Quadrate für stochastisch veränderliche Parameter* lautet:

Vorhersage:

$$\left.\begin{aligned}\hat{\boldsymbol{\theta}}(k+1|k) &= \boldsymbol{\Gamma}\hat{\boldsymbol{\theta}}(k)\\ \boldsymbol{P}(k+1|k) &= \boldsymbol{\Gamma}\boldsymbol{P}(k)\boldsymbol{\Gamma}^{\mathrm{T}} + \boldsymbol{\Xi}\boldsymbol{W}'\boldsymbol{\Xi}^{\mathrm{T}}\,.\end{aligned}\right\} \tag{16.4.15}$$

Schätzung:

$$\left.\begin{aligned}\hat{\boldsymbol{\theta}}(k+1) &= \hat{\boldsymbol{\theta}}(k+1|k) + \gamma(k+1|k)\,[y(k+1) - \boldsymbol{\psi}^{\mathrm{T}}(k+1)\hat{\boldsymbol{\theta}}(k+1|k)]\\ \gamma(k+1|k) &= \frac{1}{\boldsymbol{\psi}^{\mathrm{T}}(k+1)\boldsymbol{P}(k+1|k)\boldsymbol{\psi}(k+1)+\lambda}\boldsymbol{P}(k+1|k)\boldsymbol{\psi}(k+1)\\ \boldsymbol{P}(k+1) &= [\boldsymbol{I} - \gamma(k+1|k)\boldsymbol{\psi}^{\mathrm{T}}(k+1)]\,\boldsymbol{P}(k+1|k)\frac{1}{\lambda}\,.\end{aligned}\right\} \tag{16.4.16}$$

Man beachte die Ähnlichkeit zum Kalman-Filter-Algorithmus für den Fall einer Ausgangsgröße. Hier enthält jedoch $\psi(k+1)$ $2m$ gemessene Werte.

Wenn $\boldsymbol{\Gamma}$ und $\boldsymbol{\Xi}$ nicht bekannt sind, kann das Random-walk-Modell Gl. (16.4.9) angesetzt werden. Mit $\boldsymbol{\Gamma} = \boldsymbol{\Xi} = \boldsymbol{I}$ folgt dann für die Vorhersage

$$\left.\begin{aligned} \hat{\boldsymbol{\theta}}(k+1\,|\,k) &= \hat{\boldsymbol{\theta}}(k) \\ \boldsymbol{P}(k+1\,|\,k) &= \boldsymbol{P}(k) + \boldsymbol{W}' \,. \end{aligned}\right\} \qquad (16.4.17)$$

Man muß dann also zur Kovarizanzmatrix $\boldsymbol{P}(k)$ nur die Kovarianzmatrix $\boldsymbol{W}'$ der stochastischen Parameteränderungen addieren. Dies gibt einen Hinweis zur Wahl von $\boldsymbol{R} = \boldsymbol{W}'$ beim Hochsetzen der Kovarianzmatrix in Gl. (16.3.1) und eine theoretische Rechtfertigung des in Abschnitt 16.3 beschriebenen Vorgehens.

Da der Random-walk-Prozeß eine reine (instationäre) Zufallsbewegung mit wenig Abhängigkeit der aufeinanderfolgenden Parameter ist, können mit diesem einfachen Vorhersagemodell keine großen Verbesserungen im Vergleich zum konventionellen RLS-Algorithmus erwartet werden. Dies bedeutet, daß dann nur bei relativ langsamen Parameteränderungen befriedigende Ergebnisse möglich sind.

Falls die Parameter sich schnell ändern, muß das Vorhersagemodell Gl. (16.4.7) genauer bekannt sein. In den meisten Fällen wird es jedoch schwierig sein, genaue Angaben zu $\boldsymbol{\Gamma}$ und $\boldsymbol{\Xi}$ zu machen. Wenn näherungsweise bekannt ist, wie sich die Parameter in Abhängigkeit von meßbaren Größen $\xi(k)$ ändert, kann man z.B.

$$\boldsymbol{\Gamma}(k) = f(\xi(k)) \qquad (16.4.18)$$

ausdrücken, oder Gl. (16.4.7) wie folgt modifizieren

$$\boldsymbol{\theta}(k+1) = \boldsymbol{\Gamma}\hat{\boldsymbol{\theta}}(k) + \boldsymbol{\Xi}\boldsymbol{w}(k) + \boldsymbol{\Omega}\xi(k) \,. \qquad (16.4.19)$$

Es gibt also viele Möglichkeiten, deren Zweckmäßigkeit sehr vom einzelnen Anwendungsfall abhängt, Young (1984). Siehe auch Kopacek (1978).

Wenn die Parameteränderungen sich in unvorhersagbarer Weise *plötzlich sprungförmig* ändern, dann kann man Methoden zur Erkennung von Sprüngen einsetzen. Hierzu können statistische Entscheidungstests eingesetzt werden. Siehe z.B. Isermann (1984a), Hägglund (1984), Perriot-Mathonna (1984); Holst, Poulsen (1985), Millnert (1984). Nach Erkennung eines Sprunges in den Parametern erfolgt dann z.B. eine Parameterschätzung mit kleinem Vergessensfaktor oder ein Neustart. Siehe auch Ljung (1991).

16.5 Zusammenfassung

Bei der Parameterschätzung zeitvarianter Prozesse ergeben sich mehrere, voneinander verschiedene Fälle, Tabelle 16.1. Das *Parameteränderungsgesetz* ist entweder unbekannt oder aber in Form eines Modelles bekannt. Die Parameteränderungen können langsam oder schnell oder beides (variabel) erfolgen. Ferner kann das *Störsignal/Nutzsignal-Verhältnis* klein oder groß oder beides (variabel) sein. In allen Fällen muß ein geeigneter Kompromiß des Parameterschätzalgorithmus gefunden werden in bezug auf die Fähigkeiten

Tabelle 16.1. Verschiedene Fälle bei der Parameterschätzung zeitvarianter Prozesse

Störsignal/ Nutzsignal	Parameteränderungsgesetz: unbekannt			bekannt	
	Parameteränderungen: langsam	schnell	variabel	determin.	stochast.
klein	A ($\rightarrow \lambda_1$)	C	B ($\rightarrow \lambda = f(\sigma_e^2)$)	D	E
groß	A ($\rightarrow \lambda_2 > \lambda_1$)	—	—	D	E
variabel	B ($\rightarrow \lambda = f(\sigma_n^2)$)	—	B ($\rightarrow \lambda = f(\sigma_n^2, k)$)	E	E

Methode A: Fester Vergessensfaktor λ
Methode B: Variabler Vergessensfaktor $\lambda(k)$
Methode C: Korrektur der Kovarianzmatrix
Methode D: Deterministische Parameteränderungsmodelle
Methode E: Stochastische Parameteränderungsmodelle

— Parameteränderungen schnell zu folgen
— Einfuß von Störsignalen schnell zu eliminieren.

Am einfachsten ist der Fall langsame Parameteränderungen/kleine Störsignale, am schwierigsten der Fall schnelle Parameteränderungen/große Störsignale.

Wenn das *Parameteränderungsgesetz unbekannt* ist, können bei langsamen Parameteränderungen sowohl bei kleinen als auch großen Störsignalen rekursive Parameterschäntzverfahren mit konstantem Vergessensfaktor eingestzt werden. Abschnitt 16.1. Bei schnelleren, Parameteränderungen empfiehlt sich bei kleinen Störsignalen eine Korrektur der Kovarianzmatrix, Abschnitt 16.3. Wenn die Parameteränderungen variabel sind und die Störsignale klein oder variabel, dann sollte der Vergessensfaktor variabel sein, Abschnitt 16.2.

Ein *bekanntes Parameteränderungsgesetz* in Form eines deterministischen oder stochastischen dynamischen Modells bringt besonders bei schnellen Parameteränderungen Vorteile, bei denen die Modifikationen des normalen Parameterschätzalgorithmus durch verschiedene Gedächtnisformen und Kovarianzmatrix-Änderungen nicht mehr ausreichen. Sowohl bei deterministischen als auch stochastischen Parametermodellen gibt es viele Möglichkeiten, die sehr vom einzelnen Anwendungsfall abhängen, Abschnitt 16.4. Deshalb sind bisher auch kaum verallgemeinerbare Ergebnisse bekannt. Bei Parameteränderungsgesetzen in Form stochastischer Markov-Prozesse erhält man Algorithmen, die aus einem Vorhersage- und Korrektur-Teil bestehen, also wie beim Kalman-Filter zur Schätzung (zeitvarianter) Zustandsgrößen aufgebaut sind.

17 Numerisch verbesserte rekursive Parameterschätzmethoden

Zur Verbesserung einiger Eigenschaften können die Parameterschätzalgorithmen im grundsätzlichen Aufbau modifiziert werden. Dies dient hauptsächlich zur Verbesserung der numerischen Eigenschaften in Digitalrechnern, aber auch dem Zugang zu Zwischenergebnissen und zur Verminderung des Einflusses von Startwerten. Die numerischen Eigenschaften werden wegen der entstehenden Rundungsfehler dann wichtig, wenn die Wortlängen relativ klein sind, wie z.B. bei 8-Bit und 16-Bit-Mikrorechnern, oder die Änderungen des Eingangssignales relativ klein sind, was bei adaptiven Regelungen vorkommt. In beiden Fällen entstehen dann schlecht konditionierte Gleichungssysteme zur Parameterschätzung, siehe Abschnitt 8.1.5.

Die Kondition läßt sich z.B. dadurch verbessern, daß man nicht die Matrix $\boldsymbol{P}$ als Zwischenwert berechnet, in der die Quadrate und Kovarianzen der Signalwerte stehen, sondern geeignete Wurzeln von $\boldsymbol{P}$ in denen die Elemente in der ursprünglichen Größe der Signalwerte vorkommen, siehe Gl. (8.1.24). Dies führt dann zu *Wurzelfilter-Verfahren* (square-root-filtering) bzw. *Faktorisierungs-Verfahren.* Sie wurden besonders im Zusammenhang mit Kalman-Filtern entwickelt, bei denen wegen der Rundungsfehler Divergenz entstehen kann, siehe z.B. Biermann (1977).

Dabei kann man Formen unterscheiden, die entweder von der Kovarianzmatrix $\boldsymbol{P}$ oder der Informationsmatrix $\boldsymbol{P}^{-1}$ ausgehen, Kaminski u.a. (1971), Biermann (1977), Kofahl (1986).

17.1 Wurzelfilterung

Beim *diskreten Wurzelfilter-Verfahren in Kovarianz-Form* (DSFC: discrete square root filter in the covariance form) wird die symmetrische Matrix $\boldsymbol{P}$ in zwei Dreiecksmatrizen $\boldsymbol{S}$ aufgeteilt

$$\boldsymbol{P} = \boldsymbol{S}\boldsymbol{S}^{\mathrm{T}} . \tag{17.1.1}$$

Hierbei wird $\boldsymbol{S}$ die „Quadrat-Wurzel" von $\boldsymbol{P}$ genannt. Die resultierenden Algorithmen lauten dann für die Methode der kleinsten Quadrate

$$\left.\begin{aligned} \hat{\boldsymbol{\theta}}(k+1) &= \hat{\boldsymbol{\theta}}(k) + \gamma(k)e(k+1) \\ \gamma(k) &= a(k)\boldsymbol{S}(k)f(k) \\ f(k) &= \boldsymbol{S}^{\mathrm{T}}(k)\,\boldsymbol{\psi}(k+1) \\ \boldsymbol{S}(k+1) &= [\boldsymbol{S}(k) - g(k)\gamma(k)f^{\mathrm{T}}(k)]\,\frac{1}{\sqrt{\lambda(k)}} \\ 1/a(k) &= f^{\mathrm{T}}(k)f(k) + \lambda(k) \\ g(k) &= 1/[1 + \sqrt{\lambda(k)a(k)}] \end{aligned}\right\} \quad (17.1.2)$$

mit den Startwerten $\boldsymbol{S}(0) = \sqrt{\alpha}\cdot\boldsymbol{I}$ und $\hat{\boldsymbol{\theta}}(\boldsymbol{0}) = \boldsymbol{0}$. Diese Gleichungen wurden in ähnlicher Form für die Zustandschätzgleichung in Kaminski u.a. (1971) angegeben. Ein Nachteil ist die Berechnung der Quadratwurzeln bei jeder Rekursion.

Das *diskrete Wurzelfilter-Verfahren in Informationsform* (DSFI: discrete square root filter in the information form) folgt aus der nichtrekursiven Methode der kleinsten Quadrate in der Form

$$\boldsymbol{P}^{-1}(k+1)\hat{\boldsymbol{\theta}}(k+1) = \boldsymbol{\Psi}^{\mathrm{T}}(k+1)\,y(k+1) = \boldsymbol{f}(k+1) \quad (17.1.3)$$

deren rechte und linke Seite wie folgt rekursiv berechnet werden

$$\left.\begin{aligned} \boldsymbol{P}^{-1}(k+1) &= \lambda(k+1)\boldsymbol{P}^{-1}(k) + \boldsymbol{\psi}(k+1)\boldsymbol{\psi}^{\mathrm{T}}(k+1) \\ \boldsymbol{f}(k+1) &= \lambda(k+1)\boldsymbol{f}(k) + \boldsymbol{\psi}(k+1)\,y(k+1)\,. \end{aligned}\right\} \quad (17.1.4)$$

Nun wird die „Informationsmatrix“ in zwei Dreiecksmatrizen $\boldsymbol{S}^{-1}$ aufgestellt

$$\boldsymbol{P}^{-1} = (\boldsymbol{S}^{-1})^{\mathrm{T}}\boldsymbol{S}^{-1}\,. \quad (17.1.5)$$

Dann berechnet sich $\hat{\boldsymbol{\theta}}(k+1)$ nach Gl. (17.1.3) durch Rückwärtseinsetzen aus

$$\boldsymbol{S}^{-1}(k+1)\hat{\boldsymbol{\theta}}(k+1) = \boldsymbol{b}(k+1)\,. \quad (17.1.6)$$

Diese Gleichung folgt aufgrund einer orthogonalen Transformationsmatrix $\boldsymbol{T}$ (wobei $\boldsymbol{T}^{\mathrm{T}}\boldsymbol{T} = \boldsymbol{I}$) aus Gl. (8.1.21)

$$\boldsymbol{\Phi}^{\mathrm{T}}\boldsymbol{T}^{\mathrm{T}}\boldsymbol{T}\boldsymbol{\Phi}\hat{\boldsymbol{\theta}} = \boldsymbol{\Phi}^{\mathrm{T}}\boldsymbol{T}^{\mathrm{T}}\boldsymbol{T}\boldsymbol{y}\,. \quad (17.1.7)$$

Hierin hat

$$\boldsymbol{T}\boldsymbol{\Phi} = \begin{bmatrix} \boldsymbol{S}^{-1} \\ \boldsymbol{0} \end{bmatrix} \quad (17.1.8)$$

eine obere Dreiecksform und es gilt

$$\boldsymbol{T}\boldsymbol{y} = \begin{bmatrix} \boldsymbol{b} \\ \boldsymbol{w} \end{bmatrix}. \quad (17.1.9)$$

Aus Gl. (17.1.7) folgt dann

$$\boldsymbol{T}(k+1)\boldsymbol{\Phi}(k+1)\hat{\boldsymbol{\theta}}(k+1) = \boldsymbol{T}(k+1)\boldsymbol{y}(k+1)\,. \quad (17.1.10)$$

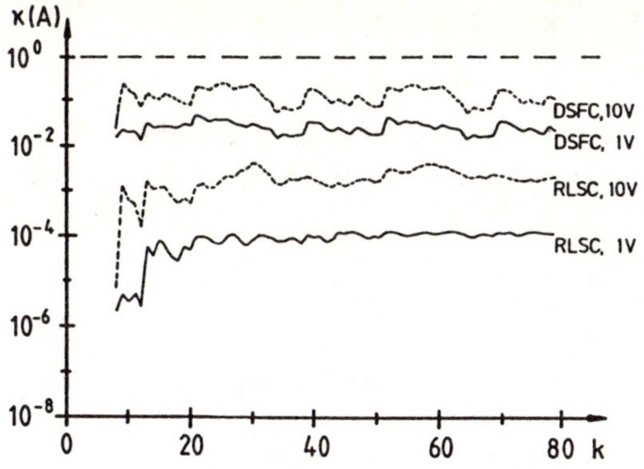

Bild 17.1. Konditionszahl $\kappa(A)$ nach Hadamard für RLS in Kovarianzform und DSFC eines Prozesses 2. Ordnung (Testprozeß VII siehe Isermann (1987) und Beispiel 16.1) bei unterschiedlicher Amplitude und $\lambda = 0{,}9$

Diese Gleichung wird nun in eine rekursive Form gebracht, Kaminski u.a. (1971)

$$\begin{bmatrix} S^{-1}(k+1) \\ \boldsymbol{0}^{\mathrm{T}} \end{bmatrix} = \boldsymbol{T}(k+1) \begin{bmatrix} \sqrt{\lambda}\,\boldsymbol{S}^{-1}(k) \\ \boldsymbol{\psi}^{\mathrm{T}}(k+1) \end{bmatrix} \tag{17.1.11}$$

$$\begin{bmatrix} \boldsymbol{b}(k+1) \\ w(k+1) \end{bmatrix} = \boldsymbol{T}(k+1) \begin{bmatrix} \sqrt{\lambda}\,\boldsymbol{b}(k) \\ y(k+1) \end{bmatrix}. \tag{17.1.12}$$

Dann werden $\boldsymbol{S}^{-1}(k+1)$ und $\boldsymbol{b}(k+1)$ zur Berechnung von $\hat{\boldsymbol{\theta}}(k+1)$ nach Gl. (17.1.6) verwendet. Diese teils nichtrekursive, teils rekursive Form hat die Vorteile, daß keine Startwerte $\hat{\boldsymbol{\theta}}(0)$ angenommen werden müssen und daß exakt $\boldsymbol{S}^{-1}(0) = \boldsymbol{0}$ gilt. Deshalb ist die Konvergenz in der Startphase sehr gut. Weiterhin ist keine Matrixinversion erforderlich. Dieses Verfahren eignet sich besonders dann, wenn die Parameter $\boldsymbol{\theta}$ nicht in jedem Abtastschritt benötigt werden. Dann sind nur $\boldsymbol{S}^{-1}$ und $\boldsymbol{b}$ rekursiv zu berechnen.

Im Hinblick auf die numerischen Eigenschaften zeigen DSFC und DSFI keine wesentlichen Unterschiede. Weitere Angaben und Ableitungen zur Wurzelfilterung findet man noch in Peterka (1975), Goodwin, Payne (1977), Strejc (1980).

In Bild 17.1 ist der Verlauf der Konditionszahl nach Hadamard, Gl. (8.1.119), der Matrix $\boldsymbol{A} = \boldsymbol{\Phi}^{\mathrm{T}}\boldsymbol{\Phi}$ von RLS und von DSFC für 2 verschiedene Amplituden des PRBS-Eingangssignales zu sehen. Die Konditionszahlen von DSFC liegen um Zehnerpotenzen näher am Wert 1. Die Vergrößerung der Amplitude ist ebenfalls erkennbar. (RLS in Kovarianzform, RLSC, ist die nach den Gln. (8.2.15) bis (8.2.17) programmierte rekursive Methoden der kleinsten Quadrate).

17.2 UD-Faktorisierung

Für die diskrete Wurzelfilterung in *Kovarianz-Form* wurde von Biermann (1977) ein weiteres Verfahren angegeben, die sogenannte U–D-*Faktorisierung* (DUDC).

Hierbei wird die Kovarianzmatrix wie folgt faktorisiert

$$\boldsymbol{P} = \boldsymbol{U}\boldsymbol{D}\boldsymbol{U}^{\mathrm{T}} \tag{17.2.1}$$

wobei $\boldsymbol{D}$ eine Diagonalmatrix und $\boldsymbol{U}$ eine obere Dreiecksmatrix mit Einsen in der Diagonalen sind. Dann lautet die Rekursionsgleichung für die Kovarianzmatrix, Gl. (8.2.17) bzw. (16.1.4),

$$\begin{aligned} \boldsymbol{U}(k+1)\,\boldsymbol{D}(k+1)\,\boldsymbol{U}^{\mathrm{T}}(k+1) = \frac{1}{\lambda}\,[\boldsymbol{U}(k)\,\boldsymbol{D}(k)\,\boldsymbol{U}^{\mathrm{T}}(k) \\ - \gamma(k)\boldsymbol{\psi}^{\mathrm{T}}(k+1)\,\boldsymbol{U}(k)\boldsymbol{D}(k)\boldsymbol{U}^{\mathrm{T}}(k)]\,. \end{aligned} \tag{17.2.2}$$

Nach Einsetzen von Gl. (16.1.3) und (17.2.1) gilt für die rechte Seite

$$\begin{aligned} \boldsymbol{U}\boldsymbol{D}\boldsymbol{U}^{\mathrm{T}} &= \frac{1}{\lambda}\,\boldsymbol{U}(k)\,[\boldsymbol{D}(k) - \frac{1}{\alpha(k)}\,\boldsymbol{v}(k)\boldsymbol{f}^{\mathrm{T}}(k)\boldsymbol{D}(k)]\,\boldsymbol{U}^{\mathrm{T}}(k) \\ &= \frac{1}{\lambda}\,\boldsymbol{U}(k)\left[\boldsymbol{D}(k) - \boldsymbol{v}(k)\boldsymbol{v}^{\mathrm{T}}(k)\,\frac{1}{\alpha(k)}\right]\boldsymbol{v}^{\mathrm{T}}(k) \end{aligned} \tag{17.2.3}$$

mit den Abkürzungen

$$\left.\begin{aligned} \boldsymbol{f}(k) &= \boldsymbol{U}^{\mathrm{T}}(k)\boldsymbol{\psi}(k+1) \\ \boldsymbol{v}(k) &= \boldsymbol{D}(k)\boldsymbol{f}(k) \\ \alpha(k) &= \lambda + \boldsymbol{f}^{\mathrm{T}}(k)\,\boldsymbol{v}(k)\,. \end{aligned}\right\} \tag{17.2.4}$$

Der Korrekturvektor folgt dann zu

$$\gamma(k) = \boldsymbol{U}(k)\boldsymbol{v}(k)\,\frac{1}{\alpha(k)}\,. \tag{17.2.5}$$

Wenn der Ausdruck $[\boldsymbol{D} - \boldsymbol{v}\,\boldsymbol{v}^{\mathrm{T}}\,\alpha^{-1}]$ in Gl. (17.2.3) erneut faktorisiert wird, lauten die Rekursionsbeziehungen für die Elemente von $\boldsymbol{U}$, $\boldsymbol{D}$ und γ wie folgt, siehe Biermann (1977)

$$\left.\begin{aligned} \alpha_j &= \alpha_{j-1} + v_j f_j \\ d_j(k+1) &= d_j(k)\alpha(j-1)/(\alpha_j - \lambda) \\ b_j &= v_j \\ v_j &= -f_j/\alpha_{j-1} \end{aligned}\right\}\quad j = 2, \ldots, 2m \tag{17.2.6}$$

mit den Anfangswerten

$$\alpha_1 = \lambda + v_1 f_1; \qquad d_1(k+1) = \frac{d_1(k)}{\alpha_1\,\lambda}; \qquad b_1 = v_1\,. \tag{17.2.7}$$

Für jedes j gilt für die Elemente von $\boldsymbol{U}$

$$\left.\begin{aligned} u_{ij}(k+1) &= u_{ij}(k) + r_j b_i \\ b_i &:= b_i + u_{ij}\,v_j \end{aligned}\right\}\quad i = 1, \ldots, j-1 \tag{17.2.8}$$

$$\gamma(k) = \frac{1}{\alpha_{2m}} \boldsymbol{b} . \tag{17.2.9}$$

Die Parameter erhält man schließlich nach Gl. (8.2.15) zu

$$\left.\begin{aligned} \hat{\boldsymbol{\theta}}(k+1) &= \hat{\boldsymbol{\theta}}(k) + \boldsymbol{\gamma}(k)e(k+1) \\ e(k+1) &= y(k+1) - \boldsymbol{\psi}^{\mathrm{T}}(k+1)\hat{\boldsymbol{\theta}}(k) . \end{aligned}\right\} \tag{17.2.10}$$

Anstelle der ursprünglichen Gln. (8.2.16) und (8.2.17) werden nun die Gln. (17.2.9) und (17.2.6), (17.2.8) berechnet, siehe auch Kofahl (1986).

Im Unterschied zum Verfahren DSFC kommt man hier ohne Routinen zur Berechnung von Quadratwurzeln aus. Der Rechenumfang entspricht etwa dem des RLS-Verfahrens. Die numerischen Eigenschaften sind etwa gleich wie beim DSFC und DSFI.

Zur *Verringerung des Rechenumfangs* nach jeder Abtastzeit kann man Invarianzeigenschaften der Matrizen im Hinblick auf Zeitverschobene Argumente ausnutzen, Ljung u.a. (1978) und so "schnelle" Algorithmen erzeugen. Im Vergleich zum üblichen RLS wird jedoch nur für Ordnungszahlen $m > 5$ Rechenzeit eingespart, allerdings bei größer werdendem Speicherplatzbedarf und hoher Empfindlichkeit für die Startwerte. Siehe Isermann (1981a), Abschnitt 23.8.

17.3 Zusammenfassung

Ausgangspunkt der in diesem Kapitel behandelten Parameterschätzmethoden ist die Verbesserung der numerischen Eigenschaften bei Digitalrechnern mit relativ kleinen Wortlängen oder bei geringer Anregung der Prozesse durch das Eingangssignal. Durch Aufteilen der Kovarianzmatrix $\boldsymbol{P}$ in zwei Dreiecksmatrizen erhält man das diskrete Wurzelfilter-Verfahren in Kovarianzform (DSFC), das ähnliche Algorithmen aufweist wie die RLS-Methode. Es müssen ebenfalls Startwerte $\boldsymbol{S}(0)$ und $\hat{\boldsymbol{\theta}}$ angenommen werden. Das diskrete Wurzelfilter-Verfahren in Informationsform (DSFI) geht von der Aufteilung der Informationsmatrix $\boldsymbol{P}^{-1}$ in zwei Dreieckmatrizen aus. Die resultierenden Algorithmen entstehen aus einem rekursiv und einem nichtrekursiv ablaufenden Teil. Eine Annahme von Startwerten erübrigt sich. Die. UD-Faktorisierung ist eine Weiterentwicklung von DSFC, die eine Berechnung von Quadratwurzeln vermeidet.

Durch diese Methoden werden die numerischen Eigenschaften wesentlich verbessert.

18 Vergleich verschiedener Parameterschätzmethoden

18.1 Vorbemerkungen

Die Vielfalt der existierenden Parameterschätzmethoden legt einen systematischen Vergleich nahe. Dabei sind vor allem folgende Eigenschaften von Bedeutung:

— A-priori-Annahmen
— Modellgüte in Abhängigkeit von der Meßzeit
— Rechenaufwand.

Bevor in den folgenden Abschnitten auf diese Eigenschaften im einzelnen eingegangen wird, sollen zunächst einige grundsätzliche Erörterungen zum Vergleich von Identifikationsmethoden angestellt werden.

Bei der Betrachtung der *A-priori-Annahmen* braucht man meist nur die bei der Ableitung getroffenen Voraussetzungen und die aus der Konvergenzanalyse folgende Bedingungen gegenüber zu stellen. Schwieriger wird es bei einem *Gütevergleich.*

Wenn mehrere Parameterschätzmethoden verglichen werden sollen, dann kann dies für verschiedene Fälle relativ einfach durch *Simulation* auf einem Digitalrechner ausgeführt werden. Man nimmt dann bestimmte Prozeßmodelle und Störsignalmodelle an und ermittelt in Abhängigkeit von der Identifikationszeit verschiedene Gütemaße, am besten aus mehreren Simulationsläufen. Ein großer Vorteil ist dabei, daß man auch Fälle untersuchen kann, die die vielfachen Annahmen und Bedingungen verletzen, was bei vielen Anwendungen vorkommt. Die Ergebnisse sind dann aber von dem zugrunde liegenden Simulationsfall abhängig und nicht unbedingt verallgemeinerbar.

Für einige Parameterschätzmethoden kann ein Vergleich aufgrund der *theoretischen Konvergenzanalyse* durchgeführt werden. So kann man z.B. die Kovarianzen der nichtrekursiven Methoden LS, WLS, ML direkt vergleichen. Zum Vergleich der rekursiven Parameterschätzmethoden können die über die vereinheitlichte Darstellung in Kapitel 15 erhaltenen Konvergenzaussagen verwendet werden, z.B. indem man die Trajektorien der begleitenden Differentialgleichung bestimmt. Ein Vergleich der theoretischen Konvergenz kann jedoch nur für die jeweils getroffenen Annahmen der Schätzmethoden und Konvergenzanalysen und für große Identifikationszeiten durchgeführt werden. Ist man an Ergebnissen für kurze Meßzeiten oder für Verletzungen von Annahmen interessiert, ist man auf Simulationen angewiesen.

Eine dritte Möglichkeit ist der Vergleich verschiedener Methoden mit gemessenen Signalen eines *wirklichen Prozesses*. Dies ist für bestimmte Anwendungen sicher zweckmäßig. Ein Problem ist jedoch, daß man ein exaktes Modell des Prozesses oft nicht kennt. Ferner ändern sich das Prozeßverhalten und die Störsignale mit der Zeit. Die Ergebnisse sind meist nicht verallgemeinerbar.

Diese Diskussion zeigt, daß es keine einzige Möglichkeit zu geben scheint, um die Güte von Identifikationsmethoden eindeutig und überzeugend zu vergleichen. Deshalb müssen alle drei Wege, Simulationen, theoretische Konvergenzanalysen und echte Anwendungen durchgeführt werden, um zu allgemeinen Aussagen zu kommen.

Ein weiteres Problem besteht in der Auswahl eines Fehlers zwischen Prozeß und Modell. Es werden z.B. folgende Fehler verwendet:

— Parameterfehler: $\Delta\boldsymbol{\theta}_i = \hat{\boldsymbol{\theta}}_i - \boldsymbol{\theta}_{i0}$
— Ausgangsfehler: $\Delta y(k) = \hat{y}(k) - y(k)$
— Gleichungsfehler: $e(k) = y(k) - \boldsymbol{\psi}^{\mathrm{T}}(k)\hat{\boldsymbol{\theta}}(k-1)$
— Fehler des Ein/Ausgangsverhaltens
z.B. Gewichtsfunktionsfehler: $\Delta g(\tau) = \hat{g}(\tau) - g(\tau)$.

Diese Fehler können dann dargestellt werden als

— Absolutwerte
— Relativwerte
— Mittelwerte (linear, quadratisch über i, k oder τ).

Deshalb kommt es in der Literatur zwangsläufig zu einer Vielfalt verschiedener Fehlermaße. Da die Aussagen der Fehlermaße unterschiedlich sind, sollte man immer mehrere Arten verwenden. Bei der Beurteilung des Ergebnisses ist die letztliche Anwendung des Modells maßgebend.

Beim Vergleich des *Rechenaufwandes* kann man bei nichtrekursiven Methoden z.B. den Speicherplatzbedarf und die Rechenzeit für eine Parameterschätzung, bei rekursiven Methoden den Speicherplatzbedarf und die erforderliche Rechenzeit zwischen zwei Abtastungen der Signale angeben.

18.2 Verlgeich der A-priori-Annahmen

Bei den einzelnen Parameterschätzverfahren mußten zum Erreichen erwartungstreuer Parameterschätzungen verschiedene Annahmen insbesondere über die Struktur des Störfilters und über das Störsignal bzw. Fehlersignal gemacht werden. Diese Annahmen sollen im folgenden verglichen und auf ihre Übereinstimmung mit realen Prozessen hin geprüft werden.

Es sei zunächst die in Bild 18.1 gezeigte Modellanordnung betrachtet. Wenn das Prozeßübertragungsverhalten $G(z)$ identifiziert werden soll, dann muß man im allgemeinen davon ausgehen, daß der Prozeß durch mehrere Störsignale $z_1, z_2, \cdots, z_\nu$ gestört wird. Für die Störungen wird angenommen, daß sie über die linearen Störübertragungsverhalten $G_{z1}(z), G_{z2}(z), \cdots, G_{z\nu}(z)$ auf das gemessene

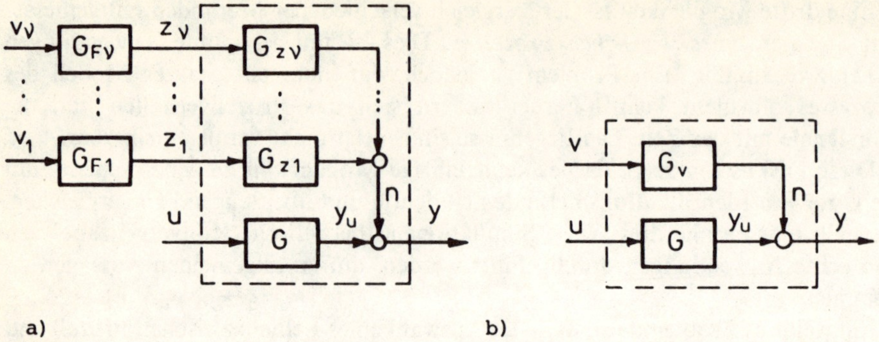

Bild 18.1. Modelle linearer Prozesse
a) Mögliche Modellstruktur **b)** Vereinfachte Modellstruktur

Ausgangssignal y einwirken. Falls die z_i stationäre stochastische Störsignale sind, dann kann man sie aus verschiedenen weißen Rauschsignalen v_i, die durch Formfilter $G_{Fi}(z)$ gefiltert werden, erzeugt denken. Damit gilt

$$n(z) = G_{z1}(z)\, G_{F1}(z)\, v_1(z) + \cdots + G_{z\nu}(z)\, G_{F\nu}(z) v_\nu(z) \,. \tag{18.2.1}$$

Diese Modellvorstellung wird zur Identifikation des Prozesses $G(z)$ im allgemeinen dahin vereinfacht, daß nur ein einziges Störsignalfilter $G_v(z)$ und ein einziges weißes Rauschsignal v angenommen wird

$$n(z) = G_v(z)\, v(z) \,. \tag{18.2.2}$$

Man geht also davon aus, daß die einzelnen Störsignalfilter linear sind und daß man die verschiedenen weißen Rauschsignalquellen durch ein einziges Rauschsignal darstellen kann. Über diese Vereinfachung kann kaum etwas Allgemeines gesagt werden, da nur wenige Untersuchungen über Störsignale und ihre Entstehung bekannt sind. Man muß jedoch davon ausgehen, daß die vereinfachte Modellvorstellung nach Bild 18.1 eine Näherung ist und daß bei den Identifikationsverfahren darauf geachtet werden sollte, daß über das Störsignalfilter $G_v(z)$ möglichst keine einschränkenden Annahmen getroffen werden.

An dieser Stelle sei noch einmal erwähnt, daß bei allen betrachteten Identifikationsverfahren angenommen wurde, daß die Störsignalkomponente n stationär ist. Häufig treten jedoch, wie in Abschnitt 1.2 beschrieben, nichtstationäre Störsignale oder Störsignale unbekannten Charakters auf, zu deren Elimination besondere Verfahren verwendet werden müssen.

Es sollen nun die bei den einzelnen Parameterschätzmethoden getroffenen Annahmen über die Störsignale und andere A-priori-Annahmen verglichen werden.

Für alle Verfahren mußte angenommen werden, daß

$$\left.\begin{aligned} E\{u(k)\, n(k-\tau)\} &= 0 \quad \text{für alle } \tau \\ E\{n(k) &= 0 \\ E\{v(k)\, v(k-\tau)\} &= 0 \quad \text{für alle } |\tau| \neq 0 \,. \end{aligned}\right\} \tag{18.2.3}$$

Tabelle 18.1 zeigt die getroffenen Annahmen über das Störsignalfilter, das im allgemeinsten Fall die Struktur

$$G_v(z) = \frac{D(z^{-1})}{C(z^{-1})} = \frac{d_0 + d_1 z^{-1} + \cdots + d_p z^{-p}}{c_0 + c_1 z^{-1} + \cdots + c_p z^{-p}} \tag{18.2.4}$$

hat.

Damit eine biasfreie Parameterschätzung möglich wird, muß $G_v(z)$ bei der *Methode der kleinsten Quadrate* durch $1/A(z^{-1})$ darzustellen sein. Das Störfilter muß also gleich dem Nennerpolynom des zu identifizierenden Prozesses sein. Da dies fast nie der Fall ist, ergeben sich mit dieser Methode im allgemeinen biasbehaftete Parameterschätzwerte. Dasselbe gilt für die Methode der *stochastischen Approximation.*

Bei der *Methode der verallgemeinerten kleinsten Quadrate* muß das Störfilter durch $1/A(z^{-1})\,F(z^{-1})$ zu beschreiben sein. Im allgemeinen ist auch dies nicht der Fall, so daß diese Methode oft Bias liefert. Durch entsprechende Wahl der Ordnung v von $F(z^{-1})$ läßt sich die Größe der Bias im Vergleich zur einfachen Methode der kleinsten Quadrate verkleinern.

Bei der *Maximum-Likelihood-Methode* und bei der *Methode der erweiterten kleinsten Quadrate* wird das Modell

$$y(z) = \frac{B(z^{-1})}{A(z^{-1})}\,u(z) + \frac{D(z^{-1})}{A(z^{-1})}\,v(z) \tag{18.2.5}$$

verwendet, also ein Modell mit gleichem Nennerpolynom für Prozeß und Störsignalfilter. Diese Modellstruktur erhält man auch, wenn man bei der Parameterschätzung vom Zustandsraummodell

$$\begin{aligned} \boldsymbol{x}(k+1) &= \boldsymbol{A}\,\boldsymbol{x}(k) + \boldsymbol{b}\,u(k) + \gamma\, v(k) \\ y(k) &= \boldsymbol{c}^{\mathrm{T}}\,\boldsymbol{x}(k) \end{aligned} \tag{18.2.6}$$

ausgeht, also von einem Modell mit Störsignalen am Eingang, denn dann gilt

$$y(z) = \frac{\boldsymbol{c}^{\mathrm{T}}\operatorname{adj}[z\boldsymbol{I} - \boldsymbol{A}]}{\det[z\boldsymbol{I} - \boldsymbol{A}]}\,[\boldsymbol{b}\,u(z) + \gamma\, v(z)]\,. \tag{18.2.7}$$

Dieses Zustandsmodell enthält also außer dem gleichen Nennerpolynom $A(z^{-1})$ auch noch gemeinsame Faktoren im B- und D-Polynom, ist also noch spezieller als Gl. (18.2.5).

Das Modell des Störfilters $D(z^{-1})/A(z^{-1})$ ist zwar nicht ganz so speziell wie die Modelle bei der Methode der kleinsten Quadrate und verallgemeinerten kleinsten Quadrate, es kann das allgemeine Störsignalfilter $D(z^{-1})/C(z^{-1})$ jedoch lediglich mehr oder weniger gut approximieren.

Das allgemeine Störsignalfilter läßt sich in Gl. (18.2.5) aber eventuell durch eine Erweiterung des Grundmodells

$$\begin{aligned} y(z) &= \frac{B(z^{-1})\,C(z^{-1})}{A(z^{-1})\,C(z^{-1})}\,u(z) + \frac{D(z^{-1})\,A(z^{-1})}{C(z^{-1})\,A(z^{-1})}\,v(z) \\ &= \frac{B^*(z^{-1})}{A^*(z^{-1})}\,u(z) + \frac{D^*(z^{-1})}{A^*(z^{-1})}\,v(z) \end{aligned} \tag{18.2.8}$$

Tabelle 18.1. Übersicht der Strukturen von Prozeß und Störsignalfilter und der besonderen A-priori-Annahmen für erwartungstreue Parameterschätzung

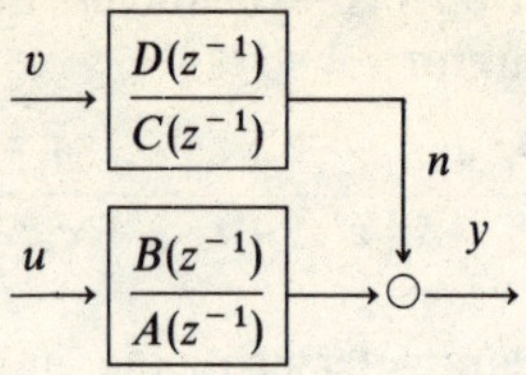

	Parameterschätzmethode	Prozeßmodell	Störfilterannahme	Besondere A-priori-Annahmen	Bemerkung
Einstufig	Kleinste Quadrate (LS)		$\frac{1}{C(z^{-1})}$		Autoregressiver Prozeß (AR)
			$D(z^{-1})$		Prozeß mit gleitendem Mittel (MA)
		$\frac{B(z^{-1})}{A(z^{-1})}$	$\frac{1}{A(z^{-1})}$		
	Stochastische Approximation (STA)	$\frac{B(z^{-1})}{A(z^{-1})}$	$\frac{1}{A(z^{-1})}$		nur rekursiv
	Verallgemeinerte kleinste Quadrate (GLS)	$\frac{B(z^{-1})}{\mathrm{A}(z^{-1})}$	$\frac{1}{A(z^{-1}F(z^{-1})}$	Ordnung ν von $F(z^{-1})$	
	Erweiterte kleinste Quadrate (ELS)	$\frac{B(z^{-1})}{A(z^{-1})}$	$\frac{D(z^{-1})}{A(z^{-1})}$		rekursiv
	Maximum Likelihood (ML)	$\frac{B(z^{-1})}{A(z^{-1})}$	$\frac{D(z^{-1})}{A(z^{-1})}$	e bzw. n normalverteilt	
	Hilfsvariable (IVA)	$\frac{B(z^{-1})}{A(z^{-1})}$	$\frac{D(z^{-1})}{C(z^{-1})}$		
Zweistufig	Nichtperiodische Testsignale u. kleinste Quadrate	$\frac{B(z^{-1})}{A(z^{-1})}$	$\frac{D(z^{-1})}{C(z^{-1})}$		
	Korrelation und kleinste Quadrate (COR-LS)	$\frac{B(z^{-1})}{A(z^{-1})}$	$\frac{D(z^{-1})}{C(z^{-1})}$		

einbeziehen. Die Maximum-Likelihood-Methode z.B. wird hierbei zur Schätzung der Polynome A^*, B^* und D^* verwendet, die allerdings im Vergleich zum ursprünglichen Modell mit der Ordnung m nun die Ordnung $m + p$ haben. Das erweiterte Modell nach Gl. (18.2.8) besitzt dann nicht nur zuviel Parameter, sondern Pole und Nullstellen, die sich theoretisch kürzen müssen. Es ist dann schwierig, die Parameter des ursprünglichen Modells $B(z^{-1})/A(z^{-1})$ herauszufinden. Deshalb kann die Erweiterung des Modells nach Gl. (18.2.8) nicht allgemein empfohlen werden.

Unabhängig von besonderen Annahmen über die Form des Störsignalfilters sind die beschriebene *Methode der Hilfsvariablen* und die zweistufigen Methoden *nichtperiodische Testsignale und kleinste Quadrate* und *Korrelation und kleinste Quadrate*. Diese Methoden sind deshalb für den allgemeinen Einsatz gut geeignet.

Zur Beurteilung der verschiedenen Annahmen über das Störsignalfilter muß man zwischen Prozessen mit konzentrierten und verteilten Parametern unterscheiden.

Bei Prozessen mit *konzentrierten Parametern* findet man häufig die Struktur

$$y(z) = \frac{B(z^{-1})}{A_1 A_2(z^{-1})} u(z) + \frac{D(z^{-1})}{C_1 A_2(z^{-1})} v(z) \tag{18.2.9}$$

vor, wenn die Störgrößen am Eingang des Prozesses oder am Eingang von Teilübertragungsgliedern eingreifen. Dann kann ein Teil $A_2(z^{-1})$ beiden Nennerpolynomen gemeinsam sein. Wenn dann die Ordnung von $A_1(z^{-1})$ und $C_1(z^{-1})$ klein ist im Vergleich zu $A_2(z^{-1})$ können zur näherungsweisen Beschreibung des Prozesses die Strukturen nach Gl. (18.2.5), (18.2.7) oder (18.2.8) in Betracht kommen.

Bei Prozessen mit *verteilten Parametern* darf man jedoch meist nicht annehmen, daß die Nenner von Prozeß und Störfilter dominierende gemeinsame Anteile besitzen. Die gewöhnlichen Differenzengleichungen bzw. z-Übertragungsfunktionen sind für diese Prozesse Approximationen, die für verschiedene Eingangssignale oft unterschiedliche Struktur haben.

Bei zwei Methoden werden noch besondere A-priori-Annahmen gemacht. Die Methode der verallgemeinerten kleinsten Quadrate setzt die Kenntnis der Ordnung v des Polynoms $F(z^{-1})$ und die Maximum-Likelihood-Methode eigentlich ein normalverteiltes Fehlersignal e bzw. Störsignal n voraus. Die ML-Methode ist aber auch bei anderen Verteilungen anwendbar, verliert dann allerdings die optimalen Eigenschaften.

STA ist nur rekursiv anwendbar. ELS wird zweckmäßigerweise rekursiv eingesetzt. Für alle anderen Methoden sind nichtrekursive und rekursive Algorithmen bekannt.

Die einzelnen Parameterschätzmethoden unterscheiden sich auch bezüglich des Einflusses eines unbekannten Beharrungswertes der Ein- und Ausgangssignale. Wenn $E\{u(k)\} = 0$, dann hat die Wahl des Beharrungswertes Y_{00} keinen Einfluß auf die Parameterschätzung bei der Methode der Hilfsvariablen und bei der Methode Korrelation und kleinste Quadrate. Bei den Methoden kleinste Quadrate, stochastische Approximation, Maximum-Likelihood und nichtperiodische

Testsignale und kleinste Quadrate muß Y_{00} jedoch zuvor identifiziert werden oder im Verfahren als unbekannter Parameter berücksichtigt werden, damit sich keine systematischen Fehler ergeben.

18.3 Gütevergleich durch Simulation

Bevor auf den systematischen Vergleich mehrerer Parameterschätzmethoden eingegangen wird, soll ein Beispiel betrachtet werden.

Beispiel 18.1
Rekursive Parameterschätzung mit 3 Methoden

Für den Prozeß erster Ordnung wie in den Beispielen 6.1, 8.1, und 8.4 werden die rekursiven Methoden RLS, RIVA und RCOR-LS angewandt. Das Eingangssignal ist ein DRBS mit der Taktzeit $\lambda = T_0$. Das Störsignal/Nutzsignal-Verhältnis ist $\eta = \sigma_n/a = 0{,}2$.

Die folgende Tabelle zeigt die bei einem Lauf erhaltenen Parameterschätzwerte und den aus ihnen berechneten Verstärkungsfaktor.

$\eta = \sigma_n/a = 0{,}2$

RLS	Wahre Werte	T_M/T_1				
		20	50	100	200	400
a_1	– 0,8187	– 0,6897	– 0,7645	– 0,7840	– 0,8004	– 0,7942
b_1	0,1813	0,1872	0,1709	0,1784	0,1792	0,1786
K	1,0	0,6033	0,7257	0,8255	0,8979	0,8681

Startwerte: $\alpha = 1000$; $\boldsymbol{\theta}(0) = \mathbf{0}$.

RIVA	Wahre Werte	T_M/T_1				
		20	50	100	200	400
a_1	– 0,8187	– 0,6662	– 0,7660	– 0,8077	– 0,8310	– 0,8241
b_1	0,1813	0,1868	0,1727	0,1794	0,1795	0,1785
K	1,0	0,5595	0,7382	0,9327	1,062	1,015

Hilfsmodell nach Gl. (10.2.5) mit $\beta = 0{,}02$

RCOR-LS	Wahre Werte	T_M/T_1				
		20	50	100	200	400
a_1	– 0,8187	– 0,5950	– 0,7225	– 0,8163	– 0,8375	– 0,8289
b_1	0,1813	0,1965	0,1724	0,1819	0,1814	0,1782
K	1,0	0,4853	0,6695	1,0471	1,1166	1,0413

50 Werte für τ verwendet $-2{,}0\,\mathrm{s} \leqq \tau < 17{,}6\,\mathrm{s}$

Für die kleinen Meßzeiten zeigt RLS die besseren Resultate, für große Meßzeiten ist bei RLS aber der erwartete Bias zu erkennen. Obwohl dieser Bias bei den Parametern $\hat{a}_1$ und $\hat{b}_1$ nur etwa $+3\%$ und -1% beträgt, ist er beim Verstärkungsfaktor -13%. Die konsistenten Parameterschätzverfahren liefern für große Meßzeiten die genaueren Schätzwerte. Das Beispiel zeigt ferner, daß die aus einem Lauf gewonnenen Schätzwerte auch für größere Meßzeiten zufälligen Schwankungen unterworfen sind. Um aussagekräftige Ergebnisse zu erhalten, sollte man also Mittelwerte aus mehreren Identifikationsläufen bilden. □

Zum Vergleich verschiedener Parameterschätzmethoden wurden in Isermann (1973) und Isermann u.a. (1975) Testprozesse vorgeschlagen, die von verschiedenen Autoren verwendet wurden. Im folgenden werden die Ergebnisse eines Vergleichs für drei Testprozesse zusammengefaßt, Isermann u.a. (1973)

Testprozesse

Prozeß I: Schwingender Prozeß zweiter Ordnung

$$G_1(z^{-1}) = \frac{B(z^{-1})}{A(z^{-1})} = \frac{b_1 z^{-1} + b_2 z^{-2}}{1 + a_1 z^{-1} + a_2 z^{-2}}$$

$$a_1 = -1{,}5;\ a_2 = 0{,}7;\ b_1 = 1{,}0;\ b_2 = 0{,}5$$

Abtastzeit $T_0 = 2\,\mathrm{s}$

Prozeß II: Prozeß zweiter Ordnung mit nichtminimalem Phasenverhalten

$$G_2(z^{-1}) = \frac{B(z^{-1})}{A(z^{-1})} = \frac{b_1 z^{-1} + b_2 z^{-2}}{1 + a_1 z^{-1} + a_2 z^{-2}}$$

$$a_1 = -1{,}425;\ a_2 = 0{,}496;\ b_1 = -0{,}102;\ b_2 = 0{,}173$$

Abtastzeit $T_0 = 2\,\mathrm{s}$.

Prozeß III: Tiefpaß-Prozeß dritter Ordnung mit Totzeit

$$G_3(z^{-1}) = \frac{B(z^{-1})}{A(z^{-1})} = \frac{b_1 z^{-1} + b_2 z^{-2} + b_3 z^{-3}}{1 + a_1 z^{-1} + a_2 z^{-2} + a_3 z^{-3}} z^{-d}$$

$a_1 = -1{,}500;\ a_2 = 0{,}705;\ a_3 = -0{,}100$

$b_1 = 0{,}065;\ b_2 = 0{,}048;\ b_3 = -0{,}006;\ d = 1;$

Abtastzeit $T_0 = 4$ s.

Die Übergangsfunktionen dieser Prozesse sind in Bild 18.2 zu sehen.

Störsignalfilter: (für alle drei Prozesse)

$$G_v(z^{-1}) = \frac{D(z^{-1})}{C(z^{-1})} = \frac{d_1 z^{-1}}{1 + c_1 z^{-1} + c_2 z^{-2}}$$

a) Abtastzeit $T_0 = 2$ s

$c_1 = -1{,}027;\ c_2 = 0{,}264;\ d_1 = 0{,}0114\gamma.$

b) Abtastzeit $T_0 = 4$ s

$c_1 = -0{,}527;\ c_2 = 0{,}0695;\ d_1 = 0{,}0117\gamma.$

Hierbei ist der Faktor γ für $u_0 = 1$:

Prozeß	I	II	III
$\eta = 0{,}1$	$\gamma = 36{,}95$	4,93	7,41
0,2	73,90	9,86	14,82

Eingangssignal des Störfilters: diskretes normalverteiltes weißes Rauschen (0,1).

Identifikationsaufgabe

Das dynamische Verhalten der Testprozesse ist zu identifizieren mit den A-priori-Annahmen:

- Struktur, Ordnung und Totzeit seien bekannt. Die Parameter a_i und b_i seien unbekannt.
- $n(k)$ ist ein korreliertes stochastisches Signal mit Mittelwert Null.

Das Eingangssignal sei ein künstliches Signal und beschränkt, $-u_0/2 \leqq u(k) \leqq u_0/2$, wobei $u_0 = 1$. Es ist die Abhängigkeit der Fehler der geschätzten Parameter und resultierenden Gewichtsfunktion von der Meßzeit für $T_M = 350$; 1400 und 3500 s für die Störsignal/Nutzsignal-Verhältnisse

$$\eta = \frac{n_{\text{eff}}}{K u_0} = 0{,}1 \text{ und } 0{,}2 \tag{18.3.1}$$

$n_{\text{eff}} = \sqrt{\overline{n^2(k)}}$, K Verstärkungsfaktor

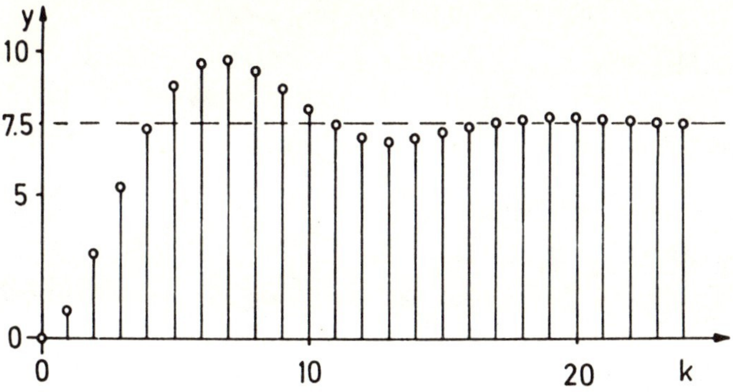

Prozeß I

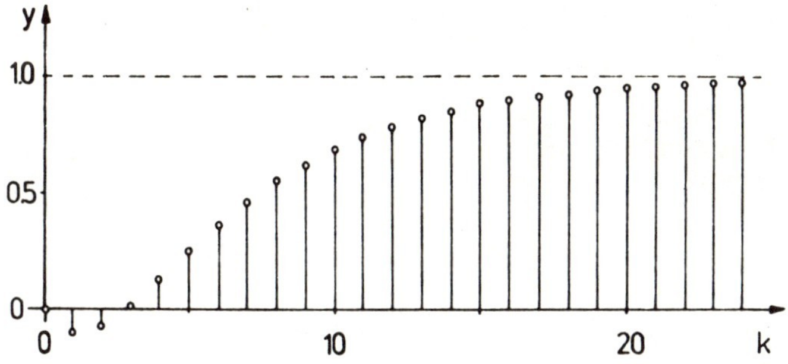

Prozeß II

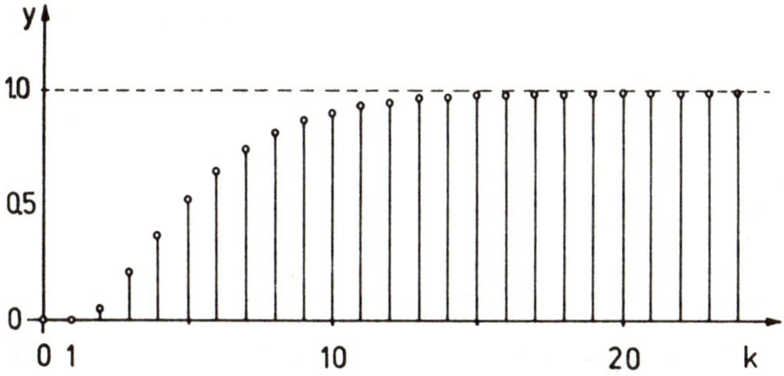

Prozeß III

Bild 18.2. Übergangsfunktionen der drei Testprozesse

zu zeigen. Dabei sind folgende Fehlerdefinitionen zu verwenden:

- Einzelner Parameterfehler

$$\delta_{\theta i} = \frac{\Delta\theta_i}{\theta_i} = \frac{\hat{\theta}_i - \theta_i}{\theta_i} \tag{18.3.2}$$

- Mittlerer quadratischer Parameterfehler

$$\delta_{\Sigma} = \left[\sum_{i=1}^{p} \left[\frac{\Delta\theta_i}{\theta_i} \right]^2 \right]^{1/2} \tag{18.3.3}$$

wobei θ_i: exakte Parameter, $i = 1, 2, \cdots, p$
$\hat{\theta}_i$: geschätzte Parameter
p: Anzahl der geschätzten Parameter

- Mittlerer quadratischer Fehler der Gewichtsfunktion

$$\delta_g = \left[\overline{\Delta g^2(k)}/\overline{g^2(k)}\right]^{1/2} = \left[\sum_{k=0}^{l} \Delta g^2(k) \Big/ \sum_{k=0}^{l} g^2(k) \right]^{1/2} \tag{18.3.4}$$

wobei $\Delta g(k) = \hat{g}(k) - g(k)$
$g(k)$: exakte Gewichtsfunktion
$\hat{g}(k)$: aufgrund der geschätzten Parameter berechnete Gewichtsfunktion

- Fehler des Verstärkungsfaktors

$$\delta_K = \Delta K / K \tag{18.3.5}$$

wobei $\Delta K = \hat{K} - K$.

Damit die Ergebnisse etwas unabhängiger vom statistischen Einzelfall werden, sollten jeweils mindestens 5 Identifikationsläufe durchgeführt und Schätzwerte $\sigma_{\delta\Sigma}$, $\sigma_{\delta g}$ und $\sigma_{\delta K}$ von Standardabweichungen der Fehler σ_{Σ}, δ_g und δ_K angegeben werden.

Beispiel:

$$\sigma_{\delta g} = \left[\frac{1}{5} \sum_{\alpha=1}^{5} (\delta_g^2)_\alpha \right]^{1/2}.$$

*Ergebnisse für **6** rekursive Parameterschätzverfahren*

Folgende *rekursive Parameterschätzverfahren* wurden zum Vergleich verwendet, Isermann u.a. (1973)

- LS – Methode der kleinsten Quadrate, Gl. (8.2.15) bis (8.2.17)
- GLS – Methode der verallgemeinerten kleinsten Quadrate, Gl. (9.1.12) bis (9.1.15)
- IVA – Methode der Hilfsvariablen, Gl. (10.2.1) bis (10.2.5)
- STA – Stochastische Approximation und kleinste Quadrate, Isermann (1974), Gl. (12.9), (12.10) mit Bild 11.1
- COR – Korrelation und kleinste Quadrate, Gl. (14.2.11)

3PI – Drei-Parameter-Identifikation mit Fourieranalyse, siehe Isermann u.a. (1973).

Als Eingangssignal wurde ein Pseudo-Rausch-Binär-Signal mit der Taktzeit $\lambda = T_0$ und Amplitude $a = u_0/2$ verwendet. Die Anfangswerte der Parameter waren $\hat{\theta}(0) = 0$.

Die Ergebnisse von mehr als 180 verschiedenen Identifikationsläufen sind in den Bildern 18.3, 18.4 und 18.5 dargestellt. Die ausführliche Diskussion der Ergebnisse sehe man in Isermann u.a. (1973) nach. Im folgenden werden nur die wichtigsten Resultate wiedergegeben.

Gewichtsfunktionsfehler $\sigma_{\delta g}$

Im Gewichtsfunktionsfehler werden alle Parameterfehler so gewichtet, daß ein pauschaler Fehler für das Ein/Ausgangsverhalten entsteht. COR und IVA ergaben die kleinsten Gewichtsfunktionsfehler bei allen Prozessen, mit Ausnahme von Prozeß III, bei dem 3PI noch etwas bessere Ergebnisse lieferte. Für die langen Identifikationszeiten lieferte STA Ergebnisse von etwa derselben Güte wie COR und IVA. Für kurze Meßzeiten waren die Fehler bei STA jedoch fast so groß oder sogar größer als für LS.

Die Standardabweichung $\sigma_{\delta g}$ nimmt stetig mit etwa $1/\sqrt{T_M}$ oder mehr ab für COR, IVA und STA, aber nicht für LS und GLS. Diese beiden Methoden zeigten entweder nur sehr langsame oder keine Konvergenz und lieferten somit Bias. Der Grund ist, wie in Abschnitt 18.2 beschrieben, daß die vorausgesetzte Struktur des Störfilters bei den Testprozessen nicht zutrifft. Für kleinere Meßzeiten $T_M < 300$ s unterscheiden sich die meisten Parameterfehler nur wenig.

Verstärkungsfaktor $\sigma_{\delta K}$

Auch im Fehler des Verstärkungsfaktors gehen alle Parameterfehler ein. Die Verstärkungsfaktorfehler zeigen etwa dieselben Ergebnisse wie die Gewichtsfunktionsfehler. Eine Vergrößerung der Taktzeit auf $\lambda = 2T_0$ und $3T_0$ des PRBS ergab genauere Verstärkungsfaktoren.

Parameterfehler $\sigma_{\delta\Sigma}$

Die kleinsten mittleren quadratischen Parameterfehler ergeben sich bei Prozeß I und II für IVA und COR. Die Fehler konvergieren zum Teil sogar steiler als mit $1/\sqrt{T_M}$. Bei GLS treten Bias auf, die etwas kleiner als bei LS sind.

Für Prozeß III zeigen mit Ausnahmen von 3PI alle Methoden große Parameterfehler und entweder nur sehr langsame oder keine Konvergenz. Dies hängt vermutlich damit zusammen, daß sich ein Pol und eine Nullstelle des Prozesses III näherungsweise kürzen, denn es gilt

$$G_{\mathrm{III}}(z^{-1}) = \frac{0{,}065(z+0{,}979)(z-0{,}140)}{(z-0{,}675)(z-0{,}560)(z-0{,}264)}\, z^{-1} \,.$$

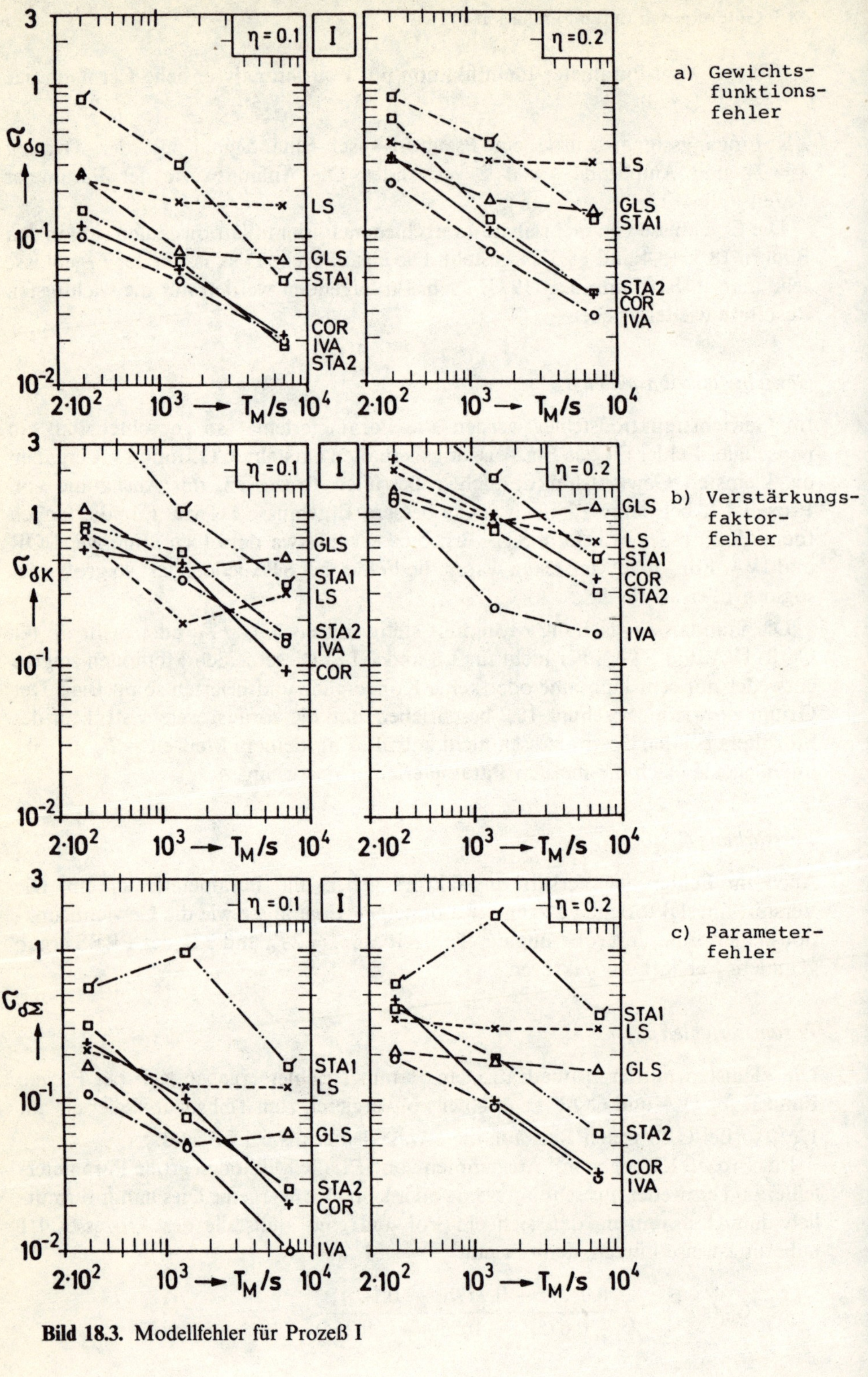

Bild 18.3. Modellfehler für Prozeß I

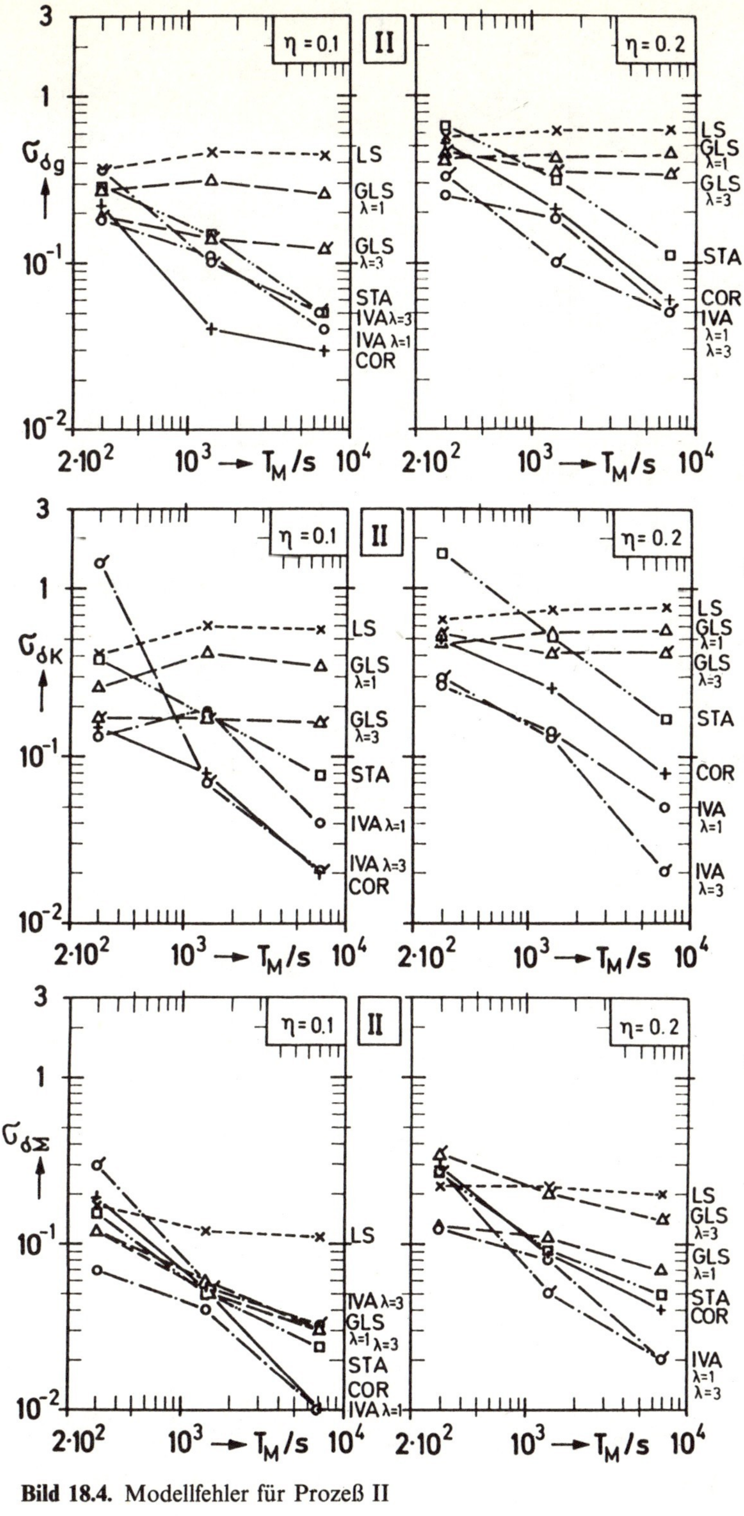

a) Gewichts-
funktions-
fehler

b) Verstärkungs-
faktor-
fehler

c) Parameter-
fehler

Bild 18.4. Modellfehler für Prozeß II

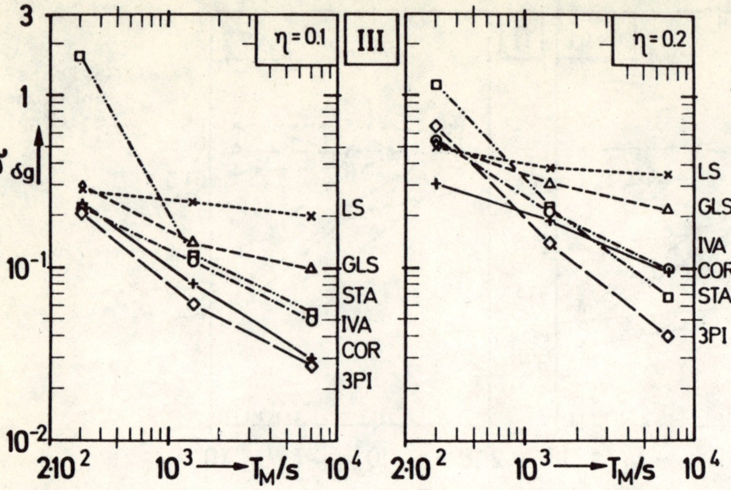

a) Gewichts-funktions-fehler

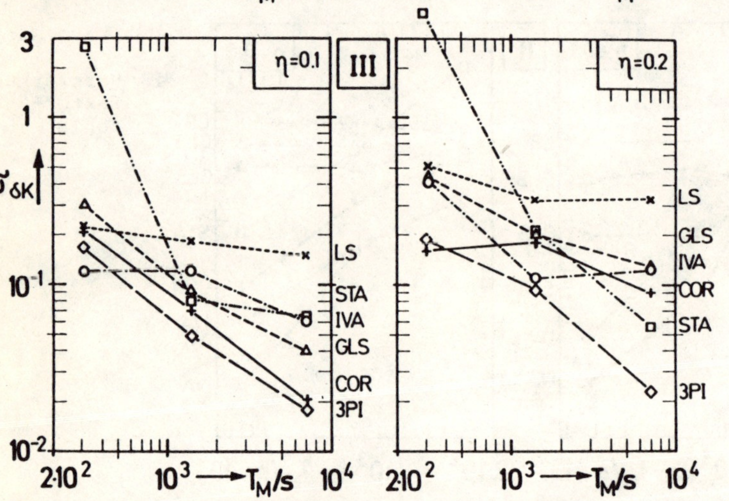

b) Verstärkungs-faktor-fehler

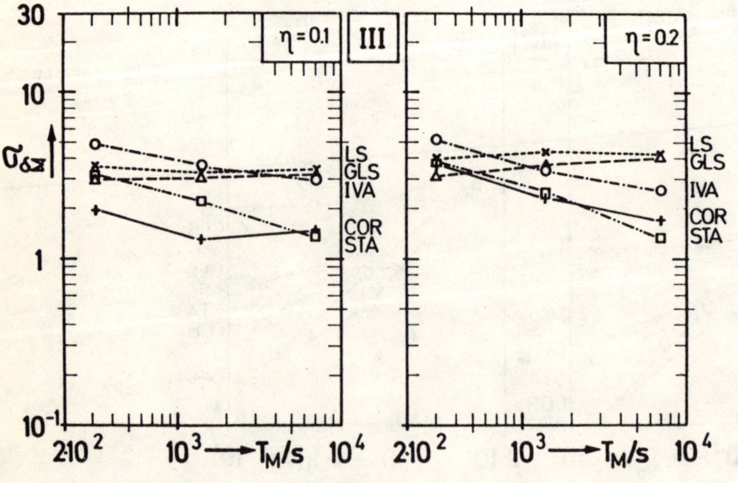

c) Parameter-fehler

Bild 18.5. Modellfehler für Prozeß III

Dadurch ergeben sich sehr flache Minima im mehrdimensionalen Parameterraum, so daß sich auch bei sehr großen Identifikationszeiten eine sehr langsame Konvergenz ergibt. Die Gewichtsfunktionsfehler sind jedoch klein, was bedeutet, daß das Ein/Ausgangsverhalten gut identifiziert wird, obwohl die Parameter in diesem Fall große Fehler haben.

Bewertung der einzelnen Parameterschätzverfahren

In Tabelle 18.2 sind die wichtigsten Eigenschaften der untersuchten sechs Identifikationsverfahren zusammengestellt. Es werden zunächst die *Klassen von Prozessen*, auf die Methoden angewendet werden können und die *Klassen der Eingangssignale* angegeben.

Zur Beurteilung der *Güte* der Identifikationsmethoden wurden die Standardabweichungen der Gewichtsfunktionsfehler $\sigma_{\delta g}$ der Prozesse I, II und III für die Meßzeit $T_M = 1400$ s gemittelt (mit Ausnahme für die Methode 3PI, die nur für Prozeß III untersucht wurde).

Es ist ferner die für die Prozesse II und III gemittelte Standardabweichung $\sigma_{\delta y}$ der Fehler δ_y

$$\delta_y = \left[\sum_{k=0}^{M} \Delta y^2(k) \middle/ \sum_{k=0}^{M} y^2(k) \right]$$

für die Ausgangsgröße $y(k)$ des mit einem zeitdiskreten PID-Regler geschlossenen Regelkreises angegeben. Der Fehler $\Delta y(k)$ ist dabei der Fehler in der Regelgröße, der sich ergibt, wenn man das identifizierte Prozeßmodell zur Parameteroptimierung des Reglers verwendet, den Regler dann aber mit dem exakten Modell (dem eigentlichen Prozeß) betreibt.

Zum Vergleich der *Rechenzeit* pro Identifikationslauf wurde die Rechenzeit einer CDC 6600 für 1000 Paare von Ein- und Ausgangssignalen verwendet und für COR gleich 100% gesetzt, d.h. 1,7 s für Prozeß I und II und 1,95 s für Prozeß III.

Als *Zuverlässigkeit der Konvergenz* wurde der Prozentsatz der erfolgreichen Identifikationsläufe von insgesamt etwa je 30 Läufen angegeben, da IVA, STA, GLS und LS in Abhängigkeit von der Wahl der Startmatrizen auch nicht konvergierende Schätzwerte ergeben oder gar Instabilität aufweisen können.

Es werden ferner alle *A-priori-Faktoren* aufgezählt, die vor dem Start der rekursiven Methoden angenommen werden müssen.

Für Prozeß III führte 3 PI zur besten Güte, zu besonders kleiner Rechenzeit und zu 100% Zuverlässigkeit. Diese Methode ist jedoch auf lineare Prozesse mit 3 unbekannten Parametern beschränkt und erfordert ein spezielles Eingangssignal.

Für allgemeine lineare Prozesse zeigt COR einige Vorteile im Vergleich zu IVA, STA, GLS und LS: hohe Güte, kleine Rechenzeit, 100% Zuverlässigkeit, nur ein A-priori-Faktor l. Zur Rechenzeit sei allerdings bemerkt, daß die Parameter nur am Ende einer Periode des PRBS ($N = 63$) berechnet wurden.

IVA zeigt ebenfalls eine hohe Güte, fast gleich wie COR. Die Rechenzeit ist größer und die Zuverlässigkeit war am schlechtesten von allen Methoden. Eine Startmatrix und ein Filterfaktor müssen a priori bekannt sein.

Tabelle 18.2. Vergleich von sechs rekursiven Identifikationsmethoden

	PROZESSE	EINGANGS-SIGNAL	GÜTE				RECHENZEIT PRO LAUF		ZUVERLÄS-SIGKEIT		A PRIORI FAKTOREN
			$\bar{\sigma}_{\delta g}$		$\bar{\sigma}_{\delta y}$		PROZESS I + II	III	%		
η			0,1	0,2	0,1	0,2	—	—	0,1	0,2	
COR	linear in den Parametern	beliebig	0,08	0,17	0,11	0,25	100%	100%	100	100	l
IVA	linear in den Parametern	beliebig	0,09	0,16	0,13	0,21	153	236	90	80	$\boldsymbol{P}(0)$; γ
STA	linear	weißes Rauschen	0,10	0,22	0,13	0,25	106	108	90	85	ζ_1; ζ_2; a; b; l
GLS	linear in den Parametern	beliebig	0,18	0,31	0,31	0,72	194	287	95	90	$P(0)$; $\boldsymbol{Q}(0)$ v
LS	linear in den Parametern	beliebig	0,29	0,44	—	—	145	230	100	100	$\boldsymbol{P}(0)$
3PI	linear	Folge von Rechteck-impulsen	0,06	0,14	0,07	0,16	—	≈ 5	100	100	ω_v

Bei STA ist die Güte nur für große Meßzeiten hoch. Die Rechenzeit ist klein, die Zuverlässigkeit jedoch nicht so gut und 5 Faktoren müssen a priori angenommen werden.

GLS ergab eine schlechte Güte, die allerdings besser war als die von LS. Eine große Rechenzeit ist ein weiterer Nachteil. Die Zuverlässigkeit war jedoch besser als bei IVA und STA. Zwei Startmatrizen und die Filterordnung ν müssen a priori angenommen werden.

Die schlechteste Güte lieferte LS. Für kleine Meßzeiten sind die Fehler jedoch von derselben Größenordnung wie bei den anderen Methoden. Die Rechenzeit ist etwa dieselbe wie bei IVA. Die Zuverlässigkeit war sehr gut. Eine Startmatrix muß a priori angenommen werden.

Es zeigte sich ferner für alle untersuchten Parameterschätzverfahren, daß näherungsweise eine lineare Abhängigkeit zwischen dem Fehler $\sigma_{\delta y}$ im geschlossenen Regelkreis und dem Gewichtsfunktionsfehler $\sigma_{\delta g}$ besteht für $\sigma_{\delta g} \leqq 0{,}2$. Dies trifft nicht nur für den untersuchten PID-Regler zu, sondern auch für andere lineare Regelalgorithmen. Zwischen dem Parameterfehler $\sigma_{\delta\Sigma}$ und $\sigma_{\delta y}$ ergab sich kein eindeutiger Zusammenhang.

Hieraus folgt, daß die Gewichtsfunktionsfehler zum Vergleich besser geeignet sind als die Parameterfehler, wenn das identifizierte Modell zur Synthese eines Regelalgorithmus verwendet wird.

Insgesamt geht aus diesem Vergleich hervor, daß alle rekursiven Parameterschätzmethoden, die dieselben A-priori-Information über den Prozeß verwenden und die theoretisch für die betrachteten Testprozesse konsistente Schätzwerte liefern, also die Methoden COR, IVA, STA und 3PI, etwa dieselbe Güte zeigen, obwohl die einzelnen Methoden sehr verschieden sind, siehe auch Neumann u.a. (1988).

Ergebnisse anderer Autoren

Das zuletzt beschriebene Ergebnis wurde auch durch Beiträge anderer Autoren zur selben Identifikationsaufgabe bestätigt, Isermann, Baur (1973). Dabei zeigte es sich, daß die Ergebnisse der besten Verfahren (COR, IVA) nahe der unteren Fehlergrenze nach Cramér–Rao liegen und daß die Ergebnisse der nichtrekursiven Maximum-Likelihood-Methode für die Prozesse II und III etwa gleiche Güte wie die betrachteten Methoden COR und IVA haben. Um beim Vergleich noch etwas unabhängiger von statistischen Einflüssen zu werden, sollte man mindestens 10 Identifikationsläufe verwenden.

Saridis (1974) vergleicht für einen Prozeß vierter Ordnung sechs rekursive Parameterschätzmethoden, darunter STA, RML erweiterte Kalman-Filter, Korrelationsmethode. Die letzte Methode ergibt die besten Ergebnisse, Kalman-Filter und STA erster Ordnung liefern die schlechtesten Resultate.

Einen ähnlichen wie den oben beschriebenen Vergleich haben Söderström u.a. (1978) für 5 rekursive Parameterschätzmethoden (RLS, RGLS, RELS, RML, RIV) durchgeführt. Es wird für Prozesse erster und zweiter Ordnung gezeigt, daß RLS und RGLS Schätzwerte mit Bias liefern, daß für kleinere Identifikationszeiten

($N = 100$) keine großen Unterschiede bei allen Methoden zu erkennen sind und daß für große Identifikationszeiten ($N = 2000$) die konsistenten Methoden (RELS, RML, RIV) ähnliche Ergebnisse zeigen und sich der unteren Schranke der Cramér–Rao-Fehlergrenze annähern.

Auf die praktischen Erfahrungen mit verschiedenen Parameterschätzmethoden an wirklichen Prozessen wird in Teil *G* eingegangen.

18.4 Vergleich des Rechenaufwandes

Beim Vergleich von Rechenzeiten und Speicherplatzbedarf ist zu beachten, daß diese Größen je nach Art der Programmierung und Umfang eventueller Hilfsroutinen stark schwanken können. In Tabelle 18.2 wurden bereits einige Zahlenangaben über Rechenzeiten auf einem Großrechner gemacht, siehe auch Saridis (1974). Tabelle 18.3 zeigt die Anzahl der Multiplikationen, den Speicherplatzbedarf und gemessene Rechenzeiten für einen 16 Bit Prozeßrechner und FORTRAN als Programmiersprache, Mächer (1980). Man erkennt die sehr günstigen Werte für die stochastische Approximation. Die Wurzelfilterung in Informationsform (DSFI) mit Berechnung der Parameterschätzwerte nach jedem Abtastschritt benötigt mehr Rechenzeit als RLS. Die schnellen Algorithmen (fast RLS: FRLS) erfordern einen wesentlich größeren Speicherplatz und die Rechenzeit wird im Vergleich zu RLS nur kleiner ab $m > 5$.

Tabelle 18.3. Vergleich des Rechenaufwandes für rekursive Parameterschätzmethoden

Algorithmus	Zahl der Multiplikationen	Speicherplatz-bedarf [Worte]	Rechenzeiten für $N = 1000$ [ms]		
			$m = 2$	$m = 4$	$m = 8$
STA	$2n$	134	1	1,5	3
RLS	$2n^2 + 5n$	354	12	42	142
DSFI	$\frac{5}{2}(n+1)^2 + \frac{15}{2}(n+1) + \frac{n}{2}(n+1)$	385	27	74	225
FRLS	$(p^2 + 7p + 2)n + 2p^3 + 3p^2$	1136	27	51	98

FRLS: schnelle RLS (Ljung u.a. (1978))
n: Zahl der Parameterschätzwerte
p: Zahl der bei einem Schritt ausgetauschten Elemente in $\psi(k)$

Eine Gegenüberstellung von RLS und seiner Wurzelfilterform DSFI einschließlich impliziter Gleichwertschätzung für die Programmierung auf einem 16-Bit-Mikrorechner mit 8087-Arithmetik-Prozessor zeigt Tabelle 18.4. Auch bei dieser Realisierung ist zu erkennen, daß die numerichen Vorteile von DSFI durch eine etwas höhere Rechenzeit erkauft werden müssen.

In einer anderen Studie von Leonhardt, Glotzbach, Ludwig (1991), wurde der Rechenaufwand erneut verglichen. Tabelle 18.5 gibt die Rechenoperationen für vier verschiedene rekursive Algorithmen getrennt nach Multiplikationen, Divisionen, Additionen/Subtraktionen und Wurzelberechnungen an.

Eine graphische Auswertung von Tabelle 18.5 mit den in Biermann (1977) angegebenen Rechenzeiten für Single-Precision-Rechenope-rationen auf einem UNIVAC-Rechner

Multiplikationen:	2,625 µs	Addition/Subtrak.:	1,875 µs
Divisionen:	8,375 µs	Quadratwurzeln:	40,1 µs

ergibt die in Bild 18.6 gezeigten Abhängigkeiten.

RLS mit UD-Faktorisierung erfordert also die kleinste Rechenzeit. Allerdings ist bei diesem Vergleich zu beachten, daß nur die Fließkomma-Rechenoperationen berücksichtigt wurden. Hinzu kommt der Zeitbedarf für die Ablaufsteuerung des Programms sowie für Daten-Zugriffe. Die o.g. Zeiten für die Fließkommaoperationen sind außerdem stark abhängig von Hardware, Zahlenformat und verwendetem Compiler.

Gemessene Rechenzeiten für die untersuchten Algorithmen sind in Tabelle 18.6 zu sehen. Verwendet wurde ein Mikroprozessor Motorola 68000, 16 MHz, 18 kByte Daten und Instruktionscache ohne Koprozessor.

Der Prozessor wurde mit 80-Bit Fließkommadarstellung betrieben (double extended). Eine wesentliche Reduzierung ergibt sich durch Programmierung in Assembler und Verkleinerung des Zahlenformats auf 32 Bit wie in Tabelle 18.7 zu ersehen ist.

Tabelle 18.4. Vergleich des Rechenaufwandes für rekursive Parameterschätzverfahren mit impliziter Gleichwertschätzung für einen Prozeß der Ordnung $m = 3$, Radke (1984)

	Codeumfang [kByte]	Datenumfang [kByte]	Rechenzeit pro Abtastschritt [ms]
RLS	0,74	0,46	16
DSFI	0,57	0,37	24

Tabelle 18.5 Vergleich des Rechenaufwands für die Parameterschätzalgorithmen RLS, DUDC, DSFI und DSFI (Fast-Givens nach Barlow u.a. (1987))

Algorithmus	Ohne Parameterberechnung				mit Parameterberechnung			
	MUL	DIV	ADD/SUB	WURZELN	MUL	DIV	ADD/SUB	WURZELN
RLS	—	—	—	—	$1{,}5n^2 + 4{,}5n$	$0{,}5n^2 + 0{,}5n + 1$	$1{,}5n^2 + 2{,}5n$	0
DUDC	—	—	—	—	$1{,}5n^2 + 4{,}5n - 2$	$2n$	$1{,}5n^2 + 1{,}5n$	0
DSFI (Fast Givens)	$1{,}5n^2 + 7{,}5n$	$2n$	$n^2 + 3n$	0	$2n^2 + 7n$	$3n$	$1{,}5n^2 + 2{,}5n$	0
DSFI (Givens)	$2{,}5n^2 + 7{,}5n$	$2n$	$n^2 + 3n$	n	$3n^2 + 7n$	$3n$	$1{,}5n^2 + 2{,}5n$	n

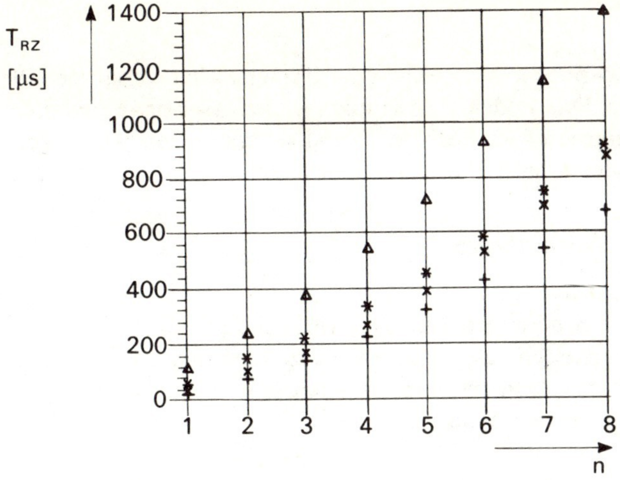

Bild 18.6. Theoretische Rechenzeiten T_{RZ} für verschiedene Parameterschätzlgorithmen pro Rekursionsschritt in Abhängigkeit der Zahl n der zu schätzenden Parameter
× RLS Δ DSFI (Givens)
+ UDC * DSFI (Fast-Givens)

Tabelle 18.6. Gemessene Rechenzeiten je Parameterschätz-Rekursionsschritt für 4 verschiedene Schätzalgorithmen und $n = 4$ Parameter. Mikroprozessor Motorola 68000, 16 MHz, 16 kByte, Sprache: C

Algorithmus	Code [kB]	Daten [Byte] (permanent + temporär)	Rechenzeit [ms]
RLS	0,54	250 + 104	9,21
DUDC	1,14	290 + 120	8,34
DSFI (Givens)	1,00	290 + 118	15,68
DSFI (Fast Givens)	1,38	330 + 138	9,97

Tabelle 18.7. Gemessene Rechenzeit je Rekursionsschritt für DUDC und $n = 4$ Parameter. Sprache: Assembler

Algorithmus	Code [kB]	Daten [Byte] (permanent + temporär)	Rechenzeit [ms]
DUDC direkt (in 68000-Assembler programmiert)	0,51	116 + 48	1,81

18.5 Zusammenfassung

Der in diesem Kapitel beschriebene Vergleich von Parameterschätzverfahren läßt erkennen, daß die einzelnen Methoden sich deutlich in den A-priori-Annahmen, der erreichbaren Modellgüte und im Rechenaufwand unterscheiden. Die Eigenschaften der wichtigsten Methoden können wie folgt zusammengefaßt werden:

Nichtrekursive Parameterschätzmethoden:

Methode der Kleinsten Quadrate (LS)
— Keine erwartungstreuen Schätzwerte (Bias) für wirkliche Störsignale
— Jedoch bei gestörten Prozessen anwendbar für kurze Identifikationszeiten, da auch konsistente Methoden keine besseren Ergebnisse liefern
— Empfindlich gegenüber unbekanntem Y_{00}
— Relativ kleiner Rechenaufwand
— A-priori-Faktoren: keine besonderen

Methode der verallgemeinerten kleinsten Quadrate (GLS)
— Schätzwerte mit Bias möglich (da zu spezielles Störsignalfilter)
— Relativ großer Rechenaufwand
— Es wird ein Störsignalmodell identifiziert
— A-priori-Faktoren: Filterordnung

Methoden der Hilfsvariablen (IVA)
— Gute Güte für weiten Bereich von Störsignalformen
— Kleiner/mittlerer Rechenaufwand
— Konvergenz nicht unproblematisch
— Unempfindlich bezüglich unbekanntem Y_{00} wenn $\overline{u(k)} = 0$
— A-priori-Faktoren: Filterfaktoren

Maximum-Likelihood-Methode (ML)
— Gute Güte wenn spezielles Störsignalmodell D/A zutrifft
— Großer Rechenaufwand
— Es wird ein Störsignalmodell identifiziert
— Probleme, falls lokale Minima der Verlustfunktion
— Weitgehende theoretische Analyse möglich
— A-priori-Faktoren: Abhängig von Optimierungsmethode

Korrelation und kleinste Quadrate (COR-LS)
— Gute Güte für weiten Bereich von Störsignalformen
— Kleiner Rechenaufwand
— Zugang zu Zwischenergebnissen, die von der angenommenen Modellstruktur unabhängig sind
— Unempfindlich bezüglich unbekanntem Y_{00} wenn $\overline{u(k)} = 0$
— Kleiner Rechenaufwand bei Ordnungs- und Totzeitsuche
— Einfache Möglichkeit der Verifikation
— A-priori-Faktoren: Nur Zahl der Korrelationsfunktionswerte

Rekursive Parameterschätzmethoden:

Falls nicht anders vermerkt, gelten dieselben Eigenschaften wie bei den betreffenden nichtrekursiven Methoden. Hinzu kommen (siehe auch Abschnitt 15.3):

RLS
— Robuste Methode mit zuverlässiger Konvergenz
— Bei kurzer Identifikationszeit oder zeitvarianten Prozessen gegenüber konsistenten Methoden vorzuziehen
— Wegen numerischer Vorteile sind zur Implementierung die Wurzelfilterformen DSFC, DSFI oder DUDC vorzuziehen

RELS
— Gute Güte, wenn spezielles Störsignalmodell D/A näherungsweise zutrifft und $1/D(z^{-1})$ positiv reell
— Konvergenz nicht unproblematisch
— Langsamere anfängliche Konvergenz als RLS
— Langsamere Konvergenz der Parameter von $D(z^{-1})$
— Noch relativ kleiner Rechenaufwand

RIVA
— Zuverlässige Konvergenz nur bei Start mit anderen Methoden, z.B. mit RLS
— Gute Güte für weiten Bereich von Störsignalformen, falls Konvergenz

RML
— Eigenschaften prinzipiell gleich wie RELS.

19 Parameterschätzung im geschlossenen Regelkreis

In manchen Anwendungsfällen muß die Prozeßidentifikation im geschlossenen Regelkreis durchgeführt werden. So sind z.B. bei biologischen und ökonomischen Systemen die Rückführungen nicht abtrennbare, feste Bestandeteile. Bei technischen Systemen ist die Identifikation im geschlossenen Regelkreis Voraussetzung für die Funktion von adaptiven Regelungen, die ein Identifikationsmodell verwenden. Ferner ist häufig bei integralwirkenden und gelegentlich auch bei proportionalwirkenden Prozessen ein Betrieb im geschlossenen Regelkreis erforderlich, damit der Einfluß von Störungen auch während des Experimentes ausgeregelt werden kann. Deshalb soll in diesem Kapitel untersucht werden, wie und unter welchen Bedingungen Parameterschätzmethoden bei Systemen mit Rückführung angewendet werden können.

Zunächst muß betrachtet werden, ob sich die für die Identifikation im offenen Regelkreis entwickelten Methoden auch im geschlossenen Regelkreis anwenden lassen. Daß dies nicht unmittelbar beantwortet werden kann, folgt schon aus den Konvergenzbedingungen der einzelnen Methoden.

Bei der Korrelationsanalyse z.B. mußte zur Konvergenz der Kreuzkorrelationsfunktion vorausgesetzt werden, daß das Eingangssignal $u(k)$ nicht mit dem Störsignal $n(k)$ korreliert ist. Eine Rückführung erzeugt aber gerade diese Korrelation, siehe Abschnitt 5.4. Betrachtet man die Methode der kleinsten Quadrate zur Parameterschätzung, dann muß das Fehlersignal $e(k)$ unabhängig von den gemessenen Signalwerten im Datenvektor $\boldsymbol{\psi}^{\mathrm{T}}(k)$ sein. Hier muß geprüft werden, ob eine Rückführung diese Unabhängigkeit ändert.

In den Abschnitten 19.1 und 19.2 wird zunächst untersucht, unter welchen Bedingungen die Prozeßparameter ohne und mit äußeren Zusatzsignalen identifizierbar sind. Hieraus ergeben sich dann Methoden, die auch im geschlossenen Regelkreis anwendbar sind, Abschnitt 19.3.

Zur Identifikation im geschlossenen Regelkreis sind zunächst folgende Fälle zu unterscheiden, vgl. Bilder 19.1 und 19.2.

Fall a: Indirekte Prozeßidentifikation.
Es wird ein Modell des geschlossenen Regelkreises identifiziert. Der Regler muß bekannt sein. Das Prozeßmodell wird aus dem Regelkreis berechnet.
Fall b: Direkte Prozeßidentifikation.

Das Prozeßmodell wird direkt, also ohne Umweg über das Regelkreismodell identifiziert. Der Regler muß nicht bekannt sein.
Fall c: Es wird nur das Ausgangssignal $y(k)$ gemessen.
Fall d: Es werden das Eingangssignal $u(k)$ und das Ausgangssignal $y(k)$ gemessen.
Fall e: Kein äußeres Zusatzsignal.
Fall f: Äußeres Zusatzsignal $u_S(k)$ (nicht meßbar oder meßbar)
Fall g: Äußeres meßbares Zusatzsignal $u_S(k)$ zur Identifikation verwendet.

Wie im folgenden gezeigt wird, sind folgende Kombinationen der einzelnen Fälle möglich:

a + c + e und b + d + e → Abschnitt 19.1
a + g und b + d + f → Abschnitt 19.2 und 19.3.3.

Es werden grundsätzlich lineare Prozesse mit linearen, zeitinvarianten Reglern angenommen, wenn nichts anderes vermerkt ist.

19.1 Prozeßidentifikation ohne Zusatzsignal

Entsprechend Bild 19.1 soll ein linearer, zeitinvarianter Prozeß mit der z-Übertragungsfunktion

$$G_p(z) = \frac{y_u(z)}{u(z)} = \frac{B(z^{-1})}{A(z^{-1})} z^{-d}$$
$$= \frac{b_1 z^{-1} + \cdots + b_{m_b} z^{-m_b}}{1 + a_1 z^{-1} + \cdots + a_{m_a} z^{-m_a}} z^{-d} \quad (19.1.1)$$

und dem Störsignalfilter

$$G_{Pv}(z) = \frac{n(z)}{v(z)} = \frac{D(z^{-1})}{A(z^{-1})} = \frac{1 + d_1 z^{-1} + \cdots + {}^{d}m_d z^{-m_d}}{1 + a_1 z^{-1} + \cdots + a_{m_a} z^{-m_a}} \quad (19.1.2)$$

im geschlossenen Regelkreis identifiziert werden. Durch die Annahme

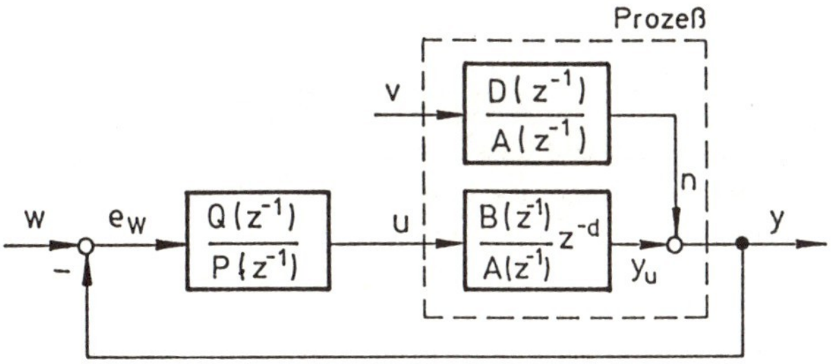

Bild 19.1. Anordnung des zu identifizierenden Prozesses im geschlossenen Regelkreis für den Fall, daß kein Test-signal verwendet wird

$C(z^{-1}) = A(z^{-1})$ im Störsignalfilter wird die Identifikation ohne Zusatzsignal wesentlich vereinfacht. Die Reglerübertragungsfunktion laute

$$G_R(z) = \frac{u(z)}{e_w(z)} = \frac{Q(z^{-1})}{P(z^{-1})} = \frac{q_0 + q_1 z^{-1} + \cdots + q_\nu z^{-\nu}}{1 + p_1 z^{-1} + \cdots + p_\mu z^{-\mu}}. \tag{19.1.3}$$

Für die Signale gelte

$$y(z) = y_u(z) + n(z)$$

$$e_w(z) = w(z) - y(z).$$

Im allgemeinen soll $w(z) = 0$ angenommen werden, also $e_w(z) = -y(z)$. $v(z)$ sei ein nicht meßbares statistisch unabhängiges Störsignal mit $E\{v(k)\} = 0$ und Varianz σ_v^2.

19.1.1 Indirekte Prozeßidentifikation (Fall $a + c + e$)

Für das Störverhalten des geschlossenen Regelkreises gilt

$$\begin{aligned}\frac{y(z)}{v(z)} &= \frac{G_{Pv}(z)}{1 + G_R(z)G_p(z)}\\ &= \frac{D(z^{-1})P(z^{-1})}{A(z^{-1})P(z^{-1}) + B(z^{-1})z^{-d}Q(z^{-1})}\\ &= \frac{1 + \beta_1 z^{-1} + \cdots \beta_r z^{-r}}{1 + \alpha_1 z^{-1} + \cdots + \alpha_l z^{-l}} = \frac{\mathscr{B}(z^{-1})}{\mathscr{A}(z^{-1})}.\end{aligned} \tag{19.1.4}$$

Die Regelgröße $y(k)$ ist somit ein autoregressiv-summierender stochastischer Signalprozeß (ARMA), der durch den Regelkreis als Filter aus dem statistisch unabhängigen Störsignal $v(k)$ erzeugt wird. Für die Ordnungszahlen gilt

$$\begin{aligned} l &= \max[m_a + \mu, m_b + \nu + d]\\ r &= m_d + \mu. \end{aligned} \tag{19.1.5}$$

Wenn nur die Ausgangsgröße $y(k)$ verwendet wird, können die Parameter des ARMA-Prozesses

$$\theta_{\alpha,\beta}^T = [\hat{\alpha}_1 \ldots \hat{\alpha}_l \mid \hat{\beta}_1 \ldots \hat{\beta}_r] \tag{19.1.6}$$

z.B. mit der in Abschnitt 8.2.2 beschriebenen RELS-Methode geschätzt werden, falls die Pole $\mathscr{A}(z^{-1}) = 0$ im Inneren des Einheitskreises der z-Ebene liegen und falls die Polynome $D(z^{-1})$ und $\mathscr{A}(z^{-1})$ keine gemeinsamen Wurzeln besitzen.

Die weitere Aufgabe der indirekten Prozeßidentifikation besteht darin, die unbekannten Prozeßparameter

$$\hat{\theta}^T = [\hat{a}_1 \ldots \hat{a}_{m_a} \mid \hat{b}_1 \ldots \hat{b}_{m_b} \mid \hat{d}_1 \ldots \hat{d}_{m_d}] \tag{19.1.7}$$

aus den $\hat{\alpha}_i$ und $\hat{\beta}_i$ zu bestimmen. Damit die Prozeßparameter eindeutig berechnet werden können, müssen bestimmte Identifizierbarkeitsbedingungen erfüllt sein.

Identifizierbarketisbedingungen für den geschlossenen Regelkreis

Ein Prozeß werde hier *parameteridentifizierbar* genannt, wenn seine Parameterschätzwerte bei Anwendung einer geeigneten Parameterschätzmethode konsistent sind. Es gilt dann

$$\lim_{N\to\infty} E\{\hat{\boldsymbol{\theta}}(N)\} = \boldsymbol{\theta}_0 \tag{19.1.8}$$

wobei $\boldsymbol{\theta}_0$ der wahre Parametervektor und N die Meßzeit ist.

Im folgenden werden die Bedingungen für Parameteridentifizierbarkeit angegeben, wenn *nur das Ausgangssignal gemessen* wird.

Identifizierbarkeitsbedingung 1

In abgekürzter Schreibweise folgt aus Gl. (19.1.4) für das Ein/Ausgangsverhalten des Regelkreises

$$\left[A + B\frac{Q}{P}\right]y = Dv\,.$$

Diese Gleichung wird mit einem beliebigen Polynom $S(z^{-1})$ durch Addition und Subtraktion erweitert

$$\left[A + S + B\frac{Q}{P} - S\right]y = Dv$$

$$\left[A + S + \left(B - \frac{P}{Q}S\right)\frac{Q}{P}\right]y = Dv$$

$$\left[Q(A + S) + (QB - PS)\frac{Q}{P}\right]y = QDv$$

$$\left[A^* + B^*\cdot\frac{Q}{P}\right]y = D^*v\,. \tag{19.1.9}$$

Ein Regelkreis mit dem Prozeß

$$\frac{B^*}{A^*} = \frac{BQ - PS}{AQ + SQ} \quad \text{und} \quad \frac{D^*}{A^*} = \frac{DQ}{AQ + SQ} \tag{19.1.10}$$

und dem Regler Q/P hat also dasselbe Ein/Ausgangsverhalten y/v wie der Prozeß B/A mit dem Störfilter D/A und demselben Regler. Da S beliebig ist, kann aus dem Ein/Ausgangsverhalten y/v eines Regelkreises auch bei bekanntem Regler Q/P der Prozeß nicht eindeutig identifiziert werden, wenn die Ordnung der Polynome $B(z^{-1})z^{-d}$ und $A(z^{-1})$ nicht bekannt sind, Bohlin (1971). Die Ordnungszahlen des Prozeßmodells müssen also im voraus exakt bekannt sein.

Identifizierbarkeitsbedingung 2

Aus Gl. (19.1.4) folgt, daß die $m_a + m_b$ unbekannten Prozeßparameter $\hat{a}_i$ und $\hat{b}_i$ aus den l Parametern $\hat{\alpha}_i$ bestimmt werden müssen. Falls die Polynome D und

$\mathscr{A}$ keine gemeinsamen Wurzeln besitzen, muß zur eindeutigen Bestimmung der Prozeßparameter $l = m_a + m_b$ sein, bzw.

$$\left.\begin{array}{l} \max\left[m_a + \mu, m_b + \nu + d\right] \geqq m_a + m_b \\ \max\left[\mu - m_b, \nu + d - m_a\right] \geqq 0 \ . \end{array}\right\} \tag{19.1.11}$$

Für die Ordnungszahlen des Reglers folgt hieraus

$$\left.\begin{array}{l} \text{falls } \nu > \mu - d + m_a - m_b \rightarrow \nu \geqq m_a - d \\ \text{oder} \\ \text{falls } \nu < \mu - d + m_a - m_b \rightarrow \mu \geqq m_b \ . \end{array}\right\} \tag{19.1.12}$$

Wenn $d = 0$, müssen die Ordnungen der Reglerpolynome entweder $\nu \geqq m_a$ oder $\mu \geqq m_b$ sein. Ist $d > 0$, dann muß entweder $\nu \geqq m_a - d$ oder $\mu \geqq m_b$ sein. Dabei ist es gleichgültig, ob die Totzeit d im Prozeß oder im Regler auftritt, vgl. Gl. (19.1.4). Die Identifizierbarkeitsbedingung 2 kann also z.B. auch dadurch erfüllt werden, daß ein Regler mit Totzeit $d = m_a$ und $\nu = 0$, $\mu = 0$ verwendet wird.

Die Parameter $\hat{d}_i$, Gl. (19.1.2), lassen sich aus den Parametern $\hat{\beta}_i$, Gl. (19.1.4), eindeutig berechnen, falls $r \geqq m_d$, also

$$\mu \geqq 0 \ . \tag{19.1.13}$$

Die Schätzung der Parameter d_i ist daher für beliebige Regler möglich, wenn D und $\mathscr{A}$ keine gemeinsamen Wurzeln besitzen.

Wenn $\mathscr{A}(z^{-1})$ und $D(z^{-1})$ p gemeinsame Wurzeln enthalten, dann können diese nicht identifiziert werden, sondern nur $l - p$ Parameter $\hat{a}_i$ und $r - p$ Parameter $\hat{\beta}_i$. Die Identifizierbarkeitsbedingung 2 lautet dann für die Prozeßparameter $\hat{a}_i$ und $\hat{b}_i$

$$\max\left[\mu - m_b, \nu + d - m_a\right] \geqq p \ . \tag{19.1.14}$$

Man beachte, daß hierbei nur die gemeinsamen Wurzeln von $\mathscr{A}$ und D interessieren, und nicht von $\mathscr{A}$ und $\mathscr{B}$, da $\mathscr{B} = DP$, und P bekannt ist. Es kommt also auf die Anzahl der gemeinsamen Wurzeln im Zähler und Nenner an von

$$G_{id}(z) = \frac{D(z^{-1})}{\mathscr{A}(z^{-1})} = \frac{D(z^{-1})}{A(z^{-1})P(z^{-1}) + B(z^{-1})z^{-d}Q(z^{-1})} \ . \tag{19.1.15}$$

Falls die Ordnung des Reglers nicht groß genug ist, kann die Prozeßidentifikation im geschlossenen Regelkreis mit zwei verschiedenen Sätzen von Reglerparametern durchgeführt werden, Gustavsson u.a. (1974), Kurz, Isermann (1975), Gustavsson u.a. (1977).

Man erhält dann zusätzliche Gleichungen zur Bestimmung der unbekannten Parameter.

Einige Beispiele werden die Identifizierbarkeitsbedingung 2 erläutern.

Beispiel 19.1
Es sollen die Parameter des Prozesses der Ordnung $m_a = m_b = m = 1$

$$y(k) + ay(k-1) = bu(k-1) + v(k) + dv(k-1)$$

im geschlossenen Regelkreis geschätzt werden. Hierzu werden verschiedene Regler betrachtet

a) 1 *P-Regler*: $u(k) = -q_0 y(k)$ ($\nu = 0$; $\mu = 0$).
Aus Gl. (19.1.4) folgt der ARMA

$$y(k) + (a + bq_0)y(k-1) = v(k) + dv(k-1)$$

bzw.

$$y(k) + \alpha y(k-1) = v(k) + \beta v(k-1)\,.$$

Durch Koeffizientenvergleich

$$\hat{\alpha} = \hat{a} + \hat{b}q_0$$
$$\hat{\beta} = \hat{d}$$

erhält man keine eindeutige Lösung $\hat{a}$ und $\hat{b}$, denn

$$\hat{a} = a_0 + \Delta a \quad \text{und} \quad \hat{b} = b_0 - \frac{\Delta a}{q_0}$$

erfüllen die Bestimmungsgleichungen für beliebige Δa. a und b sind also nicht identifizierbar. Denn nach Gl. (19.1.12) muß $\nu \geqq 1$ oder $\mu \geqq 1$ sein.

b) 1 *PD-Regler*: $u(k) = -q_0 y(k) - q_1 y(k-1)$ ($\nu = 1$; $\mu = 0$).
Der ARMA wird nun zweiter Ordnung

$$y(k) + (a + bq_0)y(k-1) + bq_1 y(k-2) = v(k) + dv(k-1)$$

$$y(k) + \alpha_1 y(k-1) + \alpha_2 y(k-2) = v(k) + \beta v(k-1)\,.$$

Aus dem Koeffizientenvergleich folgen

$$\hat{a} = \hat{\alpha}_1 - \hat{b}q_0; \qquad \hat{b} = \hat{\alpha}_2/q_1; \qquad \hat{d} = \hat{\beta}\,.$$

Die Prozeßparameter sind identifizierbar.

c) 2 *P-Regler*: $u(k) = -q_{01} y(k)$; $u(k) = -q_{02} y(k)$
Entsprechend zu a) erhält man zwei Gleichungen mit den Koeffizienten

$$\hat{\alpha}_{11} = a + \hat{b}q_{01} \quad \text{und} \quad \hat{\alpha}_{12} = \hat{a} + \hat{b}q_{02}\,.$$

Hieraus folgen

$$\hat{a} = \left[\hat{\alpha}_{11} - \frac{q_{01}}{q_{02}}\hat{\alpha}_{12}\right] \Big/ \left[1 - \frac{q_{01}}{q_{02}}\right]$$

$$\hat{b} = \frac{1}{q_{02}}[\hat{\alpha}_{12} - \hat{a}]\,.$$

Die Prozeßparameter sind identifizierbar falls $q_{01} \neq q_{02}$. □

Im allgemeinen Fall erhält man den Prozeßparametervektor $\hat{\theta}$ aus den Parametern

$\hat{\alpha}_1, \ldots, \hat{\alpha}_l$ des ARMA durch Koeffizientenvergleich in Gl. (19.1.4) unter Beachtung der Identifizierbarkeitsbedingungen 1 und 2. Wenn $d = 0$, $m_a = m_b$ und für die Ordnungszahlen der Reglerpolynome $\nu = \mathrm{m}$ und $\mu \leqq m$ gilt und somit $l = 2m$ ist, und damit die Bedingung Gl. (19.1.12) erfüllt ist, folgt mit $p_0 = 1$

$$\begin{array}{llllll} a_1 & & + b_1 q_0 & & & = \alpha_1 - p_1 \\ a_1 p_1 & + a_2 & + b_1 q_1 & + b_2 q_0 & & = \alpha_2 - p_2 \\ \vdots & \vdots & \vdots & & & \\ a_1 p_{j-1} & + a_2 p_{j-2} + \ldots + a_m p_{j-m} & + b_1 q_{j-1} & & + b_m q_{j-m} & = \alpha_j - p_j \,. \end{array} \tag{19.1.6}$$

In Matrixform lautet dieses Gleichungssystem

$$\begin{bmatrix} 1 & 0 & \cdots & 0 & | & q_0 & 0 & \cdots & 0 \\ p_1 & 1 & \cdots & 0 & | & q_1 & q_0 & \cdots & 0 \\ \vdots & p_1 & & & | & & q_1 & & \vdots \\ p_\mu & \vdots & & 1 & | & & \vdots & & q_0 \\ 0 & p_\mu & & p_1 & | & q_m & & & q_1 \\ 0 & 0 & & \vdots & | & 0 & q_m & & \\ \vdots & \vdots & & p_\mu & | & \vdots & \vdots & & \vdots \\ 0 & 0 & \cdots & 0 & | & 0 & 0 & \cdots & q_m \end{bmatrix} \begin{bmatrix} a_1 \\ a_2 \\ \vdots \\ a_m \\ b_1 \\ b_2 \\ \vdots \\ b_m \end{bmatrix} = \begin{bmatrix} \alpha_1 - p_1 \\ \alpha_2 - p_2 \\ \vdots \\ \alpha_\mu - p_\mu \\ \alpha_\mu + 1 \\ \alpha_\mu + 2 \\ \vdots \\ \alpha_{2m} \end{bmatrix}$$

$$\boldsymbol{S\theta} = \boldsymbol{\alpha}^* \,. \tag{19.1.17}$$

Da die Matrix $\boldsymbol{S}$ quadratisch ist, erhält man die Prozeßparameter aus

$$\hat{\boldsymbol{\theta}} = \boldsymbol{S}^{-1} \boldsymbol{\alpha}^* \,. \tag{19.1.18}$$

Es ist wiederum zu erkennen, daß zur eindeutigen Lösung von Gl. (19.1.17) die Matrix $\boldsymbol{S}$ den Rang $r = 2m$ haben muß, also $\nu = m$ oder $\mu = m$. Wenn $\nu > m$ oder $\mu > m$, läßt sich das überbestimmte Gleichungssystem Gl. (19.1.17) mittels der Pseudoinversen lösen, so daß gilt

$$\hat{\boldsymbol{\theta}} = [\boldsymbol{S}^{\mathrm{T}} \boldsymbol{S}]^{-1} \boldsymbol{S}^{\mathrm{T}} \boldsymbol{\alpha}^* \,. \tag{19.1.19}$$

Wie in Abschnitt 19.3 noch erläutert wird, konvergieren die Prozeßparameter bei der indirekten Prozeßidentifikation bei konstanten Reglern sehr langsam.

19.1.2 Direkte Prozeßidentifikation (Fall $b + d + e$)

Im letzten Abschnitt waren zur Prozeßidentifikation im geschlossenen Regelkreis das Ausgangssignal $y(k)$ als meßbar und der Regler als bekannt angenommen worden. Dann ist das Eingangssignal $u(k)$ über die Reglergleichung ebenfalls bekannt, so daß eine zusätzliche Messung von $u(k)$ eigentlich keine neue Information bringt. Wenn man jedoch $u(k)$ zur Prozeßidentifikation verwendet, dann kann der Prozeß direkt, ohne Umweg über die Gleichung des geschlossenen Regelkreises, identifiziert werden. Außerdem ist dann die Kenntnis des Reglers überflüssig. Anstelle der Kenntnis des Reglers tritt in diesem Abschnitt also das gemessene Eingangssignal $u(k)$.

Würde man bei einem Regelkreis nach Bild 19.1 zur Identifikation des Prozesses $G_p(z)$ Methoden für *nichtparametrische Modelle*, wie z.B. Korrelationsmethoden, auf die gemessenen Signale $u(k)$ und $y(k)$ anwenden, so würde man wegen

$$\frac{u(z)}{v(z)} = \frac{-G_R(z)G_{Pv}(z)}{1 + G_R(z)G_P(z)} \tag{19.1.20}$$

und

$$\frac{y(z)}{v(z)} = \frac{G_{Pv}(z)}{1 + G_R(z)G_P(z)} \tag{19.1.21}$$

einen Prozeß mit dem Übertragungsverhalten

$$\frac{y(z)}{u(z)} = \frac{y(z)/v(z)}{u(z)/v(z)} = -\frac{1}{G_R(z)} \tag{19.1.22}$$

erhalten, also die negativ reziproke Übertragungsfunktion des Reglers.

Zur Identifikation des Prozesses sollte nicht das gestörte $y(k)$ sondern das Nutzsignal $y_u(k) = y(k) - n(k)$ verwendet werden. Würde $y_u(k)$ zur Verfügung stehen, dann könnte man bilden

$$\frac{Y_{u(z)}}{u(z)} = \frac{y(z) - n(z)}{u(z)} = \frac{y(z)/v(z) - n(z)/v(z)}{u(z)/v(z)}$$
$$= G_P(z) \tag{19.1.23}$$

und so die gesuchte Prozeßübertragungsfunktion identifizieren. Dies zeigt, daß man zur direkten Identifikation des Prozesses im geschlossenen Regelkreis die Kenntnis des Störsignalfilters $n(z)/v(z)$ benötigt. Deshalb wird im folgenden als Prozeßmodell, die aus den Gl. (19.1.1) und (19.1.2) resultierende Form

$$\hat{A}(z^{-1})y(z) = \hat{B}(z^{-1})z^{-d}u(z) + \hat{D}(z^{-1})v(z) \tag{19.1.24}$$

verwendet, die auch das Störsignalfilter enthält.

Das grundlegende Modell des letzten Abschnitts war der ARMA, vgl. Gl. (19.1.4),

$$[\hat{A}(z^{-1})P(z^{-1}) + \hat{B}(z^{-1})z^{-d}Q(z^{-1})]y(z) = \hat{D}(z^{-1})P(z^{-1})v(z)\,. \tag{19.1.25}$$

Ersetzt man darin die Reglergleichung

$$Q(z^{-1})y(z) = -P(z^{-1})u(z) \tag{19.1.26}$$

dann entsteht

$$\hat{A}(z^{-1})P(z^{-1})y(z) - \hat{B}(z^{-1})z^{-d}P(z^{-1})u(z) = \hat{D}(z^{-1})P(z^{-1})v(z) \tag{19.1.27}$$

und nach Kürzung des Polynoms $P(z^{-1})$ erhält man die Modellgleichung des Prozesses im offenen Regelkreis, Gl. (19.1.23). Der Unterschied zum Prozeß im offenen Regelkreis besteht darin, daß $u(z)$ bzw. $P(z^{-1})u(z)$ nach Gl. (19.1.26) von $y(z)$ bzw. $Q(z^{-1})y(z)$ abhängt und nicht frei gewählt werden kann.

Die *Identifizierbarkeitsbedingungen* für die direkte Prozeßidentifikation im geschlossenen Regelkreis können aus einer Bedingung für die Existenz eines eindeutigen Minimums der Verlustfunktion

$$V = \sum_{k=1}^{N} e^2(k) \tag{19.1.28}$$

abgeleitet werden. Das zur Parameterschätzung angenommene Prozeßmodell lautet

$$\hat{A}(z^{-1})y(z) - \hat{B}(z^{-1})z^{-d}u(z) = \hat{D}(z^{-1})e(z) \tag{19.1.29}$$

siehe auch Gl. (19.1.24). Im geschlossenen Regelkreis ist u durch Gl. (19.1.26) vorgegeben, so daß wird

$$\frac{1}{\hat{D}(z^{-1})}\left[\hat{A}(z^{-1}) + \hat{B}(z^{-1})z^{-d}\frac{Q(z^{-1})}{P(z^{-1})}\right]y(z) = e(z)\,. \tag{19.1.30}$$

Ein eindeutiges Minimum der Verlustfunktion V in bezug auf die unbekannten Prozeßparameter erfordert eine eindeutige Abhängigkeit der zu schätzenden Parameter in

$$\frac{1}{\hat{D}}\left[\hat{A} + \hat{B}z^{-d}\frac{Q}{P}\right] = \frac{\hat{A}P + \hat{B}z^{-d}Q}{\hat{D}P} = \frac{\mathscr{A}}{\mathscr{B}} \tag{19.1.31}$$

vom Fehlersignal e.

Dieser Term ist identisch mit der rechten Seite der Gl. (19.1.4), dem Modell für die indirekte Prozeßidentifikation, für die die Parameter von $\hat{A}$, $\hat{B}$ und $\hat{D}$ eindeutig aus dem Übertragungsverhalten $y(z)/v(z)$ bestimmt werden können, falls die Identifizierbarkeitsbedingungen 1 und 2 erfüllt sind. Somit müssen, mit $e(z) = v(z)$ im Falle der Konvergenz, diese Bedingungen auch für die direkte Prozeßidentifikation im geschlossenen Regelkreis gelten.

Man beachte, daß das bei der indirekten als auch direkten Prozeßidentifikation minimierte Fehlersignal $e(k)$ durch dieselbe Gleichung bestimmt ist, vgl. Gl. (19.1.4) mit Gl. (19.1.30, 31). Im abgeglichenen Zustand $\hat{A} = A$, $\hat{B} = B$ und $\hat{D} = D$ ist in beiden Fällen $e(k) = v(k)$.

Die Identifizierbarkeitsbedingung 2 kann für die direkte Prozeßidentifikation auch aus den Grundgleichungen einiger nichtrekursiver Parameterschätzmethoden abgeleitet werden. Bei der Methode der kleinsten Quadrate z.B. gilt nach Gl. (8.1.10)

$$\begin{aligned} y(k) = \boldsymbol{\psi}^{\mathrm{T}}(k)\boldsymbol{\theta} = [\,-y(k-1) \cdots -y(k-m_a)\,|\,u(k-d-1) \\ \cdots u(k-d-m_b)]\boldsymbol{\theta} \end{aligned} \tag{19.1.32}$$

$\boldsymbol{\psi}^{\mathrm{T}}(k)$ ist dabei eine Zeile der Matrix $\boldsymbol{\Psi}$ des Gleichungssystems (8.1.20). Nun gilt aber wegen der Rückführung Gl. (19.1.26) eine feste Beziehung zwischen den

Elementen von $\psi^{\mathrm{T}}(k)$ in der Form

$$u(k-d-1) = -p_1 u(k-d-2) - \cdots - p_\mu u(k-\mu-d-1)$$
$$- q_0 y(k-d-1) - \cdots - q_\nu y(k-\nu-d-1) . \quad (19.1.33)$$

$u(k-d-1)$ ist also linear abhängig von den anderen Elementen in $\psi^{\mathrm{T}}(k)$ falls $\mu \leqq m_b - 1$ und $\nu \leqq m_a - d - 1$. Erst wenn $\mu \geqq m_b$ oder $\nu \geqq m_a - d$ verschwindet diese lineare Abhängigkeit. Dieselbe Überlegung läßt sich auf das eigentliche Bestimmungsgleichungssystem Gl. (8.1.15) für die Methode LS anwenden.

Bei der Parameterschätzung im geschlossenen Regelkreis aufgrund gemessener Signale $u(k)$ und $y(k)$ entstehen also dann linear abhängige Gleichungssysteme, wenn die Identifizierbarkeitsbedingung 2 verletzt wird.

Nun muß noch untersucht werden, ob auch dieselben *Identifikationsmethoden* zur direkten Parameterschätzung im geschlossenen Regelkreis wie bei offenem Regelkreis angewendet werden können.

Sowohl bei der Methode der Kleinsten Quadrate also auch bei der erweiterten LS-Methode gilt für den Gleichungsfehler bzw. Vorhersagefehler

$$e(k) = y(k) - \hat{y}(k|k-1) = y(k) - \psi^{\mathrm{T}}(k)\hat{\theta}(k-1) . \quad (19.1.34)$$

Bedingung für die Konvergenz ist, daß $e(k)$ statistisch unabhängig von den Elementen von $\psi^{\mathrm{T}}(k)$ ist. Bei der Methode LS ist

$$\psi^{\mathrm{T}}(k) = [\,-y(k-1)\rfloor \ldots \vdots\ u(k-d-1) \ldots]$$

und bei der Methode ELS

$$\psi^{\mathrm{T}}(k) = [\,-y(k-1) \ldots \vdots\ u(k-d-1) \ldots \vdots\ \hat{v}(k-1) \ldots] .$$

Im abgeglichenen Zustand des Modells darf $e(k) = v(k)$ angenommen werden. Da $v(k)$ aber nur $y(k), y(k+1), \ldots,$ beeinflußt, und diese Werte nicht in $\psi^{\mathrm{T}}(k)$ vorkommen, ist $e(k)$ unabhängig von den Elementen $\psi^{\mathrm{T}}(k)$.

Wenn nun eine Rückführung nach Gl. (19.1.26) vorhanden ist, dann ändert sich dadurch nichts. Der Vorhersagefehler $e(k)$ ist auch im geschlossenen Regelkreis unabhängig von den Elementen $\psi^{\mathrm{T}}(k)$. Deshalb liefern diese beiden Identifikationsmethoden, die auf einem Vorhersagefehler $e(k)$ nach Gl. (19.1.34) beruhen, bei der direkten Prozeßidentifikation auch im geschlossenen Regelkreis konsistente Parameterschätzwerte, sofern die Identifizierbarkeitsbedingungen erfüllt sind. Sie lassen sich dann also auf die im geschlossenen Regelkreis gemessenen Signale $u(k)$ und $y(k)$ anwenden, ohne daß auf die Rückführung geachtet wird. Über die Eignung anderer Parameterschätzmethoden zur direkten Prozeßidentifikation siehe Abschnitt 19.3. Die Prozeßidentifikation im geschlossenen Regelkreis wird ausführlich in Gustavsson u.a. (1974, 1977) behandelt. Dabei werden auch nichtlineare und zeitvariante Regler erwähnt.

Die wichtigsten Ergebnisse zur *Prozeßidentifikation im geschlossenen Regelkreis ohne äußeres Zusatzsignal* und einem linearen, zeitinvarianten, störungsfreien Regler lassen sich wie folgt zusammenfassen:

1. Zur indirekten Prozeßidentifikation (nur Messung von $y(k)$) als auch direkten

Prozeßidentifikation (Messung von $y(k)$ und $y(k)$) mit Parameterschätzmethoden müssen die Identifizierbarkeitsbedingungen 1 und 2, siehe Abschnitt 19.1.1, erfüllt sein.

2. Da bei der indirekten Prozeßidentifikation ein Signalprozeß mit $l \geqq m_a + m_b$ Parametern im Nenner (und $r = m_d + \mu$ Parametern im Zähler) der Übertragungsfunktion geschätzt werden muß, bei der direkten Prozeßidentifikation jedoch nur ein Prozeß mit m_a Parametern im Nenner und m_b Parametern im Zähler, ist bei direkter Prozeßidentifikation, besonders bei Prozessen höherer Ordnung, ein besseres Ergebnis zu erwarten. Außerdem ist der rechnerische Aufwand kleiner.
3. Zur direkten Prozeßidentifikation im geschlossenen Regelkreis können Parameterschätzverfahren mit Vorhersagefehler wie für Prozesse im offenen Regelkreis verwendet werden, falls die Identifizierbarkeitsbedingungen erfüllt sind. Der Regler muß nicht bekannt sein.
4. Falls der vorhandene Regler die Identifizierbarkeitsbedingung 2 nicht erfüllt, weil die Reglerordnung zu niedrig ist, läßt sich eine Identifizierbarkeit durch folgende Maßnahmen erreichen:
   a) Umschalten zwischen zwei Reglern mit verschiedenen Parametern, Gustavsson u.a. (1977), Kurz (1977).
   b) Einfügen einer Totzeit $d \geqq m_a - \nu + p$ in die Rückführung.
   c) Verwenden eines nichtlinearen oder zeitvarianten Reglers.

19.2 Prozeßidentifikation mit Zusatzsignal

Auf den Regelkreis in derselben Anordnung wie im letzten Abschnitt wirke nun ein äußeres Zusatzsignal $u_s(k)$, so daß für die Prozeßeingangsgröße gilt, vgl. Bild 19.2,

$$u(k) = u_R(k) + u_s(k) \tag{19.2.1}$$

wobei

$$u_R(z) = -\frac{Q(z^{-1})}{P(z^{-1})} Y(z) . \tag{19.2.2}$$

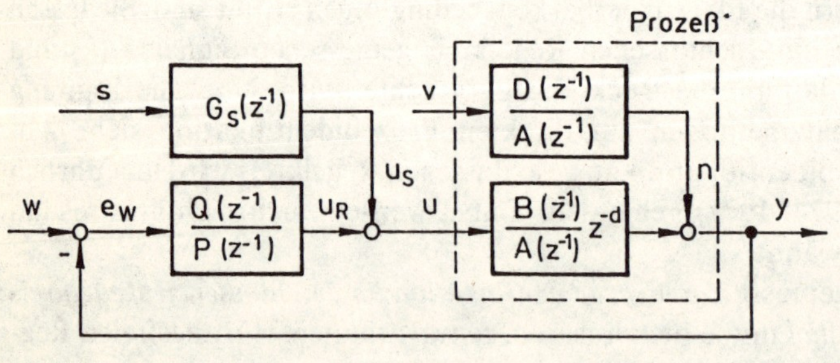

Bild 19.2. Anordnung des zu identifizierenden Prozesses im Regelkreis bei Einwirken eines äußeren Zusatzsignales s

Das zusätzliche Signal $u_s(k)$ kann über ein besonderes Filter aus dem Signal $s(k)$ entstanden sein

$$u_s(z) = G_s(z)s(z) \,. \tag{19.2.3}$$

Wenn $G_s(z) = G_R(z) = Q(z^{-1})/P(z^{-1})$, dann ist $s(k) = w(k)$ die Führungsgröße. $s(k)$ kann aber auch ein im Regler entstandenes Störsignal sein. Wirkt ein Testsignal direkt auf den Prozeßeingang, dann ist $G_s(z) = 1$ und $u_s(k) = s(k)$.

$u_s(k)$ kann also auf verschiedene Weise entstanden sein. Für die folgende Betrachtung ist nur wesentlich, daß $u_s(k)$ ein von außen auf den Regelkreis einwirkendes Signal ist, das nicht mit dem Störsignal $v(k)$ korreliert ist. Das Zusatzsignal braucht zunächst nicht meßbar sein.

Der Prozeß kann wieder nur durch Messung von $y(k)$ indirekt oder durch Messung von $u(k)$ und $y(k)$ direkt identifiziert werden. Da jedoch die *indirekte Prozeßidentifikation* im allgemeinen keine Vorteile bringt, wird in diesem Abschnitt nur die *direkte Prozeßidentifikation* betrachtet.

Für den geschlossenen Regelkreis gilt in abgekürzter Schreibweise

$$y(z) = \frac{DP}{AP + Bz^{-d}Q} v(z) + \frac{Bz^{-d}P}{AP + Bz^{-d}Q} u_s(z) \,. \tag{19.2.4}$$

Hieraus folgt

$$[AP + Bz^{-d}Q]y(z) = DPv(z) + Bz^{-d}Pu_s(z) \,.$$

Mit Gl. (19.2.1) gilt

$$A(z^{-1})P(z^{-1})y(z) - B(z^{-1})z^{-d}P(z^{-1})u(z) = D(z^{-1})P(z^{-1})v(z) \tag{19.2.5}$$

und nach Kürzen des Polynoms $P(z^{-1})$ erhält man wieder die Gleichung des Prozesses im offenen Regelkreis

$$A(z^{-1})y(z) - B(z^{-1})z^{-d}u(z) = D(z^{-1})v(z) \,. \tag{19.2.6}$$

Im Unterschied zu Gl. (19.1.25) wird hier jedoch u nicht nur über den Regler von y erzeugt, sondern nach Gl. (19.2.1) auch durch das äußere Signal $u_s(k)$. Deshalb lautet die Differenzengleichung in Anlehnung an Gl. (19.1.33) nach Gl. (19.2.1) und (19.2.2)

$$\begin{aligned} u(k-d-1) = & -p_1 u(k-d-2) - \cdots - p_\mu u(k-\mu-d-1) \\ & - q_0 y(k-d-1) - \cdots - q_\nu y(k-\nu-d-1) \\ & + u_s(k-d-1) + p_1 u_s(k-d-2) \\ & \cdots + p_\mu u_s(k-\mu-d-1) \,. \end{aligned}$$

Falls $u_s(k) \neq 0$, ist $u(k-1)$ für beliebige Ordnungszahlen μ und ν nichtlinear abhängig von den Elementen des Datenvektors $\boldsymbol{\psi}^T(k)$ nach Gl. (19.1.32). Der Prozeß nach Gl. (19.2.6) ist deshalb direkt identifizierbar, sofern das äußere Zusatzsignal $u_s(k)$ die zu identifizierenden Prozeßparameter genügend anregt. Man beachte, daß nicht vorausgesetzt wurde, daß das Zusatzsignal $u_s(k)$ meßbar ist.

Bei einem äußeren Zusatzsignal $u_s(k)$ hat also die im letzten Abschnitt angegebene Identifizierbarkeitsbedingung 2 keine Bedeutung mehr. Die Identifizierbarkeitsbedingung 1 ist jedoch zu beachten.

Wie im letzten Abschnitt bereits festgestellt, so können auch hier zur direkten Prozeßidentifikation dieselben Parameterschätzverfahren mit Vorhersagefehler wie für Prozesse im offenen Regelkreis verwendet werden, falls ein äußeres Zusatzsignal einwirkt. Der Regler muß nicht bekannt und das Zusatzsignal nicht meßbar sein.

Es sei noch angemerkt, daß dieses Ergebnis auch für ein beliebiges Störsignalfilter $D(z^{-1})/C(z^{-1})$, gilt.

19.3 Methoden zur Identifikation im geschlossenen Regelkreis

In diesem Abschnitt werden verschiedene Methoden zur On-line Identifikation auf ihre Eignung zur Identifikation im geschlossenen Regelkreis untersucht. Dabei sind die in den Abschnitten 19.1 und 19.2 angegebenen Identifizierbarkeitsbedingungen zu beachten.

19.3.1 Indirekte Prozeßidentifikation ohne Zusatzsignal

Wenn der Prozeß indirekt, also nur durch Messung der Regelgröße $y(k)$ identifiziert wird, und wenn kein Zusatzsignal einwirkt, dann können die Parameter α_i und β_i des ARMA, Gl. (19.1.4), durch die Methode RLS für stochastische Signale, Abschnitt 8.2.2, geschätzt werden. Die Prozeßparameter a_i und b_i sind in einem zweiten Schritt nach Gl. (19.1.18), (19.1.19) zu berechnen, wenn die Identifizierbarkeitsbedingungen erfüllt sind. Eine andere Möglichkeit besteht in der Anwendung der Korrelation und Parameterschätzung (RCOR-LS), siehe Kurz, Isermann (1975).

Die Parameterschätzwerte konvergieren bei der indirekten Prozeßidentifikation sehr langsam. Dies ist auf die große Anzahl $(l + r)$ der zu schätzenden Parameter und auf das unbekannte und deshalb ebenfalls zu schätzende Eingangs-Störsignal $v(k)$ zurückzuführen. Wenn das Prozeßeingangssignal $u(k)$ meßbar ist, ist deshalb die direkte Prozeßidentifikation vorzuziehen.

19.3.2 Direkte Prozeßidentifikation ohne Zusatzsignal

Aus Abschnitt 19.1 ist bekannt, daß Parameterschätzmethoden, die einem Gleichungs- bzw. Vorhersagefehler nach Gl. (19.1.34) verwenden, grundsätzlich zur direkten Identifikation eines Prozesses im geschlossenen Regelkreis geeignet sind. Deshalb kommen insbesondere die Methoden RLS, RELS und RML in Betracht. Wenn die Identifizierbarkeitsbedingungen 1 und 2 erfüllt werden, sind diese Methoden auf die gemessenen Signale $u(k)$ und $y(k)$ wie im offenen Regelkreis anzuwenden. Sie liefern erwartungstreue und konsistente Schätzwerte, wenn die Störfilter bei RLS die Form $1/A$ und bei RELS und RML die Form D/A haben.

Zur erwartungstreuen Schätzung mit der Methode RIV darf der Hilfsvariablenvektor $\boldsymbol{w}^T(k)$, Gl. (10.1.9) nicht mit dem Fehlersignal $e(k)$ und damit auch nicht mit dem Störsignal $n(k)$ korreliert sein. Die Eingangssignale $u(k-\tau)$ sind für $\tau \geqq 0$ jedoch wegen der Rückführung mit $n(k)$ korreliert.

Die Methode RIV liefert deshalb im geschlossenen Regelkreis Schätzungen mit Bias. Die Korrelation zwischen $u(k-\tau)$ und $e(k)$ verschwindet für $\tau \geqq 1$ lediglich dann, wenn $e(k)$ nicht korreliert ist, also wenn das Störfilter die spezielle Form $1/A$ hat, siehe Gl. (8.1.62).

19.3.3. Direkte Prozeßidentifikation mit Zusatzsignal

Wirkt, wie in Abschnitt 19.2 beschrieben, ein äußeres Zusatzsignal auf den Regelkreis ein, dann muß nur noch die Identifikationsbedingung 1 beachtet werden. Wenn nur $u(k)$ und $y(k)$ zur Parameterschätzung verwendet werden, und nicht das Zusatzsignal, dann sind die Methoden RLS, RELS und RML geeignet. Das meßbare Zusatzsignal kann in den Hilfsvariablenvektor der Methode RIV eingeführt werden. Dann ist auch diese Methode für dieselben Störfilter wie im offenen Regelkreis einsetzbar.

Die Anwendung der Methode *Korrelation und Parameterschätzung* RCOR-LS im geschlossenen Regelkreis ist für die in diesem Abschnitt behandelten drei Fälle in Kurz, Isermann (1975) beschrieben. Sie eignet sich dann wenn die Parameterschätzwerte nicht nach jedem Abtastschritt, sondern nur in größeren Zeitabschnitten benötigt werden.

Wenn die Identifizierbarkeitsbedingung 2 durch einen vorgegebenen konstanten Regler nicht erfüllt wird, kann man die Identifikation im geschlossenen Regelkreis dadurch ermöglichen, daß man zwischen *zwei verschiedenen Reglern* oder zwei verschiedenen Parametersätzen eines Reglers hin- und herschaltet. In Kurz (1977) wurde gezeigt, daß man die Varianz der Parameterschätzwerte verkleinern kann, wenn man die Umschaltdauer bis zu $(5 \ldots 10)T_0$ verkleinert.

19.4 Zusammenfassung

Die Identifikation eines Prozesses mit Rückführung kann mit Hilfe von Parameterschätzverfahren auch *ohne externe Zusatzsignale* erfolgen. Bei der indirekten Methode werden nur das Ausgangssignal gemessen, ein ARMA-Modell der Kreisanordnung geschätzt und die Parameter des Prozesses berechnet. Die direkte Methode verwendet wie beim offenen Prozeß das gemessene Ein- und Ausgangssignal. In beiden Fällen ist der Prozeß nach Erfüllung von zwei Bedingungen identifizierbar. Es müssen zum einen die Ordnungszahlen des Prozesses bekannt sein und es muß die Rückführung von genügend hoher Ordnung sein. Zur Identifikation *mit Zusatzsignal* entfällt die zweite Identifizierbarkeitsbedingung. Da die indirekte Prozeßidentifikation zu langsam konvergiert, ist im allgemeinen die direkte Identifikation vorzuziehen. Hierzu können die üblichen Parameterschätzmethoden eingesetzt werden.

20 Verschiedene Probleme der Parameterschätzung

Zur praktischen Anwendung einer Parameterschätzung müssen außer der Wahl einer geeigneten Methode noch verschiedene Größen festgelegt werden. Hierunter fallen die Wahl des Eingangssignals und der Abtastzeit, und die Ermittlung der Modellordnung und -totzeit. Dies soll im folgenden betrachtet werden. Dann wird noch auf Sonderfälle eingegangen, wie die Parameterschätzung integralwirkender Prozesse und die Parameterschätzung bei Störungen des Prozesses am Eingang.

20.1 Wahl des Eingangsignals

Sofern das Eingangssignal wählbar ist, sind i.a. die in Abschnitt 1.2 behandelten Beschränkungen bezüglich folgender Größen zu beachten:

— Amplitude des Eingangssignals $u_{0,\,\mathrm{max}}$
— Amplitude des Ausgangssignals $y_{0,\,\mathrm{max}}$
— Meßzeit $T_{\mathrm{M,\,max}}$.

Aus den Parameteridentifizierbarkeitsbedingungen, Abschnitt 8.1.3, folgt daß das Eingangssignal fortdauernd anregend sein muß von Ordnung m, wobei m die Prozeßordnung ist. Für einen Prozeß mit der Ordnung $m = 2$ und den 4 unbekannten Parametern a_1, a_2, b_1, b_2 wird diese Forderung z.B. erfüllt durch ein diskretes weißes Rauschsignal, oder ein genügend farbiges diskretes Rauschsignal, oder zwei überlagerte Sinusschwingungen verschiedener Frequenz usw. Das heißt, es gibt eine große Vielfalt von Testsignalen, die dafür sorgen, daß die Bedingung für eine konsistente Schätzung erfüllt wird. Wenn man jedoch ein Modell mit bester Güte unter den gegebenen Beschränkungen erhalten möchte, dann muß das Testsignal so gestaltet werden, daß ein Gütemaß des ermittelten Modells optimiert wird. Es liegt dann nahe, geeignete Gütemaße aus der Fehlerkovarianz der Parameterschätzwerte abzuleiten. Die mit asymptotisch effizienten Parameterschätzmethoden bestenfalls erreichbare Kovarianzmatrix ist die Inverse der Informationsmatrix

$$\operatorname{cov}[\Delta\hat{\theta}] = \boldsymbol{J}^{-1} \tag{20.1.1}$$

siehe Gl. (12.3.13). Als Gütemaß des Modells kann deshalb eine skalare Funktion, siehe Goodwin, Payne (1977)

$$F = E\{\Phi(\boldsymbol{J})\} \tag{20.1.2}$$

verwendet werden, z.B.

$$F_1 = E\{\text{spur}\, \boldsymbol{W}\boldsymbol{J}^{-1}\} \tag{20.1.3}$$

wobei $\boldsymbol{W}$ eine geeignete Gewichtsmatrix ist oder

$$F_2 = -\log \det \boldsymbol{J} \,. \tag{20.1.4}$$

Bei Annahme eines normal verteilten Fehlersignales gilt dann für die Methode der kleinsten Quadrate nach Gl. (12.3.20)

$$\boldsymbol{J} = \frac{1}{\sigma_e^2} E\{\boldsymbol{\Psi}^{\mathrm{T}} \boldsymbol{\Psi}\} = \frac{1}{\sigma_e^2} E\{\boldsymbol{P}^{-1}\} \,. \tag{20.1.5}$$

Aufgrund des festgelegten Gütemaßes kann dann versucht werden, ein optimales Testsignal im Zeitbereich oder im Frequenzbereich zu entwerfen, siehe auch Mehra (1974), Krolikowski, Eykhoff (1985). Dies soll hier aber wegen des großen Rechenaufwandes nicht weiter verfolgt werden. Es werden lediglich die Ergebnisse von einigen durchgerechneten Beispielen angegeben:

a) *Differenzengleichung* 2. *Ordnung*

Das Eingangssignal sei durch $+u_0$ und $-u_0$ beschränkt. Es ergibt sich dann ein binäres Testsignal, Goodwin, Payne (1977). Im Vergleich zu einem PRBS mit $\lambda = T_0$ werden die Parametervarianzen um den Faktor 1,4, die Standardabweichung also nur um 20% verbessert.

b) *Differenzengleichung m. Ordnung*

Ein leistungsbeschränktes optimales Eingangssignal besteht aus m Sinussignalen mit der gleichen Leistung $\rho_i = 1/m$ pro Signal, Goodwin, Payne (1977). Die Leistungsbeschränkung ist dabei $\sum_{i=1}^{m} \rho_i = 1$.

c) *Starrflügel-Flugzeug*

Ein Vergleich mehrer Testsignale zeigt, daß die Form des Eingangssignales bei gleichem Energiegehalt deutlichen Einfluß auf die Genauigkeit der Parameterschätzwerte hat, Mehra (1974), Plaetschke u.a. (1982). Als beste Signale schneiden zwei überlagerte Sinusschwingungen und ein binäres $(3^+ 2^- 1^+ 1^-)$-Signal ab.

Optimale Testsignale können also für besondere Fälle, wie z.B. effiziente Parameterschätzmethoden und lange Identifikationszeiten angegeben werden. Da zur wirklichen Optimierung nicht nur die Parameterfehler, sondern der Einfluß auf die endgültige Anwendung des Modells eingehen sollte, sind allgemeine Angaben zu optimalen Testsignalen nicht zu erwarten. In der Praxis kommt noch hinzu, daß die zur Optimierung erforderliche Kenntnis des Modells und der Störsignale im voraus nicht vorhanden ist, so daß man im Grunde nur iterativ vorgehen und näherungsweise optimale Testsignale verwenden kann. Diese sollen *günstige*

Testsignale genannt werden. Zur *Auswahl von günstigen Testsignalen* für praktische Anwendungen wird deshalb folgendes vorgeschlagen:

a) *Natürliche Betriebssignale oder künstliche Testsignale*

Als Eingangssignale können grundsätzlich *natürliche*, im Betrieb auftretende Signale oder *künstlich* eingeführte Signale (Testsignale) verwendet werden.

Die natürlichen Signale sind jedoch nur dann geeignet, falls sie den zu identifizierenden Prozeß im Bereich seiner Eigenwerte genügend anregen, stationär sind und nicht mit anderen, auf den Prozeß einwirkenden Störsignalen korreliert sind. Dies ist jedoch selten der Fall. Man sollte daher, wo es möglich ist, stets *künstliche Signale* verwenden, deren Eigenschaften exakt bekannt sind und die in bezug auf die Genauigkeit des Modells günstig gewählt werden können.

b) *Grundsätzliche Form des Testsignales*

Die erzeugbare Form eines Testsignales wird in erster Linie durch die Stelleinrichtung (z.B. pneumatisch oder elektrisch angetriebener Stellmotor), bestimmt. Dies beschränkt z.B. die Stellgeschwindigkeit und die maximal erzeugbaren Frequenzen, siehe Kapitel 1 und Abschnitt 3.4.4.

Günstige Testsignale regen im allgemeinen die interessierenden Eigenwerte des Prozesses fortlaufend möglichst stark im Vergleich zum Störsignalspektrum an. Hierbei ist zu beachten:

— Die Höhe u_0 des Testsignals sollte stets so groß wie möglich sein. Dabei sind die Beschränkungen des Ein- und Ausgangssignals oder von internen Zustandsgrößen infolge Betriebsbedingungen oder Annahme eines linearen Bereiches zu beachten.
— Je steiler die Flanken des Signales, desto stärker werden die höheren Frequenzen angeregt (Gibbsches Phänomen).
— Je kleiner die Breite von impulsförmigen Signalanteilen, desto stärker werden mittlere und hohe Frequenzen angeregt. Je breiter die Impulsformen, desto mehr werden niedere Frequenzen angeregt.

Hieraus folgt, daß für die Korrelationsanalyse und für die Parameterschätzverfahren besonders Pseudo-Rausch-Binär-Signale, Abschnitt 6.3, geeignet sind.

Wenn bei Pseudo-Rausch-Binär-Signalen die hohen Frequenzen angeregt werden sollen, dann ist bei zeitdiskreten Signalen die Taktzeit λ gleich der Abtastzeit T_0 zu wählen. Eine Vergrößerung auf $\lambda/T_0 = 2, 3, \ldots$ vergrößert die Leistungsdichte im Bereich der niederen Frequenzen auf Kosten der höheren Frequenzen und erlaubt eine genauere Schätzung des Verstärkungsfaktors. Durch Veränderung der Taktzeit kann man so die angeregten Frequenzen, evtl. auch on-line während der Messung, über einen einzigen Signalparameter geeignet anpassen.

Bei Prozessen niederer Ordnung, kurzer Identifikationszeit und Beschränkung von internen Zustandsgrößen kann es z.B. auch zweckmäßig sein, wenige überlagerte Sinusschwingungen zu verwenden, van den Bos (1973), wie z.B. bei Flugzeugen.

20.2 Wahl der Abtastzeit

Zur Identifikation von Prozessen mit zeitdiskreten Signalen muß die Abtastzeit vor der Messung geeignet festgelegt werden. Die Abtastzeit kann (ohne analoge Zwischenspeicherung) nachträglich nicht verkleinert werden. Dagegen ist eine Vergrößerung auf den doppelten, dreifachen, . . . Wert natürlich durch Weglassen von Meßwerten möglich. Die Wahl der Abtastzeit T_0 hängt hauptsächlich von folgenden Dingen ab:

a) Abtastzeit für die spätere Anwendung des Modells
b) Genauigkeit des resultierenden Modells
c) Numerische Probleme.

Dies soll im folgenden erörtert werden.

a) *Der Einfluß der späteren Anwendung*

Wenn der Anwendungszweck der Entwurf einer digitalen Regelung ist, dann muß sich die Abtastzeit nach derjenigen des Regelalgorithmus richten. Diese hängt wiederum von einer ganzen Reihe von Erfordernissen ab wie z.B. die angestrebte Regelgüte, Typ des Regelalgorithmus, Stellzeit des Stellantriebes, Digitalrechner usw., siehe Isermann (1977, 1987). Als Richtlinie für z.B. PID-Regelalgorithmen dient:

$$\frac{T_0}{T_{95}} \approx \frac{1}{5} \cdots \frac{1}{15} \tag{20.2.1}$$

wobei T_{95} die 95% Einschwingzeit einer Übergangsfunktion (proportionalwirkender Prozeß) ist. Bei höheren Anforderungen an die Regelgüte kann die Abtastzeit auch noch kleiner sein (bis etwa 1/30).

b) *Genauigkeit des resultierenden Modells*

Tabelle 20.1 zeigt den Einfluß der Abtastzeit auf die Größe der Parameter für den Testprozeß III dritter Ordnung, siehe Isermann (1987). Hierbei gilt für den Verstärkungsfaktor

$$K = \frac{\Sigma b_i}{1 + \Sigma a_i} = 1 \, . \tag{20.2.2}$$

Mit abnehmender Abtastzeit nehmen die Beträge der Parameter a_i zu und diejenigen von b_i ab. Deshalb gilt für kleine Abtastzeiten

$$|b_i| \ll |a_i| \text{ und } |\Sigma b_i| = |1 + \Sigma a_i| \ll |a_i| \, . \tag{20.2.3}$$

Kleine absolute Fehler der Parameter haben dann einen großen Einfluß auf das Ein/Ausgangsverhalten (Verstärkungsfaktor, Gewichtsfunktion), da z.B. der Wert

Tabelle 20.1. Parameter von Prozeß III für verschiedene Abtastzeit T_0

T_0 [s]	1	4	8	16
a_1	−2,48824	−1,49863	−0,83771	−0,30842
a_2	2,05387	0,70409	0,19667	0,02200
a_3	−0,56203	−0,09978	−0,00995	−0,00010
b_0	0	0	0,06525	0,37590
b_1	0,00462	0,06525	0,25598	0,32992
b_2	0,00169	0,04793	−0,02850	0,00767
b_3	−0,00273	−0,00750	−0,00074	−0,00001
d	4	1	1	1
Σb_i	0,00358	0,10568	0,34899	0,71348
$1+\Sigma a_i$	0,00358	0,10568	0,34899	0,71348

von Σb_i stark von der 4. oder gar 5. Stelle nach dem Komma abhängt. Wenn die Abtastzeit auf der anderen Seite sehr groß gewählt wird, wird das dynamische Verhalten nur ungenau beschrieben. Für $T_0 = 8$ s reduziert sich das Modell praktisch auf zweiter Ordnung, da $|a_3| \ll |1 + \Sigma a_i|$ und $|b_3| \ll |\Sigma b_i|$ und für $T_0 = 16$ s sogar auf erster Ordnung. Mit zunehmender Abtastzeit wird also die resultierende Ordnung kleiner. Wenn die Abtastzeit größer als die Totzeit, $T_0 > T_t = 4$ s, gewählt wird, wird der Parameter $b_0 > 0$. Es entsteht also ein sprungfähiges System, wenn $d = 1$ angesetzt wird. Dieses Beispiel zeigt also, daß die Abtastzeit aus Genauigkeitsgründen des resultierenden Modells weder zu groß noch zu klein gewählt werden darf.

c) *Numerische Probleme*

Wenn die Abtastzeit sehr klein gewählt wird, entstehen schlecht konditionierte Gleichungssysteme bei der Parameterschätzung, da die Differenzengleichungen für jeden Zeitpunkt k näherungsweise linear abhängig werden. Man beobachtet deshalb bei einer Verkleinerung der Abtastzeit einen plötzlichen Anstieg der Varianzen der Parameterschätzwerte. Bei einem Prozeß mit $m = 2$ und der numerisch guten Schätzmethode DSFI tritt dies z.B. bei $T_0/T_{95} \approx 1/50$ auf.

Eine geeignete Wahl der Abtastzeit T_0 ist im allgemeinen jedoch nicht problematisch, da der Bereich zwischen zu kleinen und zu großen Werten relativ breit ist. In vielen praktischen Fällen wurden gute Erfahrungen mit der Richtlinie

$$\frac{T_0}{T_{95}} \approx \frac{1}{5} \cdots \frac{1}{15} \tag{20.2.4}$$

gemacht, wobei T_{95} die 95%-Einschwingzeit der Übergangsfunktion eines proportionalwirkenden Prozesses ist.

20.3 Ermittlung der Modellordnung

Die Ermittlung der Ordnung eines parametrischen Modells mit der Übertragungsfunktion

$$G_p(z) = \frac{y(z)}{u(z)} = \frac{b_1 z^{-1} + \cdots + b_m z^{-\hat{m}}}{1 + a_1 z^{-1} + \cdots + a_m z^{-\hat{m}}} z^{-\hat{d}} \tag{20.3.1}$$

bedeutet, die Strukturparameter $\hat{m}$ und $\hat{d}$ des Prozesses mit der wahren Ordnung m_0 und d_0 zu bestimmen. Im idealen Fall ist dann $\hat{m} = m_0$ und $\hat{d} = d_0$.

Im allgemeinen müssen die Strukturparameter vor der Parameterschätzung angenommen werden. Sie stellen deshalb einen Teil der A-priori-Annahmen dar, die im Rahmen der Verifikation des ermittelten Modells überprüft werden, siehe Kap. 28. Deshalb können auch die Strukturparameter mit den Methoden zur Verifikation des ganzen Modells ermittelt und überprüft werden. Zur Ermittlung der Strukturparameter wurden jedoch einige besondere Methoden entwickelt, die am besten im engen Zusammenhang mit der jeweiligen Parameterschätzmethode zu sehen sind. Sie werden auch als *Ordnungs-* oder *Totzeit-Tests* bezeichnet und lassen sich nach mehreren Gesichtspunkten unterscheiden:

— Deterministischer oder stochastischer Ansatz
— Vorherige Parameterschätzung erforderlich oder nicht erforderlich
— Prozeß- und Störsignalmodell getrennt oder gleichzeitig behandelt.

Zusammenfassende Arbeiten findet man bei Söderström (1977), van den Boom (1982).

Im folgenden werden einige Methoden zur Bestimmung der Ordnung und Totzeit kurz beschrieben. Häufig ist es zweckmäßig, zuerst die Totzeit, dann die Ordnung zu bestimmen, um den Rechenaufwand klein zu halten. Die Ermittlung von d und m kann aber auch zusammen erfolgen.

20.3.1 Bestimmung der Totzeit

a) *Erweiterung des Zählerpolynoms*

Es werde zunächst angenommen, daß die Ordnung m bekannt ist. Zur Bestimmung der Totzeit d wird nun davon ausgegangen, daß $0 \leqq d \leqq d_{max}$ und daß das Zählerpolynom des Prozesses

$$y(z) = \frac{B^*(z^{-1})}{A(z^{-1})} u(z) = G_p^*(z) u(z) \tag{20.3.2}$$

so erweitert wird, daß

$$B^*(z^{-1}) = b_1^* z^{-1} + \cdots + b_{m+d_{max}}^* z^{-(m+d_{max})}\,. \tag{20.3.3}$$

Für das Prozeßmodell Gl. (20.3.1) gilt dann

$$\left.\begin{aligned} b_i^* &= 0, & i &= 1, 2, \ldots, d_0 \\ b_i^* &= b_{i-d_0}, & i &= 1 + d_0, 2 + d_0, \ldots, m + d_0 \\ b_i^* &= 0, & i &= m + d_0 + 1, \ldots, m + d_{max}\,. \end{aligned}\right\} \tag{20.3.4}$$

Zur Parameterschätzung werden folgende Vektoren angesetzt

$$\boldsymbol{\psi}^{\mathrm{T}}(k+1) = [-y(k) \cdots - y(k-m) \quad - u(k-1) \cdots u(k-m-d_{\max})]$$
$$\hat{\boldsymbol{\theta}}^{\mathrm{T}} = [\hat{a}_1 \ldots \hat{a}_m \quad \hat{b}_1^*, \ldots, \hat{b}_{m+d_{\max}}^*]\,. \tag{20.3.5}$$

Bei Verwendung einer konsistenten Parameterschätzmethode ist dann zu erwarten, daß

$$E\{\hat{b}_i^*\} = 0 \quad \text{für } i = 1, 2, \ldots, d_0$$
$$\text{und } i = m + d_0 + 1, \ldots, m + d_{\max}\,. \tag{20.3.6}$$

Somit müssen diese Zählerparameter klein sein, im Vergleich zu den verbleibenden Parametern. Als Kriterium zur Ermittlung von $\hat{d}$ kann deshalb verwendet werden

$$|b_i| \ll \sum_{i=1}^{m+d_{\max}} \hat{b}_i^* \quad \text{und} \quad |\hat{b}_{i+1}^*| \gg |\hat{b}_i^*| \tag{20.3.7}$$
$$i = 1, 2, \ldots, \hat{d}\,.$$

Im Idealfall wird dieses Kriterium für $i = \hat{d} = d_0$ erfüllt, Isermann (1974). Dann erfolgt die Parameterschätzung mit dem Modellansatz

$$G_{\mathrm{P}d}(z) = \frac{\hat{B}(z^{-1})}{\hat{A}(z^{-1})} z^{-\hat{d}} \tag{20.3.8}$$

wobei beide Polynome die Ordnung m haben.

Diese einfache Methode setzt jedoch voraus, daß der Störsignaleinfluß schon weitgehend eliminiert ist, also entweder kleine Störsignalamplituden oder lange Meßzeiten vorliegen.

Wenn der Störsignaleinfluß größer ist, kann man wie folgt vorgehen, Kurz und Goedecke (1981).

1. *Schritt*: Man bestimme den größten Parameter $|\hat{b}_{d'_{\max}}^*|$ von $B^*(z^{-1})$.
Dann liegt die Totzeit $\hat{d}$ im korrigierten Bereich

$$0 \leqq \hat{d} \leqq (d'_{\max-1}) \tag{20.3.9}$$

2. *Schritt*: Es wird der Fehler der Gewichtsfunktionen

$$\Delta g_d(\tau) = \hat{g}^*(\tau) - \hat{g}_d(\tau), \quad d = 0, 1, \ldots, d'_{\max} \tag{20.3.10}$$

gebildet, wobei $\hat{g}^*(\tau)$ die Gewichtsfunktion von $G_{\mathrm{P}}^*(z)$, Gl. (20.3.2), und $\hat{g}_d(\tau)$ von $G_{\mathrm{P}d}(z)$, Gl. (20.3.8), ist. Die Parameter von $\hat{A}(z^{-1})$ sind für beide Gewichtsfunktionen gleich. Die Parameter von $\hat{B}(z^{-1})$ des Modells $G_{\mathrm{P}d}(z)$ werden aus $\hat{g}^*(\tau)$ wie folgt berechnet

$$\hat{b}_1 = \hat{g}^*(1 + \hat{d})$$
$$\hat{b}_i = \hat{g}^*(i + \hat{d}) + \sum_{j=1}^{i-1} a_j \hat{g}^*(i - j + \hat{d}); \quad i = 2, \ldots, m. \tag{20.3.11}$$

Zur Berechnung des Fehlers $\Delta g_d(\tau)$ kann eine rekursive Beziehung angegeben werden, Kurz (1979).

Dann wird die Fehlerfunktion

$$F(d) = \sum_{d=1}^{M} \Delta g_d^2(\tau) \quad d = 0, 1, \ldots, d'_{\max} \tag{20.3.12}$$

bestimmt.

3. *Schritt*: Der minimale Wert

$$F(\hat{d}) = \min\{F(d), d = 0, 1, \ldots, (d'_{\max-1})\}$$

liefert dann die gesuchte Totzeit $\hat{d}$.

4. *Schritt*: Die Parameter $\hat{b}_i$ des Modells $G_{Pd}(z)$ werden nach Gl. (20.3.11) bestimmt.

Der Rechenaufwand dieser Methode ist relativ gering und kann auch bei der rekursiven Parameterschätzung nach jedem Abtastschritt eingesetzt werden. In Kurz und Goedecke (1981) werden Beispiele zur parameteradaptiven Regelung von Prozessen mit variabler Totzeit gezeigt.

b) *Methode des Anfangsverlaufes*

Wenn ein nichtparametrisches Zwischenmodell in Form einer Gewichtsfunktion oder Übergangsfunktion vorliegt, dann läßt sich die Totzeit einfach aus dem anfänglichen Verlauf ermitteln, siehe Isermann, Baur, Kurz (1974).

20.3.2 Bestimmung der Modellordnung

Zur Bestimmung der unbekannten Modellordnung $\hat{m}$ kann man verschiedene Testgrößen verwenden, z.B.

— Verlustfunktion
— Rang der Informationsmatrix
— Residuen
— Pole und Nullstellen.

Das Prinzip der Ordnungsbestimmung besteht dann darin, daß man das Verhalten dieser Testgrößen bei Variation der Ordnungszahl beobachtet. Beim Durchlaufen der richtigen Ordnung stellt sich dann eine Besonderheit ein, die durch heuristische oder statistische Entscheidungs-Tests aufgesucht wird.

a) *Verlustfunktions-Test*

Da alle Parameterschätzmethoden eine Verlustfunktion

$$V(m, N) = \boldsymbol{e}^{\mathrm{T}}(m, N)\boldsymbol{e}(m, N) \tag{20.3.13}$$

minimieren, liegt es nahe, diese Verlustfunktion in Abhängigkeit der gesuchten Ordnung $\hat{m}$ zu betrachten. $\boldsymbol{e}$ ist hierbei der Vektor der Gleichungsfehler oder der

Residuen der jeweils verwendeten Parameterschätzmethode für dieselben Ein- und Ausgangssignale. (Man kann aber auch als Fehler den Ausgangsfehler von Modell und Prozeß verwenden, der bei der Verifikation häufig verwendet wird, siehe Abschnitt 28.2 und Baur (1976). Man muß also für die angenommene Modellordnung m und die Meßzeit N zuerst die Parameter $\hat{\theta}(N)$ schätzen und dann

$$e(k, m) = y(k) - \psi^{\mathrm{T}}(k, m)\hat{\theta}(N, m) \tag{20.3.14}$$

bilden. Für $m = 1, 2, 3, \ldots, m_0$ wird dann $V(m, N)$ im allgemeinen abnehmen, da die Gleichungsfehler mit zunehmendem Freiheitsgrad des Modells kleiner werden. Falls keine Störsignale einwirken, ist theoretisch $V(m_0, N) = 0$.

Bei Einwirken von Störsignalen ist zu erwarten, daß $V(m_0, N)$ ein Minimum ist, und daß sich $V(m, n)$ für $m > m_0$ nicht mehr wesentlich ändert. Deshalb wird als Kriterium die Änderung

$$\Delta V(m + 1) = V(m) - V(m + 1) \tag{20.3.15}$$

verwendet, und der Fall

$$\Delta V(\hat{m} + 1) \ll \Delta V(\hat{m}) \tag{20.3.16}$$

aufgesucht, bei dem sich keine signifikante Verbesserung mehr ergibt. Dann ist $\hat{m}$ die gesuchte Modellordnung.

Beispiel 20.1
Bestimmung der Modellordnung durch Verlustfunktions-Test

Zwei Beispiele sollen die Bestimmung der Ordnung und auch der Totzeit erläutern. Als Identifikationsverfahren wurde das COR-LS-Verfahren (Korrelationsanalyse mit Parameterschätzung) verwendet. Eingangssignal war ein PRBS.

Bild 20.1 zeigt für den Prozeß mit nichtminimalem Phasenverhalten

$$G_2(z^{-1}) = \frac{-0{,}102z^{-1} + 0{,}173z^{-2}}{1 - 1{,}425z^{-1} + 0{,}496z^{-2}} = \frac{0{,}102(1.696 - z)}{(z - 0{,}605)(z - 0{,}820)}$$

die Verlustfunktion mit dem Fehlersignal nach Gl. (14.1.13) für $N = 511$, $\eta = 0{,}1$.

Kleinste Werte für $V(m)$ ergeben sich für $\hat{d} = 0$. Da sich V für $m > 2$ nicht mehr signifikant verbessert, ist $\hat{m} = 2$ die geschätzte Ordnung. Beide Werte stimmen mit dem exakten Prozeß überein.

Es werde nun ein Prozeß betrachtet, dessen richtige Ordnung schwieriger zu bestimmen ist.

$$G_3(z^{-1}) = \frac{0{,}065z^{-1} + 0{,}048z^{-2} - 0{,}008z^{-3}}{1 - 1{,}5z^{-1} + 0{,}705z^{-2} - 0{,}1z^{-3}} z^{-1}$$

$$= \frac{0{,}065(z + 0{,}879)}{(z - 0{,}675)(z - 0{,}560)} \cdot \frac{(z - 0{,}140)}{(z - 0{,}264)} z^{-1}.$$

Werte der Verlustfunktion sind in Tabelle 20.2a) zu sehen. Für $\eta = 0$, also fehlendes

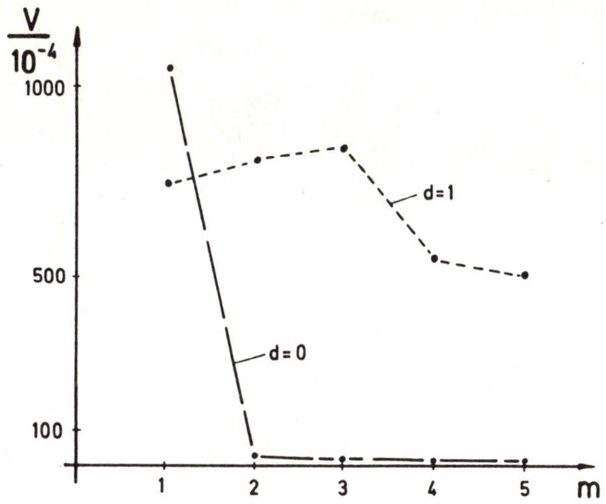

Bild 20.1. Verlauf der Verlustfunktion für einen Prozeß 2. Ordnung mit nichtminimalem Phasenverhalten. $\eta = 0{,}1$, $N = 511$

Störsignal, erhält man $V(m, d) = 0$ und damit vollständige Übereinstimmung von Prozeß und Modell für $m = 3$ und $d = 1$, also für die richtigen Werte. Ferner ist $V(m, d) = 0$ auch für $m \geqq 3$, $d = 1$ und $m \geqq 4$, $d = 0$, da in diesen Modellen stets $G_3(z^{-1})$ enthalten ist. Wendet man auf die Werte für $\eta = 0$ das Kriterium für signifikante Verbesserung, Gl. (20.3.15) bzw. (20.3.16) an, dann ergibt sich keine signifikante Verbesserung mehr bei $d = 1$ für $m > 2$ und bei $d = 0$ für $m > 3$, so daß auch $\hat{d} = 1$, $\hat{m} = 2$ und $\hat{d} = 0$, $\hat{m} = 3$ Ergebnisse der Ordnungssuche sein könnten. Der Grund für $m = 2$, $d = 1$ ist, daß sich in $G_3(z^{-1})$ eine Nullstelle und ein Pol nahezu kürzen. Da ferner $b_3 < b_2 \approx b_1$, ist auch $\hat{m} = 3$, $\hat{d} = 0$ ein gutes Näherungsmodell und sogar besser als $\hat{m} = 2$, $\hat{d} = 1$. Im gestörten Fall mit $\eta = 0{,}1$ wird, wie aus Tabelle 20.2b) hervorgeht, $\hat{m} = 3$, $\hat{d} = 0$ geschätzt.

Die Methode des Anfangsverlaufes lieferte aber $\hat{d} = 1$. In Bild 20.2 ist deshalb $V(m)$ für $\hat{d} = 1$ und verschiedene Identifikationszeiten dargestellt. Bei allen drei Identifikationszeiten wird $\hat{m} = 2$ geschätzt. Nur bei sehr großen Meßzeiten konnte man $\hat{m} = 3$ herausfinden, wie aus den Werten $V(m)$ für $N \to \infty$ hervorgeht, die Tabelle 20.1a) entnommen wurden.

Dieses zweite Beispiel zeigt also, daß es nicht immer möglich ist, (oft auch nicht notwendig ist), die genauen Werte der Ordnung und Totzeit herauszufinden.

□

In Bild 20.3 ist der Verlauf der Verlustfunktion für einen realen Prozeß zu sehen. Es sei noch angemerkt, daß die Bildung der Verlustfunktionen für verschiedene m und d bei den einstufigen Parameterschätzverfahren für jeden Fall eine erneute Verarbeitung aller gemessenen N Datenpaare erfordert. Bei der *zweistufigen Parameterschätzung* kann jedoch in jedem Fall vom nichtparametrischen Zwischenmodell ausgegangen werden, das nur etwa 15–30 Datenpaare umfaßt. Deshalb ist

Tabelle 20.2. Werte der Verlustfunktion für ein Beispiel

d \ m	1	2	3	4	5
3	$V=767$	1183	2089	1797	$1347 \cdot 10^{-4}$
2	366	371	469	607	462
1	559	14	0	0	0
0	921	156	2	0	0

a) $\eta=0$; $N=63$

d \ m	1	2	3	4	5
3	$V=760$	1403	1531	2544	$2644 \cdot 10^{-4}$
2	281	340	535	406	694
1	425	132	153	136	100
0	773	228	107	109	71

b) $\eta=0,1$; $N=368$

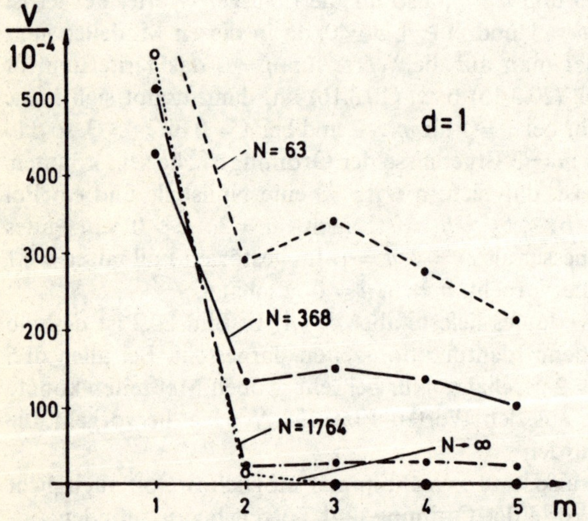

Bild 20.2. Verlauf der Verlustfunktion für einen Prozeß dritter Ordnung. $d=1$, $\eta=0,1$

der Rechenaufwand zur Ordnungssuche bei den zweistufigen Parameterschätzverfahren um ein Vielfaches kleiner. Dieser Vorteil kommt ganz besonders bei der Online-Identifikation zum tragen, bei der die rekursive Schätzung mit den einstufigen Schätzverfahren für alle in Frage kommenden m und d zugleich, also

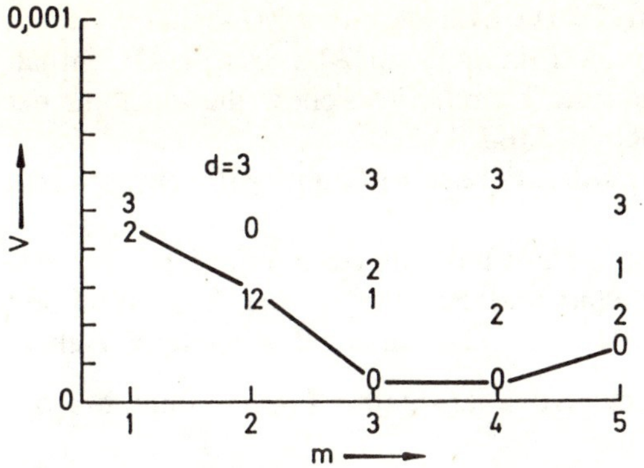

Bild 20.3. Verlustfunktion $V(m, d)$ in Abhängigkeit der Ordnung m und Totzeit d für einen Wärmeaustauscher, Baur (1977), Ergebnis: $\hat{m}=3$, $\hat{d}=0$

parallel durchgeführt werden muß, wenn die Daten nicht wie bei der nichtrekursiven Form, gespeichert werden.

Das bisher beschriebene Vorgehen ist geeignet für den interaktiven Einsatz in Programmpaketen zur Prozeßidentifikation. Möchte man die Ordnungsbestimmung jedoch automatisch durchführen, dann ist es zweckmäßig, *statistische Entscheidungsverfahren* einzusetzen, um die signifikanten Änderungen der Verlustfunktion zwischen einem Modell der Ordnungen m_1 und m_2 festzustellen. Eine erste Möglichkeit ist der F-Test, Åström (1968). Dieser Test geht von der statistischen Unabhängigkeit von $V(m_2)$ und $V(m_1) - (V(m_2)$ aus, die eine χ^2-Verteilung haben für normalverteilte Residuen. Um zu testen, ob die Verlustfunktion sich signifikant ändert, wenn die Ordnung von m_1 nach m_2 erhöht wird (die Zahl der Parameter von $2m_1$ nach $2m_2$ ansteigt), wird die Testgröße

$$t = \frac{V(m_1) - V(m_2)}{V(m_2)} \cdot \frac{N - 2m_2}{2(m_2 - m_1)} \tag{20.3.17}$$

verwendet. Für große N ist die Zufallsvariable t asymptotisch $F[2(m_2 - m_1), (N - 2m_2)]$ verteilt. Dann wird eine Risikoschranke festgelegt und aus tabellierten F-Verteilungen ein Wert t^* entnommen (z.B. Risikoschranke 5%, $N = 100$, $t^* = 3$). Für $t < t^*$ ist dann m_1 die geschätzte Ordnung.

Im Zusammenhang mit der Maximum-Likelihood-Schätzung hat Akaike zwei Testgrößen vorgeschlagen. Das „final prediction error" Kriterium ist

$$\mathrm{FPE} = \frac{N + 2m}{N - 2m} \det \frac{1}{N} \sum_{k=1}^{N} \boldsymbol{e}(k, \boldsymbol{\theta}) \boldsymbol{e}^{\mathrm{T}}(k, \boldsymbol{\theta}) \tag{20.3.18}$$

wobei die $\boldsymbol{e}(k, \boldsymbol{\theta})$ der Einschritt-Vorhersage-Fehler mit den ML-Schätzwerten $\boldsymbol{\theta}$ sind. Es wird dann das Minimum von FPE gesucht, Akaike (1970). Ein anderes Kriterium, das „average information criterion" lautet

$$\mathrm{AIC} = 2m - 2 \ln L(\boldsymbol{\theta}) \tag{20.3.19}$$

wobei $L(\boldsymbol{\theta})$ die Likelihood-Funktion, Gl. (12.1.12) ist, und $\boldsymbol{\theta}$ ML-Schätzwerte für die Ordnung m. Hierbei wird ebenfalls das Minimum von AIC gesucht. AIC enthält die Verlustfunktion Gl. (12.1.13). Die erste Term berücksichtigt die Zunahme der Verlustfunktion bei überparametrisiertem Modell.

Söderström (1977) hat gezeigt, daß der F-Test, FPE und AIC asymptotisch äquivalent sind.

Die praktische Anwendung der Verlustfunktion-Tests erfordert für jede Ordnung eine Parameterschätzung $\hat{\boldsymbol{\theta}}(m)$ und Berechnung der Verlustfunktion $V(m)$. Um den Rechenaufwand zu reduzieren, kann man z.B. wie folgt vorgehen:

(1) Ordnungsrekursive Berechnung der Kovarianzmatrix $\boldsymbol{P}(m, N)$ ohne Matrixinversion, Schumann u.a. (1981)

(2) Reduktion der Ordnung eines geschätzten Modells mit zu hoch angenommener Ordnung

$$\boldsymbol{\theta}^{\mathrm{T}} = [a_1 b_1 a_2 b_2 \ldots a_n b_n]$$

in ein Modell mit

$$\boldsymbol{\theta}^{\mathrm{T}} = [a_1 b_1 a_2 b_2 \ldots a_m b_m] \tag{20.3.20}$$

($m < n$) durch Parameterschätzung nach der Wurzelfiltermethode DSFI (mit kleinem Rechenaufwand wegen Dreiecksform der Datenmatrix), Kofahl (1986).

b) *Rang-Test der Informationsmatrix*

Es wird nun in der LS-Schätzgleichung

$$\hat{\boldsymbol{\theta}}(N) = [\boldsymbol{\Psi}^{\mathrm{T}} \boldsymbol{\Psi}]^{-1} \boldsymbol{\Psi} \boldsymbol{y}$$

die Matrix

$$\boldsymbol{J}' = \boldsymbol{P}^{-1} = \boldsymbol{\Psi}^{\mathrm{T}} \boldsymbol{\Psi} \tag{20.3.21}$$

betrachtet. Diese ist Bestandteil der *Informationsmatrix*, Gl. (12.3.20), bzw. Korrelationsmatrix, Gl. (8.1.45). Für den Fall, daß keine Störsignale einwirken wird für eine angesetzte Modellordnung $m > m_0$ die Matrix $\boldsymbol{J}'$ singulär, d.h.

$$\det \boldsymbol{J}' = \det [\boldsymbol{\Psi}^{\mathrm{T}} \boldsymbol{\Psi}] = 0 \tag{20.3.22}$$

da

$$\mathrm{Rang}[\boldsymbol{J}'] = 2m. \tag{20.3.23}$$

Bei überlagerten Störsignalen $n(k)$ ist nach Übergang $\hat{m} = m_0$ zu $\hat{m}_0 + 1$ aber $\det \boldsymbol{J}' \neq 0$, sondern erfährt lediglich eine signifikante Änderung. Woodside (1971) hat deshalb vorgeschlagen, das *Determinanten-Verhältnis*

$$\mathrm{DR}(m) = \frac{\det \boldsymbol{J}'_m}{\det \boldsymbol{J}'_{m+1}} \tag{20.3.24}$$

zu bilden. Bei $m = m_0$ ergibt sich dann zumindest bei kleinem Störsignal/Nutzsignal-Verhältnis ein Sprung. Bei größeren Störsignalen wird empfohlen, anstelle von $\boldsymbol{J}'$

$$\boldsymbol{J}'' = \boldsymbol{J}' - \sigma^2 \boldsymbol{R} \tag{20.3.25}$$

zu verwenden, wobei $\sigma^2 \boldsymbol{R}$ die Kovarianzmatrix des Störsignals ist, die dann bekannt sein muß.

Eine Möglichkeit zur Bestimmung der *Verlustfunktion* ohne Berechnung der Parameterschätzwerte ergibt sich durch folgende Ableitung, siehe Hensel (1987)

$$\hat{\boldsymbol{\theta}} = [\boldsymbol{\Psi}^T \boldsymbol{\Psi}]^{-1} \boldsymbol{\Psi}^T \boldsymbol{y} = [\boldsymbol{\Psi}^T \boldsymbol{\Psi}]^{-1} \boldsymbol{q}$$

$$\boldsymbol{e}^T \boldsymbol{e} = [\boldsymbol{y}^T - \hat{\boldsymbol{\theta}}^T \boldsymbol{\Psi}^T][\boldsymbol{y} - \boldsymbol{\Psi}\hat{\boldsymbol{\theta}}] = \boldsymbol{y}^T \boldsymbol{y} - \boldsymbol{q}^T [\boldsymbol{\Psi}^T \boldsymbol{\Psi}]^{-1} \boldsymbol{q}$$

$$= \boldsymbol{y}^T \boldsymbol{y} - \boldsymbol{q}^T \frac{\operatorname{adj} \boldsymbol{\Psi}^T \boldsymbol{\Psi}}{\det \boldsymbol{\Psi}^T \boldsymbol{\Psi}} \boldsymbol{q}$$

$$\boldsymbol{e}^T \boldsymbol{e} \det [\boldsymbol{\Psi}^T \boldsymbol{\Psi}] = \boldsymbol{y}^T \boldsymbol{y} \det [\boldsymbol{\Psi}^T \boldsymbol{\Psi}] + \boldsymbol{q}^T \operatorname{adj} [\boldsymbol{\Psi}^T \boldsymbol{\Psi}] \boldsymbol{q} .$$

Für eine geränderte Matrix gilt

$$\det \begin{bmatrix} 0 & \boldsymbol{x}^T \\ \boldsymbol{w} & \boldsymbol{A} \end{bmatrix} = -\sum_i \sum_j x_i w_j A_{ji} = -\boldsymbol{x}^T (\operatorname{adj} \boldsymbol{A}) \boldsymbol{w}$$

$$\det \begin{bmatrix} 0 & \boldsymbol{q}^T \\ \boldsymbol{q} & \boldsymbol{\Psi}^T \boldsymbol{\Psi} \end{bmatrix} = -\boldsymbol{q}^T \operatorname{adj} [\boldsymbol{\Psi}^T \boldsymbol{\Psi}] \boldsymbol{q} .$$

Hiermit folgt

$$\boldsymbol{e}^T \boldsymbol{e} \det [\boldsymbol{\Psi}^T \boldsymbol{\Psi}] = \det \begin{bmatrix} \boldsymbol{y}^T \boldsymbol{y} & \boldsymbol{q}^T \\ \boldsymbol{q} & \boldsymbol{\Psi}^T \boldsymbol{\Psi} \end{bmatrix} = \det \boldsymbol{\Gamma}_m .$$

$$V(m) = \boldsymbol{e}^T \boldsymbol{e} = \frac{\det \boldsymbol{\Gamma}_m}{\det \boldsymbol{J}'_m} \tag{20.3.26}$$

siehe Woodside (1971). Hierbei hat die Matrix $\boldsymbol{J}'_m$ die Dimension $2m \times 2m$ und die erweiterte Informationsmatrix $\boldsymbol{\Gamma}_m$ die Dimension $(2m + 1) \times (2m + 1)$. Die Dimension von $\boldsymbol{\Gamma}_m$ ist also um 2 kleiner als die Dimension der Matrix $\boldsymbol{J}'_{m+1}$, die für den Determinanten-Verhältnistest benötigt wird.

In Mäncher, Hensel (1985) wird wegen des kleineren Rechenaufwandes vorgeschlagen, das Verhältnis der Verlustfunktionen

$$\mathrm{VR}(m) = \frac{V(m-1)}{V(m)} = \frac{\det \boldsymbol{\Gamma}_{m-1}}{\det \boldsymbol{J}'_{m-1}} \cdot \frac{\det \boldsymbol{J}'_m}{\det \boldsymbol{\Gamma}_m} \tag{20.3.27}$$

zu bilden, und dessen Verlauf in Abhängigkeit von m zu testen.

Wenn man dann den Parametervektor nach Gl. (20.3.20) festlegt, kann man die benötigten Determinanten durch Rändern mit relativ kleinem Rechenaufwand für verschiedene m bestimmen. Besonders in Verbindung mit der LS-Parameterschätzung nach dem Wurzelfilterverfahren in Informationsform (DSFI) läßt sich dann eine wenig rechenaufwendige Bestimmung von Ordnung und Totzeit für den On-line-Betrieb entwickeln, die auch für Mehrgrößenprozesse geeignet ist, Mäncher, Hensel (1985).

Diese Verfahren testen also den Rang der Informationsmatrix J' bzw. der erweiterten Informationsmatrix Γ und stellen einen Zusammenhang zum theoretischen Wert der Verlustfunktion her. Ein Vorteil ist, daß keine Parameterschätzung erforderlich ist. Deshalb sind diese Rangtestverfahren auch für Mehrgrößenprozesse geeignet, Hensel (1987).

c) *Pol-Nullstellen-Test*

Wird für das Modell eine höhere Ordnung m gewählt als die Prozeßordnung m, dann entstehen im identifizierten Modell zusätzlich $(m - m_0)$ Pol-Nullstellen Paare, die sich ungefähr kompensieren. Dieser Effekt läßt sich ebenfalls zur Schätzung der Ordnung m verwenden. Man muß dann allerdings die Wurzeln des Zähler- und Nennerpolynoms berechnen, siehe van den Boom, van den Enden (1973) und van den Boom (1982).

d) *Residuen-Test*

Die Parameterschätzmethoden LS, ELS, GLS, ML erzeugen im Fall erwartungstreuer Schätzwerte und anderer idealisierter Annahmen Residuen in Form von weißem Rauschen. Ein Weißheitstest der Residuen, z.B. durch Berechnen ihrer Autokorrelationsfunktion kann deshalb neben einer generellen Verifikation des Modells, siehe Abschnitt 28.2, auch zum Test der Modellordnung verwendet werden, van den Boom und van den Enden (1973), van den Boom (1982).

e) *Vergleich verschiedener Methoden*

Einige Methoden der Ordnungsbestimmung wurden in van den Boom und van den Enden (1973) und Unbehauen und Göhring (1974) verglichen, allerdings nur für Modelle zweiter Ordnung, bei denen noch keine schwierigen Entscheidungsprobleme auftreten. Ein theoretischer Vergleich zeigt, Söderström (1977), daß mehrere Verlustfunktion-Tests asymptotisch zu den selben Ergebnissen führen.

Die praktische Erfahrung hat gezeigt, daß auch bei Prozessen höherer Ordnung, die auf Verlustfunktionen und der Informationsmatrix beruhenden Tests gute Ergebnisse bringen. Unter Umständen ist es zweckmäßig, mehrere Tests zu kombinieren. In vielen Fällen existiert allerdings keine bestimmte „beste" Ordnung, weil mehrere kleine Zeitkonstanten bzw. Totzeiten oder die wirkliche Struktur eines Prozesses mit verteilten Parametern oder eines (schwach) nichtlinearen Prozesses durch das zeitdiskrete Prozeßmodell sowieso nicht exakt wiedergegeben werden können. Die ermittelte Ordnung ist dann als eine Näherung zu betrachten.

f) *Art der Anwendung*

Im Hinblick auf die Art der Anwendung kann man die Ordnungs- und Totzeit-Testverfahren unterteilen nach:

— *Testverfahren für den interaktiven Einsatz*
Die Entscheidung wird hierbei durch den Bediener im Rahmen einer Off-

line-Identifikation durchgeführt. Hierzu eignen sich alle Verfahren. wenn der Rechenaufwand unerheblich ist. Es wird eine Kombination verschiedener Verfahren vorgeschlagen, z.B. Verlustfunktionstest und Pol-Nullstellen-Verteilung.

— *Testverfahren für den automatisierten Einsatz*
Wenn der Test automatisch im Rahmen einer On-line-Identifikation ablaufen soll, dann spielen Rechenzeit und Trennschärfe des Tests eine wesentliche Rolle. Es werden dann in Verbindung mit rekursiven Parameterschätzmethoden z.B. empfohlen: Verlustfunktionstest oder Rangtest nach G1. (20.3.27) durch Rändern der Matrizen, siehe Mäncher, Hensel (1985).

Die Auswahl des Testverfahrens muß stets in Verbindung mit dem verwendeten Parameterschätzverfahren geschehen, so daß sich zweckmäßige Kombinationen ergeben. Dabei spielen auch die zugrundegelegten Modellstrukturen und obes sich um einen Ein-oder Mehrgrößenprozeß handelt eine Rolle.

20.4 Parameterschätzung bei integralwirkenden Prozessen

Lineare, einfach integrierende Prozesse besitzen die Übertragungsfunktion

$$G_P(z) = \frac{y(z)}{u(z)} = \frac{B(z^{-1})}{A(z^{-1})} = \frac{B(z^{-1})}{(1 - z^{-1})A'(z^{-1})} \tag{20.4.1}$$

mit

$$A'(z^{-1}) = 1 + a'_1 z^{-1} + \cdots + a'_{m-1} z^{-(m-1)} \,. \tag{20.4.2}$$

Die Koeffizienten a'_i hängen mit den Koeffizienten von $A(z^{-1})$ wie folgt zusammen:

$$\begin{aligned} a_1 &= a'_1 - 1 \qquad & a_{m-1} &= a'_{m-1} - a'_{m-2} \\ a_2 &= a'_2 - a'_1 & a_m &= -\,a'_{m-1} \\ &\vdots \end{aligned} \tag{20.4.3}$$

Diese Prozesse haben einen einfachen Pol bei $z = 1$ und sind deshalb noch stabil (grenzstabil). Es können wegen der eindeutigen Zuordnung von Ein- und Ausgangsgröße im Prinzip dieselben Parameterschätzmethoden wie bei proportional wirkenden Prozesse angewandt werden. Dennoch sind einige Besonderheiten zu beachten, die zu verschiedenen Möglichkeiten führen. Sie sind im Bild 20.4 zusammenfassend dargestellt.

a) *Behandlung wie bei proportionalwirkenden Prozessen* (*Fall* 1)

Die einfachste Möglichkeit besteht darin, den Integralteil nicht besonders zu berücksichtigen und gemäß Gl. (20.4.1) unter Verwendung der Meßsignale $u(k)$ und $y(k)$ die Parameter von $B(z^{-1})$ und $A(z^{-1})$ zu schätzen.

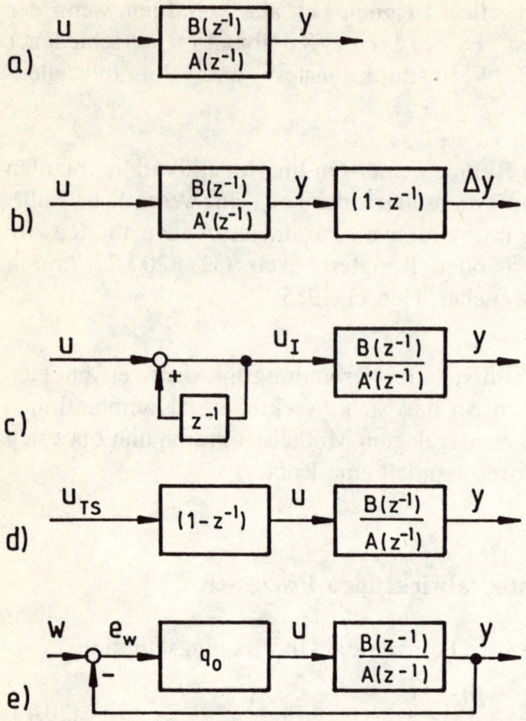

Bild 20.4. Verschiedene Anordnungen zur Parameterschätzung integraler Prozesse
a) Fall 1: Wie proportionalwirkender Prozeß
b) Fall 2: Differenzenbildung Ausgangssignal
c) Fall 3: Summenbildung Eingangssignal
d) Fall 4: Differenzenbildung Testsignal
e) Fall 5: Geschlossener Regelkreis mit P-Regler

b) *A-priori-Kenntnis des I-Anteils*

Nimmt man den Pol bei $z = 1$ als bekannt an, dann kann man diesen bei den zur Parameterschätzung verwendeten Signalen berücksichtigen und nach Gl. (20.4.1) entweder (Fall 2)

$$\frac{y(z)(1-z^{-1})}{u(z)} = \frac{\Delta y(z)}{u(z)} = \frac{B(z^{-1})}{A'(z^{-1})} \tag{20.4.4}$$

oder (Fall 3)

$$\frac{y(z)}{u(z)/(1-z^{-1})} = \frac{y(z)}{u_I(z)} = \frac{B(z^{-1})}{A'(z^{-1})} \tag{20.4.5}$$

zugrunde legen. Im Fall 2 werden das Eingangssignal $u(k)$ und die erste Differenz des Ausgangssignals $\Delta y(k)$ verwendet, im Fall 3 das integrierte (summierte) Eingangssignal $u_I(k)$ und das Ausgangssignal $y(k)$.

c) *Anpassung des Testsignals*

Wenn man als Testsignal ein übliches PRBS verwendet, dann ist zunächst der Mittelwert durch eine entsprechende Korrektur zu Null zu machen, siehe Gl. (6.3.3). Damit die hohen Frequenzen des Prozesses genügend angeregt werden, ist die Taktzeit des PRBS möglichst klein zu wählen. Für den kleinst möglichen Wert $\lambda = T_0$ werden die niederen und hohen Frequenzen gleich stark angeregt. Deshalb werden die Amplituden des Ausgangssignals integralwirkender Prozesse relativ groß, was der Betrieb unter Umständen nicht zuläßt. Um den höherfrequenten Anteil stärker und den niederfrequenten Anteil schwächer anzuregen, kann man die erste Differenz des PRBS verwenden, Fall 4

$$u(z) = (1 - z^{-1})u_{\mathrm{TS}}(z) = \Delta u_{\mathrm{TS}}(z) . \tag{20.4.6}$$

d) *Geschlossener Regelkreis*

In der Praxis ist es oft schwierig, bei integralwirkenden Prozessen während eines Identifikationsversuches eine Drift des Ausgangssignals zu vermeiden. Deshalb kann man das Experiment im geschlossenen Regelkreis durchführen und dabei die Führungsgröße nach einem Testsignal verändern, Fall 5.

e) *Vergleich der verschiedenen Möglichkeiten*

Die in Bild 20.4 dargestellten Anordnungen wurden für analog simulierte Testprozesse der Ordnung $m = 2$ und 3 ohne und mit Störsignale verglichen, Jordan (1986). Als Schätzmethode wurde die Methode der erweiterten kleinsten Quadrate (RELS) in der UD-Faktorisierungsform eingesetzt. Die bessere Konvergenz ergab sich für die Differenzenbildung des Testsignals (Fall 4) und bei Berücksichtigung des I-Anteils in Ein- oder Ausgangssignal (Fall 2 und 3). Am langsamsten konvergierten Fall 1 und Fall 5.

20.5 Störsignale am Eingang

Bei den bisher betrachteten Parameterschätzmethoden wurde stets angenommen, daß das Eingangssignal genau bekannt ist. Es wird nun der Fall betrachtet, daß das Eingangssignal z.B. durch ein Meßrauschen gestört ist

$$u_{\mathrm{M}}(k) = u(k) + \xi(k) \tag{20.5.1}$$

und auch das Ausgangssignal gestört ist,

$$y(k) = y_u(k) + n(k) , \tag{20.5.2}$$

siehe Bild 20.5.

Für den zu identifizierenden Prozeß gelte

$$y_u(z) = \frac{B(z^{-1})}{A(z^{-1})} u(z) . \tag{20.5.3}$$

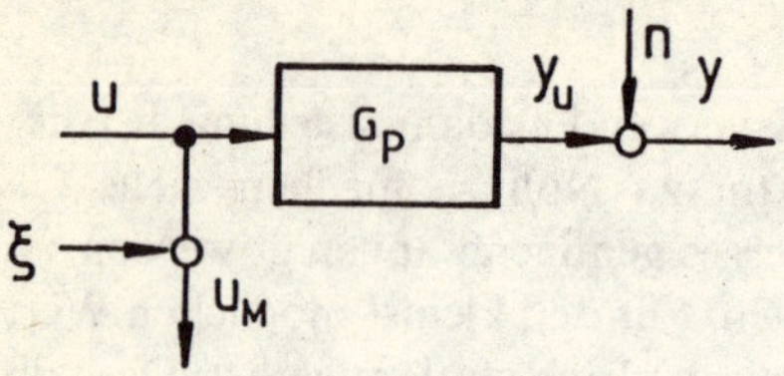

Bild 20.5. Prozeß mit gestörtem Ein- und Ausgangssignal

Die Störsignale $\xi(k)$ und $n(k)$ seien mittelwertfrei und nicht miteinander korreliert. Ferner seien sie nicht korreliert mit dem Prozeßeingangssignal $u(k)$. Dies bedeutet insbesondere, daß der Prozeß keine externe Rückführung besitzt.

Die Bildung der Korrelationsfunktionen ergibt sich durch Einsetzen der Gln. (20.5.1), (20.5.2)

$$\begin{aligned}\Phi_{u_M u_M}(\tau) &= E\{u_M(k)u_M(k+\tau)\}\\ &= E\{u(k)u(k+\tau) + \xi(k)\xi(k+\tau)\}\;. \end{aligned} \tag{20.5.4}$$

Falls $\xi(k)$ ein weißes Rauschen ist, gilt

$$\Phi_{u_M u_M}(\tau) = \phi_{uu}(\tau) \quad (\tau \neq 0)\;. \tag{20.5.5}$$

Ferner ist

$$\begin{aligned}\Phi_{u_M y}(\tau) &= E\{u_M(k-\tau)y(k)\}\\ &= E\{u(k-\tau)y_u(k)\} = \Phi_{uy_u}(\tau)\end{aligned}$$

siehe auch Gl. (5.1.18).

Wenn also das dem meßbaren Eingangssignal überlagerte Störsignal $\xi(k)$ ein weißes Rauschen ist, dann können die AKF des Eingangssignals für $\tau \neq 0$ und die KKF wie bei Prozessen ohne Störung am Eingang bestimmt werden. Zur Parameterschätzung kann deshalb die Methode COR-LS eingesetzt werden, wenn in dem Gleichungssystem $\Phi_{uu}(0)$ vermieden wird, was die Zahl der Gleichungen aber wesentlich einschränkt. Dabei ist Voraussetzung, daß das Eingangssignal $u(k)$ ein farbiges Rauschen ist, damit $\Phi_{uu}(\tau) \neq 0$ für $\tau \neq 0$.

Eine Übersicht verschiedener Methoden zur Parameterschätzung bei Eingangsstörsignalen gibt Söderström (1981). Es wird gezeigt, daß Methoden auf der Grundlage der Einschritt-Vorhersage (z.B. ELS, ML) keine konsistenten, sondern nur biasbehaftete Schätzwerte liefern, da die Verlustfunktion kein Minimum für die exakten Parameter annimmt. Unter der Voraussetzung eines weißen Rauschens $\xi(k)$, lassen sich außer mit COR-LS noch über Leistungsdichten (Spektralanalyse) und über eine „joint input output method" konsistente Parameterschätzwerte erreichen. Bei der letzten Methode wird vorausgesetzt, daß das Eingangssignal $u(t)$ über ein Filter aus einem statistisch unabhängigen Signal $f(k)$ erzeugt werden kann. Dann werden $u(k)$ und $y(k)$ als Ausgangssignale eines Zustandsmodells angesetzt, dessen Verlustfunktion über ein numerisches Optimierungsverfahren minimiert wird. Bei einem Vergleich durch Simulation erweist sich diese Methode am genauesten, allerdings bei großem Rechenaufwand. Siehe auch Anderson (1985).

Diese Betrachtungen zeigen, daß die Parameterschätzung mit gestörter Messung des Eingangssignales schwierig ist und bisher nur für den Sonderfall eines weißen Rauschens als Störsignal gelöst wurde.

D Identifikation mit parametrischen Modellen – kontinuierliche Signale

Die bisher behandelten Identifikationsmethoden für Modelle mit kontinuierlichen Signalen ergeben nichtparametrische Modelle in Form von Frequenzgängen, Korrelationsfunktionen oder Gewichtsfunktionen, siehe Teil A. Im Teil D wird nun die Identifikation von parametrischen Modellen für kontinuierliche Signale, also von Frequenzgängen in rational gebrochener Darstellung und von Differentialgleichungen behandelt.

Dabei wird zunächst in Kapitel 21 auf einfache Methoden zur *Parameterbestimmung aus Übergangsfunktionen* eingegangen. Diese werden auch als *Kennwertermittlung* bezeichnet und zählen zu den ältesten und am meisten verbreiteten Identifikationsmethoden. Sie sind auf wenig gestörte, gemessene Übergangsfunktionen schnell anwendbar, erfordern keine Digitalrechner, liefern aber nur grobe Näherungsmodelle. Dann werden in Kapitel 22 Methoden zur *Parametereinstellung durch Modellableich* beschrieben. Hierbei werden ursprünglich analog realisierte Modelle mit einstellbaren Parametern in verschiedenen Anordnungen an den Prozeß geschaltet. Die in Kapitel 21 und 22 behandelten Methoden sind im Prinzip für deterministische Prozesse ohne Störsignale entwickelt worden und machen keinen Gebrauch von statistischen Ausgleichs- oder Schätzmethoden. Deshalb folgt in Kapitel 23 die *Parameterschätzung für Differentialgleichungen.* In Anlehnung an Teil C werden die Methoden der kleinsten Quadrate, der Hilfsvariablen und der Korrelation und kleinsten Quadrate beschrieben, wobei ein besonderes Problem in der Ermittlung der Ableitungen der gemessenen Ein- und Ausgangssignale besteht. Schließlich geht Kapitel 24 auf die *Parameterschätzung für Frequenzgänge* ein, die in nichtparametrischer Form aus Frequenzgangmessungen vorliegen.

21 Parameterbestimmung aus Übergangsfunktionen

Bei vielen praktischen Anwendungen ist man daran interessiert, aus gemessenen Übergangsfunktionen mit geringem Aufwand ein Näherungsmodell zu bestimmen. Hierzu sind in den Jahren von etwa 1950 bis 1965 leicht anwendbare Identifikationsverfahren angegeben worden, die ein einfaches parametrisches Modell annehmen und aus Kennwerten gemessener Übergangsfunktionen die unbekannten Parameter bestimmen. Wegen der deterministischen Auswertung möglichst von Hand und den einfach aufgebauten Übertragungsfunktionen kann natürlich keine sehr genaue Beschreibung des wirklichen dynamischen Verhaltens erwartet werden. Die Kennwerte von Übergangsfunktionen einfacher Modelle wurden in Abschnitt 2.1.3 zusammengestellt. Mit Hilfe dieser Kennwerte werden im folgenden sog. Kennwertermittlungsmethoden beschrieben. Dabei wird vorausgesetzt:

a) Die gemessene Übergangsfunktion kann nahezu störungsfrei gemessen werden.
b) Der Prozeß ist linearisierbar und durch ein einfaches Modell beschreibbar.
c) Für die weitere Anwendung reicht ein grobes Näherungsmodell aus.

21.1 Parameterbestimmung mit einfachen Modellen (Kennwertermittlung)

21.1.1 Approximation durch Verzögerungsglied erster Ordnung und Totzeit

Die Übergangsfunktion *n*-ter Ordnung wird nach Küpfmüller (1928) durch ein Verzögerungsglied erster Ordnung und ein Totzeitglied

$$\tilde{G}(s) = \frac{K}{(1 + Ts)} \mathrm{e}^{-T_t s} \tag{21.1.1}$$

angenähert, wobei $T_t = T_u$ und $T = T_G$ (Bild 21.1) gesetzt wird. Die mit dieser einfachen Methode erreichbare Näherungsgüte ist jedoch meistens nicht ausreichend.

21.1.2 Approximation durch Verzögerungsglied *n*-ter Ordnung mit gleichen Zeitkonstanten

Wenn die Übergangsfunktion hauptsächlich durch etwa gleich große Zeitkonstanten, die sich nicht zu sehr unterscheiden, bestimmt wird, dann kann man die gemessene Übergangsfunktion durch ein Verzögerungsglied *n*-ter Ordnung mit

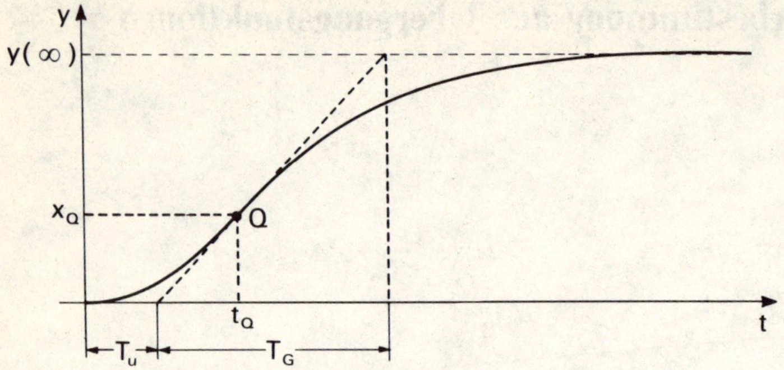

Bild 21.1. Ermittlung von Verzugszeit T_u und Ausgleichszeit T_G für Übergangsfunktionen $n \geq 2$. Ordnung durch Einzeichnen der Wendetangente

gleich großen Zeitkonstanten annähern

$$\tilde{G}(s) = \frac{K}{(1 + Ts)^n} \tag{21.1.2}$$

mit der Übergangsfunktion nach Gl. (2.1.72).

Aus dieser Gleichung folgen die vier in Bild 21.1 angegebenen Kennwerte t_Q, x_Q, T_u, T_G, vgl. Gln. (2.1.77) bis (2.1.80). Diese Kennwerte sind in Tabelle 21.1 angegeben.

Bei der Approximation einer gemessenen Übergangsfunktion geht man wie folgt vor:

1) Zuerst muß geprüft werden, ob die gemessene Übergangsfunkion im Bereich der durch Gl. (2.1.72) approximierbaren Übergangsfunktionen liegt. Hierzu schätzt

Tabelle 21.1. Kennwerte von Verzögerungsgliedern n-ter Ordnung mit gleichen Zeitkonstanten (Aus Strejc (1959))

n	$\frac{T_u}{T_G}$	$\frac{t_Q}{T}$	$\frac{T_G}{T}$	$\frac{T_u}{T}$	$\frac{y_Q}{y_\infty}$
1	0	0	1	0	0
2	0,104	1	2,718	0,282	0,264
3	0,218	2	3,695	0,805	0,323
4	0,319	3	4,463	1,425	0,353
5	0,410	4	5,119	2,100	0,371
6	0,493	5	5,699	2,811	0,384
7	0,570	6	6,226	3,549	0,394
8	0,642	7	6,711	4,307	0.401
9	0,709	8	7,164	5,081	0,407
10	0,773	9	7,590	5,869	0,413

man die Summenzeitkonstante T_Σ nach Bild 2.7 ab und zeichnet die gemessene Übergangsfunktion auf den bezogenen Zeitmaßstab t/T_Σ von Bild 2.8 um; am besten auf transparentem Papier. Durch Vergleich mit den Übergangsfunktionen in Bild 2.8 ist dann zu erkennen, ob die Übergangsfunktion durch ein Verzögerungsglied mit $n = 1, \ldots, 10$ gleichen Zeitkonstanten approximierbar ist.

Wenn das untersuchte System ein Totzeitglied enthält, dann ist die Totzeit T_t von der Verzugszeit T_u der Übergangsfunktion vor der Approximation zu subtrahieren. Die Größe der Totzeit kann meist sehr einfach aus der Transportgeschwindigkeit w und Transportstrecke l im System berechnet werden: $T_t = l/w$.

2) Ermittlung der Ordnung n:
Man bestimmt nun das Verhältnis T_u/T_G aus der Wendetangente der gemessenen Übergangsfunktion und ermittelt aus Tabelle 21.1 die Ordnungszahl n. Das Ergebnis kann durch Vergleich der gemessenen Ordinate y_Q des Wendepunktes mit den in Tabelle 21.1 angegebenen Werten überprüft werden.

3) Ermittlung der Zeitkonstante T:
Aus den der gemessenen Übergangsfunktion entnommenen Kennwerten t_Q, T_u und T_G wird mit Hilfe der in Tabelle 21.1 für die entsprechende Ordnungszahl n stehenden Zahlenwerte jeweils die Zeitkonstante T ermittelt. Man erhält dann im allgemeinen 3 verschiedene Werte von T und bildet einen mittleren Wert.

4) Ermittlung des Verstärkungsfaktors K:
Aus der Höhe u_0 des sprungförmigen Testsignales und der Endauslenkung $y(\infty)$ der Übergangsfunktion erhält man für den Verstärkungsfaktor

$$K = \frac{y(\infty)}{u_0}. \tag{21.1.3}$$

Ergibt sich keine ganzzahlige Ordnungszahl n, so kann eine genauere Approximation dadurch gefunden werden, daß Gl. (21.1.2) durch eine Totzeit erweitert wird. Man wählt dann die nächst niedrigere Ordnung n', ermittelt die zugehörige Verzugszeit T'_u und berechnet $T_t = T_u - T'_u$.

Das beschriebene Approximationsverfahren ist mit relativ geringem Aufwand verbunden. Die aus der Wendetangente ermittelten vier Kennwerte sind jedoch sehr empfindlich gegenüber kleinen Störungen. Schon bei relativ kleinen Störungen der Übergangsfunktion kann das Ergebnis große Fehler enthalten. Das Verfahren ist deshalb nur für Übergangsfunktionen mit besonders kleinen überlagerten Störungen geeignet.

21.1.3 Approximation durch Verzögerungsglied zweiter Ordnung mit ungleichen Zeitkonstanten

Liegt das der gemessenen Übergangsfunktion entnommene Verhältnis T_u/T_G im

Bereich

$$0 < T_u/T_G < 0{,}104 \,,$$

dann kann die Approximation

$$\tilde{G}(s) = \frac{K}{(1 + T_1 s)(1 + T_2 s)} \tag{21.1.4}$$

angewendet werden, Strejc (1959). Man bestimmt hierzu wieder die Kennwerte t_Q, x_Q, T_u, T_G, Bild 2.11 und ermittelt dann die Zeitkonstanten T_1 und T_2 aus dem in Bild 21.2 dargestellten Diagramm.

21.1.4 Approximation durch Verzögerungsglied *n*-ter Ordnung mit gestaffelten Zeitkonstanten

Im Unterschied zu den Approximationen mit möglichst einfacher Struktur der Übertragungsfunktion kann auch von einer einfachen Beschreibung im zeitlichen Verlauf der Übergangsfunktion ausgegangen werden. Die Übergangsfunktion soll durch folgende Gleichung beschrieben werden:

$$y(t) = K(1 - \mathrm{e}^{-t/T})^n \,, \tag{21.1.5}$$

also durch eine *n*-te Potenz der Gleichung für das Verzögerungsglied erster Ordnung. Diese Gleichung ist aus dem Verlauf der Übergangsfunktion erster Ordnung besonders leicht berechenbar. Die zugehörige Übertragungsfunktion findet man über die Laplace-Transformation

$$G(s) = s\mathscr{L}\{y(t)\} = \frac{K}{\prod_{\beta=1}^{n}\left(1 + \frac{T}{\beta}s\right)^n} \,. \tag{21.1.6}$$

Man erhält dann also ein Verzögerungsglied *n*-ter Ordnung mit *n* nach einer harmonischen Reihe gestaffelten Zeitkonstanten *T*; *T*/2; *T*/3; . . . ; *T*/*n*, Radtke (1966).

Der dynamische Anteil der Gl. (21.1.16) enthält die beiden unbekannten Kennwerte *n* und *T*. Es sind also zwei Gleichungen zu deren Lösung nötig, die man

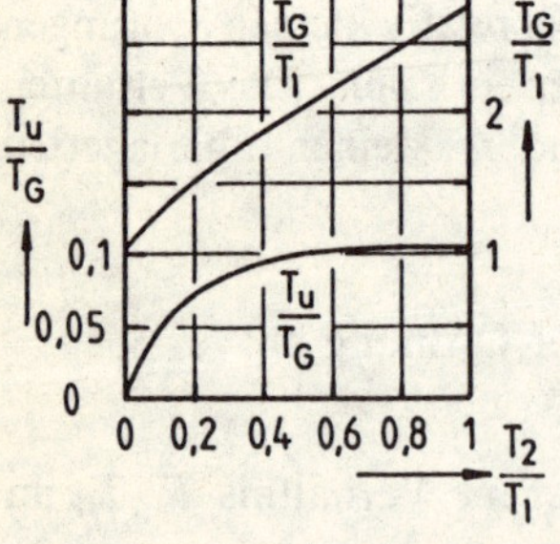

Bild 21.2. Diagramm der Kennwerte für ein Verzögerungsglied zweiter Ordnung mit reellen Polen. (Aus Strejc (1959))

durch Bildung der Momente nullter und erster Ordnung der Übergangsfunktion erhalten kann, siehe auch Strobel (1975),

$$m_0 = \int_0^\infty (1 - y(t))\,\mathrm{d}t\,, \tag{21.1.7}$$

$$m_1 = \int_0^\infty t(1 - y(t))\,\mathrm{d}t\,. \tag{21.1.8}$$

Diese Gleichungen führen auf zwei Bestimmungsgleichungen für n und T, die man lösen kann, wenn zwei bestimmte Werte der Übergangsfunktion bekannt sind, nämlich t_1 bei $y_1 = 0{,}6321$ (Dann gilt für alle Übergangsfunktionen näherungsweise $t_1 = 1{,}04\,T_\Sigma$) und y_2 bei $t_2 = t_1/2$.

Bei der Approximation einer gemessenen Übergangsfunktion geht man in folgender Reihenfolge vor:

1) Man überprüft zuerst, ob die gemessene Übergangsfunktion im Bereich der durch Gl. (21.1.16) gegebenen approximierbaren Übergangsfunktion liegt. Hierzu schätzt man die Summenzeitkonstante T_Σ nach Bild 2.7 ab und zeichnet die gemessene Übergangsfunktion auf den bezogenen Zeitmaßstab t/T_Σ von Bild 2.8 um. Eine eventuell vorhandene Totzeit ist vorher zu substrahieren, vgl. Abschnitt 21.1.2.
2) Dann ermittelt man die Zeit t_1 für $y_1 = 0{,}6321$ der Übergangsfunktion, bildet $t_2 = t_1/2$ und bestimmt $y_2(t_1/2)$, Bild 21.3. Aus Tabelle 21.2 kann dann die zugehörige Ordnungszahl n entnommen werden
3) Für die Zeitkonstante T gilt

$$T = D(n) \cdot t_1 \tag{21.1.9}$$

Tabelle 21.2. Zur Ermittlung der Ordnungszahl n

y_2	0,39	0,30	0,25	0,20	0,17	0,15	0,13	0,11	0,10	0,08
n	1	2	3	4	5	6	7	8	9	10

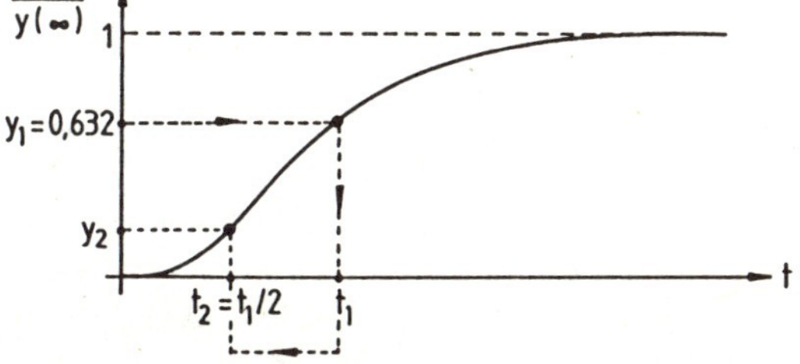

Bild 21.3. Ermittlung des Kennwertes y_2 zur Approximation mit gestaffelten Zeitkonstanten

$D(n)$ entnimmt man Tabelle 21.3

Auch dieses Approximationsverfahren hat einerseits den Vorteil, besonders einfach anwendbar zu sein und andererseits den Nachteil, daß kleine Störungen das Ergebnis stark beeinflussen können. Es ist deshalb für Übergangsfunktionen geeignet, die nur wenig gestört sind.

21.1.5 Approximation durch Verzögerungsglieder n-ter Ordnung mit verschiedenen Zeitkonstanten

Zur Approximation von gemessenen Übergangsfunktionen durch Übertragungsfunktionen der Form

$$G(s) = \frac{K}{(1 + Ts)^m (1 + bTs)^{n-m}} \quad \begin{array}{l} (m = 1, 2, 3;\ n = 1, \ldots, 10)\ , \\ (b = 1/20 \ldots 20)\ , \end{array} \tag{21.1.10}$$

$$G(s) = \frac{K(1 + cTs)}{(1 + Ts)(1 + bTs)} \tag{21.1.11}$$

hat Schwarze (1962) Tabellen und Diagramme angegeben, die eine einfache Bestimmung der unbekannten Parameter ermöglichen. Man geht dabei im Prinzip folgendermaßen vor:

1) Aus der gemessenen Übergangsfunktion ermittelt man für die Ordinatenwerte $y = 10\%$, 50% und 90% die zugehörigen Zeitprozentwerte T_{10}, T_{50} und T_{90}, Bild 21.4. (Zwei Zeitwerte sind erforderlich; der dritte wird zur Kontrolle verwendet.)
2) Man bildet dann die Quotienten

   $$T_{90}/T_{10} \quad \text{und} \quad T_{90}/T_{50}$$

   und erhält aus den in Schwarze (1964a, 1964b, 1965) angegebenen Diagrammen die kleinstmögliche Ordnung n und den Wert b.
3) Aus den zu n und b gehörigen Diagrammen bestimmt man

   $$T_{10}/T, \quad T_{50}/T \quad \text{und} \quad T_{90}/T$$

   und bekommt 3 Werte für T. Streuen diese Werte zu stark, dann wiederholt man 2) und 3) mit dem nächst höheren n.

Dasselbe Verfahren wurde auch für Verzögerungsglieder mit gleichen Zeitkonstanten und für integralwirkende Übertragungsglieder ausgearbeitet, Schwarze (1965).

Tabelle 21.3. Zur Ermittlung der Zeitkonstante T

n	1	2	3	4	5	6	7	8	9	10
$D(n)$	0,962	0,642	0,524	0,462	0,421	0,391	0,371	0,354	0,339	0,321

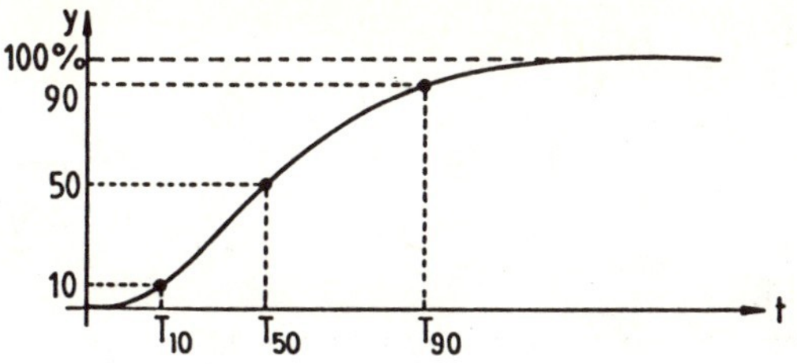

Bild 21.4. Ermittlung der Zeitprozentkennwerte T_{10}, T_{50} und T_{90}

Dieses Approximationsverfahren verwendet also 3 Punkte der gemessenen Übergangsfunktion und dürfte deshalb bei kleinen Störungen der Übergangsfunktion etwas genauere Ergebnisse liefern als die Approximationsverfahren von Strejc bzw. Radtke, die nur einen Punkt der Übergangsfunktion einschließlich Steigung bzw. zwei Punkte verwenden. (Bei den Verfahren von Strejc kommen jedoch durch die im allgemeinen nur ungenau mögliche Ermittlung des Wendepunktes und der Wendetangente zusätzliche Fehler hinzu.)

21.2 Parameterbestimmung mit allgemeineren Modellen

Die im folgenden beschriebenen Auswerteverfahren liefern als Ergebnis ein mathematisches Modell in Form einer rational gebrochenen Übertragungsfunktion

$$G(s) = \frac{b_0 + b_1 s + \cdots + b_m s^m}{1 + a_1 s + \cdots + a_n s^n} . \tag{21.2.1}$$

Die Parameter $a_1, \ldots, a_n$ und $b_0, \ldots, b_m$ werden durch wiederholte Integration oder Momentenbildung der Ein- bzw. Ausgangsgrößen berechnet. Deshalb setzen diese Verfahren praktisch den Einsatz von Digitalrechnern voraus. Die Ableitungen gehen von einer deterministischen Betrachtung aus, d.h. es werden keine stochastischen Störsignale berücksichtigt.

21.2.1 Methode der mehrfachen Integration

Von Simoju (1957), Strejc (1960), Darowskich (1962) wurde folgendes Vorgehen angegeben.

Aus Gl. (21.2.1) ergeben sich folgende Beziehungen

$$K_0 = \lim_{s \to 0} G(s) = b_0 \tag{21.2.2}$$

$$K_1 = \lim_{s \to 0} G_1(s) = \lim_{s \to 0} \frac{1}{s} \{K_0 - G(s)\} = -b_1 + K_0 a_1 \tag{21.2.3}$$

$$K_2 = \lim_{s \to 0} G_2(s) = \lim_{s \to 0} \frac{1}{s} \{K_1 - G_1(s)\} = b_2 + K_1 a_1 - K_0 a_2 \tag{21.2.4}$$

$$\vdots \quad \vdots \qquad \vdots \qquad\qquad \vdots$$

$$K_r = \lim_{s\to 0} G_r(s) = \lim_{s\to 0} \frac{1}{s}\{K_{r-1} - G_{r-1}(s)\}$$
$$= (-1)^r b_r + K_{r-1}a_1 - K_{r-2}a_2 + \cdots + (-1)^{r-1}K_0 a_r \tag{21.2.5}$$

mit $b_r = 0$ für $r > m$ und $a_r = b_r = 0$ für $r > n$.

Wenn $r = m + n$ ist, dann erhält man $m + n + 1$ Gleichungen für die $n + m + 1$ Unbekannten $a_1, \ldots, a_n$ und $b_0, \ldots, b_m$.

Die Koeffizienten $K_0, \ldots, K_r$ bestimmt man für den Fall der Sprungfunktion als Testsignal durch wiederholte Integration der Übergangsfunktion $h(t)$ wie folgt:

Man benützt den Grenzwertsatz der Laplace-Transformation

$$\lim_{s\to 0} G(s) = \lim_{t\to\infty} h(t) \tag{21.2.6}$$

bzw.

$$\lim_{s\to 0} \frac{G(s)}{s} = \lim_{t\to\infty} \int_0^t h(\tau)\,\mathrm{d}\tau \tag{21.2.7}$$

und findet

$$K_0 = \lim_{s\to 0} G(s) = \lim_{t\to\infty} h(t) \tag{21.2.8}$$

und mit Gl. (21.2.2)

$$K_1 = \lim_{s\to\infty} \underbrace{\frac{1}{s}\{k_0 - G(s)\}}_{G_1(s)} = \lim_{t\to\infty} \underbrace{\int_0^t \{K_0 - h(\tau)\}\,\mathrm{d}\tau}_{h_1(t)}\,. \tag{21.2.9}$$

K_1 ist also die in Bild 21.5a schraffierte Fläche.

Entsprechend gilt mit

$$h_1(t) = \int_0^t \{K_0 - h(\tau)\}\,\mathrm{d}\tau \tag{21.2.10}$$

und Gl. (21.2.4)

$$K_2 = \lim_{s\to 0} \frac{1}{s}\{K_1 - G_1(s)\} = \lim_{t\to\infty} \int_0^t \{K_1 - h_1(\tau)\}\,\mathrm{d}\tau. \tag{21.3.11}$$

K_2 ist die in Bild 21.5b schraffierte Fläche.

Die Koeffizienten K_r sind stets die Flächen zwischen den Kurven

$$f_1(t) = h_{r-1}(t) = \int_0^t \{K_{r-2} - h_{r-2}(\tau)\}\,\mathrm{d}\tau$$

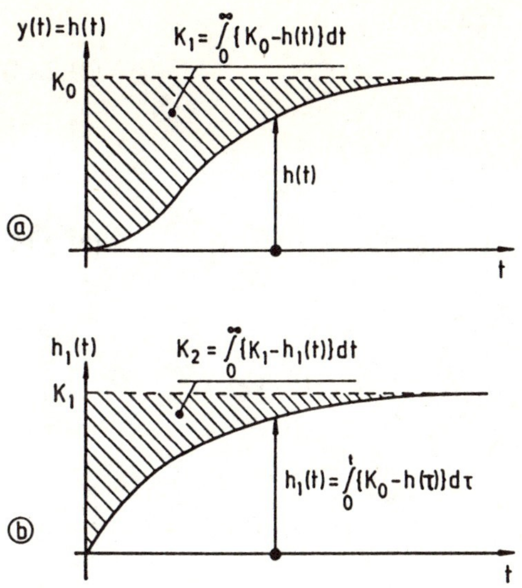

Bild 21.5. Zur Methode der mehrfachen Integration

und der Parallelen zur t-Achse

$$f_2(t) = K_{r-1},$$

$$K_r = \lim_{s\to 0} \frac{1}{s} \{K_{r-1} - G_{r-1}(s)\} = \lim_{t\to\infty} \int_0^t \{K_{r-1} - h_{r-1}(\tau)\} \mathrm{d}\tau \,. \qquad (21.2.12)$$

Die Methode der mehrfachen Integration wurde hier am Beispiel der Sprungantwort $h(t)$ beschrieben. Sie läßt sich jedoch auch bei beliebigem Verlauf der Ein- und Ausgangssignale anwenden, siehe Strejc (1960).

Für den Sonderfall $b_i = 0$, wobei $i = 1, 2, \ldots, m$, lassen sich die Unbekannten $b_0, a_1, a_2, \ldots, a_n$ schrittweise aus den Gln. (21.2.2) bis (21.2.5) lösen. Im allgemeinen müssen jedoch die von n und m abhängigen Bestimmungsgleichungen aufgestellt und gelöst werden.

Die Integration der Antwortfunktion hat einerseits den Vorteil, daß sich kleine höherfrequente stochastische Störungen in bezug auf die Flächenbildung gegenseitig aufheben können. Durch die wiederholte Subtraktion von Flächen und ihre anschließende Integration können jedoch andererseits kleine niederfrequente Störungen der Antwortfunktion beträchtliche Fehler in den Koeffizienten der Glieder höherer Ordnung verursachen. Nach Strejc (1960) eignet sich deshalb die Methode der mehrfachen Integration nur für Systeme $n \leqq 3$. Ordnung.

21.2.2 Methode der mehrfachen Momente

Bei bekannter, auf die Sprunghöhe bezogener Übergangsfunktion $h(t)$ erhält man die Übertragungsfunktion aus

$$G(s) = s\mathscr{L}\{h(t)\} = s \int_0^\infty h(t) \mathrm{e}^{-st} \mathrm{d}t \,. \qquad (21.2.13)$$

Zur Berechnung dieses Integrals wird die Funktion

$$f(t) = h_\infty - h(t) \tag{21.2.14}$$

eingeführt. Dann ist

$$G(s) = s\mathscr{L}\{h_\infty - f(t)\} = h_\infty - s\mathscr{L}(f(t))$$
$$= h_\infty - s\int_0^\infty f(t)\mathrm{e}^{-st}\,\mathrm{d}t \tag{21.2.15}$$

e^{-st} wird nun in eine Taylorreihe entwickelt:

$$s\int_0^\infty f(t)\mathrm{e}^{-st}\,\mathrm{d}t = s\int_0^\infty f(t)\left[1 - st + \frac{(st)^2}{2!} - \frac{(st)^3}{3!} + \cdots\right]\mathrm{d}t. \tag{21.2.16}$$

Damit entsteht aus Gl. (21.2.15)

$$G(s) = h_\infty - s\int_0^\infty f(t)\,\mathrm{d}t + \frac{s^2}{1!}\int_0^\infty tf(t)\,\mathrm{d}t - \frac{s^3}{2!}\int_0^\infty t^2 f(t)\,\mathrm{d}t + \cdots \tag{21.2.17}$$

bzw.

$$G(s) = h_\infty - sM_0 + \frac{s^2}{1!}M_1 - \frac{s^3}{2!}M_2 + \cdots, \tag{21.2.18}$$

wenn man mit

$$M_\nu = \int_0^\infty t^\nu f(t)\,\mathrm{d}t \tag{21.2.19}$$

das ν-te Moment der Funktion $f(t)$ bezeichnet.

Ersetzt man $G(s)$ in Gl. (21.2.1) durch Gl. (21.2.18), dann ergibt sich

$$\left[h_\infty - M_0 s + \frac{M_1}{1!}s^2 - \frac{M_2}{2!}s^3 + \cdots\right][1 + a_1 s + a_2 s^2 + \cdots + a_n s^n]$$
$$= [b_0 + b_1 s + b_2 s^2 + \cdots + b_m s^m]\,. \tag{21.2.20}$$

Aus dieser Gleichung folgt durch Koeffizientenvergleich das folgende Gleichungssystem für z.B. $m = 1$ und $n = 3$:

$$\begin{bmatrix} h_\infty & 0 & 0 & 0 \\ -M_0 & h_\infty & 0 & 0 \\ \frac{M_1}{1!} & -M_0 & h_\infty & 0 \\ -\frac{M_2}{2!} & \frac{M_1}{1!} & -M_0 & h_\infty \\ \frac{M_3}{3!} & -\frac{M_2}{2!} & \frac{M_1}{1} & -M_0 \end{bmatrix} \begin{bmatrix} 1 \\ a_1 \\ a_2 \\ a_3 \end{bmatrix} = \begin{bmatrix} b_0 \\ b_1 \\ 0 \\ 0 \\ 0 \end{bmatrix} \tag{21.2.21}$$

Man muß also die Ordnungen m und n zur Aufstellung des Gleichungssystems wählen und entsprechend den $n+m+1$ Unbekannten $b_0, \ldots, b_m, a_1 \ldots, a_n$ eine $(n+m+1)$-zeilige Matrixgleichung aufstellen.

Für reine Verzögerungsglieder, $m = 0$, berechnen sich die unbekannten Koeffizienten für $n = 3$ aus den Gleichungen

$$
\begin{aligned}
b_0 &= h_\infty\,, \\
a_1 &= \frac{M_0}{h_\infty}\,, \\
a_2 &= \frac{1}{h_\infty}\left(a_1 M_0 - \frac{M_1}{1!}\right), \\
a_3 &= \frac{1}{h_\infty}\left(a_2 M_0 - a_1\frac{M_1}{1!} + \frac{M_2}{2!}\right),
\end{aligned}
\tag{21.2.22}
$$

also für $a_2, a_3, \ldots, a_n$ durch Subtraktion und Addition der mit den Koeffizienten $a_1, \ldots, a_{n-1}$ bewerteten M_ν. Kleine Fehler in den berechneten Momenten durch Störungen, die der gemessenen Übergangsfunktion überlagert sind, ergeben deshalb mit größer werdender Ordnung n immer größere Fehler. Deshalb eignet sich auch die Methode der Momente ebenfalls nur für Systeme mit relativ niederer Ordnungszahl.

21.3 Zusammenfassung

Die Parameterbestimmung bzw. Kennwertermittlung *einfacher Modelle* aus gemessenen Übergangsfunktionen ist für die schnelle Auswertung von Hand gedacht. Die beschriebenen Methoden liefern Näherungsmodelle, die in der Praxis überschlägige Betrachtungen erlauben. Sie sind aber nur für wenig gestörte Antwortfunktionen einsetzbar.

Die Kennwerte einfacher *Übertragungsglieder erster und zweiter Ordnung* können direkt aus den gemessenen Übergangsfunktionen nach bekannten Beziehungen durchgeführt werden, siehe Abschnitt 2.1.3. Hierzu bedarf es keiner besonderer „Methoden“.

Bei *Verzögerungsgliedern höherer Ordnung* mit reinem Tiefpaßverhalten haben sich mehrere Kennwertermittlungsmethoden entwickelt. Während die Approximation durch ein Verzögerungsglied erster Ordnung mit Totzeit in den meisten Fällen zu ungenau ist, erlauben Verzögerungsglieder höherer Ordnung mit gleichen oder verschiedenen Zeitkonstanten und Totzeiten in vielen Fällen brauchbare Näherungen, Abschnitt 21.1.

In Abschnitt 2.1.3 wurde bereits angegeben, wie sich die Kennwertermittlung bei *integral-* und *differenzierendwirkenden* Prozessen in Verbindung mit den Methoden für proportionalwirkende Prozessen durchführen läßt.

Die für *allgemeinere Modelle* beschriebenen Methoden der Parameterbestimmung sind für den deterministischen Fall abgeleitet, Abschnitt 21.2. Sie berücksichtigen keine stochastischen Störsignale explizit. Deshalb sind die in Kap. 23 beschriebenen Parameterschätzmethoden im allgemeinen vorzuziehen.

22 Parametereinstellung durch Modellabgleich

Bei der Entwicklung von Identifikationsmethoden für parametrische Modelle mit kontinuierlichen Signalen spielen die physikalisch, z.B. als Analogrechenschaltungen realisierten *einstellbaren Modelle* eine wesentliche Rolle. Sie werden als Parametereinstellmethoden mit *Modellabgleich* oder als (*adaptive*) *Referenzmodell-Methoden* bezeichnet. (Im Englischen: model-adjustment techniques, model reference adaptive identification systems). Die letzte Bezeichnung erfolgt in Anlehnung an adaptive Regelsysteme mit Referenzmodell (MRAS: model reference adaptive systems). Jedoch wird hier der zu identifizierende Prozeß als Referenzmodell betrachtet. Die einstellbaren Modelle müssen jedoch nicht unbedingt analog realisiert sein, sondern können auch Teil eines Rechenprogramms sein.

Die verschiedenen Methoden des Modellabgleichs sind häufig im Zusammenhang mit der Entwicklung adaptiver Regelungen, besonders solchen mit Referenzmodellen (MRAS) entstanden. Erste Arbeiten sind z.B. Whitaker (1958), Clymer (1959), Margolis, Leondes (1960), Eykhoff (1961), Eykhoff (1963).

Eine breite Übersicht mit ausführlichen Literaturangaben ist in Eykhoff (1974) zu finden. Siehe auch Eykhoff u.a. (1966), Åström und Eykhoff (1971), Davies (1973).

In diesem Kapitel werden die Grundprinzipien der Modellabgleichmethoden kurz beschrieben und einige Ausführungsbeispiele gebracht. Eine umfassende Darstellung wird nicht angestrebt, da die für die analoge Realisierung entwickelten Modellabgleichmethoden beim Einsatz von Digitalrechnern durch Parameterschätzmethoden abgelöst wurden. Die Modellabgleichmethoden sind aber trotzdem für besondere Fälle interessant und tragen viel zum Verständnis der Parameteridentifikation bei.

Im Abschnitt 22.1 werden zunächst verschiedene Modellanordnungen betrachtet. Dann werden die älteren Gradientenmethoden beschrieben, Abschnitt 22.2. Es folgen im Abschnitt 22.3 und 22.4 die Modellabgleichmethoden, die aus einem Stabilitätsentwurf entstehen.

22.1 Verschiedene Modellanordnungen

Es wird davon ausgegangen, daß ein linearer, stabiler, steuerbarer und beobachtbarer Prozeß durch die Übertragungsfunktion

$$G_P(s) = \frac{y(s)}{u(s)} = \frac{B(s)}{A(s)} = \frac{b_0 + b_1 s + \cdots + b_m s^m}{1 + a_1 s + \cdots + a_n s^n} \tag{22.1.1}$$

beschrieben werden kann. Bei den Modellabgleichmethoden werden die Parameter eines Modells mit derselben Struktur wie Gl. (22.1.1)

$$G_M(s) = \frac{y_M(s)}{u(s)} = \frac{B_M(s)}{A_M(s)} = \frac{\hat{b}_0 + \hat{b}_1 s + \cdots + \hat{b}_m s^m}{1 + \hat{a}_1 s + \cdots + \hat{a}_n s^n} \tag{22.1.2}$$

so eingestellt, daß das Gütemaß eines Fehlersignals $e(t)$ zwischen Prozeß und Modell möglichst klein wird. Hierzu werden die gemessenen Ein- und Ausgangssignale einem „Einstellgesetz“ oder „Adaptionsgesetz“ zugeführt, das die Parameter

$$\hat{\boldsymbol{\theta}} = [\hat{a}_1 \ldots \hat{a}_n \quad \hat{b}_0 b_1 \ldots \hat{b}_m] \tag{22.1.3}$$

einstellt.

Je nach Festlegung des Fehlers enthält man verschiedene Modellanordnungen, Bild 22.1. Ein Ausgangsfehler

$$e(s) = y(s) - y_M(s) = y(s) - \frac{B_M(s)}{A_M(s)} u(s) \tag{22.1.4}$$

führt zu einem parallelen Modell, ein verallgemeinerter Fehler

$$e(s) = A_M(s) y(s) - B_M(s) u(s) \tag{22.1.5}$$

zu einem parallelen/seriellen Modell und ein Eingangsfehler

$$e(s) = \frac{A_M(s)}{B_M(s)} y(s) - u(s) \tag{22.1.6}$$

zu einem seriellen Modell, siehe auch Kapitel 1. Entsprechende Anordnungen ergeben sich auch in Zustandsgrößendarstellung.

Als Gütekriterium sind gerade Funktionen des Fehlers, z.B. $f(\boldsymbol{\theta}, e) = e^2(t)$ oder $|e(t)|$, geeignet. Man verwendet entweder die momentane Güte

$$V_1 = f(\boldsymbol{\theta}, e(t)) \tag{22.1.7}$$

oder die zeitgemittelte Güte

$$V_2 = \frac{1}{t_1} \int_0^{t_1} f(\boldsymbol{\theta}, e(t))\, \mathrm{d}t\,. \tag{22.1.8}$$

Aus der Minimierung des Gütekriteriums

$$\frac{\mathrm{d}V}{d\boldsymbol{\theta}} \doteq \boldsymbol{0} \tag{22.1.9}$$

durch ein Optimierungsverfahren und eventueller Zusatzforderungen folgt dann das Einstellgesetz.

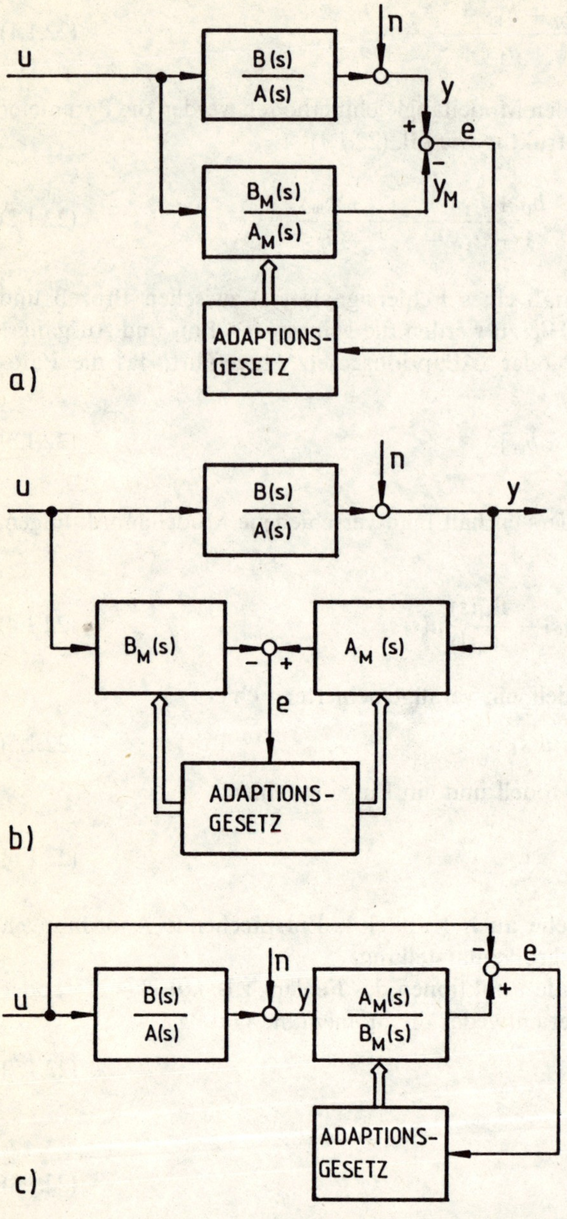

Bild 22.1. Grundsätzliche Anordnung von Identifikationsmethoden mit Modellabgleich
a) Ausgangsfehler **b)** Verallgemeinerter Fehler (Gleichungsfehler)
c) Eingangsfehler

Hierbei muß vorausgesetzt werden, daß das Gütekriterium ein eindeutiges Minimum besitzt. Das Aufsuchen des Minimums bedeutet nicht, daß das Fehlersignal $e(t) = 0$ wird. Man beachte, daß das Modellabgleichsystem grundsätzlich nichtlinear ist.

22.2 Modellabgleich mittels Gradientenmethode

Die ältesten Modellabgleichmethoden gehen davon aus, daß die einzustellenden Parameter $\hat{\boldsymbol{\theta}}$ schon in der Nähe der richtigen Werte sind. Dann kann man eine *lokale Parameteroptimierung* ansetzen. Wendet man ein einfaches Gradientenverfahren an, dann wird jeder Modellparameter proportional zum Gradient des Gütekriteriums geändert

$$\Delta\hat{\theta}_i = -k_i \,\mathrm{grad}_{\theta i} V = -k_i \frac{\partial V}{\partial \theta_i}. \tag{22.2.1}$$

Hierbei sind die einzelnen Parameter

$$\begin{aligned} \Delta\hat{\theta}_i &= \Delta\hat{a}_i & i &= 1, 2, 3, \ldots, n \\ \Delta\hat{\theta}_i &= \Delta b_{i-n-1} & i &= n+1, n+2, \ldots, n+m+1 \end{aligned} \tag{22.2.2}$$

und $k_i > 0$ geeignet festzulegende Verstärkungsfaktoren. Für die Änderungsgeschwindigkeit der Parameter folgt

$$\frac{\mathrm{d}\hat{\theta}_i}{\mathrm{d}t} = -k_i \frac{\partial}{\partial t}\frac{\partial V}{\partial \theta_i} = -k_i \frac{\partial}{\partial \theta_i}\frac{\partial V}{\partial t}. \tag{22.2.3}$$

Verwendet man nun als Gütekriterium den integrierten quadratischen Fehler

$$V = \int_0^{t_1} e^2(\boldsymbol{\theta}, t)\,\mathrm{d}t \tag{22.2.4}$$

dann folgt

$$\frac{\mathrm{d}\theta_i}{\mathrm{d}t} = -k_i \frac{\partial}{\partial \theta_i} e^2(\boldsymbol{\theta}, t) = -2k_i e(\boldsymbol{\theta}, t)\frac{\partial e(\boldsymbol{\theta}, t)}{\partial \theta_i}. \tag{22.2.5}$$

Die Änderungsgeschwindigkeit ist also proportional zum Produkt aus Fehlersignal und Parameterempfindlichkeit des Fehlersignales. Bei den frühen adaptiven Regelungen ist dieses (Regler-) Parametereinstellgesetz als „MIT-Regel" bekannt, siehe Whitaker (1958), Osburn, Whitaker, Kezer (1961). Durch Integration folgt

$$\theta_i(t_1) = -2k_i \int_0^{t_1} e(\boldsymbol{\theta}, t)\frac{\partial e(\boldsymbol{\theta}, t)}{\partial \theta_i}\,\mathrm{d}t. \tag{22.2.6}$$

Die Parameter werden also über eine nichtlineare integrale Rückführung eingestellt.

Zur Ermittlung der Parameterempfindlichkeit des Fehlersignals gibt es nun je nach Modellanordnung verschiedene Möglichkeiten.

22.2.1 Paralleles Modell

Bei Verwendung des *Ausgangsfehlers* Gl. (22.1.4) gilt

$$\frac{\partial e}{\partial \theta_i} = - \frac{\partial y_M}{\partial \theta_i} \tag{22.2.7}$$

und es folgt aus Gl. (22.1.2) die Parameterempfindlichkeitsfunktion

$$\frac{\partial y_M(s)}{\partial \theta_i} = \frac{\partial}{\partial \theta_i} G_M(s) u(s) \,. \tag{22.2.8}$$

Zur Ermittlung der Parameterempfindlichkeitsfunktion muß also das Eingangssignal durch Empfindlichkeitsmodelle $\partial G_M / \partial \theta_i$ gefiltert werden. Hierbei werden die Parameter durch die gerade eingestellten Werte $\hat{\theta}_i$ ersetzt.

Für ein Modell zweiter Ordnung

$$G_M(s) = \frac{1}{1 + \hat{a}_1 s + \hat{a}_2 s^2} \tag{22.2.9}$$

lauten die Empfindlichkeitsmodelle

$$\left.\begin{aligned} \frac{\partial}{\partial \hat{a}_1} G_M(s) &= -\, s\, G_M^2(s) \\ \frac{\partial}{\partial a_2} G_M(s) &= -\, s^2\, G_M^2(s) \end{aligned}\right\} \tag{22.2.10}$$

Das Blockschaltbild einer Realisierung ist in Bild 22.2 wiedergegeben. Die Parameterempfindlichkeiten $\partial e / \partial \hat{\theta}_i$ werden entsprechend Gl. (22.2.6) mit dem Fehlersignal e multipliziert. Anstelle einer Integration über eine große Zeitdauer kann man auch eine „Kurzzeitintegration" über ein Verzögerungsglied mit der Zeitkonstante T verwenden.

Für ein Verzögerungsglied erster Ordnung mit Totzeit sind in Rake (1965) Analogrechneruntersuchungen beschrieben.

Die freien Parameter k_i müssen geeignet gewählt werden. Sind sie zu groß, dann besteht Gefahr der Instabilität. Bei zu kleinen Werten schwingt das Modell zu langsam ein. Wegen des nichtlinearen Verhaltens hängt die Wahl der k_i auch von den Amplituden der gemessenen Signale ab.

Die erste Ableitung $\partial e / \partial \theta_i$ kann näherungsweise auch dadurch erhalten werden, daß man parallel zum Modell mit dem Parameter θ_i ein zweites, um den Wert $\Delta\theta_i$ *verstimmtes Modell* mit dem Parameter $\theta_i + \Delta\theta_i$ schaltet. Die Differenz der Ausgangsgrößen beider Modelle liefert dann die Größe $\Delta y_M / \Delta\theta_i \approx -\Delta e / \Delta\theta_i$, Blandhol, Balchen (1963). Für jeden Parameter ist ein besonderes Modell erforderlich. Man kann auch mit einem Modell auskommen, wenn man die Parameterverstimmung sukzessive ausführt und die Ergebnisse zwischenspeichert.

Eine andere Möglichkeit zur Ermittlung des Gradienten $\partial V / \partial \theta_i$ ergibt sich durch die *Modulation eines Modellparameters* mit einem periodischen Signal, z.B.

$$\theta_i = \theta_{i0} + \Delta\theta_{i0} \sin \omega_i t \,. \tag{22.2.11}$$

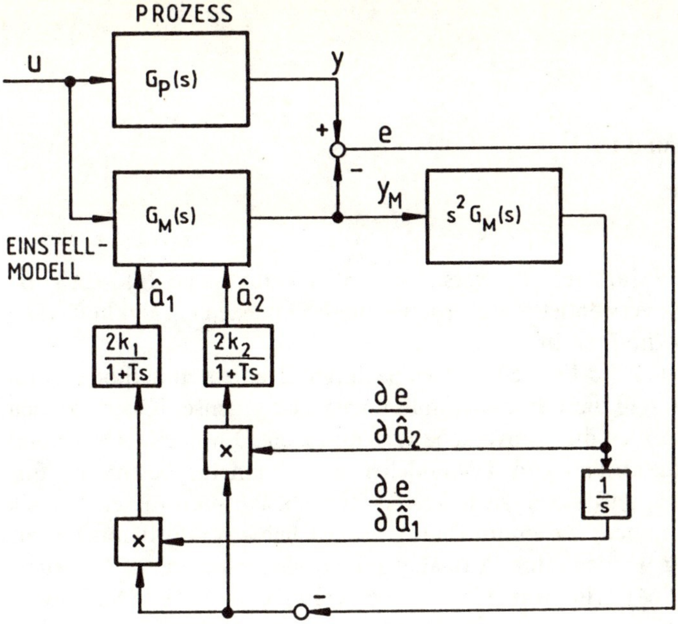

Bild 22.2. Modellabgleich mit Gradientenverfahren und parallelem Modell für ein Verzögerungsglied zweiter Ordnung

Bei veränderlichem Parameter gilt für die Gütefunktion

$$\frac{\mathrm{d}}{\mathrm{d}t} V(\theta_i, t) = \left[\frac{\partial V}{\partial \theta_i}\right]_t \frac{\mathrm{d}\theta_i}{\mathrm{d}t} + \left[\frac{\partial V}{\partial t}\right]_{\theta i} . \tag{22.2.12}$$

Es ist dann bekannt

$$\frac{\mathrm{d}\theta_i}{\mathrm{d}t} = \Delta\theta_{i0} \cdot \omega_i \cos \omega_i t . \tag{22.2.13}$$

Ferner folgt aus Gl. (22.2.4)

$$\frac{\mathrm{d}V}{\mathrm{d}t} = e^2(t) . \tag{22.2.14}$$

das durch Messung von $e(t)$ ermittelt werden kann. Wenn dann $(\partial V/\partial t)_{\theta i}$ als klein gegenüber dem anderen Term vernachlässigt werden kann, gilt nach Multiplikation der Gl. (22.2.12) mit $\cos \omega_i t$

$$\frac{\mathrm{d}V}{\mathrm{d}t} \cos \omega_i t = \frac{\partial V}{\partial \theta_i} \Delta\theta_{i0} \omega_i \cos^2 \omega_i t . \tag{22.2.15}$$

Der periodische Anteil $\cos^2 \omega_i t$ wird mit einem Tiefpaßfilter ausgefiltert, so daß der

Mittelwert

$$\frac{1}{2}\frac{\partial V}{\partial \theta_i}\Delta\theta_{i0}\,\omega_i$$

zur Verfügung steht und nach

$$\frac{\mathrm{d}\hat{\theta}_i}{\mathrm{d}t} = -k_i\frac{\partial V}{\partial \theta_i}$$

der Grundwert des Parameters $\hat{\theta}_{i0}$ verstellt werden kann, siehe Bild 22.3. Bei mehreren Parametern verwendet man verschiedene Frequenzen ω_i, Eykhoff (1962, 1974). Siehe auch Eykhoff, Smith (1962).

Bei der Formulierung des Einstellgesetzes nach der Gradientenmethode wurde bisher nicht beachtet, daß die Parameteränderungen sich gegenseitig beeinflussen. Diese Kopplungen können die Konvergenz verlangsamen. Durch eine *Orthogonalisierung* der Ausgangsgrößen von Teilmodellen kann man für bestimmte Eingangssignale erreichen, daß die einzustellenden Gewichtsfaktoren dieser Modelle (z.B. Laguerre-Funktionen, Legendre-Funktionen, Chebychev-Polynome) voneinander unabhängig werden. Ihre Ausgangsgrößen sind dann nicht korreliert. Siehe z.B. Eykhoff (1964), Kitamori (1960), Roberts (1967), Müller (1968). Voraussetzung ist dann allerdings, daß die orthogonalen Funktionen eine gute Näherung des Prozesses erlauben und nur bestimmte Eingangssignale verwendet werden. Siehe auch Isermann (1971a).

Das in Gl. (22.2.3) beschriebene Einstellgesetz ist aus der Betrachtung deterministischer Signale entstanden. In Mesch (1964) wurde gezeigt, daß man bei der Einwirkung von stochastischen Störsignalen $n(t)$ auf den Prozeßausgang anstelle des Fehlers $e(t)$ die *Kreuzkorrelationsfunktion* $\Phi_{ue}(\tau)$ aus Eingangssignal und Fehlersignal verwendet.

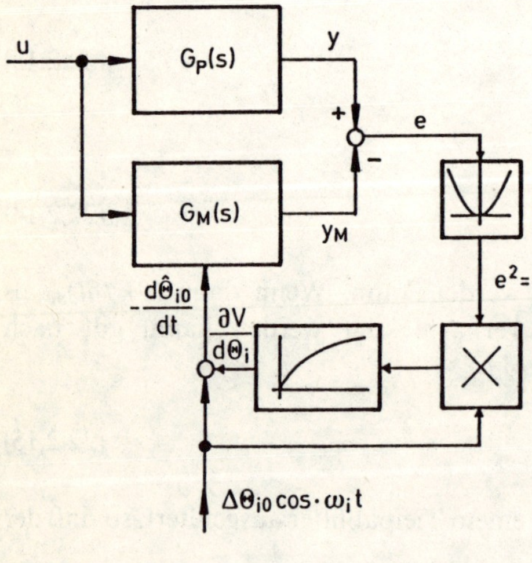

Bild 22.3. Modellabgleich mit Gradientenverfahren, parallelem Modell und periodischer Parameteränderung

22.2.2 Serielles Modell

Von Marsik (1966, 1967) wurde ein Modellabgleichverfahren vorgeschlagen, bei dem das Modell hinter den Prozeß geschaltet wird, Bild 22.4. Wenn der Prozeß z.B. ein Verzögerungsglied zweiter Ordnung ist

$$G_P(s) = \frac{1}{A(s)} = \frac{1}{a_0 + a_1 s + s^2} \tag{22.2.16}$$

dann wird die Übertragungsfunktion des Modells so gewählt, daß es im abgeglichenen Zustand gerade den Nenner von $G_P(s)$ kompensiert

$$G_M(s) = \frac{\hat{A}(s)}{N(s)} = \frac{\hat{a}_0 + \hat{a}_1 s + s^2}{N(s)} \; . \tag{22.2.17}$$

Der Nenner $N(s)$ ist dabei frei wählbar, muß aber aus Gründen der Realisierbarkeit mindestens die Ordnung von $G_P(s)$ haben, also hier

$$N(s) = \alpha_0 + \alpha_1 s + s^2 \; . \tag{22.2.18}$$

Die hintereinandergeschaltete Anordnung $G_P(s) G_M(s)$ wird nun mit dem festen Referenzmodell

$$G_{RM}(s) = \frac{y_{RM}(s)}{u(s)} = \frac{1}{N(s)} \tag{22.2.19}$$

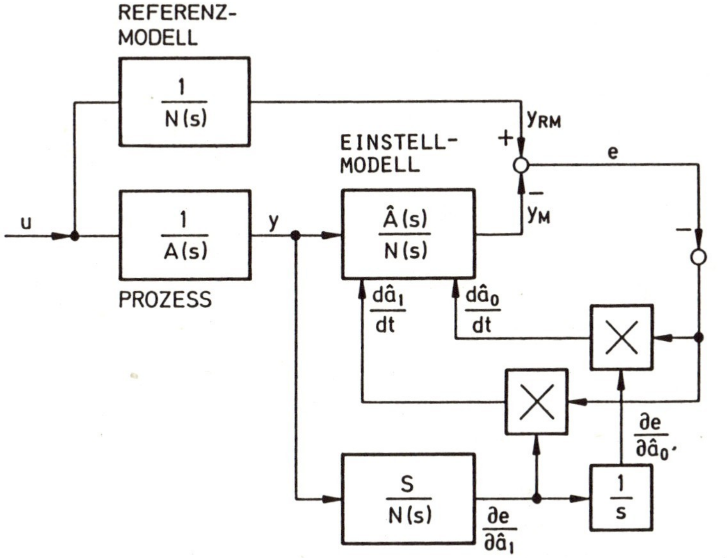

Bild 22.4. Modellabgleich mit Gradientenverfahren und seriellem Modell für ein Verzögerungsglied zweiter Ordnung

verglichen durch Bilden des Fehlersignals

$$e = y_{\mathrm{RM}} - y_{\mathrm{M}} .$$

Das Fehlersignal ist dann ein durch das Referenzmodell *gefilterter Eingangsfehler*.

Somit gilt

$$e(s) = \frac{1}{N(s)}\left[\frac{\hat{a}_0 + \hat{a}_1 s + s^2}{a_0 + a_1 s + s^2} - 1\right] u(s) \tag{22.2.20}$$

und die Parameterempfindlichkeiten sind

$$\left.\begin{aligned} \frac{\partial e}{\partial \hat{a}_0} &= \frac{G_{\mathrm{P}}(s)}{N(s)} u(s) \\ \frac{\partial e}{\partial \hat{a}_1} &= \frac{G_{\mathrm{P}}(s)}{N(s)} s\, u(s) . \end{aligned}\right\} \tag{22.2.21}$$

Bild 22.4 zeigt das zugehörige Blockschaltbild zur Bestimmung dieser Parameterempfindlichkeiten und der Parametereinstellung nach dem Gradientenverfahren mit integriertem quadratischen Fehler entsprechend Gl. (22.2.5).

Ein Vorteil der Modellabgleichmethode mit Serienmodell ist die größer einstellbare Verstärkung der Einstellschleifen, da die Änderung der Modellparameter sich verzögerungsfrei auf das Fehlersignal auswirkt.

Nachteilig ist jedoch, daß sich Störsignale des Ausgangs auf das Modell direkt auswirken, so daß sowohl e als auch die Empfindlichkeiten $\partial e/\partial \hat{\theta}_i$ gestört werden.

Eine Anwendung wird z.B. in Speth (1969) gezeigt.

22.2.3 Paralleles-serielles Modell

Der *verallgemeinerte Fehler* ist nach Gl. (21.1.5)

$$e(s) = [1 + \hat{a}_1 s + \cdots + \hat{a}_n s^n] y(s) - [\hat{b}_0 + b_1 s + \cdots + \hat{b}_m s^m] u(s) \tag{22.2.22}$$

und für die Parameterempfindlichkeit folgt

$$\left.\begin{aligned} &\frac{\partial e}{\partial \hat{a}_1} = s y(s) \quad && \frac{\partial e}{\partial \hat{b}_0} = -u(s) \\ &\vdots && \frac{\partial e}{\partial \hat{b}_1} = -s u(s) \\ &\frac{\partial e}{\partial \hat{a}_n} = s^n y(s) && \vdots \\ & && \frac{\partial e}{\partial b_m} = -s^m u(s) . \end{aligned}\right\} \tag{22.2.23}$$

Weil der verallgemeinerte Fehler (oder Gleichungsfehler) *linear in den Parametern* ist, werden die Empfindlichkeitsfunktionen sehr einfach. Sie bestehen direkt aus den Signalen und ihren Ableitungen. Deshalb sind keine besonderen

Empfindlichkeitsmodelle erforderlich, wie bei Verwendung des Ausgangs- oder Eingangsfehlers.

Die Parametereinstellgleichungen für die Gradientenmethode mit integriertem quadratischen Fehler lauten dann, Gl. (22.2.5),

$$\left.\begin{aligned} \frac{\mathrm{d}\hat{a}_1}{\mathrm{d}t} &= -2k_1 e(t) y^{(1)}(t) \\ &\vdots \\ \frac{\mathrm{d}\hat{a}_n}{\mathrm{d}t} &= -2k_n e(t) y^{(n)}(t) \\ \frac{\mathrm{d}\hat{b}_0}{\mathrm{d}t} &= 2k_{n+1} e(t) u(t) \\ \frac{\mathrm{d}\hat{b}_1}{\mathrm{d}t} &= 2k_{n+2} e(t) u^{(1)}(t) \\ &\vdots \\ \frac{\mathrm{d}\hat{b}_m}{\mathrm{d}t} &= 2k_{n+m+1} e(t) u^{(m)}(t)\;. \end{aligned}\right\} \tag{22.2.24}$$

Es sind also die Produkte aus dem Fehlersignal $e(t)$ und den Ableitungen der Signale zu bilden. Ein gewisses Problem stellt nun die Bestimmung der Ableitungen dar. In Abschnitt 23.1.3 wird beschrieben, daß hierzu besonders Zustandsvariablenfilter geeignet sind.

Bild 22.5 zeigt das Blockschaltbild für eine mögliche Realisierung. Die benötigten Ableitungen werden durch zwei Zustandsvariablenfilter mit gleichem Übertragungsverhalten für das Ein- und Ausgangssignal bestimmt. Die Koeffizienten c_0 und c_1 sind in weiten Grenzen beliebig wählbar (siehe Kapitel 23).

Schreibt man Gl. (22.2.4) für diskrete Zeitpunkte $t = kT_0$ an, dann gilt z.B.

$$\frac{\mathrm{d}\hat{a}_1(t)}{\mathrm{d}t} \approx \frac{\Delta\hat{a}_1(k)}{\Delta t} = \frac{\hat{a}_1(k) - \hat{a}_1(k-1)}{T_0} \tag{22.2.25}$$

und es wird

$$\hat{a}_1(k) = \hat{a}_1(k-1) - \underbrace{2T_0 k_1}_{p_1} e(k) y^{(1)}(k) \tag{22.2.26}$$

oder allgemein

$$\hat{\boldsymbol{\theta}}(k) = \hat{\boldsymbol{\theta}}(k-1) + \boldsymbol{P}\boldsymbol{\psi}(k) e(k) \tag{22.2.27}$$

mit

$$\boldsymbol{\psi}^{\mathrm{T}}(k) = [-y^{(1)}(k) \cdots - y^{(n)}(k)\, u(k)\, u^{(1)}(k) \cdots u^{(m)}(k)]\;. \tag{22.2.28}$$

Damit zeigt sich eine Ähnlichkeit zu den rekursiven Parameterschätzalgorithmen

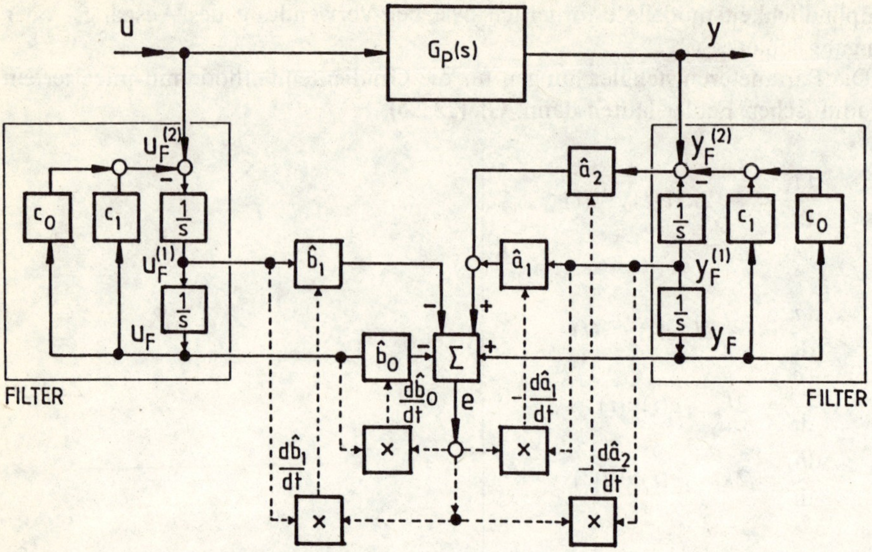

Bild 22.5. Modellabgleich mit Gradientenverfahren und seriellem/parallelem Modell für ein Übertragungsglied zweiter Ordnung

in Kap. 8 und 23. Die Matrix $\boldsymbol{P}$ ist hier allerdings konstant und wird durch die geeignet zu wählenden Konstanten k_i bestimmt. Das hier beschriebene Modellabgleichverfahren entspricht deshalb im Prinzip dem Parameterschätzalgorithmus der kleinsten Quadrate Gl (8.2.9), mit konstanten Werten in der Diagonalen der Kovarianzmatrix $\boldsymbol{P}$, oder der stochastischen Approximation mit verschiedenen konstanten Werten von ρ, Gl. (11.2.8).

Beim Ansatz der Einstellstrategie nach Gl. (22.2.1) wurde nicht beachtet, daß sich die Parametereinstellungen gegenseitig beeinflussen. Berücksichtigt man die Kopplungen, dann kommt man zu ähnlichen Beziehungen wie bei den Parameterschätzverfahren, siehe Eykhoff (1974). Dort wird auch der Einfluß von stochastischen Störsignalen $n(t)$ am Ausgang untersucht. Bei der Modellabgleichmethode mit verallgemeinertem Fehler treten die Störsignale sowohl in $e(t)$ als auch in $\partial e/\partial\hat{\theta}_i$ auf, deren Multiplikation zu einem Gleichwertfehler und damit zu einem Bias der Parameterwerte führt. Die Modellabgleichmethode mit Ausgangsfehler hat diesen Nachteil nicht, da das Störsignal das Empfindlichkeitsmodell nicht beeinflußt.

22.3 Modellabgleich mit Referenzmodellmethoden und Stabilitätsentwurf

Die Gradientenmethoden des Modellabgleichs sind relativ einfach aufgebaut. Die Wahl der Rückführkonstanten k_i ist jedoch willkürlich. Bei festen k_i kann wegen des nichtlinearen Verhaltens ein stabiles Verhalten nicht garantiert werden. Deshalb wurden Modellabgleichmethoden entwickelt, die von Anfang an das Stabilitätsverhalten mit einschliessen, Parks (1966). Sie sind besonders im Zusammenhang mit adaptiven Regelungen auf der Basis von Referenzmodellen (MRAS) entstanden, Landau (1979). Bei den Modellabgleichmethoden zur Identifikation wird dann der Prozeß als Referenzmodell betrachtet. Die Stabilität kann dabei entweder über die Methode von Ljapunov oder über die Hyperstabilitätsmethode von Popov erfolgen. Die Ergebnisse beider Methoden sind ähnlich. Dies soll im folgenden kurz gezeigt werden. Dabei ist die Formulierung des Modells im Zustandsraum besser geeignet. Es werden zunächst Mehrgrößenprozesse betrachtet, da dies keinen zusätzlichen Aufwand bedeutet.

22.3.1 Zustandsfehler

Um die globale Stabilität schon beim Entwurf zu berücksichtigen, wird das Gütekriterium so modifiziert, daß für das Gleichungssystem des Fehlers eine Ljapunov-Methode entsteht, siehe Parks (1966), Lindorff, Carrol (1973), Narendra, Kudva (1974), Parks (1981).

Der Prozeß werde beschrieben durch

$$\dot{\boldsymbol{x}}(t) = \boldsymbol{A}\boldsymbol{x}(t) + \boldsymbol{B}\boldsymbol{u}(t) \tag{22.3.1}$$

und das einzustellende Modell durch

$$\dot{\boldsymbol{x}}_{\mathrm{M}}(t) = \boldsymbol{A}_{\mathrm{M}}\boldsymbol{x}_{\mathrm{M}}(t) + \boldsymbol{B}_{\mathrm{M}}\boldsymbol{u}(t)\,. \tag{22.3.2}$$

Für den Zustandsfehler gilt dann

$$\boldsymbol{e}(t) = \boldsymbol{x}(t) - \boldsymbol{x}_{\mathrm{M}}(t) \tag{22.3.3}$$

und nach Subtraktion der Gln. (22.3.1, 2) erhält man das Fehlergleichungssystem

$$\dot{\boldsymbol{e}}(t) = \boldsymbol{A}\boldsymbol{e}(t) + [\boldsymbol{A} - \boldsymbol{A}_{\mathrm{M}}]\,\boldsymbol{x}_{\mathrm{M}}(t) + [\boldsymbol{B} - \boldsymbol{B}_{\mathrm{M}}]\boldsymbol{u}(t)\,. \tag{22.3.4}$$

Die Ljapunov-Funktion für dieses Gleichungssystem wird nun so gewählt, daß sowohl die Zustandsfehler als auch die Parameterfehler enthalten sind, Landau (1979)

$$\begin{aligned} V = \boldsymbol{e}^{\mathrm{T}}\boldsymbol{P}\boldsymbol{e} &+ \mathrm{sp}\,[(\boldsymbol{A} - \boldsymbol{A}_{\mathrm{M}})^{\mathrm{T}}\boldsymbol{F}_A^{-1}(\boldsymbol{A} - \boldsymbol{A}_{\mathrm{M}})] \\ &+ \mathrm{sp}\,[(\boldsymbol{B} - \boldsymbol{B}_{\mathrm{M}})^{\mathrm{T}}\boldsymbol{F}_B^{-1}(\boldsymbol{B} - \boldsymbol{B}_{\mathrm{M}})]\,. \end{aligned} \tag{22.3.5}$$

Hierbei sind $\boldsymbol{P}$, $\boldsymbol{F}_A^{-1}$ und $\boldsymbol{F}_B^{-1}$ positiv definite Matrizen, die noch festzulegen sind. Für die erste Ableitung der Ljapunov-Funktion gilt

$$\begin{aligned} \dot{V} = \boldsymbol{e}^{\mathrm{T}}&[\boldsymbol{A}^{\mathrm{T}}\boldsymbol{P} + \boldsymbol{P}\boldsymbol{A}]\boldsymbol{e} \\ &+ 2\mathrm{sp}\,[(\boldsymbol{A} - \boldsymbol{A}_{\mathrm{M}})^{\mathrm{T}}(\boldsymbol{P}\boldsymbol{e}\boldsymbol{x}^{\mathrm{T}} - \boldsymbol{F}_A^{-1}\dot{\boldsymbol{A}}_{\mathrm{M}})] \\ &+ 2\mathrm{sp}\,[(\boldsymbol{B} - \boldsymbol{B}_{\mathrm{M}})^{\mathrm{T}}(\boldsymbol{P}\boldsymbol{e}\boldsymbol{u}^{\mathrm{T}} - \boldsymbol{F}_B^{-1}\dot{\boldsymbol{B}}_{\mathrm{M}})]\,. \end{aligned} \tag{22.3.6}$$

Falls der Prozeß stabil ist, ist $\boldsymbol{A}$ eine Hurwitz-Matrix (Eigenwerte mit negativen

Realteilen), und es ist

$$A^{\mathrm{T}} \boldsymbol{P} + \boldsymbol{P}A = -\boldsymbol{Q} \tag{22.3.7}$$

eine positiv definite Matrix $\boldsymbol{Q}$, die es erlaubt, eine geeignete Matrix $\boldsymbol{P}$ zu berechnen. Der erste Term in Gl. (22.3.6) ist dann negativ definit für alle $\boldsymbol{e}(t) \neq \boldsymbol{0}$ und der zweite und dritte Term wird Null, wenn als *Einstellgesetz* gewählt wird

$$\left.\begin{aligned} \dot{\boldsymbol{A}}_{\mathrm{M}} &= \boldsymbol{F}_{\mathrm{A}}[\boldsymbol{P}\boldsymbol{e}]\boldsymbol{x}_{\mathrm{M}}^{\mathrm{T}} \\ \dot{\boldsymbol{B}}_{\mathrm{M}} &= \boldsymbol{F}_{B}[\boldsymbol{P}\boldsymbol{e}]\boldsymbol{u}^{\mathrm{T}} \; . \end{aligned}\right\} \tag{22.3.8}$$

Führt man noch ein transformiertes Fehlersignal ein,

$$\boldsymbol{\varepsilon}(t) = \boldsymbol{P}\boldsymbol{e}(t) \tag{22.3.9}$$

dann ergibt sich nach Integration

$$\left.\begin{aligned} \dot{\boldsymbol{A}}_{\mathrm{M}}(t_1) &= \int_0^{t_1} \boldsymbol{F}_A \boldsymbol{\varepsilon}(t) \boldsymbol{x}_{\mathrm{M}}^{\mathrm{T}}(t)\,\mathrm{d}t \\ \dot{\boldsymbol{B}}_{\mathrm{M}}(t_1) &= \int_0^{t_1} \boldsymbol{F}_B \boldsymbol{\varepsilon}(t) \boldsymbol{u}^{\mathrm{T}}(t)\,\mathrm{d}t \; . \end{aligned}\right\} \tag{22.3.10}$$

Aufgrund von Gl. (22.3.6) entsteht somit ein global asymptotisch stabiles System, falls $\boldsymbol{F}_A$ und $\boldsymbol{F}_B$ (beliebige) positiv definite Matrizen sind. Das entstehende Modellabgleichsystem ist in Bild 22.6 dargestellt.

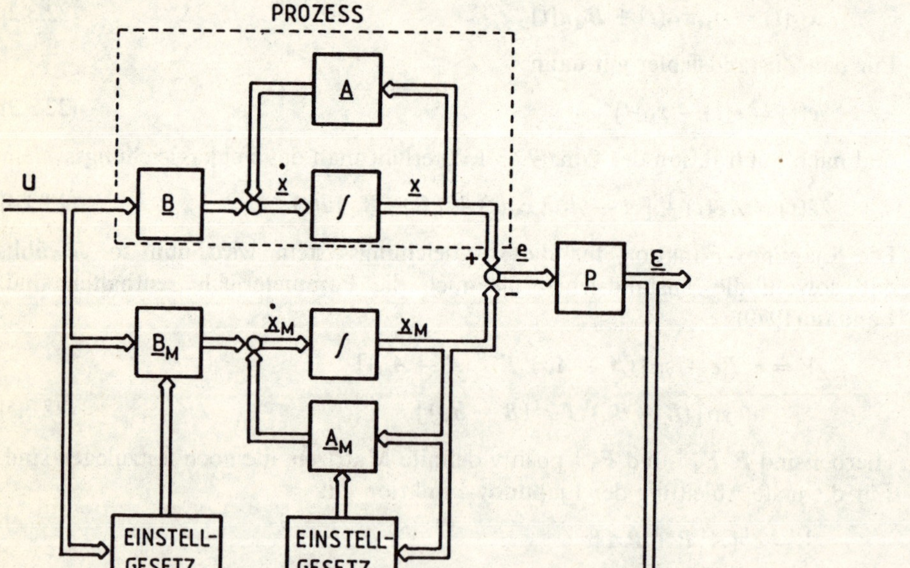

Bild 22.6. Modellabgleich mit Referenzmodellmethode und Ljapunov-Stabilitätsentwurf für Zustandsfehler

Durch Vergleich mit Gl. (22.2.6) folgt, daß die Fehlersignale anstelle mit den (lokal gültigen) Empfindlichkeitsfunktionen der Ausgangsgröße mit den Zustandsgrößen des Modells oder mit den Eingangsgrößen multipliziert werden. Die Ableitungen von $e(t)$ in $\boldsymbol{e}(t)$ müssen noch besonders ermittelt werden, z.B. durch Zustandsvariablenfilter.

Das resultierende Einstellgesetz ergibt sich direkt aus der Ljapunov-Funktion, deren Wahl aber ziemlich willkürlich ist. Bei etwas modifiziertem Ansatz der Ljapunov-Funktion erhält man z.B. ein proportional-integral wirkendes Einstellgesetz, Hang (1974).

Ein gewisser Nachteil ist ferner die Willkür bei der Wahl der vielen freien Parameter von $\boldsymbol{Q}$, $\boldsymbol{F}_A$ und $\boldsymbol{F}_B$.

Die Einstellgesetze für globale Stabilität lassen sich auch durch Anwendung des *Popov-Hyperstabilitätskonzepts* bestimmen. Hierzu wird das System aufgeteilt in einen linearen, zeitinvarianten Vorwärtszweig $G_V(s)$ und einen nichtlinearen Rückführzweig. Die Anordnung ist dann hyperstabil, wenn die Übertragungsfunktion $G_V(s)$ des Vorwärtszweiges positiv reell ist, siehe Landau (1979) und Anhang A7. Der Vorwärtszweig lautet dann, siehe auch Isermann (1987),

$$G_V(s) = \frac{\varepsilon(s)}{u_1(s)} = \frac{D(s)}{A(s)} = \boldsymbol{D}[s\boldsymbol{I} - \boldsymbol{A}]^{-1} \tag{22.3.11}$$

wobei das Polynom

$$D(s) = d_0 + d_1 s + \cdots + d_{n-1} s^{n-1} \tag{22.3.12}$$

zusätzlich eingeführt wurde, damit $G_V(s)$ positv reell ist. Dieses Filter $D(s)$ entspricht

$$\varepsilon(t) = \boldsymbol{D}\boldsymbol{e}(t) \tag{22.3.13}$$

wegen dem bei der Ljapunov-Funktion eingeführten $\boldsymbol{P}$. Somit lassen sich beide Stabilitätsentwürfe ineinander überführen.

22.3.2 Verallgemeinerter Fehler

In Abschnitt 22.2.3 wurde gezeigt, daß bei Verwendung des verallgemeinerten Fehlers die Ableitungen des Fehlers nach den einzelnen Parametern gleich den zeitlichen Ableitungen der Ein- und Ausgangssignale sind. Ermittelt man nun diese Ableitungen über ein Zustandsvariablenfilter

$$G_F(s) = \frac{1}{c_0 + c_1 s + \cdots + c_n s^n} \tag{22.3.14}$$

wie in Bild 22.7 zu sehen, dann folgen nach Landau (1979) aus dem Hyperstabilitätsentwurf die Einstellgesetze

$$\left.\begin{aligned} \hat{a}_i(t_1) &= -k_i \int_0^{t_1} e_F(t)\, y_F^{(i)}(t)\, dt \\ \hat{b}_j(t_1) &= k_j \int_0^{t_1} e_F(t)\, u_F^{(j)}(t)\, dt \; . \end{aligned}\right\} \tag{22.3.15}$$

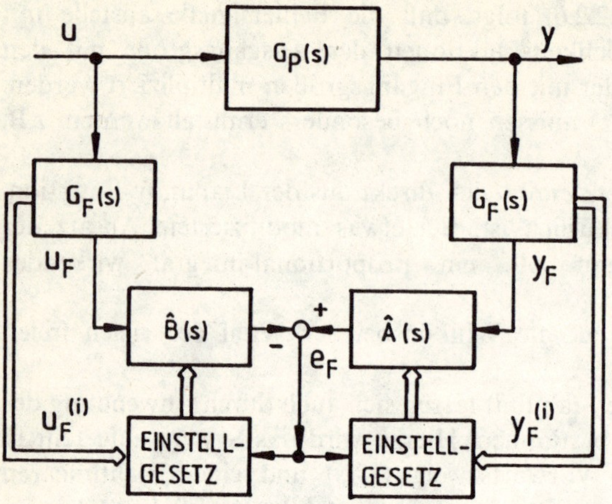

Bild 22.7. Modellabgleich mit Referenzmodellmethode und Hyperstabilitätsentwurf für verallgemeinerten Fehler. $G_F(s)$: Zustandsvariablenfilter

Die zusätzliche Einführung eines Filterpolynoms $D(s)$ ist nicht erforderlich, wenn die Ableitungen der Signale mit einem Zustandsvariablenfilter bestimmt werden. Das Modellabgleichverfahren ist in dieser Form global stabil für $k_i > 0$, $k_j > 0$, siehe Landau (1979). Dieses Verfahren ist somit identisch mit der Gradientenmethode für das parallele-serielle Modell, Abschnitt 22.2.3.

22.4 Zusammenfassung

Je nach Anordnung des einstellbaren Modells, der Festlegung des Fehlers und des Gütekriteriums, der Optimierungsmethode und Einbeziehung des Stabilitätsverhaltens sind in den Jahren von etwa 1958 bis 1970 mehrere Modellabgleichmethoden entstanden. Sie wurden hauptsächlich für eine Realisierung in analoger Technik entwickelt und es liegen im wesentlichen deterministische Betrachtungen zugrunde.

Dieser Modellabgleich mit parallel oder seriell angeordnetem Modell und *Gradientenverfahren* erfordert zusätzliche Empfindlichkeitsmodelle. Bei parallel-serieller Anordnung des Modells und Verwendung des verallgemeinerten Fehlers sind die Parameterempfindlichkeiten einfacher zu ermitteln, wenn die Ableitungen z.B. einem Zustandsvariablenfilter entnommen werden. Bei einwirkenden Störsignalen entsteht jedoch ein Bias.

Da die Modellabgleichsmethoden mittels Gradientenoptimierung instabil werden können, wurden Methoden entwickelt, die die Stabilität beim Entwurf berücksichtigen. Durch Ansetzen geeigneter Ljapunov-Funktionen oder auf dem Wege der Popovschen Hyperstabilitätstheorie können *global stabile Modellabgleichmethoden* angegeben werden. Hierzu ist die Zustandsdarstellung der

Modelle besser geeignet. Bei nichtmeßbaren Zustandsgrößen werden Zustandsvariablenfilter zur Ermittlung der Signalableitungen eingesetzt.

Ein wesentlicher Nachteil der Modellabgleichmethoden ist die Willkür in der Wahl der Rückführverstärkungen bei den Gradientenverfahren und der noch größeren Anzahl der freien Konstanten bei den Referenzmodellmethoden mit Stabilitätsentwurf. Die Modellabgleichmethoden sind deshalb seit etwa 1975 zunehmend durch die Parameterschätzmethoden abgelöst worden, die von Anfang an die Realisierung in Digitalrechnern annehmen. Die Parameterschätzmethoden gehen im Unterschied zu den Modellabgleichmethoden von einer stochastischen Betrachtung aus, berücksichtigen die Kopplungseffekte zwischen den Parametern, arbeiten mit „zeitveränderlichen Verstärkungen“ entsprechend der Parameterkonvergenz und haben nicht so viele freie Konstanten. Trotzdem haben die Modellabgleichmethoden einen wichtigen Platz in der Entwicklung von Identifikationsmethoden. Für spezielle Anwendungen in analoger Technik, wie z.B. bei sehr schnellen dynamischen Prozessen, haben sie auch jetzt noch eine Bedeutung.

23 Parameterschätzmethoden für Differentialgleichungen

Die im Kapitel 21 und 22 beschriebenen Identifikationsmethoden gehen von einer deterministischen Betrachtung aus. Deshalb sind entweder keine oder nur kleine Störsignale zugelassen. In diesem Kapitel wird nun auf der Grundlage der für zeitdiskrete Modelle in Teil C behandelten Methoden die Parameterschätzung für Differentialgleichungen betrachtet. Es wird zunächst die Methode der kleinsten Quadrate verwendet und beschrieben, wie die Ableitungen der Ein- und Ausgangssignale ermittelt werden können. Dann folgt die Methode der Hilfsvariablen, die Maximum-Likelihood-Methode und die Methode Korrelation und kleinste Quadrate.

23.1 Methoden der kleinsten Quadrate

23.1.1 Grundgleichungen

Es wird ein stabiler Prozeß mit konzentrierten Parametern betrachtet, der durch eine lineare, zeitinvariante Differentialgleichung

$$a_n y_u^{(n)}(t) + a_{n-1} y_u^{(n-1)}(t) + \cdots + a_1 y_u^{(1)}(t) + y_u(t)$$
$$= b_m u^{(m)}(t) + b_{m-1} u^{(m-1)}(t) + \cdots + b_1 u^{(1)}(t) + b_0 u(t) \quad (23.1.1)$$

beschrieben werden kann. Dabei wird angenommen, daß die Ableitungen des Ausgangssignales

$$y^{(j)}(t) = \mathrm{d}^j y(t)/\mathrm{d}t^j \quad j = 1, 2, \ldots, n \quad (23.1.2)$$

und des Eingangssignales für $j = 1, 2, \ldots, m$ existieren. $u(t)$ und $y(t)$ sind die Änderungen

$$\begin{aligned} u(t) &= U(t) - U_{00} \\ y(t) &= Y(t) - Y_{00} \end{aligned} \quad (23.1.3)$$

der absoluten Signalwerte $U(t)$ und $Y(t)$ von den Gleichwerten U_{00} und Y_{00}. Zu Gl. (23.1.1) gehört die Übertragungsfunktion

$$G_P(s) = \frac{y_u(s)}{u(s)} = \frac{B(s)}{A(s)} = \frac{b_0 + b_1 s + \cdots + b_{m-1} s^{m-1} + b_m s^m}{1 + a_1 s + \cdots + a_{n-1} s^{n-1} + a_n s^n} \quad (23.1.4)$$

siehe Bild 23.1.

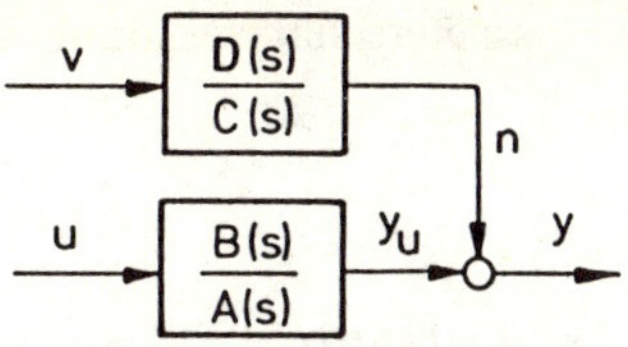

Bild 23.1. Linearer Prozeß mit zeitkontinuierlichen Signalen

Das meßbare Signal $y(t)$ enthalte ein überlagertes Störsignal $n(t)$

$$y(t) = y_u(t) + n(t)\,. \tag{23.1.5}$$

Setzt man diese Gl. in Gl. (23.1.1) ein und führt einen Gleichungsfehler $e(t)$ ein, dann wird (entsprechend zu Abschnitt 8.1.1)

$$y(t) = \boldsymbol{\psi}^{\mathrm{T}}(t)\hat{\boldsymbol{\theta}} + e(t) \tag{23.1.6}$$

mit

$$\boldsymbol{\psi}^{\mathrm{T}}(t) = [-y^{(1)}(t)\cdots -y^{(n)}(t) \quad u(t)\cdots u^{(m)}(t)] \tag{23.1.7}$$

$$\hat{\boldsymbol{\theta}} = [\hat{a}_1\cdots\hat{a}_n \quad \hat{b}_0\cdots\hat{b}_m]^{\mathrm{T}}\,. \tag{23.1.8}$$

(Man kann hier auch bilden

$$y^{(n)}(t) = \boldsymbol{\psi}^{\mathrm{T}}(t)\hat{\boldsymbol{\theta}} + e(t)$$

mit dann entsprechend geänderten Elementen der Vektoren, siehe Young (1981)).

Es werden nun Ein- und Ausgangssignale zu den diskreten Zeitpunkten $t = kT_0$, $k = 0, 1, 2, \ldots, N$, mit der Abtastzeit T_0 gemessen und ihre Ableitungen gebildet. Dann entstehen $N + 1$ Gleichungen

$$y(k) = \boldsymbol{\psi}^{\mathrm{T}}(k)\hat{\boldsymbol{\theta}} + e(k)\,. \tag{23.1.9}$$

Dieses Gleichungssystem wird nun in eine Matrixdarstellung gebracht

$$\boldsymbol{y} = \boldsymbol{\Psi}\hat{\boldsymbol{\theta}} + \boldsymbol{e} \tag{23.1.10}$$

mit

$$\boldsymbol{y}^{\mathrm{T}}(N) = [y(0)y(1)\ldots y(N)] \tag{23.1.11}$$

$$\boldsymbol{\Psi}(N) = \begin{bmatrix} -y^{(1)}(0) & \cdots & -y^{(n)}(0) & u(0) & \cdots & u^{(m)}(0) \\ -y^{(1)}(1) & \cdots & -y^{(n)}(1) & u(1) & \cdots & u^{(m)}(1) \\ \vdots & & & & & \\ -y^{(1)}(N) & \cdots & -y^{(n)}(N) & u(N) & \cdots & u^{(m)}(N) \end{bmatrix} \tag{23.1.12}$$

$$\boldsymbol{e}^{\mathrm{T}}(N) = [e(0)e(1)\ldots e(N)]\,. \tag{23.1.13}$$

Durch Minimieren der Verlustfunktion

$$V = \boldsymbol{e}^{\mathrm{T}}(N)\boldsymbol{e}(N) = \sum_{k=0}^{N} e^2(k) \tag{23.1.14}$$

erhält man über $\mathrm{d}V/\mathrm{d}\hat{\boldsymbol{\theta}} = \boldsymbol{0}$ wie in Abschnitt 8.1.1 den Parameterschätzvektor nach der Methode der kleinsten Quadrate

$$\hat{\theta}(N) = [\boldsymbol{\Psi}^{\mathrm{T}}\boldsymbol{\Psi}]^{-1}\boldsymbol{\Psi}^{\mathrm{T}}\boldsymbol{y}\,. \tag{23.1.15}$$

Die Existenz einer eindeutigen Lösung setzt voraus, daß die Matrix $\boldsymbol{\Psi}^{\mathrm{T}}\boldsymbol{\Psi}$ positiv definit ist, siehe Gl. (8.1.26), usw. .

Nach Division durch die Meßzeit erhält man auch hier als Elemente Korrelationsfunktionsschätzwerte der Form

$$\left.\begin{aligned}
\hat{\Phi}_{y^{(i)}y^{(j)}}(0) &= \frac{1}{N+1}\sum_{k=0}^{N} y^{(i)}(k)\,y^{(j)}(k)\\
\hat{\Phi}_{u^{(i)}y^{(j)}}(0) &= \frac{1}{N+1}\sum_{k=0}^{N} u^{(i)}(k)\,y^{(j)}(k)\\
\hat{\Phi}_{u^{(i)}u^{(j)}}(0) &= \frac{1}{N+1}\sum_{k=0}^{N} u^{(i)}(k)\,u^{(j)}(k)
\end{aligned}\right\} \tag{23.1.16}$$

so daß

$$\frac{1}{N+1}\boldsymbol{\Psi}^{\mathrm{T}}\boldsymbol{\Psi} = \left[\begin{array}{cccc|ccc}
\hat{\Phi}_{y^{(1)}y^{(1)}}(0) & \hat{\Phi}_{y^{(1)}y^{(2)}}(0) & \cdots & \hat{\Phi}_{y^{(1)}y^{(n)}}(0) & -\hat{\Phi}_{uy^{(1)}}(0) & \cdots & -\hat{\Phi}_{u^{(m)}y^{(1)}}(0)\\
 & \hat{\Phi}_{y^{(2)}y^{(2)}}(0) & \cdots & \hat{\Phi}_{y^{(2)}y^{(n)}}(0) & -\hat{\Phi}_{uy^{(2)}}(0) & \cdots & -\hat{\Phi}_{u^{(m)}y^{(2)}}(0)\\
 & & \ddots & & & & \\
 & & & \hat{\Phi}_{y^{(n)}y^{(n)}}(0) & -\hat{\Phi}_{uy^{(n)}}(0) & \cdots & -\hat{\Phi}_{u^{(m)}y^{(n)}}(0)\\
\hline
 & & & & \hat{\Phi}_{uu}(0) & \cdots & \hat{\Phi}_{u^{(m)}u}(0)\\
 & & & & & \ddots & \\
 & & & & & & \hat{\Phi}_{u^{(m)}u^{(m)}}(0)
\end{array}\right] \tag{23.1.17}$$

$$\frac{1}{N+1}\boldsymbol{\Psi}^{\mathrm{T}}\boldsymbol{y} = \left[\begin{array}{c}
-\hat{\Phi}_{y^{(1)}y}(0)\\
-\hat{\Phi}_{y^{(2)}y}(0)\\
\vdots\\
-\hat{\Phi}_{y^{(n)}y}(0)\\
\hline
\hat{\Phi}_{uy}(0)\\
\vdots\\
\hat{\Phi}_{u^{(m)}y}(0)
\end{array}\right] \tag{23.1.18}$$

Es treten also nur Korrelationsfunktionen $\hat{\Phi}(\tau)$ für $\tau = 0$, also ohne Zeitverschiebung, auf.

In der äußeren Gestalt ist viel Ähnlichkeit zur Methode der kleinsten Quadrate für Modelle mit zeitdiskreten Signalen zu erkennen. Deshalb können eine Reihe von Darstellungen direkt übernommen werden, wie z.B. die rekursive Form und numerisch verbesserte Versionen. Besondere Probleme treten allerdings bei der Konvergenz und der Ermittlung der benötigten Ableitungen der Signalwerte auf.

23.1.2 Konvergenz

Es werde nun der Fall betrachtet, daß das Ausgangssignal durch ein stationäres stochastisches Störsignal $n(t)$ beeinflußt wird. Für den Erwartungswert der Parameterschätzwerte gilt dann unter der Annahme, daß die Modellparameter $\hat{\boldsymbol{\theta}}$ mit den wahren Werten $\boldsymbol{\theta}_0$ des Prozesses übereinstimmen nach Einsetzen von

$$\boldsymbol{y} = \boldsymbol{\Psi}\boldsymbol{\theta}_0 + \boldsymbol{e} \tag{23.1.19}$$

in Gl. (23.1.15)

$$E\{\hat{\boldsymbol{\theta}}\} = \boldsymbol{\theta}_0 + E\{[\boldsymbol{\Psi}^{\mathrm{T}}\boldsymbol{\Psi}]^{-1}\boldsymbol{\Psi}^{\mathrm{T}}\boldsymbol{e}\} \tag{23.1.20}$$

wobei

$$\boldsymbol{b} = E\{[\boldsymbol{\Psi}^{\mathrm{T}}\boldsymbol{\Psi}]^{-1}\boldsymbol{\Psi}^{\mathrm{T}}\boldsymbol{e}\} \tag{23.1.21}$$

ein Bias ist (siehe Anhang). Wenn der Bias verschwinden soll gilt auch hier Satz 8.1, d.h. es muß gelten

$$E\{\boldsymbol{\Psi}^{\mathrm{T}}\boldsymbol{e}\} = \boldsymbol{0}\,. \tag{23.1.22}$$

Für die Elemente folgt aus Gl. (23.1.18) und (23.1.5)

$$\hat{\Phi}_{y^{(j)}e}(0) = \hat{\Phi}_{n^{(j)}e}(0)$$

und da $e(t)$ nicht mit $u(t)$ korreliert ist, muß eine erwartungstreue Schätzung

$$E\{[-\hat{\Phi}_{n^{(1)}e}(0) - \hat{\Phi}_{n^{(2)}e}(0)\cdots - \hat{\Phi}_{n^{(n)}e}(0) \;\vdots\; 0\cdots 0]^{\mathrm{T}}\} = \boldsymbol{0}^{\mathrm{T}} \tag{23.1.23}$$

erfüllen. Setzt man Gl. (23.1.5) in Gl. (23.1.19) ein, dann folgt, analog zu Gl. (8.1.57) die stochastische Differentialgleichung

$$e(t) = a_n n^{(n)}(t) + \cdots + a_1 n^{(1)}(t) + n(t) \tag{23.1.24}$$

so daß also das Störsignal $n(t)$ durch ein Filter mit der Übertragungsfunktion

$$G_{\mathrm{F}}(s) = \frac{n(s)}{e(s)} = \frac{1}{A(s)} = \frac{1}{1 + a_1 s + \cdots + a_n s^n} \tag{23.1.25}$$

und dem Gleichungsfehler als Eingangssignal erzeugt wird. Nach Multiplikation von Gl. (23.1.24) mit $n^{(j)}(t-\tau)$ und Erwartungswertbildung wird

$$\hat{\Phi}_{n^{(j)}e}(\tau) = a_n \hat{\Phi}_{n^{(j)}n^{(n)}}(\tau) + \cdots + a_1 \hat{\Phi}_{n^{(j)}n^{(1)}}(\tau) + \hat{\Phi}_{n^{(j)}n}(\tau)\,. \tag{23.1.26}$$

Nun gilt nach Papoulis (1965), S. 317,

$$\hat{\Phi}_{n^{(j)}e}(\tau) = \frac{\mathrm{d}^j}{\mathrm{d}\tau^j}\Phi_{ne}(\tau) = \frac{\mathrm{d}^j}{\mathrm{d}\tau^j}E\{n(t)e(t+\tau)\}\,. \tag{23.1.27}$$

Es werde nun angenommen, daß $e(t)$ ein weißes Rauschen mit

$$\Phi_{ee}(\tau) = \lambda\,\delta(\tau) \tag{23.1.28}$$

ist. Für die Kreuzkorrelationsfunktion des Störsignalfilters gilt dann

$$\Phi_{ne}(\tau) = g_{\mathrm{F}}(\tau) = \mathscr{L}^{-1}\{G_{\mathrm{F}}(s)\} \tag{23.1.29}$$

und für die Elemente von Gl. (23.1.23) folgt dann

$$\begin{aligned}\hat{\Phi}_{n^{(j)}e}(0) &= \lim_{\tau\to 0}\frac{\mathrm{d}^j}{\mathrm{d}\tau^j}g_{\mathrm{F}}(\tau)\\ &= \lim_{s\to\infty}\,[s^{j+1}G_{\mathrm{F}}(s) - s^j g_{\mathrm{F}}(0^+) - s^{j-1}g_{\mathrm{F}}^{(1)}(0^+) - \cdots - s g_{\mathrm{F}}^{(j-1)}(0^+)]\\ &= \begin{cases} 0 & \text{für } j = 1, 2, \ldots, n-2\\ \neq 0 & \text{für } j = n-1, n.\end{cases}\end{aligned} \tag{23.1.30}$$

Die Gl. (23.1.23) wird also nicht erfüllt, so daß Schätzwerte mit Bias entstehen. Im Unterschied zur Methode der kleinsten Quadrate bei zeitdiskreten Signalen ergeben sich also bei zeitkontinuierlichen Signalen keine erwartungstreuen Parameterschätzwerte, wenn das Fehlersignal $e(t)$ ein weißes Rauschen ist. Deshalb sollte die LS-Methode nicht verwendet werden, wenn das Störsignal-Nutzsignal-Verhältnis groß ist.

23.1.3 Ermittlung der Ableitungen

Die Parameterschätzung nach der Methode der kleinsten Quadrate erfordert die Ableitungen des Eingangssignales $u(t)$ und des (gestörten) Ausgangssignales $y(t)$ bis zur m-ten bzw. n-ten Ordnung. Um diese Ableitungen aus den Abtastsignalwerten $u(k)$ und $y(k)$ zu bestimmen gibt es hauptsächlich zwei Möglichkeiten:

(a) Numerische Differentiation
(b) Zustandsvariablen-Filterung.

Bei der *numerischen Differentiation* ist es am einfachsten, die Ableitungen durch die entsprechenden Rückwärtsdifferenzen zu ersetzen. Allerdings wird hierbei der Einfluß höherfrequenter Störsignalkomponenten verstärkt. Zur Verminderung dieses Einflusses bietet sich der Einsatz von Interpolationsgleichungen an. So kann z.B. die Spline-Interpolation (Polynome dritter Ordnung) oder die Newton-Interpolation verwendet werden. Der verbleibende Störsignaleinfluß beschränkt jedoch die Anwendung auf Prozesse bis zweiter oder dritter Ordnung.

Die Verwendung von *Zustandsvariablen-Filter* (ZVF) nach Bild 23.2 auf Ein- und Ausgangssignal ermöglicht gleichzeitig sowohl die Bestimmung der

Ableitungen als auch die Filterung von Störsignalen ohne Differentiation, Young (1981). Die Übertragungsfunktion des ZVF lautet

$$F(s) = \frac{y_f(s)}{y(s)} = \frac{1}{f_0 + f_1 s + \cdots + f_{n-1} s^{n-1} + s^n}. \tag{23.1.31}$$

Es handelt sich also um ein Tiefpaßfilter in Zustandsdarstellung, in Bild 23.2 in Regelungs-Normalform, bei dem die Ableitungen des gefilterten Signales $y_f(t)$ vor den Integratoren entnommen werden können. Da nur ein zusammenpassender Satz von zeitlichen Ableitungen der Signale benötigt wird, besteht in der Wahl der Filterparameter f_i eine gewisse Freiheit. Dabei genügt es zunächst, den Frequenzgang des Prozesses (Bandbreite) näherungsweise zu berücksichtigen. Um die Störsignale wirkungsvoll auszufiltern und die Ableitungen in Echtzeit zu erhalten, kann z.B. $f_i \approx a_i$ verwendet werden.

Setzt man nach Young (1981) $f_i = \hat{a}_i$, dann führt dies auf ein adaptives ZVF.

Bessere Ergebnisse erhält man mit der Auslegung des ZVF als Butterworth-Filter, dessen Bandbreite ω_B etwa der höchsten Frequenz entspricht, die für die Prozeßidentifikation benötigt wird, Geiger (1985). Zur Auslegung des Filters siehe z.B. Schenck, Tietze (1970), Isermann (1987), Schüßler (1990), Peter (1992).

Eine zweckmäßige digitale Realisierung des ZVF wird in Peter, Isermann (1989) und Peter (1992) angegeben. Hierzu wird das ZVF in Zustandsvektorform gebracht

$$\dot{\xi}(t) = \boldsymbol{A}\xi(t) + \beta y(t) \tag{23.1.32}$$

$$y_f(t) = \boldsymbol{\Gamma}\xi'(t) \tag{23.1.33}$$

mit

$$\boldsymbol{A} = \begin{bmatrix} 0 & 1 & 0 & \cdots & 0 \\ 0 & 0 & 1 & \cdots & 0 \\ \vdots & & & & \\ 0 & 0 & 0 & \cdots & 1 \\ -f_0 & -f_1 & & \cdots & -f_{n-1} \end{bmatrix}; \quad \boldsymbol{\beta} = \begin{bmatrix} 0 \\ 0 \\ \vdots \\ 1 \end{bmatrix}; \quad \xi' = \begin{bmatrix} \xi \\ y \end{bmatrix}$$

$$\boldsymbol{\Gamma} = \begin{bmatrix} 1 \ldots\ldots 0 \\ \boldsymbol{A} \quad \vdots \\ \quad\;\; 1 \end{bmatrix}.$$

Der Verlauf der Zustandsvariablen ergibt sich dann für beliebiges Eingangssignal $y(t)$, zu den Abtastzeitpunkten $t = kT_0$ (Föllinger (1980))

$$\xi(kT_0) = \boldsymbol{\Phi}(T_0)\xi((k-1)T_0) + \int_{(k-1)T_0}^{kT_0} \boldsymbol{\Phi}(kT_0 - t)\boldsymbol{\beta} y(t)\,\mathrm{d}t \tag{23.1.34}$$

mit

$$\boldsymbol{\Phi}(t) = \mathrm{e}^{\boldsymbol{A}t} = \sum_{\nu=0}^{\infty} \frac{(\boldsymbol{A}t)^\nu}{\nu!}. \tag{23.1.35}$$

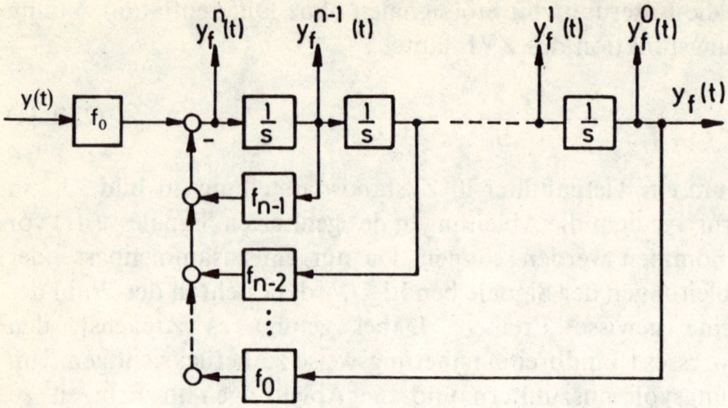

Bild 23.2. Zustandsvariablen-Filter

Nach Substitution von $\tau = kT_0 - t$ wird

$$\xi(kT_0) = \boldsymbol{\Phi}(T_0)\xi((k-1)T_0) + \int_0^{T_0} \boldsymbol{\Phi}(\tau)\boldsymbol{\beta} y(kT_0 - \tau)\,\mathrm{d}\tau\,. \tag{23.3.36}$$

Hierzu muß allerdings das Eingangssignal des Filters $y(t)$ analytisch zwischen den Abtastzeitpunkten bekannt sein.

Wenn das zu filternde Signal die Stellgröße eines Prozeßrechners ist, dann gilt für ein im A/D-Wandler realisiertes Halteglied nullter Ordnung

$$u(t) = u((k-1)T_0) \quad (k-1)T_0 \le t < kT_0$$

und Gl. (23.1.24) vereinfacht sich zu

$$\xi(kT_0) = \boldsymbol{\Phi}(T_0)\xi((k-1)T_0) + \boldsymbol{\beta}_0 u((k-1)T_0) \tag{23.1.37}$$

mit

$$\boldsymbol{\beta}_0 = \int_0^{T_0} \boldsymbol{\Phi}(\tau)\boldsymbol{\beta}\,\mathrm{d}\tau = \int_0^{T_0} \mathrm{e}^{\boldsymbol{A}\tau}\boldsymbol{\beta}\,\mathrm{d}\tau = \boldsymbol{A}^{-1}\mathrm{e}^{\boldsymbol{A}\tau}\boldsymbol{\beta}\Big|_0^{T_0}$$

$$= \boldsymbol{A}^{-1}[\boldsymbol{\Phi}(T_0) - \boldsymbol{I}]\boldsymbol{\beta}\,. \tag{23.1.38}$$

Nimmt man für das gemessene Ausgangssignal $y(t)$ des Prozesses ebenfalls stückweise konstanten Verlauf an, dann entstehen hierbei Fehler, die nur für sehr kleine Abtastzeiten klein genug werden, Peter (1992). Deshalb sollte der zeitkontinuierliche Signalverlauf zwischen den Abtastzeitpunkten approximiert werden.

Ein möglicher Ansatz basiert auf dem Interpolationsverfahren nach Lagrange. Der Verlauf des Filtereingangssignales $y(t)$ wird dabei im Intervall $[(k-1)T_0;\ kT_0]$ durch das Polynom

$$y(t) = y(kT_0 - \tau) \approx p_k(\tau) = \sum_{i=0}^{r} p_{ki}(\tau/T_0)^i$$

$$= p_{k0} + p_{k1}(\tau/T_0) + \cdots \tag{23.1.39}$$

approximiert. Die Koeffizienten p_{ki} ergeben sich aus den Forderungen

$$p_k(jT_0) = y((k-j)T_0); \quad j = 0, 1, \ldots, r,$$

die eine exakte Übereinstimmung von gemessenem und interpoliertem Signalverlauf zu den letzten $r+1$ Abtastzeitpunkten verlangen, siehe Peter (1992).

Setzt man Gl. (23.1.39) in (23.1.36) ein, dann folgt

$$\xi(kT_0) = \boldsymbol{\Phi}(T_0)\xi((k-1)T_0) + \boldsymbol{B}\boldsymbol{p}_k \tag{23.1.40}$$

mit

$$\boldsymbol{p}_k^{\mathrm{T}} = [p_{k0}\; p_{k1} \;\ldots\; p_{kr}]$$

$$\boldsymbol{B} = [\boldsymbol{\beta}_0\, \boldsymbol{\beta}_1 \;\ldots\; \boldsymbol{\beta}_r].$$

Hierbei erhält man die $\boldsymbol{\beta}_i$ nach Einsetzen von Gl. (23.1.39) in (21.1.36)

$$\begin{aligned}\beta_i &= \int_0^{T_0} \boldsymbol{\Phi}(\tau)\boldsymbol{\beta}(\tau/T_0)^i \,\mathrm{d}\tau \\ &= \boldsymbol{A}^{-(i+1)}\left[\boldsymbol{I} - \sum_{l=0}^{i} \frac{(-1)^l}{l!}(\boldsymbol{A}T_0)^l \mathrm{e}^{\boldsymbol{A}T_0}\right]\boldsymbol{\beta}\frac{i!}{T_0^i} \\ &\qquad i = 0, 1, \ldots, r.\end{aligned} \tag{23.1.41}$$

Die Elemente des Vektors $\boldsymbol{p}_k$ folgen aus dem linearen Gleichungssystem

$$\boldsymbol{p}_k = \boldsymbol{K}\boldsymbol{y}_k \tag{23.1.42}$$

mit

$$\boldsymbol{y}_k^{\mathrm{T}} = [y(k)\; y(k-1) \;\ldots\; y(k-r)].$$

Sie ergeben sich zu den in Tabelle 23.1 angegebenen Werten.

Beachtet man noch die Reihenentwicklung für die Transitionsmatrix $\boldsymbol{\Phi}(T_0)$ nach Gl. (23.1.35) und setzt diese in Gl. (23.1.41) ein, dann erhält man schließlich

$$\tilde{\boldsymbol{A}} = \boldsymbol{\Phi}(T_0) = \sum_{v=0}^{\infty} \boldsymbol{\Lambda}_v \tag{23.1.43}$$

$$\boldsymbol{\beta}_i = \sum_{v=0}^{\infty} \boldsymbol{\Lambda}_v \boldsymbol{\beta}\frac{T_0}{v+i+1} \tag{23.1.44}$$

mit

$$\boldsymbol{\Lambda}_v = \begin{cases}\boldsymbol{I} & \text{für } v = 0 \\ \boldsymbol{\Lambda}_{v=1}\; \boldsymbol{A}T_0/v & \text{für } v > 0.\end{cases}$$

Das ZVF lautet dann also

$$\left.\begin{aligned}\xi(k) &= \tilde{\boldsymbol{A}}\xi(k-1) + \tilde{\boldsymbol{B}}\boldsymbol{y}_k \\ \boldsymbol{y}_f(k) &= \boldsymbol{\Gamma}\xi'(k) \\ \tilde{\boldsymbol{B}} &= \boldsymbol{B}\boldsymbol{K}.\end{aligned}\right\} \tag{23.1.45}$$

Tabelle 23.1. Koeffizientenmatrizen $\boldsymbol{K}$ für $r = 1, 2, 3$

r	k			
1	1 − 1	0 1		
2	1 − 3/2 1/2	0 2 − 1	0 − 1/2 1/2	
3	1 − 11/6 − 1/6	0 3 1/2	0 − 3/2 − 1/2	0 1/3 1/6

23.1.4 Ergänzungen

Da die Parameterschätzung nach der Methode der kleinsten Quadrate für Prozesse mit kontinuierlichen Signalen schließlich wieder auf zeitdiskrete Schätzalgorithmen führt, können viele der im Teil C ausführlich behandelten, ergänzenden Methoden und Angaben sinngemäß übernommen werden. Dies betrifft z.B.:

— Rekursive Schätzalgorithmen
— Zeitvariante Prozesse
— Numerisch verbesserte Methoden
— Ermittlung der Modellordnung
— Wahl des Eingangssignals.

Es empfiehlt sich wegen der relativ kleinen Abtastzeiten insbesondere die Verwendung der numerisch verbesserten Wurzelfiltermethoden, z.B. DSFI, siehe Geiger (1985) oder die totale Methode der kleinsten Quadrate (TLS), siehe Goedecke (1986) Neumann u.a. (1988). Ferner ist darauf zu achten, daß eventuelle Totzeiten im Datenvektor genau berücksichtigt werden.

23.2 Konsistente Parameterschätzmethoden

23.2.1 Methode der Hilfsvariablen

Um das Problem des Bias bei der LS-Methode zu umgehen, kann man auf die Erzeugung von Hilfsvariablen zurückgreifen. Hierzu werden, wie in Kap. 10 beschrieben, Hilfsvariablen so erzeugt, daß sie stark mit dem Nutzsignal des Ausgangssignals und nur wenig mit den Störsignalen korreliert sind. Hierzu wird im einfachsten Fall, wie in Bild 10.1 zu sehen, ein adaptives Hilfsmodell verwendet, das ein Ausgangssignal

$$\hat{y}_u(s) = \frac{\hat{B}(s)}{\hat{A}(s)} u(s) \tag{23.2.1}$$

erzeugt. Dieses Ausgangssignal $\hat{y}_u(t)$ wird dann zusammen mit dem Eingangssignal $u(t)$ und den jeweiligen Ableitungen als Hilfsvariablen

$$w^{\mathrm{T}}(t) = [-\hat{y}_u^{(n)}(t) \cdots -\hat{y}_u^{(1)}(t) - \hat{y}_u(t) \mid u^{(m)}(t) \cdots u^{(1)}(t) u(t)] \tag{23.2.2}$$

in die Schätzgleichung entsprechend Gl. (10.1.6) eingeführt, siehe Young (1970). Die Parameterschätzgleichung lautet dann

$$\hat{\theta} = [W^{\mathrm{T}} \Psi]^{-1} W^{\mathrm{T}} y \tag{23.2.3}$$

mit

$$W = [w(0) w(1) \ldots w(N)]^{\mathrm{T}} . \tag{23.2.4}$$

Diese Methode liefert, wie im Fall zeitdiskreter Signale gezeigt, konsistente Parameterschätzwerte. Ein wesentlicher Vorteil ist, daß keine strengen Annahmen über das Störsignal gemacht werden müssen.

Im Zusammenhang mit den zur Ermittlung der Ableitungen benötigten Zustandsvariablenfiltern kann die Methode der Hilfsvariablen noch weiter verbessert werden, siehe Young (1981).

23.2.2 Erweitertes Kalman-Filter, Maximum-Likelihood-Methode

Besonders im Zusamenhang mit der Zustandsgrößenschätzung wurden verschiedene Methoden angegeben, um auch die Parameter zu schätzen. Eine erste Gruppe bilden die *erweiterten Kalman-Filter* (EKF). Hierbei wird der Zustandsvektor $\hat{x}$ durch einen Parametervektor $\hat{\theta}$ erweitert. Dann werden die Kalman-Filter-Schätzgleichungen auf das nichtlineare Gleichungssystem angewandt. Oft werden die Schätzalgorithmen dann linearisiert, siehe z.B. Jazwinski (1970). Die resultierenden Methoden verwenden somit den Ausgangsfehler. Häufig wird aber über eine schlechte Konvergenz berichtet.

Eine weitere Möglichkeit besteht in der Anwendung der *Maximum-Likelihood-Methode* in Verbindung mit einem Kalman-Filter, das nur zur Zustandsschätzung eingesetzt wird. Stepner und Mehra (1973) vereinfachen das Problem durch Verwenden der stationären Verstärkung und Kovarianzmatrix des Kalman-Filters in Verbindung mit einem Newton–Raphson Optimierungsverfahren. Åström und Källström (1974) gehen ähnlich vor, verwenden aber das Fletcher-Powell-Verfahren. Siehe auch Illiff (1974).

Die ML-Methode ist sehr allgemein einsetzbar und es wurden, besonders bei Flugzeugen, gute Ergebnisse erhalten, siehe z.B. Hamel, Koehler (1980). Die Methode ist jedoch sehr aufwendig im Hinblick auf Programmgestaltung und Rechenzeit. Es empfiehlt sich, sie im interaktiven Dialog anzuwenden. Siehe auch Young (1981).

23.2.3 Korrelation und kleinste Quadrate

Die Bestimmung eines nichtparametrischen Zwischenmodells in Form von Korrelationsfunktionen und die anschließende Parameterschätzung nach der Methode der kleinsten Quadrate läßt sich auch bei Modellen mit kontinuierlichen Signalen anwenden.

Multipliziert man die Differentialgleichung Gl. (23.1.1) mit $u(t-\tau)$ und bildet den Erwartungswert aller Produkte, dann folgt

$$\begin{aligned} &a_n \Phi_{uy^{(n)}}(\tau) + a_{n-1} \Phi_{uy^{(n-1)}}(\tau) + \cdots + a_1 \Phi_{uy^{(1)}}(\tau) + \Phi_{uy}(\tau) \\ &= b_m \Phi_{uu^{(m)}}(\tau) + b_{m-1} \Phi_{uu^{(m-1)}}(\tau) + \cdots + b_1 \Phi_{uu^{(1)}}(\tau) + \Phi_{uu}(\tau) \end{aligned} \tag{23.2.5}$$

wobei

$$\Phi_{uy^{(i)}}(\tau) = E\{u(t-\tau)y^{(i)}(t)\} \approx \frac{1}{N+1} \sum_{k=0}^{N} u(k-\tau/T_0)y^{(i)}(k) \tag{23.2.6}$$

$$\Phi_{uu^{(i)}}(\tau) = E\{u(t-\tau)u^{(i)}(t)\} \approx \frac{1}{N+1} \sum_{k=0}^{N} u(k-\tau/T_0)u^{(i)}(k)\,. \tag{23.2.7}$$

Entsprechend Gl. (23.1.27) gilt

$$\Phi_{uy^{(j)}}(\tau) = \frac{\mathrm{d}^j \Phi_{uy}(\tau)}{\mathrm{d}\tau^j}\,. \tag{23.2.8}$$

Dies folgt aus

$$\begin{aligned} \frac{\mathrm{d}^j \Phi_{uy}(\tau)}{\mathrm{d}\tau^j} &= \frac{\mathrm{d}^j}{\mathrm{d}\tau^j} E\{y(t+\tau)u(t)\} = E\left\{\frac{\mathrm{d}^j}{\mathrm{d}\tau^j} y(t+\tau)u(t)\right\} \\ &= E\left\{\frac{\mathrm{d}^j}{\mathrm{d}t^j} y(t+\tau)u(t)\right\} = \Phi_{uy^{(j)}}(\tau)\,. \end{aligned} \tag{23.2.9}$$

Somit lautet nach Einsetzen in Gl. (23.2.5) die Differentialgleichung der Korrelationsfunktionen

$$\begin{aligned} &a_n \frac{\mathrm{d}^n \Phi_{uy}(\tau)}{\mathrm{d}\tau^n} + \cdots + a_1 \frac{\mathrm{d}\Phi_{uy}(\tau)}{\mathrm{d}\tau} + \Phi_{uy}(\tau) \\ &= b_m \frac{\mathrm{d}^m \Phi_{uu}(\tau)}{\mathrm{d}\tau^m} + \cdots + b_1 \frac{\mathrm{d}\Phi_{uu}(\tau)}{\mathrm{d}\tau} + b_0 \Phi_{uu}(\tau)\,. \end{aligned} \tag{23.2.10}$$

Das weitere Vorgehen entspricht der COR-LS-Methode bei zeitdiskreten Signalen. Man bestimmt die Korrelationsfunktionen und ihre Ableitungen für verschiedene $\tau = \nu\tau_0$, wobei τ_0 die Abtastzeit der Korrelationsfunktionen ist mit $\nu = 0, 1, 2, \ldots$. Dann entsteht nach Einführung eines Gleichungsfehlers das Gleichungssystem

$$\begin{bmatrix} \Phi_{uy}(-P\tau_0) \\ \vdots \\ \Phi_{uy}(-\tau_0) \\ \Phi_{uy}(0) \\ \Phi_{uy}(\tau_0) \\ \vdots \\ \Phi_{uy}(M\tau_0) \end{bmatrix} = \begin{bmatrix} -\Phi_{uy}^{(1)}(-P\tau_0) & \cdots & -\Phi_{uy}^{(n)}(-P\tau_0) & \Phi_{uu}(-P\tau_0) & \cdots & \Phi_{uu}^{(m)}(-P\tau_0) \\ \vdots & & \vdots & \vdots & & \vdots \\ -\Phi_{uy}^{(1)}(-\tau_0) & \cdots & -\Phi_{uy}^{(n)}(-\tau_0) & \Phi_{uu}(-\tau_0) & \cdots & \Phi_{uu}^{(m)}(-\tau_0) \\ -\Phi_{uy}^{(1)}(0) & \cdots & -\Phi_{uy}^{(n)}(0) & \Phi_{uu}(0) & \cdots & \Phi_{uu}^{(m)}(0) \\ -\Phi_{uy}^{(1)}(\tau_0) & \cdots & -\Phi_{uy}^{(n)}(\tau_0) & \Phi_{uu}(\tau_0) & \cdots & \Phi_{uu}^{(m)}(\tau_0) \\ \vdots & & \vdots & \vdots & & \vdots \\ -\Phi_{uy}^{(1)}(M\tau_0) & \cdots & -\Phi_{uy}^{(n)}(M\tau_0) & \Phi_{uu}(M\tau_0) & \cdots & \Phi_{uu}^{(m)}(M\tau_0) \end{bmatrix} \begin{bmatrix} a_1 \\ \vdots \\ a_n \\ b_0 \\ \\ \vdots \\ b_m \end{bmatrix} + \begin{bmatrix} e(-P\tau_0) \\ \vdots \\ e(-\tau_0) \\ e(0) \\ e(\tau_0) \\ \vdots \\ e(M\tau_0) \end{bmatrix}$$

$$\boldsymbol{\Phi} = \boldsymbol{S} \cdot \boldsymbol{\theta} + \boldsymbol{e} \tag{23.2.11}$$

Minimieren der Verlustfunktion

$$V = \boldsymbol{e}^{\mathrm{T}}\boldsymbol{e} = \sum_{\nu=-P}^{M} e^2(\nu\tau_0) \tag{23.2.12}$$

liefert die LS-Schätzung

$$\hat{\boldsymbol{\theta}} = [\boldsymbol{S}^{\mathrm{T}}\boldsymbol{S}]^{-1}\boldsymbol{S}^{\mathrm{T}}\boldsymbol{\Phi}\,. \tag{23.2.13}$$

Diese COR-LS Methode kann in folgenden Schritten durchgeführt werden:

a) Es werden die Korrelationsfunktionen $\Phi_{uy}(\tau)$ und $\Phi_{uu}(\tau)$ für $-P\tau_0 \leqq \tau \leqq M\tau_0$ entweder nichtrekursiv oder rekursiv gebildet.
b) Dann werden die Ableitungen der Korrelationsfunktionen durch numerische Differentiation (z.B. Spline-Interpolation) berechnet.
c) Es wird die LS-Schätzung nach Gl. (23.2.13) nichtrekursiv oder rekursiv in der üblichen Form oder in einer numerisch verbesserten Form (Wurzelfilterung, Faktorisierung) durchgeführt.

Die Methode liefert konsistente Schätzwerte, sofern die Korrelationsfunktionen konvergieren, wie in Abschnitt 14.2 gezeigt.

Ein wesentlicher Vorteil dieser Methode besteht darin, daß die Ableitungen nicht der Signale, sondern der bereits vom Störsignaleinfluß weitgehend befreiten Korrelationsfunktionen gebildet werden. Außerdem werden im Unterschied zur LS-Methode nicht nur Korrelationsfunktionen bei $\tau = 0$, sondern bei verschiedenen τ verwendet. Die weiteren Vorteile, wie z.B. einfache Ordnungs- und Totzeitbestimmung, sind dieselben wie für zeitdiskrete Signale, Kap. 14.

23.2.4 Umrechnung zeitdiskreter Modelle

Da die Parameterschätzmethoden für zeitdiskrete Prozesse gut entwickelt und deren Rechenprogramme verbreitet sind, liegt es nahe, zuerst die Parameter des zeitdiskreten Modells (erwartungstreu) zu schätzen und hieraus dann die Parameter des zeitkontinuierlichen Modells durch geeignete Transformationen zu bestimmen. Es wurden im wesentlichen zwei Verfahren vorgeschlagen, um die Parameter des zeitkontinuierlichen Modells

$$\dot{\boldsymbol{x}}(t) = \boldsymbol{A}\boldsymbol{x}(t) + \boldsymbol{B}\boldsymbol{u}(t) \tag{23.2.14}$$

$$\boldsymbol{y}(t) = \boldsymbol{C}x(t) \tag{23.2.15}$$

aus den Parametern des zeitdiskreten Modells

$$\boldsymbol{x}(k+1) = \boldsymbol{F}\boldsymbol{x}(k) + \boldsymbol{G}\boldsymbol{u}(k) \tag{23.2.16}$$

$$\boldsymbol{y}(k) = \boldsymbol{C}\boldsymbol{x}(k) \tag{23.2.17}$$

zu berechnen, siehe z.B. Sinha und Lastmann (1982). Die Verfahren hängen u.a. von den Annahmen über das Eingangssignal $u(t)$ zwischen den Abtastzeitpunkten ab. Wenn ein Abtaster mit Halteglied nullter Ordnung existiert, gilt die genaue

Beziehung

$$F = \exp(A T_0) = I + A T_0 + \frac{1}{2!}(A T_0)^2 + \cdots \tag{23.2.18}$$

$$G = \int_0^{T_0} \exp(At) B \, \mathrm{d}t$$

$$= \left[I T_0 + \frac{1}{2!} A T_0^2 + \frac{1}{3!} A^2 T_0^3 + \cdots \right] B = RB \, . \tag{23.2.19}$$

Somit folgen die Parameter des zeitkontinuierlichen Modells aus

$$A = \frac{1}{T_0} \ln F \tag{23.2.20}$$

$$B = R^{-1} G \, . \tag{23.2.21}$$

Die Rechnungen werden erleichtert, wenn F in Diagonalform vorliegt, was aber nur bei verschiedenen Eigenwerten möglich ist. Bei anderen Situationen müssen Spezialfälle betrachtet werden, Strmčnik und Bremšak (1979).

Ein anderes Verfahren geht von der integrierten Gl. (23.2.14) aus, Hung u.a. (1980),

$$x(k+1) = x(k) + A \int_{kT_0}^{(k+1)T_0} x(t) \, \mathrm{d}t + B \int_{kT_0}^{(k+1)T_0} u(t) \, \mathrm{d}t \tag{23.2.22}$$

und einer Approximation der Integrale nach der Trapezregel

$$x(k+1) = x(k) + \frac{1}{2} A T_0 [x(k+1) + x(k)]$$

$$+ \frac{1}{2} B T_0 [u(k+1) + u(k)] \, . \tag{23.2.23}$$

Die Parameter A und B können direkt z.B. mit der Methode der kleinsten Quadrate geschätzt werden, wenn die Zustandsvariablen und das Eingangssignal bekannt sind, siehe Sinha, Lastman (1982).

Die Umrechnung über zeitdiskrete Modelle erfordert im allgemeinen einen relativ großen Rechenaufwand. Ferner ist zum Teil die Berücksichtigung von Spezialfällen erforderlich. Aus diesen Gründen sind die anderen Methoden vorzuziehen.

23.3 Schätzung physikalischer Parameter

Bei manchen Aufgabenstellungen möchte man aufgrund meßbarer Ein- und Ausgangssignale nicht nur die Parameter θ des Ein- und Ausgangsmodells eines Prozesses (z.B. einer Differentialgleichung), sondern die *physikalisch definierten Parameter* p der dahinterstehenden physikalischen Gesetze wissen, Bild 23.3. Diese

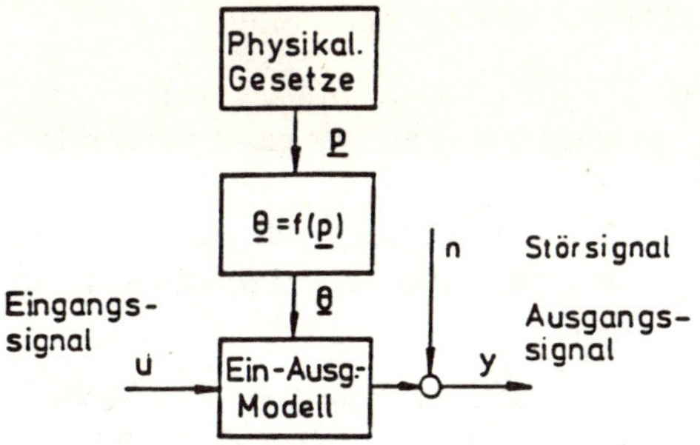

Bild 23.3. Dynamisches Prozeßmodell mit Modellparametern $\boldsymbol{\theta}$ und physikalischen Prozeßkoeffizienten $\boldsymbol{p}$

physikalischen Parameter sollen hier, zur Unterscheidung von den *Modellparametern* $\boldsymbol{\theta}$ des Ein-Ausgangsmodells, *Prozeßkoeffizienten* genannt werden. Für übliche Aufgaben der Regelungstechnik, z.B. den Entwurf von festen oder adaptiven Regelungen, reicht die Kenntnis der Modellparameter $\boldsymbol{\theta}$ im allgemeinen aus. Auf die Kenntnis der Prozeßkoeffizienten $\boldsymbol{p}$ ist man jedoch bei folgenden Problemen angewiesen:

— Bestimmung nicht direkt meßbarer Koeffizienten im Rahmen der Naturwissenschaften,
— Überprüfung von Leistungskennwerten technischer Anlagen nach dem Entwurf,
— Überwachung und Fehlerdiagnose im laufenden Betrieb,
— Qualitätskontrolle fertigungstechnischer Produkte.

Die Prozeßmodellparameter hängen im allgemeinen von den physikalischen Prozeßkoeffizienten über algebraische Beziehungen

$$\boldsymbol{\theta} = f(\boldsymbol{p}) \tag{23.3.1}$$

ab.

Diese oft nichtlinearen Zusammenhänge sind aus der theoretischen Modellbildung bekannt. Die betrachtete Aufgabenstellung besteht nun darin, aufgrund eines gemessenen Eingangssignales $u(t)$ und eines gemessenen (gestörten) Ausgangssignales $y(t)$ die physikalischen Prozeßkoeffizienten $\boldsymbol{p}$ zu bestimmen.

Man kann nun versuchen, die Koeffizienten $\boldsymbol{p}$ mit den bisher behandelten Parameterschätzmethoden direkt zu schätzen. Dies führt aber häufig zu Gleichungssystemen, bei denen das Residuum nichtlinear in den Parametern ist, so daß hauptsächlich iterative Methoden, wie z.B. die Maximum-Likelihood-Methode, (Mehra (1973)), zu verwenden sind. Dieser direkte Weg führt dann zur Off-line Verarbeitung.

Eine andere Möglichkeit ist, zuerst die Modellparameter $\boldsymbol{\theta}$ zu schätzen und dann mit der inversen Beziehung

$$\boldsymbol{p} = f^{-1}(\boldsymbol{\theta}) \tag{23.3.2}$$

die Prozeßkoeffizienten $\boldsymbol{p}$ zu berechnen. Dabei treten folgende Fragen auf:

a) Sind die Prozeßkoeffizienten $\boldsymbol{p}$ eindeutig bestimmbar (identifizierbar)?
b) Welche Signale müssen einwirken und welche Signale müssen gemessen werden, damit die $\boldsymbol{p}$ identifizierbar sind?
c) Kann man im voraus bekannte Parameter θ_i oder Prozeßkoeffizienten p_i dazu nutzen, um das Schätzergebnis von $\boldsymbol{\theta}$ oder $\boldsymbol{p}$ zu verbessern? (Einbeziehen von A-priori-Kenntnis)

Bei der Lösung dieser Fragestellungen sind Methoden der experimentellen Modellbildung (Identifikation, Parameterschätzung) mit der theoretischen Modellbildung geeignet zu kombinieren. Die ersten Schritte der theoretischen Modellbildung bestehen im Aufstellen der Bilanzgleichungen, Zustandsgleichungen und phänomenologischen Gleichungen. Hieraus ergibt sich dann die physikalisch begründete elementare Prozeßmodellstruktur in Form eines Gleichungssystems oder eines Blockschaltbildes.

In bezug auf den Signalfluß im Blockschaltbild kann man für Prozesse mit konzentrierten Parametern die in Bild 23.4 dargestellten vereinheitlichten Elemente unterscheiden. Die dynamischen Beziehungen mit konzentrierten Parametern lassen sich bei Prozessen im allgemeinen nur mit Integratoren (Übertragungsfunktion $G(s) = s^{-1}$, s Laplace-Variable), darstellen. Gelegentlich sind aber auch Differentialglieder ($G(s) = s$) zweckmäßig.

Die grundlegende Modellstruktur und die Beziehungen zwischen den Modellparametern $\boldsymbol{\theta}$ und den Prozeßkoeffizienten $\boldsymbol{p}$ sind in Abschnitt 23.3.3 für einige einfache Beispiele zu sehen. Diese Beispiele zeigen:

— Aus dem dynamischen Verhalten können mehr Prozeßkoeffizienten bestimmt werden als aus dem statischen Verhalten.
— Es hängt unter anderem auch von der Wahl der gemessenen Ein- und Ausgangssignale ab, ob die Prozeßkoeffizienten der dynamisch angeregten Prozesse eindeutig aus den Prozeßmodellparametern bestimmt werden können.

Über die Bestimmung der physikalischen Parameter bzw. Prozeßkoeffizienten $\boldsymbol{p}$ in einer allgemeinen Form sind bisher nur wenige Arbeiten bekannt.

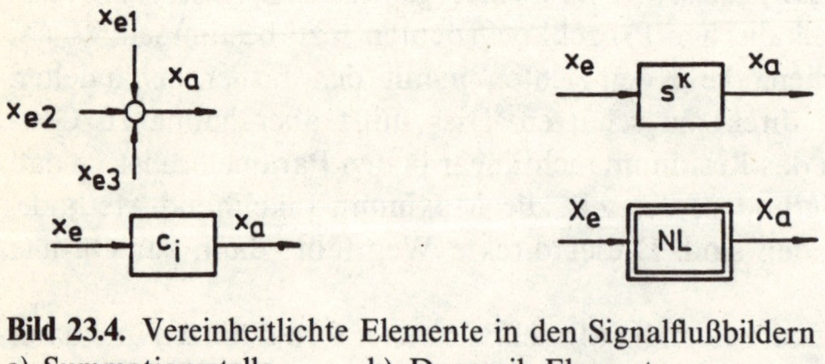

Bild 23.4. Vereinheitlichte Elemente in den Signalflußbildern dynamischer Prozesse
a) Summationsstelle b) Dynamik-Element ($k = -1; 1$)
c) Prozeßkoeffizient d) Nichtlineare Funktion

Walter (1982), Raksanyi, u.a. (1985) betrachten die Identifizierbarkeit biologischer Modelle mittels Computer-Algebra. Dasgupta u.a. (1988) schätzen physikalische Parameter in einem zweistufigen Verfahren, unter dem Gesichtspunkt des Einarbeitens von A-priori-Information in die Parameterschätzung. Zunächst werden die Modellparameter, wie üblich, ohne Beschränkungen geschätzt. Dann wird angenommen, daß die Parameter multilinear sind, d.h. daß die physikalischen Parameter in Produktform erscheinen, und zwar als gleiche Werte im Zähler- und Nennerpolynom. Dies trifft jedoch nur in einfachen Fällen zu.

Die Bestimmung der Massenträgheits-, Reibungs- und Steifigkeitsparameter von Mehrkörpersystemen ist Gegenstand mehrerer Arbeiten. In Natke (1977) erfolgt die Schätzung über Frequenzgangmessungen. Schwarz (1980) und Roether (1986) verfolgen die Parameterschätzung des zeitdiskretisierten Prozeßmodells und die Zurückrechnung der physikalischen Prozeßkoeffizienten. In Kallenbach (1987) werden zeitkontinuierliche Modellparameter mittels einer der Methoden der Hilfsvariablen verwandten Kovarianzmethode geschätzt. Allen diesen Aufsätzen ist gemeinsam, daß sie von Zustandsraumdarstellungen ausgehen, bei denen die Modellparameter mit den Prozeßkoeffizienten übereinstimmen.

Darüber hinaus müssen wesentliche physikalische Koeffizienten, z.B. die Trägheitsmatrizen, bekannt sein und für jeden mechanischen Freiheitsgrad je eine Messung vorgenommen werden.

Im folgenden wird zunächst davon ausgegangen, daß nur ein Eingangs- und ein Ausgangssignal gemessen wird und daß so viele Prozeßkoeffizienten wie möglich geschätzt werden sollen. Siehe Isermann (1984a), Nold, Isermann (1986), Isermann (1989), (1990), (1991).

23.3.1 Zur Modellstruktur bei Prozessen mit konzentrierten Parametern

Die physikalischen Grundgleichungen für einen gegebenen linearen Prozeß führen im allgemeinen auf ein Gleichungssystem mit einigen meßbaren und nicht meßbaren Variablen bzw. Signalen.

Bezeichnet man nun für das Prozeßelement i alle M meßbaren Signale und ihre Ableitungen mit $\eta_{ij}(t)$ und alle N nicht meßbaren Signale und ihre Ableitungen mit $\xi_{ij}(t)$, dann gelten für die L linearen Elemente die *Prozeßelementgleichungen*

$$\sum_{j=1}^{M} \alpha_{ij}\eta_{ij}(t) = \sum_{j=1}^{N} \beta_{ij}\xi_{ij}(t) \quad i = 1, 2, \ldots, L . \tag{23.3.3}$$

Hierbei sind α_{ij} und β_{ij} Koeffizienten, die aus den Grundgleichungen stammen. Nach Laplace-Transformation wird

$$\sum_{j=1}^{M} g_{ij}\eta_{ij}(s) = \sum_{j=1}^{N} h_{ij}\xi_{i}(s) \quad i = 1, 2, \ldots, L . \tag{23.3.4}$$

wobei jetzt

$$g_{ij} \in \{0, \pm 1, \alpha_{ij}, s^{\kappa}\}; \quad h_{ij} \in \{0, \pm 1, \beta_{ij}, s^{\kappa}\} \quad \kappa \in \{-1, 0, 1\} . \tag{23.3.5}$$

Das System mit L Gleichungen lautet in Matrixform

$$\boldsymbol{G\eta} = \boldsymbol{H\xi} \tag{23.3.6}$$

mit

$$\boldsymbol{\eta}^{\mathrm{T}} = [\eta_1, \eta_2, \ldots, \eta_M]$$
$$\boldsymbol{\xi}^{\mathrm{T}} = [\xi_1, \xi_2, \ldots, \xi_N] \tag{23.3.7}$$

$\dim \boldsymbol{G} = L \times M$; $\dim \boldsymbol{H} = L \times N$.

Es wird nun angenommen, daß die einzelnen Prozeßelementgleichungen linear unabhängig sind. Zur Veranschaulichung dieser Gleichungen wird auf Beispiel 1 in Abschnitt 23.3.3 verwiesen.

Die Parameterschätzung setzt eine Modellstruktur voraus, in der nur meßbare Signale vorkommen. Um die nicht meßbaren Signale zu eliminieren, wird das Gleichungssystem (6) so umgeformt, daß die Matrix $\boldsymbol{H}$ in oberer Dreiecksform vorliegt Nold, Isermann (1986). Dies erlaubt ein systematisches Auffinden der Ein-Ausgangsdarstellung. Man kann dies natürlich auch durch geeignetes Ineinandersetzen der Grundgleichungen erreichen.

Hieraus erhält man nach Laplace-Rücktransformation eine Differentialgleichung für das Ein- Ausgangsverhalten in der Form

$$a_n^* y^{(n)}(t) + \cdots + a_1^* y^{(1)}(t) + a_0^* y(t) = b_0^* u(t) + b_1^* u^{(1)}(t) + \cdots + b_m^* u^{(m)}(t)\,, \tag{23.3.8}$$

wobei z.B. $y^{(n)}(t) = \mathrm{d}^n y(t)/\mathrm{d}t^n$.

Hierbei sind alle Variablen mit einem Parameter versehen Für die Parameterschätzung wird jedoch die Form

$$a_n y^{(n)}(t) + \cdots + a_1 y^{(1)}(t) + y^{(t)} = b_0 u(t) + b_1 u^{(1)}(t) + \cdots + b_m u^{(m)}(t) \tag{23.3.9}$$

benötigt, so daß das Regressionsmodell

$$y(t) = \boldsymbol{\psi}^{\mathrm{T}}(t)\boldsymbol{\theta}\,, \tag{23.3.10}$$

mit

$$\boldsymbol{\psi}^{\mathrm{T}}(t) = [\,-y^{(1)}(t) \ldots -y^{(n)}(t) \;\vdots\; u(t)u^{(1)}(t) \ldots u^{(m)}(t)]$$
$$\boldsymbol{\theta}^{\mathrm{T}} = [\theta_1\, \theta_2 \ldots \theta_r] = [a_1 \ldots a_n \quad b_0 \ldots b_m] \tag{23.3.11}$$

(siehe Abschnitt 23.1) gebildet werden kann. Deshalb müssen in Gl. (23.3.8) alle Parameter a_i^* und b_i^* mit dem Faktor $1/a_0^*$ multipliziert werden. Die Zahl der Parameter wird dadurch um eins reduziert. Die Parameter sind dann aber gebrochen rationale Funktionen der Prozeßkoeffizienten, sind also verwickelter aufgebaut, falls keine Kürzungen auftreten, siehe Beispiel 1 in Abschnitt 23.3.3.

Im System der Grundgleichungen Gl. (23.3.6) treten die Prozeßkoeffizienten $p_1, p_2, \ldots, p_l$ als einzelne Werte in ihrer ursprünglichen Form auf. Somit gilt für die Elemente von $\boldsymbol{G}$ und $\boldsymbol{H}$

$$g_{ij} = p_{gij} s^{\kappa}; \qquad h_{ij} = p_{hij} s^{\kappa}; \qquad \kappa \in (-1, 0, 1) . \tag{23.3.12}$$

Nach Transformation in die obere Dreiecksform interessiert für das Ein-Ausgangsmodell nur die letzte Zeile. Dort treten die Parameter dann in der Form

$$\begin{aligned} \theta_i &= \sum_{\mu=1}^{q} c_{i\mu} \prod_{\nu=1}^{l} p_\nu^{\varepsilon_{\mu\nu}} \\ &= c_{i1} p_1^{\varepsilon_{11}} \cdot p_2^{\varepsilon_{12}} \ldots p_l^{\varepsilon_{1l}} + c_{i2} p_1^{\varepsilon_{21}} \cdot p_2^{\varepsilon_{22}} \ldots p_l^{\varepsilon_{2l}} \\ &\quad + \cdots + c_{iq} p_1^{\varepsilon_{q1}} \cdot p_2^{\varepsilon_{q2}} \ldots p_l^{\varepsilon_{ql}} \end{aligned} \tag{23.3.13}$$

auf. Hierbei wurde angenommen, daß a_0^* die Prozeßkoeffizienten in einfacher Produktform enthält, also z.B.

$$a_0^* = \prod_{\nu=1}^{l} p_\nu^{\varepsilon_{\mu\nu}} .$$

Mit

$$z_\mu = \prod_{\nu=1}^{l} p_\nu^{\varepsilon_{\mu\nu}} \tag{23.3.14}$$

gilt dann

$$\theta_i = \sum_{\mu=1}^{q} c_{i\mu} z_\mu , \tag{23.3.15}$$

d.h. die Parameter sind algebraische Funktionen der Prozeßkoeffizienten. Die z_μ sind hierbei Abkürzungen für alle vorkommenden Produkte und Einzelwerte der Prozeßkoeffizienten $p_1, \ldots, p_l$. Für die Exponenten gilt oft $\varepsilon_{\mu\nu} = 1$ oder $\varepsilon_{\mu\nu} = -1$. Zur Veranschaulichung sei auf die Beispiele in Abschnitt 23.3.3 verwiesen.

Die Beziehungen zwischen den Modellparametern und den Prozeßkoeffizienten lauten in vektorieller Form

$$\begin{bmatrix} \theta_1 \\ \theta_1 \\ \vdots \\ \theta_r \end{bmatrix} = \begin{bmatrix} c_{11} & \cdots & c_{1q} \\ c_{21} & \cdots & c_{2q} \\ \vdots & & \vdots \\ c_{r1} & \cdots & c_{rq} \end{bmatrix} \begin{bmatrix} z_1 \\ z_2 \\ \vdots \\ z_q \end{bmatrix}$$

$$\boldsymbol{\theta} = \boldsymbol{C} \cdot \boldsymbol{z} \tag{23.3.16}$$

Im Vektor $\boldsymbol{z}$ sind dann die vorkommenden Produkte z_μ der Prozeßkoeffizienten $p_1 p_2 \ldots p_l, p_1 p_2 \ldots p_{l-1}, \ldots, p_1 p_2, p_1 p_3, p_2 p_3$, und die Prozeßkoeffizienten $p_1, p_2, \ldots$ einzeln enthalten und es gilt dim $\boldsymbol{z} = q \geq l$.

Im folgenden wird zunächst davon ausgegangen, daß die Parameter θ_i durch eine Parameterschätzung aufgrund der meßbaren Signale z.B. nach Abschnitt 23.1 ermittelt werden. Dann sind für gegebene θ_i die unbekannten Prozeßkoeffizienten p_ν zu berechnen.

23.3.2 Bestimmung der physikalischen Prozeßkoeffizienten

Aus der Parameterschätzung mit einem geeigneten Regressionsmodell, Gl. (23.3.10), seien die r Modellparameter θ_i bekannt. Es sollen nun die zugehörigen l Prozeßkoeffizienten p_ν bestimmt werden. Hierzu werden die Beziehungen (23.3.13) bis (23.3.15) benötigt. Das nichtlineare Gleichungssystem $\boldsymbol{\theta} = f(\boldsymbol{p})$ ist durch Gl. (23.3.16) gegeben. Gesucht ist nun die inverse Beziehung gemäß Gl. (23.3.2)

$$\boldsymbol{p} = f^{-1}(\boldsymbol{\theta}) .$$

Bei Modellen niederer Ordnung ist die Berechnung der unbekannten Prozeßkoeffizienten $\boldsymbol{p}$ relativ einfach, wie z.B. bei einem RC-Glied oder Feder-Dämpfer-System. Für Modelle höherer Ordnung kann wegen der nichtlinearen Beziehungen jedoch keine allgemeingültige Lösung angegeben werden.

Eine weiterführende Einsicht erhält man über die Darstellung als implizite Funktion

$$\begin{bmatrix} q_1 \\ q_2 \\ \vdots \\ q_r \end{bmatrix} = \begin{bmatrix} \theta_1 \\ \theta_2 \\ \vdots \\ \theta_r \end{bmatrix} - \begin{bmatrix} c_{11} & \cdots & c_{1q} \\ c_{21} & \cdots & c_{2q} \\ \vdots & & \vdots \\ c_{r1} & \cdots & c_{rq} \end{bmatrix} \begin{bmatrix} z_1 \\ z_2 \\ \vdots \\ z_q \end{bmatrix} = \begin{bmatrix} 0 \\ 0 \\ \vdots \\ 0 \end{bmatrix}$$

$$\boldsymbol{q} = \boldsymbol{\theta} - \boldsymbol{C} \cdot \boldsymbol{z} = \boldsymbol{0} . \tag{23.3.17}$$

Hierbei ist nach Gl. (23.3.14)

$$\boldsymbol{z} = g(\boldsymbol{p}) \tag{23.3.18}$$

mit dem gesuchten Prozeßkoeffizientenvektor

$$\boldsymbol{p} = [p_1 p_2 \ldots p_l]^{\mathrm{T}} .$$

Nach dem Hauptsatz für implizite Funktionen Ortega, Rheinbolt (1970) Bronstein, Semendjajew (1979), Endl, Luh (1972), ist das nichtlineare Gleichungssystem nach den l Unbekannten von $\boldsymbol{p}$ auflösbar, wenn in einer gewissen Umgebung der Lösung $\boldsymbol{p}_0$ für die Funktionaldeterminante gilt

$$\det \boldsymbol{Q}_p \neq 0 \tag{23.3.19}$$

wobei $\boldsymbol{Q}_p$ die Funktionalmatrix

$$\boldsymbol{Q}_p = \frac{\partial \boldsymbol{q}^{\mathrm{T}}}{\partial \boldsymbol{p}} = \begin{bmatrix} \frac{\partial q_1}{\partial p_1} & \frac{\partial q_2}{\partial p_1} & \cdots & \frac{\partial q_r}{\partial p_1} \\ \frac{\partial q_1}{\partial p_2} & \frac{\partial q_2}{\partial p_2} & \cdots & \frac{\partial q_r}{\partial p_2} \\ \vdots & & & \vdots \\ \frac{\partial q_1}{\partial p_1} & \frac{\partial q_2}{\partial p_1} & \cdots & \frac{\partial q_r}{\partial p_1} \end{bmatrix} \tag{23.3.20}$$

ist. Dabei muß $\boldsymbol{q}$ stetig differenzierbar sein und es muß $r = l$ gelten. Damit gilt als *Identifizierbarkeitsbedingung für die Prozeßkoeffizienten* $\boldsymbol{p}$:

Notwendige Bedingungen zur eindeutigen Bestimmung von l Prozeßkoeffizienten p_v aus r Modellparametern θ_i sind, daß $r = l$ ist und die Funktionaldeterminante von $\boldsymbol{Q}_p$, Gl. (23.3.19), in der Umgebung der Lösung $\boldsymbol{p}_0$ nicht verschwindet.

Die Identifizierbarkeitsbedingung gibt nur an, ob das Problem lösbar ist. Eine Lösung folgt hieraus nicht. Man muß versuchen, die Prozeßkoeffizienten durch sukzessives Auflösen nach den Unbekannten zu bestimmen, siehe Beispiele in Abschnitt 23.3.3. Hierzu können auch Methoden der Computer-Algebra eingesetzt werden, siehe z.B. Schumann (1990).

Sowohl die Parameterschätzung als auch die Berechnung der Prozeßkoeffizienten wird vereinfacht, wenn sich das Gesamtsystem in Teilmodelle niederer Ordnung zerlegen läßt.

Die Bestimmung von Prozeßkoeffizienten wurde an mehreren Beispielen praktisch erprobt. Siehe z.B. Isermann (1991) und Kap. 23, 30 und 31.

23.3.3 Beispiele zur Identifizierbarkeit physikalischer Prozeßkoeffizienten

Beispiel 1
Feder-Masse-Dämpfer-System

Für das in Bild 23.5 dargestellte mechanische System 2. Ordnung gelten die elementaren Gleichungen:

$$F_f(t) = c_f[x_1(t) - x_2(t)]$$

$$F_d(t) = c_d[\dot{x}_1(t) - \dot{x}_2(t)]$$

$$F_m(t) = -m\ddot{x}_2(t)$$

$$F_f(t) + F_d(t) + F_m(t) = 0 .$$

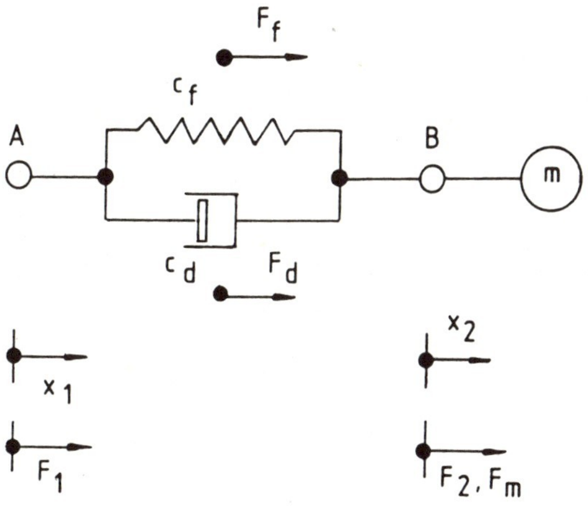

Bild 23.5. Feder-Masse-Dämpfer-System.

Dieses System wird nun durch eine Änderung des Weges $x_1(t)$ angeregt. In Abhängigkeit von verschiedenen gemessenen Größen ergeben sich dann folgende Bedingungen für die Identifizierbarkeit der Prozeßkoeffizienten.

a) Meßgrößen: $x_1(t)$ und $x_2(t)$:

Die meßbaren Größen sind

$$\boldsymbol{\eta}^{\mathrm{T}} = [x_2 x_1]$$

und die nichtmeßbaren Größen

$$\xi^{\mathrm{T}} = [F_{\mathrm{m}} F_{\mathrm{f}} F_{\mathrm{d}}] \, .$$

Nach Laplace-Transformation wird Gl. (23.3.6)

$$\underbrace{\begin{bmatrix} -c_f & c_f \\ -c_d s & c_d s \\ -ms^2 & 0 \\ 0 & 0 \end{bmatrix}}_{\boldsymbol{G}} \begin{bmatrix} x_2 \\ x_1 \end{bmatrix} = \underbrace{\begin{bmatrix} 1 & 0 & 0 \\ 0 & 1 & 0 \\ 0 & 0 & 1 \\ 1 & 1 & 1 \end{bmatrix}}_{\boldsymbol{H}} \begin{bmatrix} F_f \\ F_d \\ F_m \end{bmatrix}$$

Transformation von $\boldsymbol{H}$ auf obere Dreiecksform liefert

$$\boldsymbol{H}^* = \begin{bmatrix} 1 & 1 & -1 \\ 0 & 1 & -1 \\ 0 & 0 & 1 \\ 0 & 0 & 0 \end{bmatrix}; \quad \boldsymbol{G}^* = \begin{bmatrix} 0 & 0 \\ -c_{\mathrm{f}} & c_{\mathrm{f}} \\ -ms^2 & 0 \\ 1 & -\dfrac{c_d s + c_f}{ms^2 + c_d s + c_f} \end{bmatrix}$$

Aus der letzten Zeile folgt

$$x_2(s) - \frac{c_d s + c_f}{ms^2 + c_d s + c_f} x_1(s) = 0$$

und damit die Ein- Ausgangsdifferentialgleichung

$$m\ddot{x}_2(t) + c_d \dot{x}_2(t) + c_f x_2(t) = c_f x_1(t) + c_d \dot{x}_1(t).$$

Nach Multiplikation mit $1/a_0^* = 1/c_f$

$$a_2 \ddot{x}_2(t) + a_1 \dot{x}_2(t) + x_2(t) = x_1(t) + b_1 \dot{x}_1(t)$$

folgt

$$a_2 = \frac{m}{c_f}; \qquad a_1 = \frac{c_d}{c_f}; \qquad b_1 = \frac{c_d}{c_f}\, .$$

Die gesuchten Prozeßkoeffizienten sind

$$\boldsymbol{p}^{\mathrm{T}} = [p_1 p_2 p_3] = [c_f c_d m]$$

und es gilt entsprechend Gln. (23.3.1) and (23.3.15)

$$\theta_1 = a_1 = z_1 = c_d c_f^{-1}$$

$$\theta_2 = a_2 = z_2 = m c_f^{-1}$$

$$\theta_3 = b_1 = z_3 = c_d c_f^{-1}$$

Somit lautet Gl. (23.3.17)

$$\begin{bmatrix} q_1 \\ q_2 \\ q_3 \end{bmatrix} = \begin{bmatrix} a_1 \\ a_2 \\ b_1 \end{bmatrix} - \begin{bmatrix} 1 & 0 & 0 \\ 0 & 1 & 0 \\ 0 & 0 & 1 \end{bmatrix} \begin{bmatrix} c_d c_f^{-1} \\ m c_f^{-1} \\ c_d c_f^{-1} \end{bmatrix}$$

und die Funktionalmatrix wird

$$\boldsymbol{Q}_p = \begin{bmatrix} c_d c_f^{-2} & m c_f^{-2} & c_d c_f^{-2} \\ -c_f^{-1} & 0 & -c_f^{-1} \\ 0 & -c_f^{-1} & 0 \end{bmatrix}$$

Da die erste und letzte Spalte identisch ist, gilt

$$\det \boldsymbol{Q}_p = 0 \, .$$

Die 3 Prozeßkoeffizienten $\boldsymbol{p}$ können also nicht eindeutig aus den Modellparametern $\boldsymbol{\theta}$ bestimmt werden.

b) Meßgrößen: $x_1(t)$ und Federkraft $F_f(t)$

Über die Vektoren

$$\boldsymbol{\eta}^{\mathrm{T}} = [F_f x_1]; \qquad \xi^{\mathrm{T}} = [F_d F_m x_2]$$

und Gleichungssystem (23.3.6) erhält man die Differentialgleichung

$$a_2 \ddot{F}_f(t) + a_1 \dot{F}_f(t) + F_f(t) = b_2 \ddot{x}_1(t)$$

mit

$$a_2 = \frac{m}{c_f}; \qquad a_1 = \frac{c_d}{c_f}; \qquad b_2 = m \, .$$

Die Funktionalmatrix lautet

$$\boldsymbol{Q}_p = \begin{bmatrix} -c_d c_f^{-2} & m c_f^{-2} & 0 \\ -c_f^{-1} & 0 & 0 \\ 0 & -c_f^{-1} & -1 \end{bmatrix}$$

und es ist

$$\det Q_p = m c_f^{-3} .$$

Die Prozeßkoeffizienten sind somit bestimmbar, falls

$$m \neq 0 \wedge c_f \neq \infty .$$

Sie folgen aus

$$m = b_2; \qquad c_f = b_2 a_2^{-1}; \qquad c_d = a_1 a_2^{-1} b_2 .$$

(Mißt man $x_1(t)$ und die Dämpferkraft F_d, dann wird

$$\det Q_p = m c_d c_f^{-4} ,$$

und die Prozeßkoeffizienten sind bestimmbar, falls

$$m \neq 0 \wedge c_d \neq 0 \wedge c_f \neq \infty .)$$

Beispiel 2
Elektrisches Netzwerk 2. Ordnung

Bild 23.6 zeigt die Serienschaltung zweier RC-Glieder. Es gelten die elementaren Gln.

$$\begin{aligned} &U_{R1}(t) = R_1 I(t) && U_{R2}(t) = R_2 I_2(t) \\ &I_1(t) = C_1 \dot{U}_{C1}(t) && I_2(t) = C_2 \dot{U}_{C2}(t) \\ &I(t) = I_1(t) + I_2(t) && U_{C1}(t) - U_{R2}(t) - U_{C2}(t) = 0 \\ &U_1(t) + U_2(t) - U_{C1}(t) = 0 && U_2(t) = U_{C2}(t) . \end{aligned}$$

a) Meßgrößen: $U_1(t)$ und $U_2(t)$

$$a_2 \ddot{U}_2(t) + a_1 \dot{U}_2(t) + U_2(t) = b_0 U_1(t)$$

$$a_2 = R_1 C_1 R_2 C_2$$

$$a_1 = R_1 C_1 + R_2 C_2 + R_1 C_2$$

$$b_0 = 1 .$$

Hieraus ist unmittelbar zu erkennen, daß 4 Prozeßkoeffizienten aus den 2 Parametern a_1 und a_2 nicht bestimmbar sind.

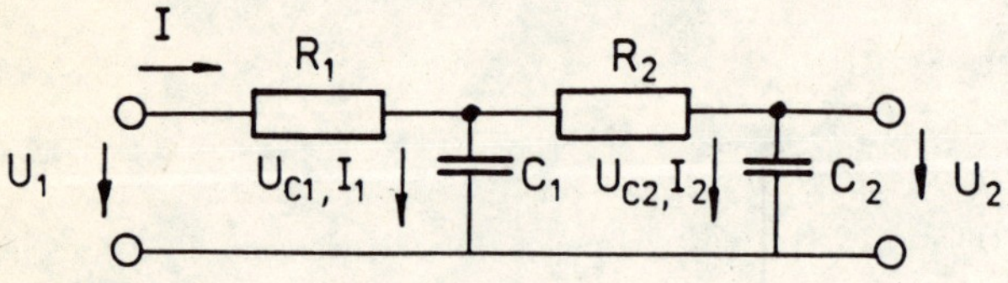

Bild 23.6. Elektrisches Netzwerk 2. Ordnung.

b) Meßgrößen: $U_1(t)$ und $I(t)$.

$$a_2\ddot{I}(t) + a_1\dot{I}(t) + I(t) = b_1\dot{U}_1(t) + b_2\ddot{U}_1(t)$$

$$a_2 = R_1C_1R_2C_2 \qquad b_1 = C_1 + C_2$$

$$a_1 = R_1C_1 + R_2C_2 + R_1C_2 \quad b_2 = R_2C_1C_2 \;.$$

Aus den Beziehungen

$$\begin{bmatrix} q_1 \\ q_2 \\ q_3 \\ q_4 \end{bmatrix} = \begin{bmatrix} a_1 \\ a_2 \\ b_1 \\ b_2 \end{bmatrix} + \begin{bmatrix} 1 & 1 & 1 & 0 & 0 & 0 & 0 \\ 0 & 0 & 0 & 1 & 0 & 0 & 0 \\ 0 & 0 & 0 & 0 & 1 & 0 & 0 \\ 0 & 0 & 0 & 0 & 0 & 1 & 1 \end{bmatrix} \begin{bmatrix} R_1C_1 \\ R_2C_2 \\ R_1C_1R_2C_2 \\ C_1R_2C_2 \\ C_1 \\ C_2 \end{bmatrix}$$

folgt über die Funktionalmatrix und Gl. (23.3.19) die Bedingung

$$\det \boldsymbol{Q}_p = C_1C_2^3R_2^2 \neq 0 \;.$$

Die 4 Prozeßkoeffizienten $\boldsymbol{p}$ sind aus den 4 Modellparametern $\boldsymbol{\theta}$ also bestimmbar, falls $C_1 \neq 0 \wedge C_2 \neq 0 \wedge R_2 \neq 0$. Sie folgen aus

$$R_1 = a_2/b_2$$

$$R_2 = (a_1^2b_2^2 - 2a_1b_1a_2b_2 + b_1^2a_2^2)/b_2(b_2^2 - a_1b_1b_2 + b_1^2a_2)$$

$$C_1 = b_2^2/(a_1b_2 - a_1b_2)$$

$$C_2 = -(b_2^2 - a_1b_1b_2 + b_1^2a_2)/(a_1b_2 - b_1a_2) \;.$$

23.4 Parameterschätzung bei teilweise bekannten Parametern

In der Differentialgleichung des Prozesses mit den Parametern

$$\boldsymbol{\theta} = [a_1 a_2 \, \ldots \, a_n \mid b_0 b_1 \, \ldots \, b_m]^{\mathrm{T}} \tag{23.4.1}$$

seien einzelne Parameter a_j und b_j bekannt. Sie werden mit a_j'' und b_j'' bezeichnet.

Der Parametervektor $\boldsymbol{\theta}$ wird nun in einen unbekannten Anteil $\boldsymbol{\theta}'$ und einen bekannten Anteil $\boldsymbol{\theta}''$ aufgespaltet

$$\boldsymbol{\theta} = \begin{bmatrix} \boldsymbol{\theta}' \\ \boldsymbol{\theta}'' \end{bmatrix} . \tag{23.4.2}$$

Im Gleichungssystem für die Parameterschätzung kann man dann die bekannten Parameter mit den zugehörigen Elementen des Datenvektors auf die linke Seite bringen

$$y(t) - \boldsymbol{\psi}''^{\mathrm{T}}(t)\boldsymbol{\theta}'' = \boldsymbol{\psi}'^{\mathrm{T}}(t)\boldsymbol{\theta}' + e(t) \;. \tag{24.4.3}$$

Mit

$$y''(t) = y(t) - \psi''^{\mathrm{T}}(t)\theta'' \tag{23.4.4}$$

gilt dann

$$y''(t) = \psi'^{\mathrm{T}}(t)\theta' + e(t) \tag{23.4.5}$$

bzw.
$$y'' = \Psi'\theta' + e \tag{23.4.6}$$

und
$$\hat{\theta}' = [\Psi'^{\mathrm{T}}\Psi']^{-1}\Psi'^{\mathrm{T}}y'' . \tag{23.4.7}$$

Somit können die bekannten Parameterschätzmethoden für den reduzierten Parametervektor θ', mit der reduzierten Datenmatrix Ψ' und den „erweiterten Ausgangssignalen" y'' angewandt werden.

Der Einfluß von *einzelnen bekannten Parametern* auf die Güte der Parameterschätzung, wurden mit mehreren Prozessen zweiter Ordnung durch Simulationen untersucht, Rentzsch (1988). Hierzu wurde u.a. ein Prozeß mit nichtminimalem Phasenverhalten

$$a_2 y^{(2)}(t) + a_1 y^{(1)}(t) + y(t) = b_0 u(t) + b_1 u^{(1)}(t)$$

digital simuliert. Das Ausgangssignal war von einem stochastischen Störsignal überlagert, das über ein Filter zweiter Ordnung aus weißem Rauschen erzeugt wurde.

Die Ergebnisse lassen sich wie folgt zusammenfassen:

(1) *Ein Parameter ist bekannt*:
   a) Die Parameterschätzung kann asymptotisch durch Vorgaben von Parametern, die sonst eine relativ große Schätzvarianz haben, verbessert werden. Deshalb sind insbesondere bekannte a_2 oder b_1 günstig.

(2) *Mehrere Parameter sind bekannt*:
   a) Im Vergleich zu einem bekannten Parameter wird die asymptotische Schätzgenauigkeit nur dann weiter verbessert, wenn a_2 oder b_1 unter den bekannten Parametern sind.
   b) Die Konvergenzgeschwindigkeit wird umso besser, je mehr Parameter bekannt sind.

Im Vergleich zum üblichen Fall, daß alle Parameter unbekannt sind, ist die relativ größte Verbesserung bei schon einem bekannten Parameter und hier insbesondere mit a_2 zu erreichen. Die Vorgabe weiterer Parameter bringt nur dann deutliche Verbesserungen, wenn diese relativ genau bekannt sind (beim Beispiel mit höchstens 5% Fehler).

23.5 Zusammenfassung

Zur Parameterschätzung von Differentialgleichungen können im Prinzip dieselben Methoden wie bei Differenzengleichungen eingesetzt werden. Ein besonderes

Problem besteht jedoch in der Ermittlung der Ableitungen der gestörten Meßsignale. Die Methode der kleinsten Quadrate kann besonders in Verbindung mit Zustandsvariablen-Filtern bei wenig gestörten Prozessen eingesetzt werden. Bei größeren Störsignalen ist jedoch grundsätzlich mit systematischen Schätzfehlern (Bias) zu rechnen. Dann sind konsistente Schätzfehler wie z.B. die Methode der Hilfsvariablen, Korrelation und kleinste Quadrate oder, wenn der Rechenaufwand vertretbar ist, die Maximum-Likelihood-Methode einzusetzen. Die physikalisch definierten Parameter (Prozeßkoeffizienten) physikalischer Gesetze können über die Parameterschätzung von Differentialgleichungen durch eine Inversion algebraischer Beziehungen bestimmt werden. Hierzu wurde eine Identifizierbarkeitsbedingung angegeben.

24 Parameterschätzung für Frequenzgänge

Mehrere Identifikationsmethoden, wie z.B. die Fourier-Transformation, die Korrelation für periodische Testsignale oder die direkte Frequenzgangmessung liefern den Frequenzgang in nichtparametrischer Form als Amplitudenverhältnis und Phasenverschiebungswinkel oder Real- und Imaginärteil für verschiedene Kreisfrequenzen ω_ν. Bei vielen Anwendungen benötigt man jedoch den Frequenzgang in parametrischer Form als rationalgebrochenen Frequenzgang. Für einfache Fälle kann man hierzu graphische und analytische Approximationsmethoden verwenden, Abschnitt 24.1. Besonders bei gestörten Frequenzgangmessungen ist es jedoch besser, Parameterschätzmethoden einzusetzen. Dies wird in Abschnitt 24.2 beschrieben.

24.1 Einfache Approximationsmethoden

Es wird davon ausgegangen, daß $N + 1$ Frequenzgangwerte der Form

$$G_P(i\omega_\nu) = |G_P(i\omega_\nu)|e^{i\varphi(\omega_\nu)} = R(\omega_\nu) + iI(\omega_\nu) \quad \nu = 0, 1, 2, \ldots, N \tag{24.1.1}$$

gemessen wurden. Dieser in nichtparametrischer Form vorliegende Frequenzgang soll nun durch eine parametrische, rational gebrochene Frequenzganggleichung

$$G_P(i\omega) = \frac{b_0 + b_1(i\omega) + b_2(i\omega)^2 + \cdots + b_m(i\omega)^m}{1 + a_1(i\omega) + a_2(i\omega)^2 + \cdots a_n(i\omega)^n} \tag{24.1.2}$$

approximiert werden.

Eine Übersicht verschiedener Approximationsmethoden wird in Strobel (1968) gegeben. Es werden graphische und analytische Methoden unterschieden.

Einige Approximationsmethoden verwenden nur eine Koordinate des Frequenzganges (Amplitudengang oder Phasengang, Real- oder Imaginärteil), setzen also die eindeutige Kopplung beider Koordinaten voraus. Deshalb soll zunächst die gegenseitige Abhängigkeit von Amplituden- und Phasengang bzw. von Real- und Imaginärteil betrachtet werden.

24.1.1 Gegenseitige Abhängigkeit der Frequenzgangkoordinaten

Real- und Imaginärteil des rational gebrochenen Frequenzganges, Gl. (24.1.2), eines realisierbaren ($m \leqq n$), stabilen Übertragungsgliedes sind über die Hilbert-

Transformierte miteinander gekoppelt. Es gilt Papoulis (1962), Kaufmann (1959), Unbehauen (1980),

$$R(\omega) = R(\infty) + \frac{1}{\pi} \int_{-\infty}^{\infty} \frac{I(\omega)}{\omega - u} \mathrm{d}u \,, \tag{24.1.3}$$

$$I(\omega) = -\frac{1}{\pi} \int_{-\infty}^{\infty} \frac{R(u)}{\omega - u} \mathrm{d}u \,. \tag{24.1.4}$$

Wenn der Verlauf des Imaginärteiles eines Frequenzganges vorgegeben ist, dann ist damit auch der Verlauf des Realteiles bestimmt, falls die obengenannten Voraussetzungen zutreffen. Eine ähnliche Beziehung gilt für den Amplituden- und Phasengang. Durch Logarithmieren wird

$$\ln G(\mathrm{i}\omega) = \ln |G(\mathrm{i}\omega)| \mathrm{e}^{\mathrm{i}\varphi(\omega)} = \ln |G(\mathrm{i}\omega)| + \mathrm{i}\varphi(\omega) \,. \tag{24.1.5}$$

Der Realteil $\ln |G(\mathrm{i}\omega)|$ und der Imaginärteil sind für Übertragungsglieder mit minimalem Phasenverhalten wieder durch die Hilbert-Transformierte gekoppelt, so daß sich aus den Gln. (24.1.3) und (24.1.4), s. Reinisch (1979)

$$\ln |G(\mathrm{i}\omega)| - \ln |G(\mathrm{i}\infty)| = -\frac{1}{\pi} \int_{-\infty}^{\infty} \frac{\varphi(u) - \varphi(\omega)}{u - \omega} \mathrm{d}u \,, \tag{24.1.6}$$

$$\varphi(\omega) = \frac{1}{\pi} \int_{-\infty}^{\infty} \frac{\ln |G(\mathrm{i}u)| - \ln |G(\mathrm{i}\omega)|}{u - \omega} \mathrm{d}u \,, \tag{24.1.7}$$

ergibt. Bei gegebenem Amplitudengang ist dann für physikalisch realisierbare und stabile Übertragungsglieder mit minimalem Phasenverhalten auch der Phasengang bestimmt und umgekehrt.

Bei denjenigen Approximationsverfahren, die nur den Amplitudengang des Frequenzganges verwenden, muß also gesichert sein, daß das Übertragungsglied keine Totzeit und keinen Allpaßteil enthält. Wenn ein Totzeitglied vorhanden ist, dann berechnet man am zweckmäßigsten den rationalen Teil des Frequenzganges aus dem Amplitudengang.

24.1.2 Graphische Methoden

Bei den graphischen Verfahren nützt man meist die Eigenschaften des Bode-Diagramms aus, Oppelt (1972), Reinisch (1979). Infolge der logarithmischen Darstellung des Amplitudenverhältnisses und der linearen Darstellung des Phasenwinkels über einer logarithmischen Frequenzskala kann man bekanntlich auf relativ einfache Weise Teilfrequenzgänge eines komplizierteren Gesamtfrequenzganges ermitteln. Die Ordnung dieser Teilfrequenzgänge ergibt sich aus der Steigung der Asymptoten im Amplitudengang und die Zeitkonstanten aus den Eckfrequenzen.

Das prinzipielle Vorgehen bei der graphischen Approximation ist in Truxal (1960) ausführlich beschrieben. Mit Hilfe der Asymptotenannäherungen erhält man eine erste Approximation, die sich dann anschließend nach der Methode von Linvill systematisch verbessern läßt.

Diese Verbesserungsmethode beruht auf der Auswirkung von kleinen Änderungen der einzelnen Pole und Nullstellen auf den Amplitudengang. Hierzu wird das logarithmische Amplitudenverhältnis partiell nach den einzelnen Parametern der Pole und Nullstellen abgeleitet. Dann entstehen Fehlerkurven, die bei der Auswertung so zusammengestellt werden müssen, daß sie die gegebene Fehlerkurve zwischen der ersten Approximation und dem gemessenen Amplitudenverhältnis gerade kompensieren. Dies ist in Truxal (1960) dargestellt. In Stewart (1959) wird dieses Verfahren für die gleichzeitige Anwendung auf Amplituden- und Phasengang beschrieben.

24.1.3 Analytische Methoden

Die analytischen Methoden sind besonders für die Verwendung von Digitalrechnern geeignet. Sie approximieren den gegebenen Frequenzgang entweder so, daß die Differenz zwischen den gegebenen Frequenzgangpunkten und den entsprechenden Punkten des Approximationsfrequenzganges verschwindet. Hierbei wird angenommen, daß die vorliegenden Frequenzgangwerte exakt vorliegen, und auch die Struktur von Prozeß und Modell übereinstimmt, so daß kein Fehlerausgleich erforderlich ist. Geht man von gestörten Frequenzgangmeßwerten aus, werden Fehlerkriterien wie z.B. der kleinste quadratische Fehler, der kleinste maximale Fehler oder ein höchst zulässiger vorgeschriebener Fehler verwendet. Dann findet also ein Fehlerausgleich statt. Die einzelnen Verfahren unterscheiden sich ferner in der angenommenen Grundstruktur des Frequenzganges. (Gebrochen rationale Funktion, mit oder ohne Totzeit, mit oder ohne Nullstelle.) Meist wird jedoch die gebrochene rationale Form ohne Totzeit verwendet. Bei vielen Methoden müssen dann die Ordnung *n* und *m* von Nenner und Zähler vorgegeben werden (vorgegebene Struktur), so daß man die beste Approximation unter Umständen erst nach mehreren Versuchen finden kann.

Als Beispiele sollen im folgenden drei Methoden ohne Fehlerausgleich kurz erläutert werden. Methoden mit Fehlerausgleich werden im nächsten Abschnitt beschrieben.

a) *Approximation des Real- und Imaginärteilverlaufes*

Trennt man den Real- und Imaginärteil des Frequenzganges nach Gl. (24.1.2) im Zähler und Nenner auf, dann wird

$$G(\mathrm{i}\omega) = \frac{B_\mathrm{R}(\omega) + \mathrm{i}B_\mathrm{I}(\omega)}{A_\mathrm{R}(\omega) + \mathrm{i}A_\mathrm{I}(\omega)} \tag{24.1.8}$$

mit

$$\left.\begin{aligned} A_\mathrm{R}(\omega) &= 1 - a_2\omega^2 + a_4\omega^4 - a_6\omega^6 + \cdots \\ A_\mathrm{I}(\omega) &= a_1\omega - a_3\omega^3 + a_5\omega^5 - \cdots \\ B_\mathrm{R}(\omega) &= b_0 - b_2\omega^2 + b_4\omega^4 - b_6\omega^6 + \cdots \\ B_\mathrm{I}(\omega) &= b_1\omega - b_3\omega^3 + b_5\omega^5 - \cdots \end{aligned}\right\} \tag{24.1.9}$$

Gleichsetzen von Gl. (24.1.8) und (24.1.1) liefert

$$\begin{aligned} R(\omega_\nu)A_\mathrm{R}(\omega_\nu) - I(\omega_\nu)A_\mathrm{I}(\omega_\nu) &= B_\mathrm{R}(\omega_\nu) \\ R(\omega_\nu)A_\mathrm{I}(\omega_\nu) + I(\omega_\nu)A_\mathrm{R}(\omega_\nu) &= B_\mathrm{I}(\omega_\nu) \ . \end{aligned} \qquad (24.1.10)$$

Setzt man Gl. (24.1.9) in Gl. (24.1.10) ein, dann enthält das Gleichungssystem n unbekannte a_i und $(m + 1)$ unbekannte b_i, also $n + m + 1$ Unbekannte. Zur Berechnung dieser Parameter sind also $(n + m + 1)$ Gleichungen erforderlich, die man für $(n + m + 1)/2$ verschiedene Kreisfrequenzen ω_ν erhält, Stafin (1965). Durch Erweiterung der Gl. (24.1.10) erhält man für die numerische Rechnung etwas günstigere Formen, siehe Reinisch (1979).

Der Grad des Nenners und Zählers muß für den ersten Rechnungsversuch geschätzt werden. Anschließend wird der berechnete Frequenzgang mit dem vorgegebenen Frequenzgang für die zwischen den einzelnen Frequenzen ω_ν liegenden ω-Werte verglichen. Wenn die Übereinstimmung nicht befriedigend ist, dann wird der Grad von Nenner und Zähler erhöht und die Rechnung wiederholt.

b) *Approximation des Amplitudenganges*

Aus Gl. (24.1.8) folgt

$$\begin{aligned} |G(\mathrm{i}\omega)|^2 = G(\mathrm{i}\omega)G(-\mathrm{i}\omega) &= \frac{B_\mathrm{R}^2(\omega) + B_\mathrm{I}^2(\omega)}{A_\mathrm{R}^2(\omega) + A_\mathrm{I}^2(\omega)} \\ &= \frac{\beta_0 + \beta_1\omega^2 + \cdots + \beta_m\omega^{2m}}{1 + \alpha_1\omega^2 + \cdots + \alpha_n\omega^{2n}} \ . \end{aligned} \qquad (24.1.11)$$

Ausgehend von dieser Gleichung stellt man in derselben Weise wie oben beschrieben für $(n + m + 1)$ Werte von ω_ν die zur Berechnung der Koeffizienten α_i und β_i erforderlichen Gleichungen auf. Durch Trennen des rational gebrochenen Terms der Gl. (24.1.11) in den Teil $G(\mathrm{i}\omega)$ und den konjugiert komplexen Teil $G(-\mathrm{i}\omega)$ erhält man die gesuchten Koeffizienten a_i und b_i, Staffin (1965).

c) *Approximation des Real- oder Imaginärteilverlaufes*

Mit Hilfe der Transformation

$$w = \frac{\sigma_0^2 + s^2}{\sigma_0^2 - s^2} \ \text{bzw.} \quad s = \sigma_0 \sqrt{\frac{w - 1}{w + 1}} \qquad (24.1.12)$$

wird die imaginäre Achse der s-Ebene auf das reelle Intervall $-1 \leqq w \leqq +1$ der w-Ebene abgebildet, Unbehauen (1966). Der gesuchten Realteilfunktion $R(\omega)$ entspricht dann im w-Bereich eine rationale reelle Funktion $r(w)$, deren Koeffizienten so zu bestimmen sind, daß die mit Hilfe von Gl. (24.1.12) erhaltene, zu approximierende Funktion $r_0(w)$ möglichst gut angenähert wird. Die Bestimmung der Koeffizienten geschieht mit $(n + m + 1)$ verschiedenen Werten $R(\omega_\nu)$ aus einem linearen Gleichungssystem auf ähnliche Weise wie bei dem unter a) beschriebenen Verfahren. Anschließend ist dann aus der erhaltenen Realteilfunktion $R(\omega)$ der Frequenzgang $G(\mathrm{i}\omega)$ zu ermitteln.

Die einfachen Approximationsmethoden erzwingen die Übereinstimmung von gemessenen Frequenzgangwerten und Modell an den Stützstellen ω_ν. Bei gestörten Messungen und bei Unterschieden in der Struktur von Frequenzganggleichung und Prozeß treten dann Abweichungen in den Bereichen zwischen den Stützstellen auf. Dann ist es zweckmäßiger, Methoden mit Fehlerausgleich, also Parameterschätzmethoden einzusetzen.

24.2 Methoden der kleinsten Quadrate für Frequenzgänge

Beim Einsatz von Digitalrechnern zur Bestimmung der Parameter von Frequenzgängen bietet sich an, Abweichungen zwischen Frequenzgangmeßwerten und Modell zuzulassen und Parameterschätzmethoden einzusetzen. Im folgenden wird deshalb die Methode der kleinsten Quadrate beschrieben.

Der Prozeß werde durch

$$G_P(i\omega) = R(\omega) + iI(\omega)\,, \tag{24.2.1}$$

das Modell durch

$$\hat{G}_P(i\omega) = \frac{\hat{B}(i\omega)}{\hat{A}(i\omega)} = \frac{\hat{B}_R(\omega) + i\hat{B}_I(\omega)}{\hat{A}_R(\omega) + i\hat{A}_I(\omega)} \tag{24.2.2}$$

beschrieben. Die Aufgabe besteht nun darin, aus $N + 1$ gemessenen

$$G_P(i\omega_\nu) = R(\omega_\nu) + iI(\omega_\nu); \quad \nu = 0, 1, 2, \ldots, N \tag{24.2.3}$$

die Parameter $\hat{a}_i$ und $\hat{b}_i$ der Polynome $\hat{A}(i\omega)$ und $\hat{B}(i\omega)$ des Modells zu bestimmen.

Zunächst liegt es nahe, den Ausgangsfehler zwischen Prozeß und Modell, vgl. Kapitel 1,

$$e(i\omega_\nu) = G_P(i\omega_\nu) - \frac{\hat{B}(i\omega_\nu)}{\hat{A}(i\omega_\nu)} \tag{24.2.4}$$

zu verwenden. Dieser Fehler ist jedoch nichtlinear von den Parametern $\hat{a}_i$ abhängig, so daß bei der Bildung der Ableitungen komplizierte Ausdrücke entstehen. Einfachere Verhältnisse ergeben sich, wenn der verallgemeinerte Fehler

$$\varepsilon(i\omega_\nu) = \hat{A}(i\omega_\nu)\, e(i\omega_\nu) = \hat{A}(i\omega_\nu)\, G_P(i\omega_\nu) - \hat{B}(i\omega_\nu) \tag{24.2.5}$$

verwendet wird, Levy (1959), Sawaragi u.a. (1981). Als Verlustfunktion wird die Summe der gewichteten Betragsfehlerquadrate angesetzt

$$V = \sum_{\nu=0}^{N} \omega_\nu |\varepsilon(i\omega_\nu)|^2 = \sum_{\nu=0}^{N} \omega_\nu |\hat{A}(i\omega_\nu) e(i\omega_\nu)|^2 \tag{24.2.6}$$

wobei ω_ν noch festzulegende Gewichtsfaktoren sind. Durch Einsetzen von Gl. (24.2.5) und (24.2.3) folgt

$$\begin{aligned}\hat{A}(i\omega)e(i\omega) = {} & [R(\omega)\hat{A}_R(\omega) - I(\omega)\hat{A}_I(\omega) - \hat{B}_R(\omega)] \\ & + i[R(\omega)\hat{A}_I(\omega) + I(\omega)\hat{A}_R(\omega) - \hat{B}_I(\omega)]\end{aligned} \tag{24.2.7}$$

und weiter

$$\left.\begin{aligned} V &= \sum_{\nu=0}^{N} w_\nu [R_\nu \hat{A}_{R\nu} - I_\nu \hat{A}_{I\nu} - \hat{B}_{R\nu}]^2 \\ &\quad + w_\nu [R_\nu \hat{A}_{I\nu} + I_\nu \hat{A}_{R\nu} - \hat{B}_{I\nu}]^2 \\ &= \sum_{\nu=0}^{N} w_\nu (L_\nu^2 + M_\nu^2) \end{aligned}\right\} \tag{24.2.8}$$

wobei

$$\left.\begin{aligned} R_\nu &= R(\omega_\nu) & I_\nu &= I(\omega_\nu) \\ \hat{A}_{R\nu} &= \hat{A}_R(\omega_\nu) & \hat{A}_{I\nu} &= \hat{A}_I(\omega_\nu) \\ \hat{B}_{R\nu} &= \hat{B}_R(\omega_\nu) & \hat{B}_{I\nu} &= \hat{B}_R(\omega_\nu) \end{aligned}\right\} \tag{24.2.9}$$

gesetzt wurde.

Nun werden die Polynome Gl. (24.1.9) eingesetzt.

Die erste Ableitung der Verlustfunktionen nach den einzelnen Parametern ergibt dann

$$\left.\begin{aligned} \frac{\partial V}{\partial a_1} &= \sum_{\nu=0}^{N} 2 w_\nu L_\nu(-I_\nu \omega_\nu) + 2 w_\nu M_\nu (R_\nu \omega_\nu) = 0 \\ \frac{\partial V}{\partial a_2} &= \sum_{\nu=0}^{N} 2 w_\nu L_\nu(-R_\nu \omega_\nu^2) + 2 w_\nu M_\nu (-I_\nu \omega_\nu^2) = 0 \\ &\vdots \\ \frac{\partial V}{\partial b_0} &= \sum_{\nu=0}^{N} 2 w_\nu L_\nu(-1) = 0 \\ \frac{\partial V}{\partial b_1} &= \sum_{\nu=0}^{N} 2 w_\nu M_\nu(-\omega_\nu) = 0 \\ \frac{\partial V}{\partial b_2} &= \sum_{\nu=0}^{N} 2 w_\nu L_\nu(\omega_\nu^2) = 0 \; . \end{aligned}\right\} \tag{24.2.10}$$

Nach Einsetzen der Polynome Gl. (24.1.9) erhält man folgendes Gleichungssystem

$$\begin{bmatrix} U_2 & 0 & -U_4 & 0 & U_6 & \cdots & T_1 & -S_2 & -T_3 & S_4 & T_5 & \cdots \\ 0 & U_4 & 0 & -U_6 & 0 & \cdots & S_2 & T_3 & -S_4 & -T_5 & S_6 & \cdots \\ \vdots & \vdots & \vdots & & & & \vdots & \vdots & \vdots & & & \\ T_1 & S_2 & -T_3 & -S_4 & T_5 & \cdots & V_0 & 0 & -V_2 & 0 & V_4 & \cdots \\ -S_2 & T_3 & S_4 & -T_5 & -S_6 & \cdots & 0 & V_2 & 0 & -V_4 & 0 & \cdots \\ -T_3 & -S_4 & T_5 & S_6 & -T_7 & \cdots & -V_2 & 0 & V_4 & 0 & -V_6 & \cdots \end{bmatrix} \begin{bmatrix} a_1 \\ a_2 \\ \vdots \\ b_0 \\ b_1 \\ b_2 \end{bmatrix} = \begin{bmatrix} 0 \\ U_2 \\ \vdots \\ S_0 \\ T_1 \\ -S_2 \end{bmatrix}$$

$$\boldsymbol{Z} \cdot \hat{\boldsymbol{\theta}} = \boldsymbol{v} \tag{24.2.11}$$

wobei

$$\left.\begin{aligned} V_j &= \sum_{\nu=0}^{N} w_\nu \omega_\nu^j \\ S_j &= \sum_{\nu=0}^{N} w_\nu \omega_\nu^j R_\nu \\ T_j &= \sum_{\nu=0}^{N} w_\nu \omega_\nu^j I_\nu \\ U_j &= \sum_{\nu=0}^{N} w_\nu \omega_\nu^j [R_\nu^2 + I_\nu^2] \,. \end{aligned}\right\} \tag{24.2.12}$$

Aus Gl. (24.2.11) folgt schließlich die Parameterschätzgleichung der Methode der kleinsten Quadrate

$$\hat{\boldsymbol{\theta}} = [\boldsymbol{Z}^{\mathrm{T}} \boldsymbol{Z}]^{-1} \boldsymbol{Z}^{\mathrm{T}} \boldsymbol{v} \,. \tag{24.2.13}$$

Da die Fehler $|\varepsilon(\mathrm{i}\omega_\nu)|$ jedoch korreliert sind mit den Elementen von $\boldsymbol{Z}^{\mathrm{T}}$, ergeben sich allerdings keine erwartungstreuen Schätzwerte. Verwendet man zur Frequenzgangmessung eine Korrelationsmethode, dann sind konsistente Schätzwerte zu erreichen. In Reinisch (1979) ist die Methode der kleinsten Quadrate für eine modifizierte Fehlergleichung angegeben, bei der die Meßwerte $R(\omega_\nu)$, $I(\omega_\nu)$ und $|G_{\mathrm{P}}(\omega_\nu)|$ verwendet werden.

Bei der Wahl der Gewichtsfaktoren w_ν kann man die Genauigkeit der vorliegenden Frequenzgangmeßwerte berücksichtigen. Im allgemeinen sind die relativen Fehler $|\Delta G_{\mathrm{P}}(\mathrm{i}\omega)|/|G_{\mathrm{P}}(\mathrm{i}\omega)|$ bei höheren Frequenzen wesentlich höher als bei niederen Frequenzen. Als Gewichtung bietet sich deshalb

$$w_{\nu 1} = c \left| \frac{G_{\mathrm{P}}(\mathrm{i}\omega_\nu)}{\Delta G_{\mathrm{P}}(\mathrm{i}\omega_\nu)} \right|^2 \tag{24.2.14}$$

an. Korrigiert man die rechnerisch bedingte Gewichtung des Ausgangsfehlers $e(\mathrm{i}\omega)$ durch $A(\mathrm{i}\omega)$ nach Gl. (24.2.5) so ergibt sich

$$w_{\nu 2} = \frac{1}{|A(\mathrm{i}\omega_\nu)|^2} \,. \tag{24.2.15}$$

Werden beide Gewichtungen kombiniert, gilt

$$w_\nu = w_{\nu 1} \cdot w_{\nu 2} \,. \tag{24.2.16}$$

Falls man diese Gewichte nicht im voraus kennt bzw. geeignet annehmen kann, muß man sie aufgrund der Schätzergebnisse iterativ bestimmen.

Eine modifizierte Methode der kleinsten Quadrate wurde von Strobel (1968, 1975) angegeben. Hierbei wird die Verlustfunktion aus den gewichteten relativen Frequenzgangfehlern gebildet

$$V_1 = \sum_{\nu=0}^{N} w_\nu |\varepsilon(\mathrm{i}\omega_\nu)|^2 = \sum_{\nu=0}^{N} w_\nu \left| \frac{\Delta G_{\mathrm{P}}(\mathrm{i}\omega_\nu)}{G_{\mathrm{P}}(\mathrm{i}\omega_\nu)} \right|^2 \tag{24.2.17}$$

wobei

$$\Delta G_P(i\omega_\nu) = G_P(i\omega_\nu) - \hat{G}_P(i\omega_\nu)$$

und w_ν nach Gl. (24.2.14) festgelegt sind.

Für kleine Fehler $\Delta G_P(i\omega_\nu)$ gilt

$$|\varepsilon(i\omega)| \approx |\varepsilon'(i\omega_\nu)| = \left| \frac{\hat{G}_P^{-1}(i\omega_\nu) - G_P^{-1}(i\omega_\nu)}{G_P^{-1}(i\omega_\nu)} \right| . \tag{24.2.18}$$

Setzt man dies in Gl. (24.2.17) ein, dann folgt für die Verlustfunktion

$$V_2 = \sum_{\nu=0}^{N} w_\nu^* |\varepsilon^*(i\omega_\nu)|^2 \tag{24.2.19}$$

mit

$$\varepsilon^*(i\omega_\nu) = \hat{A}(i\omega_\nu) - G_P^{-1}(i\omega_\nu)\hat{B}(i\omega_\nu) \tag{24.2.20}$$

$$w_\nu^* = c \left| \frac{G_P(i\omega_\nu)}{\Delta G_P(i\omega_\nu)} \right|^2 \frac{|G_P(i\omega_\nu)|^2}{|\hat{B}(i\omega_\nu)|^2} . \tag{24.2.21}$$

Der Fehler ist nach Gl. (24.2.20) linear in den gesuchten Parametern und ist wie folgt mit dem Ausgangsfehler verknüpft

$$\varepsilon^*(i\omega_\nu) = G_P^{-1}(i\omega_\nu)\hat{A}(i\omega_\nu)e(i\omega_\nu) . \tag{24.2.22}$$

Die Lösung erfolgt wegen der zunächst noch unbekannten Gewichte w_ν^* iterativ, wobei für den letzten Schritt $b_1 = b_2 = \cdots = b_m = 0$ gesetzt wird.

Wie in Strobel (1968, 1975) gezeigt wurde, kann die Parameterschätzung noch mit einem Suchverfahren nach den Ordnungszahlen m und n verbunden werden. Hierbei werden die Verlustfunktionswerte für verschiedene Ordnungszahlen ermittelt und dann Suchverfahren, wie in Abschnitt 20.3 beschrieben eingesetzt.

24.3 Zusammenfassung

Zur Ermittlung von parametrischen, rational gebrochenen Frequenzgangmodellen aus gemessenen Frequenzgangwerten, kann man in einfachen Fällen graphische Methoden in Anlehnung an die Eigenschaften des Bode-Diagramms oder analytische Approximationsmethoden ohne Fehlerausgleich benutzen. Bei gestörten Frequenzgangmeßwerten oder Strukturunterschieden von Prozeß und Modell werden Parameterschätzmethoden empfohlen. Hierzu eignet sich die gewichtete Methode der kleinsten Quadrate. Wegen der zunächst unbekannten frequenzabhängigen Gewichte ist sie iterativ anzuwenden. Sie kann ferner mit einem Suchverfahren zur Bestimmung der Ordnungszahl kombiniert werden.

E Identifikation von Mehrgrößensystemen

Im einführenden Kapitel 1 wurde bereits vermerkt, daß die Identifikation von Systemen mit mehreren Ein- und Ausgängen (MIMO) dann auf die Identifikation von Systemen mit einem Ein- und Ausgang (SISO) zurückgeführt werden kann, wenn ein Eingang u_j angeregt wird und die Antwort von r Ausgängen y_i beobachtet wird (SIMO). Entsprechend kann man auch bei Anregung von p Eingängen und Beobachtung eines Ausgangs y_i verfahren (MISO). In beiden Fällen erhält man ein P-kanonisches Ein/Ausgangsmodell. Schwieriger wird es, wenn p Eingänge gleichzeitig angeregt werden und r Ausgänge beobachtet werden (MIMO). Dieser (echte) Mehrgrößenfall wird im Teil E betrachtet.

Zunächst wird in Kapitel 25 auf die verschiedenen *Modellstrukturen* eingegangen, die bei der Identifikation von Mehrgrößensystemen von grundsätzlicher Bedeutung sind. Die geeigneten Übertragungs (funktions) modelle und Zustandsmodelle werden angegeben und in Zusammenhang gebracht. Die Behandlung beschränkt sich auf den praktisch wichtigen Fall der zeitdiskreten Signale. Kapitel 26 beschäftigt sich mit den *Methoden zur Identifikation von Mehrgrößensystemen*, insbesondere Korrelationsmethoden und Parameterschätzmethoden und geeigneten, nicht korrelierten Testsignalen.

Es gibt eine große Vielfalt an Möglichkeiten zur Mehrgrößensystem-Identifikation. Im folgenden werden aber nur die grundsätzlichen Probleme angesprochen und einige Methoden beschrieben, die sich in der praktischen Anwendung bewährt haben.

25 Modellstrukturen zur Identifikation von Mehrgrößensystemen

Die Annahme einer geeigneten Modellstruktur spielt bei der Identifikation von Mehrgrößensystemen eine entscheidende Rolle, da hierdurch die Wahl der Identifikationsmethode, der Zahl der zu bestimmenden Parameter, die Konvergenz und der Rechaufwand abhängen. Am zweckmäßigsten ist es, wenn man die Modellstruktur zunächst über eine theoretische Modellbildung bestimmt und dann eine geeignete Modellstruktur im Zusammenhang mit einer Identifikationsmethode aussucht. Im folgenden werden verschiedene Modellstrukturen für lineare Mehrgrößensysteme betrachtet, die bei der Identifikation verwendet werden können.

25.1 Übertragungsmodelle

25.1.1 Übertragungsmatrix-Darstellung

Betrachtet wird ein linearer Prozeß mit p Eingangsgrößen u_j und r Ausgangsgrößen y_i. Stellt man jede Ausgangsgröße y_i als Summe der Wirkungen von Teilübertragungsfunktionen G_{ij} mit den Eingangsgrößen u_j dar, dann erhält man ein *allgemeines Übertragungsmatrizen-Modell.*

$$\begin{bmatrix} y_1 \\ y_2 \\ \vdots \\ y_r \end{bmatrix} = \begin{bmatrix} G_{11} & G_{12} & \cdots & G_{1p} \\ G_{21} & G_{22} & \cdots & G_{2p} \\ \vdots & & & \vdots \\ G_{r1} & G_{r2} & \cdots & G_{rp} \end{bmatrix} \cdot \begin{bmatrix} u_1 \\ u_2 \\ \vdots \\ u_p \end{bmatrix}$$

$$\boldsymbol{y}(z) = \boldsymbol{G}(z) \cdot \boldsymbol{u}(z) . \tag{25.1.1}$$

Bei gleicher Anzahl von Ein- und Ausgängen $r = p$ ist $\boldsymbol{G}$ eine quadratische Übertragungsmatrix. Im Bild 25.1 ist die zugehörige *P-kanonische Struktur* für $r = p = 2$ dargestellt. Andere kanonische Formen, wie z.B. die V-kanonische Struktur, lassen sich in die P-kanonische Struktur umrechnen, siehe z.B. Schwarz (1967), Isermann (1977, 1987).

Setzt man zur Identifikation für die einzelnen G_{ij} voneinander unabhängige Übertragungsfunktionen an, dann erhält man zwangsläufig eine P-kanonische

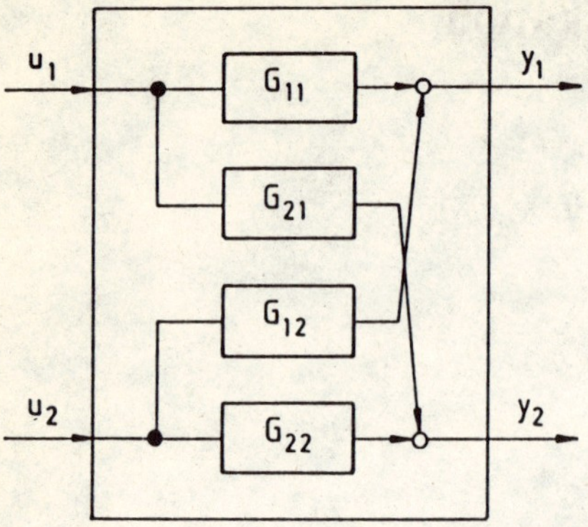

Bild 25.1. Zweigrößenprozeß in Übertragungsfunktions-Darstellung (P-kanonische Struktur)

Struktur, unabhängig von der wirklichen Systemstruktur. In vielen Fällen enthalten die einzelnen Teilübertragungsfunktionen gemeinsame Anteile, so daß die allgemeine Übertragungsmatrix $\boldsymbol{G}$ zuviele Parameter enthält. Da Gl. (25.1.1) die Bildung von Gleichungsfehlern, die linear in den Parametern sind, nicht zuläßt, ist die allgemeine Übertragungsmatrix-Darstellung für die Parameterschätzung nicht gut geeignet. Zur Ermittlung nichtparametrischer Modelle kann sie jedoch eingesetzt werden.

Eine Vereinfachung der Struktur entsteht, wenn man für die Übertragungsfunktion zu einem Ausgang

$$y_i = \sum_{j=1}^{p} G_{ij} u_j = \sum_{j=1}^{p} \frac{B_{ij}}{A_{ij}} u_j \tag{25.1.2}$$

ein gemeinsames Nennerpolynom $A_{ij} = A_i$ vorsieht, so daß

$$y_i = \frac{1}{A_{ii}} \sum_{j=1}^{p} B_{ij} u_j \tag{25.1.3}$$

siehe Bild 25.2

Hiermit lautet das *vereinfachte P-kanonische Übertragungsmodell*

$$\begin{bmatrix} A_{11} & 0 & & 0 \\ 0 & A_{22} & & \\ \vdots & \vdots & \ddots & \vdots \\ 0 & 0 & & A_{rr} \end{bmatrix} \begin{bmatrix} y_1 \\ y_2 \\ \vdots \\ y_r \end{bmatrix} = \begin{bmatrix} B_{11} & B_{12} & \cdots & B_{1p} \\ B_{21} & B_{22} & & B_{2p} \\ \vdots & & & \vdots \\ B_{r1} & B_{r2} & \cdots & B_{rp} \end{bmatrix} \begin{bmatrix} u_1 \\ u_2 \\ \vdots \\ u_p \end{bmatrix}$$

$$\boldsymbol{A}(z^{-1})\boldsymbol{y}(z) = \boldsymbol{B}(z^{-1})\boldsymbol{u}(z) \tag{25.1.4}$$

bzw.

$$\boldsymbol{y}(z) = \boldsymbol{A}^{-1}(z^{-1})\boldsymbol{B}(z^{-1})\boldsymbol{u}(z)$$

so daß

$$\boldsymbol{G}(z) = \boldsymbol{A}^{-1}(z^{-1})\boldsymbol{B}(z^{-1})\,. \tag{25.1.5}$$

Wenn die Ausgangsgröße $y(k)$ verschiedene statistisch voneinander unabhängige Störsignale enthält, gilt

$$\boldsymbol{n}(z) = \boldsymbol{G}_v(z)\boldsymbol{v}(z) \tag{25.1.6}$$

mit

$$\boldsymbol{v}(z) = [v_1(z)\ v_2(z) \ldots v_r(z)] \tag{25.1.7}$$

und als *Übertragungsmatrizen-Modell* folgt

$$\boldsymbol{y}(z) = \boldsymbol{G}(z)\boldsymbol{u}(z) + \boldsymbol{G}_v(z)\boldsymbol{v}(z) \tag{25.1.8}$$

25.1.2 Matrizenpolynom-Darstellung

Eine Alternative zur Übertragungsfunktions-Darstellung ist das *Matrizen-Polynom-Modell*

$$\boldsymbol{A}(z^{-1})\boldsymbol{y}(z) = \boldsymbol{B}(z^{-1})\boldsymbol{u}(z) \tag{25.1.9}$$

mit den Matrizen-Polynomen

$$\left.\begin{aligned} \boldsymbol{A}(z^{-1}) &= \boldsymbol{A}_0 + \boldsymbol{A}_1 z^{-1} + \cdots + \boldsymbol{A}_m z^{-m} \\ \boldsymbol{B}(z^{-1}) &= \boldsymbol{B}_1 z^{-1} + \boldsymbol{B}_2 z^{-2} + \cdots + \boldsymbol{B}_m z^{-m}\,. \end{aligned}\right\} \tag{25.1.10}$$

Wenn $\boldsymbol{A}(z^{-1})$ ein diagonales Matrizenpolynom ist, gilt Gl. (25.1.4), d.h. die vereinfachte P-kanonische Struktur nach Bild 25.2. Schließt man noch ein Störsignalmodell mit ein, folgt

$$\boldsymbol{A}(z^{-1})\boldsymbol{y}(z) = \boldsymbol{B}(z^{-1})\boldsymbol{u}(z) + \boldsymbol{D}(z^{-1})\boldsymbol{v}(z)\,. \tag{25.1.11}$$

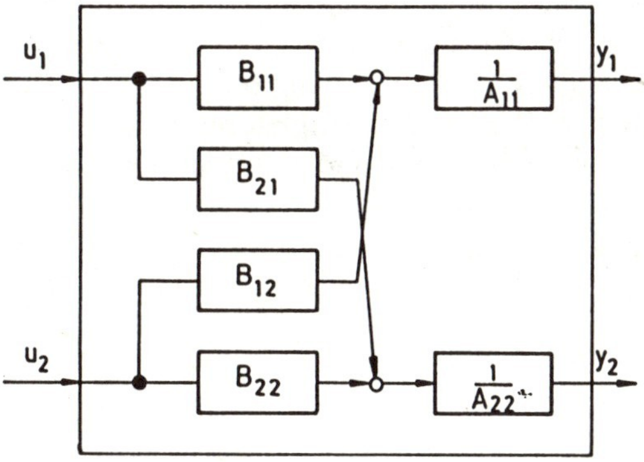

Bild 25.2. Zweigrößenprozeß in der Darstellung als vereinfachte P-kanonische Struktur oder Matrizenpolynom

25.2 Zustandsmodelle

25.2.1 Allgemeines Zustandsmodell

Es wird davon ausgegangen, daß ein lineares zeitinvariantes Mehrgrössensystem beschrieben werden kann durch die zeitdiskrete allgemeine Zustandsgrößendarstellung

$$\boldsymbol{x}(k+1) = \boldsymbol{A}\boldsymbol{x}(k) + \boldsymbol{B}\boldsymbol{u}(k) \tag{25.2.1}$$

$$\boldsymbol{y}(k) = \boldsymbol{C}\boldsymbol{x}(k) \tag{25.2.2}$$

mig

$\boldsymbol{x}(k)$	Zustandsvektor	$\dim \boldsymbol{x} = m \times 1$
$\boldsymbol{u}(k)$	Eingangsvektor	$\dim \boldsymbol{u} = p \times 1$
$\boldsymbol{y}(k)$	Ausgangsvektor	$\dim \boldsymbol{y} = r \times 1$
$\boldsymbol{A}$	Systemmatrix	$\dim \boldsymbol{A} = m \times m$
$\boldsymbol{B}$	Steuermatrix	$\dim \boldsymbol{B} = m \times p$
$\boldsymbol{C}$	Ausgangsmatrix	$\dim \boldsymbol{C} = r \times m$.

Die vektoriellen Signale sind dabei Abweichungen von Bezugswerten

$$\boldsymbol{u}(k) = \boldsymbol{U}(k) - \boldsymbol{U}_{00}; \qquad \boldsymbol{y}(k) = \boldsymbol{Y}(k) - \boldsymbol{Y}_{00} . \tag{25.2.3}$$

Das allgemeine Zustandsgrößenmodell kann z.B. auf dem Wege einer theoretischen Modellbildung zunächst für zeitkontinuierliche Signale entstanden sein. Für die Abtastzeit T_0 erhält man dann die Form für die diskrete Zeit $k = t/T_0 = 0, 1, 2, \ldots$ z.B. über die Lösung der Vektordifferentialgleichung mit Halteglied nullter Ordnung, siehe z.B. Ackermann (1972), Isermann (1987). Die Struktur der Zustandsdarstellung hängt vom System und den es beschreibenden Gesetzmäßigkeiten ab.

Zur Identifikation von Mehrgrößensystemen mit Zustandsmodellen sind viele einzelne Arbeiten erschienen. Übersichtsarbeiten gibt es nur wenige. Darunter sind Rossen, Lapidus (1972), Niederlinski, Hajdasinski (1979), Kippo (1980).

In Abschnitt 8.1.3 wurde gezeigt, daß zur Parameteridentifikation vorausgesetzt werden muß, daß das System steuerbar, beobachtbar und stabil ist. Das Mehrgrößensystem ist steuerbar wenn für $\boldsymbol{A}$ und $\boldsymbol{B}$ gilt

$$\text{Rang}\, \boldsymbol{Q}_s = \text{Rang}\, [\boldsymbol{B}, \boldsymbol{A}\boldsymbol{B}, \ldots, \boldsymbol{A}^{m-1}\boldsymbol{B}] = m . \tag{25.2.4}$$

Es ist beobachtbar, wenn für $\boldsymbol{A}$ und $\boldsymbol{C}$ gilt

$$\text{Rang}\, \boldsymbol{Q}_B = \text{Rang}\, [\boldsymbol{C}, \boldsymbol{C}\boldsymbol{A}, \ldots, \boldsymbol{C}\boldsymbol{A}^{m-1}]^T = m . \tag{25.2.5}$$

Wenn das System steuerbar und beobachtbar ist, dann hat $\boldsymbol{A}$ die kleinst mögliche Dimension, enthält also die kleinstmögliche Zahl von Zustandsgrößen. $\boldsymbol{A}$, $\boldsymbol{B}$, $\boldsymbol{C}$ wird dann Minimalrealisierung der Ordnung m genannt. Das allgemeine Zustandsmodell enthält bei voller Besetzung $m^2 + mp + mr$ Parameter. Zur Beschreibung des Ein/Ausgangsverhaltens sind aber meist weniger Parameter erforderlich. Dies läßt sich wie folgt zeigen.

Durch eine lineare Transformation

$$\boldsymbol{x}_t = \boldsymbol{T}\boldsymbol{x} \tag{25.2.6}$$

wobei $\boldsymbol{T}$ eine nichtsinguläre Transformationsmatrix ist, folgt

$$\boldsymbol{x}_t(k+1) = \boldsymbol{A}_t\boldsymbol{x}_t(k) + \boldsymbol{B}_t u(k) \tag{25.2.7}$$

$$y(k) = \boldsymbol{C}_t\boldsymbol{x}_t(k) \tag{25.2.8}$$

mit

$$\left.\begin{array}{ll} \boldsymbol{A}_t = \boldsymbol{T}\boldsymbol{A}\boldsymbol{T}^{-1} & \boldsymbol{B}_t = \boldsymbol{T}\boldsymbol{B} \\ \boldsymbol{C}_t = \boldsymbol{C}\boldsymbol{T}^{-1} \; . & \end{array}\right\} \tag{25.2.9}$$

Die Übertragungsmatrix des allgemeinen Zustandsmodells ist

$$\boldsymbol{G}(z) = \boldsymbol{C}[z\boldsymbol{I} - \boldsymbol{A}]^{-1}\boldsymbol{B} \tag{25.2.10}$$

und für die transformierte Darstellung folgt

$$\begin{aligned} \boldsymbol{G}_t(z) &= \boldsymbol{C}_t[z\boldsymbol{I} - \boldsymbol{A}_t]^{-1}\boldsymbol{B}_t = \boldsymbol{C}[z\boldsymbol{I} - \boldsymbol{A}]^{-1}\boldsymbol{B} \\ &= \boldsymbol{G}(z) \end{aligned} \tag{25.2.11}$$

wie man sich durch Einsetzen der Transformationsbeziehungen Gl. (25.2.9) überzeugen kann.

Die Wahl der Transformationsmatrix hat somit keinen Einfluß auf das Ein/Ausgangsverhalten. Deshalb gibt es keine eindeutige Realisierung $\boldsymbol{A}$, $\boldsymbol{B}$, $\boldsymbol{C}$ für ein bestimmtes Ein/Ausgangsverhalten. Man kann nun $\boldsymbol{T}$ so wählen, daß möglichst viele Elemente $\boldsymbol{A}$ Null oder Eins werden. Dies wird durch die Transformation auf besonders ausgezeichnete, sogenannte kanonische Formen erreicht. Im folgenden werden zwei dieser kanonischen Formen betrachtet.

25.2.2 Beobachtbarkeitskanonisches Zustandsmodell

Die beobachtbarkeitskanonische Form ist durch besondere Formen der Matrizen $\boldsymbol{A}$ und $\boldsymbol{C}$ ausgezeichnet. Bei Eingrößensystemen gilt für diese Form $\boldsymbol{T} = \boldsymbol{Q}_{\mathrm{B}}$. Deshalb kann man einen ähnlichen Ansatz für Mehrgrößensysteme machen. Hierzu wird die Ausgangsmatrix in Zeilenvektoren unterteilt

$$\boldsymbol{C} = \begin{bmatrix} \boldsymbol{c}_1^{\mathrm{T}} \\ \boldsymbol{c}_2^{\mathrm{T}} \\ \vdots \\ \boldsymbol{c}_r^{\mathrm{T}} \end{bmatrix} . \tag{25.2.12}$$

Die Transformationsmatrix wird dann wie folgt aufgebaut

$$
\boldsymbol{T}' = \left[\begin{array}{l} \boldsymbol{c}_1^{\mathrm{T}} \\ \boldsymbol{c}_1^{\mathrm{T}} \boldsymbol{A} \\ \vdots \\ \boldsymbol{c}_1^{\mathrm{T}} \boldsymbol{A}^{m_1 - 1} \\ \hdashline \vdots \\ \hdashline \boldsymbol{c}_r^{\mathrm{T}} \\ \boldsymbol{c}_r^{\mathrm{T}} \boldsymbol{A} \\ \vdots \\ \boldsymbol{c}_r^{\mathrm{T}} \boldsymbol{A}^{m_r - 1} \end{array}\right] \begin{array}{l} \left.\vphantom{\begin{array}{l} a \\ a \\ a \\ a \end{array}}\right\} m_1 \\ \\ \\ \left.\vphantom{\begin{array}{l} a \\ a \\ a \\ a \end{array}}\right\} m_r \end{array} \tag{25.2.13}
$$

Hierbei müssen m linear unabhängige Zeilenvektoren enthalten sein, da $\boldsymbol{T}'$ nichtsingulär sein muß mit der Ordnung m. Man beginnt deshalb mit dem ersten Ausgang und ordnet $\boldsymbol{c}_1^{\mathrm{T}}$, $\boldsymbol{c}_1^{\mathrm{T}} \boldsymbol{A}$, usw. ein, bis der erste linear abhängige Vektor $\boldsymbol{c}_1^{\mathrm{T}} \boldsymbol{A}^{m_1}$ auftritt (vgl. Gl. (25.2.6)). Dann werden die zum zweiten Ausgang gehörenden Zeilenvektoren eingeordnet usw. Für die dabei auftretenden Strukturparameter, die als Strukturindizes bezeichnet werden, gilt

$$
\sum_{i=1}^{r} m_i = m\,. \tag{25.2.14}
$$

Der Strukturindex m_i kann interpretiert werden als die Anzahl der Zustandsgrößen, die mit der i-ten Komponente y_i im Vergleich zur davor angeordneten Komponente zusätzlich beobachtbar sind. Setzt man Gl. (25.2.13) in Gl. (25.2.9) ein, dann folgt die beobachtbarkeitskanonische Form

$$
\boldsymbol{x}'(k+1) = \boldsymbol{A}'\boldsymbol{x}'(k) + \boldsymbol{B}'\boldsymbol{u}(k) \tag{25.2.15}
$$

$$
\boldsymbol{y}(k) = \boldsymbol{C}'\boldsymbol{x}'(k) \tag{25.2.16}
$$

mit

$$
\boldsymbol{x}'(k) = \boldsymbol{T}'\boldsymbol{x}(k) \tag{25.2.17}
$$

und

$$
\boldsymbol{A}' = \begin{bmatrix} \boldsymbol{A}'_{11} & \boldsymbol{0} & \cdots & \boldsymbol{0} \\ \boldsymbol{A}'_{21} & \boldsymbol{A}'_{22} & \cdots & \boldsymbol{0} \\ \vdots & \vdots & & \vdots \\ \boldsymbol{A}'_{r1} & \boldsymbol{A}'_{r2} & \cdots & \boldsymbol{A}'_{rr} \end{bmatrix} \tag{25.2.18}
$$

wobei

$$A'_{ii} = \begin{bmatrix} 0 & 1 & 0 & \cdots & \\ 0 & 0 & 1 & \cdots & \\ \vdots & \vdots & & \ddots & \\ 0 & 0 & 0 & \cdots & 1 \\ & & \boldsymbol{a}'^{\mathrm{T}}_{ii} & & \end{bmatrix} \quad A'_{ij} = \begin{bmatrix} 0 & 0 & \cdots & 0 \\ 0 & 0 & \cdots & 0 \\ \vdots & \vdots & & \\ 0 & 0 & \cdots & 0 \\ & \boldsymbol{a}'^{\mathrm{T}}_{ij} & & \end{bmatrix} \tag{25.2.19}$$

$$\begin{aligned} &i = 1, 2, \ldots, r \qquad\qquad j = 1, 2, \ldots, r \\ &\boldsymbol{a}^{\mathrm{T}}_{ij} = [a'_{ij,m_j} \ldots a'_{ij,1}] \quad j = 1, \ldots, i\,. \end{aligned} \tag{25.2.20}$$

Für die Ausgangsmatrix gilt

$$\boldsymbol{c}' = \left[\begin{array}{cccc|cccc|c|cccc} \multicolumn{4}{c|}{\overbrace{\qquad\qquad}^{m_1>0}} & \multicolumn{4}{c|}{\overbrace{\qquad\qquad}^{m_2>0}} & & \multicolumn{4}{c}{\overbrace{\qquad\qquad}^{m_p>0}} \\ 1 & 0 & \cdots & 0 & 0 & 0 & \cdots & 0 & & 0 & 0 & \cdots & 0 \\ 0 & 0 & \cdots & 0 & 1 & 0 & \cdots & 0 & & 0 & 0 & \cdots & 0 \\ \vdots & \vdots & & \vdots & \vdots & \vdots & & \vdots & \cdots & \vdots & & & \vdots \\ 0 & 0 & \cdots & 0 & 0 & 0 & \cdots & 0 & & 1 & 0 & \cdots & 0 \\ \hline \multicolumn{13}{c}{\left.\begin{matrix} \boldsymbol{c}'^{\mathrm{T}}_{m+1} \\ \vdots \\ \boldsymbol{c}'^{\mathrm{T}}_{r} \end{matrix}\right\} m_i = 0} \end{array}\right] \Bigg\} r \tag{25.2.21}$$

$$\begin{aligned} &\boldsymbol{c}'^{\mathrm{T}}_{i} = [\boldsymbol{a}'^{\mathrm{T}}_{i1}\, \boldsymbol{a}'^{\mathrm{T}}_{i2} \ldots \boldsymbol{a}'^{\mathrm{T}}_{i,i-1}\; 0 \ldots 0] \quad (m_i = 0) \\ &\quad i = m+1, \ldots, r\,. \end{aligned} \tag{25.2.22}$$

Die Steuerbarkeitsmatrix folgt aus $\boldsymbol{B}' = \boldsymbol{T}'\boldsymbol{B}$ zu

$$\boldsymbol{B}' = \left[\begin{array}{c} \boldsymbol{b}'^{\mathrm{T}}_{11} \\ \vdots \\ \boldsymbol{b}'^{\mathrm{T}}_{1m_1} \\ \hline \vdots \\ \hline \boldsymbol{b}'^{\mathrm{T}}_{r1} \\ \vdots \\ \boldsymbol{b}'^{\mathrm{T}}_{rm_r} \end{array}\right] \begin{array}{c} \left.\vphantom{\begin{matrix}a\\a\\a\end{matrix}}\right\} m_1 \\ \\ \left.\vphantom{\begin{matrix}a\\a\\a\end{matrix}}\right\} m_r \end{array} = \left[\begin{array}{c} \boldsymbol{c}^{\mathrm{T}}_{1}\boldsymbol{B} \\ \vdots \\ \boldsymbol{c}^{\mathrm{T}}_{1}\boldsymbol{A}^{m_1-1}\boldsymbol{B} \\ \hline \vdots \\ \hline \boldsymbol{c}^{\mathrm{T}}_{r}\boldsymbol{B} \\ \vdots \\ \boldsymbol{c}^{\mathrm{T}}_{r}\boldsymbol{A}^{m_r-1}\boldsymbol{B} \end{array}\right] \tag{25.2.23}$$

mit

$$\boldsymbol{b}_{ij}'^{\mathrm{T}} = [\boldsymbol{b}_{ij1}' \dots \boldsymbol{b}_{ijp}'] \quad i = 1, \dots, r; \quad j = 1, \dots, m_i \tag{25.2.24}$$

mit den Markovparametern

$$\boldsymbol{M}(q) = \begin{bmatrix} \boldsymbol{m}_1^{\mathrm{T}}(q) \\ \vdots \\ \boldsymbol{m}_r^{\mathrm{T}}(q) \end{bmatrix} = \boldsymbol{C}\boldsymbol{A}^{q-1}\boldsymbol{B} = \boldsymbol{C}'\boldsymbol{A}'^{(q-1)}\boldsymbol{B}' \tag{25.2.25}$$

$$q = 1, 2, \dots$$

gilt auch

$$\boldsymbol{b}_{ij}'^{\mathrm{T}} = \boldsymbol{m}_i^{\mathrm{T}}(j) = \boldsymbol{c}_i^{\mathrm{T}}\boldsymbol{A}^{j-1}\boldsymbol{B} \tag{25.2.26}$$

$$i = 1, \dots, r; \quad j = 1, \dots, m_i \,.$$

Diese beobachtbarkeitskanonische Form hat folgende Eigenschaften:

a) Die Blöcke der Systemmatrix $\boldsymbol{A}$ haben eine Dreiecksform. Deshalb treten die Kopplungen der Teilsysteme nur in einer Richtung auf. Das i-te Teilsystem ist nur mit den Teilsystemen $1, 2, \dots, i-1$ gekoppelt.
b) In der Hauptdiagonalen stehen die Teilsysteme mit den Ordnungen $m_1, m_2, \dots, m_r$ in der Beobachtbarkeits-Normalform für Eingrößensysteme.
c) Die Ausgangsmatrix hat eine besonders einfache Form. Den Ausgangsgrößen $y_1, y_2, \dots$ wird jeweils ein Teilsystem der Ordnung $m_1, m_2, \dots$ zugeordnet. Die Ausgangsgrößen sind dann identisch mit jeweils einer entsprechenden Zustandsgröße.
d) Wenn Ausgangsgrößen mit $m_i = 0$ auftreten, dann treten die Vektoren $\boldsymbol{a}_{ij}$ in der Matrix $\boldsymbol{C}$ auf.
e) Die Anzahl der Parameter wird am kleinsten, wenn man für die Ausgangsgröße y_1 das kleinste System m_1 nimmt, dann das kleinste zusätzliche Teilsystem m_2, usw.

Die beobachtbarkeitskanonische Form wird ausführlich behandelt in Popov (1972), Guidorzi (1979), Ackerman (1972, 1983), Blessing (1980).

25.2.3 Steuerbarkeitskanonisches Zustandsmodell

Die steuerbarkeitskanonische Form ist die duale Form der beobachtbarkeitskanonischen Form und durch besondere Formen der Matrizen $\boldsymbol{B}$ und $\boldsymbol{A}$ ausgezeichnet. Bei Eingrößensystemen gilt für diese Form die Transformationsmatrix $\boldsymbol{T} = \boldsymbol{Q}_s^{-1}$. Nun wird wieder ein entsprechender Ansatz für das Mehrgrößensystem gemacht. Die Steuermatrix sei

$$B = [\boldsymbol{b}_1 \boldsymbol{b}_2 \dots \boldsymbol{b}_p] \,. \tag{25.2.27}$$

Die Inverse der Transformationsmatrix $(\boldsymbol{T}'')^{-1}$ wird entsprechend der Steuerbarkeitsmatrix Q_s aufgebaut

$$(\boldsymbol{T}'')^{-1} = [\underbrace{\boldsymbol{b}_1, \boldsymbol{A}\boldsymbol{b}_1, \ldots, \boldsymbol{A}^{m_1-1}\boldsymbol{b}_1}_{m_1} \vdots \ldots \vdots \underbrace{\boldsymbol{b}_p, \boldsymbol{A}\boldsymbol{b}_p, \ldots, \boldsymbol{A}^{m_p-1}\boldsymbol{b}_p}_{m_p}] = \boldsymbol{R}\,. \tag{25.2.28}$$

Es müssen m linear unabhängige Spaltenvektoren enthalten sein, da $\boldsymbol{T}''$ nichtsingulär sein muß mit der Ordnung m. Man beginnt deshalb mit dem ersten Eingang bis der erste linear abhängige Vektor $\boldsymbol{A}^{m_1}\boldsymbol{b}_1$ auftritt, (vgl. Gl. (24.2.4)). Dann werden die zum zweiten Eingang zugehörigen Spaltenvektoren zugeordnet, usw. Für die dabei auftretenden Strukturparameter, die als Steuerbarkeits-Indizes bezeichnet werden können, gilt

$$\sum_{i=1}^{p} m_i = m\,. \tag{25.2.29}$$

Die steuerbarkeitskanonische Form

$$\boldsymbol{x}''(k+1) = \boldsymbol{A}''\boldsymbol{x}''(k) + \boldsymbol{B}''\boldsymbol{u}(k) \tag{25.2.30}$$

$$\boldsymbol{y}(k) = \boldsymbol{C}''\boldsymbol{x}''(k) \tag{25.2.31}$$

erhält man mit

$$\boldsymbol{x}''(k) = \boldsymbol{T}''\boldsymbol{x}(k) = \boldsymbol{R}^{-1}\boldsymbol{x}(k) \tag{25.2.32}$$

über

$$\left.\begin{aligned} \boldsymbol{A}'' &= \boldsymbol{T}''\boldsymbol{A}(\boldsymbol{T}'')^{-1} = \boldsymbol{R}^{-1}\boldsymbol{A}\boldsymbol{R} \\ \boldsymbol{B}'' &= \boldsymbol{T}''\boldsymbol{B} = \boldsymbol{R}^{-1}\boldsymbol{B} \\ \boldsymbol{C}'' &= \boldsymbol{C}(\boldsymbol{T}'')^{-1} = \boldsymbol{C}\boldsymbol{R}\,. \end{aligned}\right\} \tag{25.2.33}$$

Hierbei sind

$$\boldsymbol{A}'' = \begin{bmatrix} \boldsymbol{A}''_{11} & \boldsymbol{A}''_{12} & \cdots & \boldsymbol{A}''_{1p} \\ \boldsymbol{0} & \boldsymbol{A}''_{22} & \cdots & \boldsymbol{A}''_{2p} \\ \vdots & \vdots & & \vdots \\ \boldsymbol{0} & \boldsymbol{0} & & \boldsymbol{A}''_{pp} \end{bmatrix} \tag{25.2.34}$$

$$\boldsymbol{A}''_{ii} = \begin{bmatrix} 0 & \cdots & 0 & \\ 1 & \cdots & 0 & \\ \vdots & \ddots & \vdots & \boldsymbol{a}''_{ii} \\ 0 & \cdots & 1 & \end{bmatrix} \qquad \boldsymbol{A}''_{ij} = \begin{bmatrix} 0 & \cdots & 0 & \\ 0 & \cdots & 0 & \\ \vdots & \ddots & \vdots & \boldsymbol{a}''_{ij} \\ 0 & \cdots & 0 & \end{bmatrix} \tag{25.2.35}$$

$$i = 1, 2, \ldots, p; \quad j = 1, 2, \ldots, p$$

$$\boldsymbol{a}_{ij}^{\mathrm{T}} = [a''_{ij,m_j} \ldots a''_{ij,1}] \quad j = 1, \ldots, i \tag{25.2.36}$$

$$
B'' = \left[\begin{array}{cccc}
1 & 0 & \cdots & 0 \\
0 & 0 & \cdots & 0 \\
\vdots & \vdots & & \vdots \\
0 & 0 & & 0 \\
\hline
0 & 1 & \cdots & 0 \\
0 & 0 & \cdots & 0 \\
\vdots & \vdots & & \vdots \\
0 & 0 & \cdots & 0 \\
\hline
\vdots & \vdots & & \vdots \\
\hline
0 & 0 & \cdots & 1 \\
0 & 0 & \cdots & 0 \\
\vdots & \vdots & & \vdots \\
0 & 0 & & 0
\end{array}\right]
\begin{array}{l}
\left.\vphantom{\begin{array}{c}1\\0\\\vdots\\0\end{array}}\right\} m_1 \\
\left.\vphantom{\begin{array}{c}1\\0\\\vdots\\0\end{array}}\right\} m_2 \\
\vphantom{\vdots} \\
\left.\vphantom{\begin{array}{c}1\\0\\\vdots\\0\end{array}}\right\} m_p
\end{array}
\tag{25.2.37}
$$

Hierbei wurde $m_i \neq 0$ angenommen. Die Ausgangsmatrix folgt aus $\boldsymbol{C}'' = \boldsymbol{CR}$ zu

$$
\begin{aligned}
\boldsymbol{C}'' &= [\boldsymbol{c}''_{11} \dots \boldsymbol{c}''_{1m_1} \;\vdots \dots \vdots\; \boldsymbol{c}''_{p1} \dots \boldsymbol{c}''_{pm_p}] \\
&= [\boldsymbol{C}\boldsymbol{b}_1 \dots \boldsymbol{C}\boldsymbol{A}^{m_1-1}\boldsymbol{b}_1 \;\vdots\; \boldsymbol{C}\boldsymbol{b}_p \dots \boldsymbol{C}\boldsymbol{A}^{m_p-1}\boldsymbol{b}_p]
\end{aligned}
\tag{25.2.38}
$$

mit

$$
\boldsymbol{C}''_{ij} = [c''_{ij1} \dots c''_{ijp}] \quad i = 1, \dots, p; \quad j = 1, \dots, m_i \,. \tag{25.2.39}
$$

Hierbei treten wieder Markovparameter auf

$$
\boldsymbol{M}(q) = [\boldsymbol{m}_1(q) \dots \boldsymbol{m}_p(q)] = \boldsymbol{C}\boldsymbol{A}^{q-1}\boldsymbol{B} = \boldsymbol{C}''\boldsymbol{A}''^{(q-1)}\boldsymbol{B}'' \tag{25.2.40}
$$

so daß auch

$$
\boldsymbol{c}''_{ij} = \boldsymbol{m}_i(j) = \boldsymbol{C}\boldsymbol{A}^{j-1}\boldsymbol{b}_i \tag{25.2.41}
$$

$$
i = 1, \dots, p; \qquad j = 1, \dots, m_1 \,.
$$

Die steuerbarkeitskanonische Form hat folgende Eigenschaften:

a) Die Blöcke der Systemmatrix $\boldsymbol{A}$ haben eine obere Dreiecksform. Kopplungen treten nur in einer Richtung auf. Das i-te Teilsystem ist mit den Teilsystemen $i + 1, i + 2, \dots, p$ gekoppelt.
b) In der Hauptdiagonalen stehen die Teilsysteme mit den Ordnungen $m_1, m_2, \dots, m_p$ in der Steuerbarkeitsform für Eingrößensysteme.
c) Die Steuermatrix hat eine besonders einfache Form. Den Steuergrößen $u_1, u_2, \dots$ wird jeweils ein Teilsystem der Ordnung $m_1, m_2, \dots$ zugeordnet.

Außer den beiden sich an Frobenius-Formen anlehnenden kanonischen Formen kann auch die *Diagonal-* bzw. *Jordanform* zur Identifikation verwendet werden.

Beim Einwirken von stochastischen Störsignalen $\boldsymbol{y}(k)$ entsprechend Gl. (25.1.8) folgt für das allgemeine Zustandsmodell

$$\left.\begin{aligned} \boldsymbol{x}(k+1) &= \boldsymbol{A}\,\boldsymbol{x}(k) + \boldsymbol{B}\boldsymbol{u}(k) + \boldsymbol{D}\,\boldsymbol{v}(k) \\ \boldsymbol{y}(k) &= \boldsymbol{C}\,\boldsymbol{x}(k) + \boldsymbol{v}(k)\ . \end{aligned}\right\} \tag{25.2.42}$$

25.2.4 Übergang auf Ein/Ausgangs-Modelle

Die allgemeinen Zustandsmodelle benötigen zur Schätzung der unbekannten Parameter, hier $\boldsymbol{A}$ und $\boldsymbol{C}$ oder $\boldsymbol{A}$ und $\boldsymbol{B}$, auch die Kenntnis der Zustandsgrößen $\boldsymbol{x}(k)$. Diese sind jedoch meistens nicht meßbar und müssen deshalb ebenfalls geschätzt werden. Wegen der multiplikativen Verknüpfung der Parameter und Zustandsgrößen führt dies auf ein nichtlineares Schätzproblem. Wie die praktischen Ergebnisse z.B. mit dem erweiterten Kalman-Filter zeigen, erreicht man dabei nur eine langsame Konvergenz oder gar Divergenz. Deshalb ist es zweckmäßiger, die zugrunde gelegten Zustandsmodelle durch Elimination der Zustandsgrößen auf eine Ein/Ausgangs-Darstellung zu bringen und dann nach der Parameterschätzung in die Zustandsdarstellung zurückzutransformieren, Blessing (1980), Schumann (1982).

Hierzu eignet sich besonders die beobachtbarkeitskanonische Form. Aus Gl. (25.2.1) bzw. (25.2.42) folgt, in dem man $\boldsymbol{y}(k+\nu)$ für $\nu = 0, 1, \ldots, m-1$ berechnet

$$\begin{bmatrix} \boldsymbol{y}(k) \\ \boldsymbol{y}(k+1) \\ \vdots \\ \boldsymbol{y}(k+m-1) \end{bmatrix} = \begin{bmatrix} \boldsymbol{C} \\ \boldsymbol{CA} \\ \vdots \\ \boldsymbol{CA}^{m-1} \end{bmatrix} \boldsymbol{x}'(k) + \begin{bmatrix} \boldsymbol{0} & \cdots & \boldsymbol{0} \\ \boldsymbol{0} & \cdots & \boldsymbol{CB} \\ \vdots & \iddots & \vdots \\ \boldsymbol{0} & & \\ \boldsymbol{CB} & \cdots & \boldsymbol{CA}^{m-2}\boldsymbol{B} \end{bmatrix} \begin{bmatrix} \boldsymbol{u}(k) \\ \boldsymbol{u}(k+1) \\ \vdots \\ \\ \boldsymbol{u}(k+m-2) \end{bmatrix}$$

$$+ \begin{bmatrix} \boldsymbol{v}(k) \\ \boldsymbol{v}(k+1) \\ \vdots \\ \boldsymbol{v}(k+m-1) \end{bmatrix} + \begin{bmatrix} \boldsymbol{0} & \cdots & \boldsymbol{0} \\ \boldsymbol{0} & \cdots & \boldsymbol{CD} \\ \vdots & & \vdots \\ \boldsymbol{0} & & \\ \boldsymbol{CD} & \cdots & \boldsymbol{CA}^{m-2}\boldsymbol{D} \end{bmatrix} \begin{bmatrix} \boldsymbol{v}(k) \\ \boldsymbol{v}(k+1) \\ \vdots \\ \\ \boldsymbol{v}(k+m-2) \end{bmatrix} \tag{25.2.43}$$

Da vor $\boldsymbol{x}'(k)$ die Beobachtbarkeitsmatrix $\boldsymbol{Q}_{\mathrm{B}}$ steht und $\boldsymbol{T}' = \boldsymbol{Q}_{\mathrm{B}}^{-1}$, entsteht eine Einheitsmatrix, Ackermann (1972). Deshalb ergibt die Auflösung

$$\boldsymbol{x}'(k) = \boldsymbol{y}_m - \boldsymbol{v}_m - \boldsymbol{S}_u \boldsymbol{u}_m - \boldsymbol{S}_v \boldsymbol{v}_m\ . \tag{25.2.44}$$

Dieses Gleichungssystem liefert dann für jeden Ausgang eine Differenzengleichung, deren z-Transformierte lautet

$$A'_{ii}(z^{-1})[y_i(z) - v_i(z)] = \sum_{j=1}^{i-1} A'_{ij}(z^{-1})[y_j(z) - v_j(z)]$$

$$+ \sum_{j=1}^{p} B'_{ij}(z^{-1})u_j(z) + \sum_{j=1}^{r} D_{ij}(z^{-1})v_j(z) \tag{25.2.45}$$

$$i = 1, 2, \ldots, r$$

siehe Schumann (1982). Dieses Modell werde als *minimales Ein/Ausgangs-Modell* bezeichnet.

Es enthält eine Kopplung der Ausgangsgrößen, da $y_i(k)$ von $y_j(k)$ abhängt, $j < i$. Eliminiert man die Kopplungen sukzessive, dann entsteht ein vereinfachtes *P-kanonisches E/A-Modell*

$$A_{ii}(z^{-1})y_i(z) = \sum_{j=1}^{p} B_{ij}(z^{-1})u_j(z) + \sum_{j=1}^{r} D_{ij}(z^{-1})v_j(z) . \tag{25.2.46}$$

Vereinfacht man noch das Störsignalmodell dann folgt

$$A_{ii}(z^{-1})y_i(z) = \sum_{j=1}^{p} B_{ij}(z^{-1})u_j(z) + D_{ii}(z^{-1})v_i(z) . \tag{25.2.47}$$

Diese P-kanonischen Modelle sind dann allerdings nicht mehr minimal. Eine direkte Bestimmung der Parameter des Zustandsmodells Gl. (25.2.42) ist deshalb im allgemeinen nicht möglich. Es ist dann ein Minimalrealisierungsverfahren einzusetzen, siehe z.B. Silverman (1971), Nour-Eldin und Heister (1980/1981), Hensel (1987).

25.3 Gewichtsfunktions-Modelle, Markov-Parameter

Zur Berechnung der Ausgangssignale für gegebene Eingangssignale setzt man Gl. (25.2.1) in (25.2.2) ein und erhält als rekursive Lösung

$$\boldsymbol{y}(k) = \boldsymbol{C}\boldsymbol{A}^k \boldsymbol{x}(0) + \sum_{\nu=0}^{k-1} \boldsymbol{C}\boldsymbol{A}^{\nu} \boldsymbol{B}\boldsymbol{u}(k - \nu - 1) \tag{25.3.1}$$

$$k = 1, 2, \ldots$$

wobei $\boldsymbol{x}(0)$ die Anfangsbedingung der Zustandsgrößen und

$$\boldsymbol{G}(\nu) = \boldsymbol{C}\boldsymbol{A}^{\nu}\boldsymbol{B} \quad \nu = 0, 1, 2, \ldots \tag{25.3.2}$$

die Gewichtsfunktionsmatrix ist, siehe z.B. Schwarz (1971). Für die Übertragungsmatrix gilt dann

$$\boldsymbol{G}(z) = \boldsymbol{C}[\boldsymbol{I}z - \boldsymbol{A}]^{-1}\boldsymbol{B} \tag{25.3.3}$$

und

$$\boldsymbol{G}(z) = \sum_{\nu=0}^{\infty} \boldsymbol{G}(\nu)z^{-\nu} . \tag{25.3.4}$$

Man bezeichnet nun mit

$$M_\nu = G(\nu) = CA^\nu B \quad \nu = 0, 1, 2, \ldots \tag{25.3.5}$$

die Markov-Parameter des Mehrgrößensystems, siehe Gantmacher (1960, 1974), Ho und Kalman (1966).

Aus dem Gl. (25.3.4) und (25.3.1) folgt dann für die Übertragungsmatrix

$$G(z) = \sum_{\nu=0}^{\infty} M_\nu z^{-(\nu+1)} \tag{25.3.6}$$

und für das Ausgangssignal

$$y(k) = M_k \beta_0 + \sum_{\nu=0}^{k-1} M_\nu u(k-\nu-1) \tag{25.3.7}$$

mit

$$B\beta_0 = x(0) \quad \text{bzw.} \quad \beta_0 = [B^T B]^{-1} B^T x(0)\,. \tag{25.3.8}$$

In vektorieller Schreibweise wird

$$\begin{bmatrix} y(0) \\ y(1) \\ y(2) \\ \vdots \end{bmatrix} = \begin{bmatrix} M_0 & 0 & & \ldots & 0 \\ M_1 & M_0 & & \ldots & 0 \\ M_2 & M_1 & M_0 & \ldots & 0 \\ \vdots & \vdots & \vdots & & \vdots \end{bmatrix} \begin{bmatrix} u(-1) \\ u(0) \\ u(1) \\ \vdots \end{bmatrix}$$

$$+ \begin{bmatrix} M_0 & M_1 & \ldots & M_{m-1} \\ M_1 & M_2 & \ldots & M_m \\ M_2 & M_3 & \ldots & M_{m+1} \\ \vdots & \vdots & & \vdots \end{bmatrix} \begin{bmatrix} \beta_0 \\ 0 \\ 0 \\ \vdots \end{bmatrix}$$

$$y = T^*[0, \infty] \cdot u + H^*[m, \infty] \cdot \beta\,. \tag{25.3.9}$$

Diese Darstellung wird *Hankel-Modell* genannt, wobei T^* eine Toeplitz-Matrix und H^* eine Hankel-Matrix ist.

Die Hankel-Matrix erhält man auch aus dem Produkt von Beobachtbarkeitsmatrix und Steuerbarkeitsmatrix

$$H = Q_B Q_S = \begin{bmatrix} M_0 & M_1 & \ldots & M_{m-1} \\ M_1 & M_2 & & M_m \\ \vdots & \vdots & & \\ M_{m-1} & M_m & \ldots & M_{2m-2} \end{bmatrix} \tag{25.3.10}$$

mit den Markov-Parametern M_ν als Elementen, vgl. Gl. (25.2.4) und (25.2.5), und Rang $H = m$.

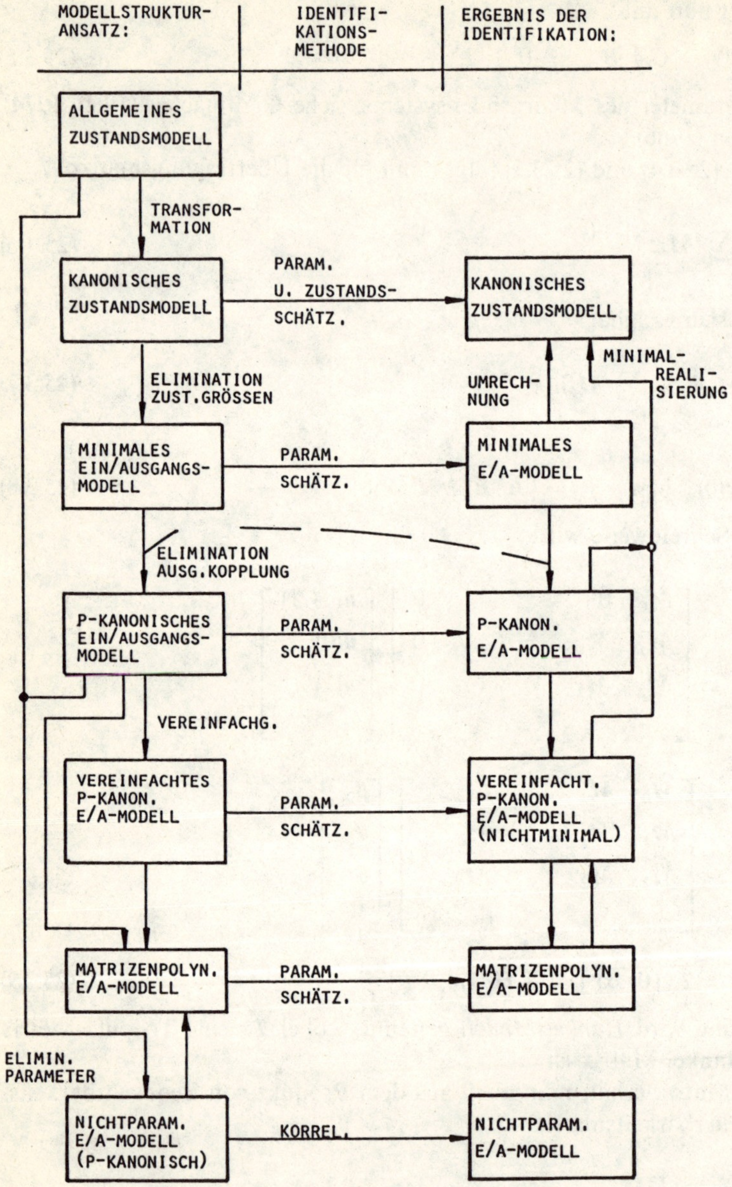

Bild 25.3. Strukturen linearer Mehrgrößenmodelle und mögliche Identifikationsmethoden bei simultaner Messung mehrerer Ein- und Ausgangssignale

Für den meist interessierenden Fall verschwindender Anfangsbedingungen $\boldsymbol{\beta}_0 = \boldsymbol{0}$ ist

$$[\boldsymbol{y}(0)\boldsymbol{y}(1)\boldsymbol{y}(2)\ldots] = [\boldsymbol{M}_0\boldsymbol{M}_1\boldsymbol{M}_2\ldots]\begin{bmatrix} \boldsymbol{u}(-1) & \boldsymbol{u}(0) & \boldsymbol{u}(1) & \ldots \\ 0 & \boldsymbol{u}(-1) & \boldsymbol{u}(0) & \ldots \\ 0 & 0 & \boldsymbol{u}(-1) & \ldots \\ \vdots & \vdots & \vdots & \end{bmatrix}$$

$$\boldsymbol{Y} = \boldsymbol{M}\boldsymbol{U}. \tag{25.3.11}$$

Mit überlagerten Störsignalen wird

$$\boldsymbol{Y} = \boldsymbol{M}\boldsymbol{U} + \boldsymbol{N}. \tag{25.3.12}$$

25.4 Zusammenfassung

In Bild 25.3 sind die sich aus den Modellstrukturen für Mehrgrößensysteme ergebenden Möglichkeiten zur Identifikation zusammenfassend dargestellt für den Fall, daß nur Ein- und Ausgangssignal gemessen werden können und mehrere Eingangssignale gleichzeitig angeregt werden.

Das *allgemeine Zustandsmodell* folgt im allgemeinen aus der theoretischen Modellbildung. Zur Identifikation muß das System und auch das Modell steuerbar und beobachtbar, also eine Minimalrealisierung sein. Durch eine Transformation auf ein *kanonisches Zustandsmodell* erhält man eine minimale Zahl von Parametern und andere Vorteile, die z.B. die Umrechnung in andere Modelle und die weitere Verwendung (Beobachter, Zustandsregler) erleichtern.

Möchte man ein nichtlineares Schätzproblem vermeiden, also ohne gleichzeitige Schätzung der Zustandsgrößen auskommen, dann muß man die Zustandsgrößen eliminieren und ein geeignetes *Ein/Ausgangsmodell* verwenden. Aus dem kanonischen Zustandsmodell erhält man so ein *minimales Ein/Ausgangsmodell* und durch Elimination der Kopplungen zwischen den Ausgangsgrößen ein *vereinfachtes P-kanonisches Ein/Ausgangsmodell*. Dieses läßt sich auch als *Matrizenpolynom-Ein/Ausgangsmodell* darstellen.

Eine *Parameterschätzung* kann nun mit jedem der Ein/Ausgangsmodelle durchgeführt werden. Man erhält dann jeweils ein Modell in der zugrundegelegten Struktur. Möchte man ein kanonisches Zustandsmodell als Ergebnis haben, dann kann man dieses aus dem minimalen E/A-Modell durch eine Umrechnung, und aus den P-kanonischen E/A-Modellen auf dem Wege einer Minimalrealisierung erhalten.

Zur Anwendung von Korrelationsmethoden setzt man ein *nichtparametrisches Ein/Ausgangsmodell* mit Markovparametern an.

26 Methoden zur Identifikation von Mehrgrößensystemen

Durch die große Vielfalt der Modellstrukturen und Identifikationsmethoden ergeben sich für Mehrgrößensysteme sehr viele Möglichkeiten, die hier nicht alle dargestellt werden können. Eine Übersicht findet man z.B. bei Niederlinski, Hajdasinski (1979) und Kippo (1980). Ausgehend von den in Kapitel 25 behandelten Modellstrukturen werden im folgenden einige Identifikationsmethoden dargestellt, die sich auchim praktischen Einsatz bewährt haben.

Wenn man mit einem geeigneten Testsignal die Eingangsgrößen $i = 1, 2, \ldots, p$ nacheinander anregt und die Ausgangsgrößen $i = 1, 2, \ldots, r$ beobachtet, dann liegt jeweils ein SIMO-System vor (single-input multi-output), so daß nach Annahme einer P-kanonischen Struktur die Identifikationsmethoden für Eingrößensysteme (SISO) verwendet werden können. Bei gleichzeitiger Anregung mehrerer Eingangssignale (MIMO) kann jedoch wesentlich Zeit eingespart werden und man erhält ein kohärentes Modell. Dieser Fall soll hier betrachtet werden.

26.1 Korrelationsmethoden

2.6.1.1 Entfaltung

Multipliziert man die aus Gl. (25.3.7) mit den Anfangswerten $\boldsymbol{x}(0) = \boldsymbol{0}$ folgende Faltungssumme

$$\boldsymbol{y}(k) = \sum_{\nu=0}^{k-1} \boldsymbol{M}_\nu \boldsymbol{u}(k-\nu-1) \tag{26.1.1}$$

von rechts mit $\boldsymbol{u}^{\mathrm{T}}(k-\tau)$ und bildet den Erwartungswert, dann gilt

$$\boldsymbol{\Phi}_{uy}(\tau) = \sum_{\nu=0}^{k-1} \boldsymbol{M}_\nu \boldsymbol{\Phi}_{uu}(\tau-\nu-1)\,. \tag{26.1.2}$$

Werden aus den gemessenen Signalen die Korrelationsfunktionen wie in Kap. 6 beschrieben gebildet, dann können die Markov-Parameter analog zu den Gln. (6.2.1) bis (6.2.3) durch Entfaltung entsprechend Gl. (6.2.3) bestimmt werden. Hierzu stellt man das Gleichungssystem der Form

$$\boldsymbol{\Phi}_{uy} = \boldsymbol{M} \boldsymbol{\Phi}_{uu} \tag{26.1.3}$$

auf, und erhält

$$M = \boldsymbol{\Phi}_{uy} \boldsymbol{\Phi}_{uu}^{-1} \tag{26.1.4}$$

falls $\boldsymbol{\Phi}_{uu}$ quadratisch ist. Wenn $\boldsymbol{\Phi}_{uu}$ nicht quadratisch ist, ergibt sich durch Anwenden der Methoden der kleinsten Quadrate, vgl. Gl. (6.2.5), und Blessing (1980)

$$M = \boldsymbol{\Phi}_{uy} \boldsymbol{\Phi}_{uu}^{\mathrm{T}} [\boldsymbol{\Phi}_{uu} \boldsymbol{\Phi}_{uu}^{\mathrm{T}}]^{-1} \,. \tag{26.1.5}$$

Der Rechenaufwand ist jedoch sehr groß, da eine Matrix großer Ordnung invertiert werden muß.

Wenn jedoch die Eingangssignale $\boldsymbol{u}(k)$ aus Komponenten mit weißem Rauschen bestehen, so daß

$$\boldsymbol{\Phi}_{uu}(\tau) = \boldsymbol{\Phi}_{uu}(0)\delta(\tau) \tag{26.1.6}$$

und diese Eingangssignale gegenseitig nicht korreliert sind, dann können die Markov-Parameter direkt bestimmt werden aus

$$m_{vij} = \frac{\Phi_{u_i y_i}(v)}{\Phi_{u_i u_i}(0)} \,. \tag{26.1.7}$$

26.1.2 Testsignale

Bei simultaner Anregung aller Eingangsgrößen wird die Identifikation bezüglich der Auswertung vereinfacht und führt zu einer schnelleren Konvergenz, wenn die Eingangssignale nicht korreliert sind. Bei der Anwendung von Korrelationsmethoden und stabilen Systemen mit Ausgleich und somit $\boldsymbol{M}_v \approx \boldsymbol{0}$ für $v > v_{\max}$ sollen deshalb die Kreuzkorrelationsfunktionen der Testsignale verschwinden, d.h.

$$\Phi_{u_i u_i}(\tau) \neq 0 \quad i = 1, \ldots, p \tag{26.1.8}$$

$$\Phi_{u_i u_j}(\tau) = 0 \quad \text{für } |\tau| = 0, \ldots, v_{\max}$$
$$i = 1, \ldots, p\,; \quad j = 1, \ldots, p\,; \quad i \neq j\,. \tag{26.1.9}$$

Die Testsignale müssen deshalb zueinander orthogonal sein. Die bei Eingrößensystemen verwendeten PRBS erfüllen diese Bedingungen jedoch nicht.

Sie lassen sich aber entsprechend modifizieren, Briggs u.a. (1967), Tsafestas (1977), Blessing (1980).

Zur Erzeugung von orthogonalen Testsignalen wird das Eingangssignal als produkt von zwei binären periodischen Folgen formuliert,

$$\begin{aligned} u_i(k) &= h_i(k)p(k) \\ h_i(k) &= h_i(k + vN_H) \quad v = 1, 2, \ldots \\ p(k) &= p(k + vN_p)\,. \end{aligned} \tag{26.1.10}$$

Die Periodendauer von $u_i(k)$ ist dann $N = N_p N_H$. Hierbei wird für $p(k)$ ein Basis-PRBS nach Abschnitt 6.3 verwendet. Falls $h_i(k)$ and $p(k)$ statistisch unabhängig sind, gilt für die Kreuzkorrelierte

$$\Phi_{u_i u_j}(\tau) = \Phi_{h_i h_j}(\tau)\,\Phi_{pp}(\tau) \quad i,j = 1, \ldots, p. \tag{26.1.11}$$

Damit das Basis-PRBS

$$\Phi_{u_i u_i}(\tau) = 0 \quad \text{für } |\tau| = 1, \ldots, N_p - 1 \tag{26.1.12}$$

erfüllt, wird der Mittelwert durch Verwenden der Amplituden $+a$ und $-ap$ verschoben, wobei

$$P = (\sqrt{N_p + 1} - 2)/\sqrt{N_p + 1} \tag{26.1.13}$$

siehe Izawa, Furuta (1967), Hensel (1987).

Nach Gl. (26.1.9) müssen die Eingangssignale orthogonal sein, d.h.

$$\Phi_{u_i u_j}(\tau) = \Phi_{h_i h_j}(\tau)\Phi_{pp}(\tau) = 0 \quad i \neq j \tag{26.1.14}$$

und deshalb

$$\Phi_{h_i h_j}(\tau) = 0 \quad i \neq j\,. \tag{26.1.15}$$

Dies kann erfüllt werden, wenn die Folgen $h_i(k)$ mit der Periode N_H aus den Elementen einer Hadamard-Matrix $\boldsymbol{H}$ der Ordnung N_H ausgewählt werden, Brauer (1953). Eine einfache Erzeugung der Hadamard-Matrizen der Ordnung $N_H = 2^n$ erhält man, wenn ihre Elemente mit Walsh-Funktionen besetzt sind, Briggs u.a. (1967), Blessing (1980). Dann gilt folgende rekursive Beziehung

$$\boldsymbol{H}_{(2^n)} = \begin{bmatrix} \boldsymbol{H}_{(2^{n-1})} & \boldsymbol{H}_{(2^{n-1})} \\ \boldsymbol{H}_{(2^{n-1})} & -\boldsymbol{H}_{(2^{n-1})} \end{bmatrix} \quad n = 1, 2, \ldots \tag{26.1.16}$$

mit $\boldsymbol{H}_1 = 1$. Hierbei ist $n = p - 1$. Zur Erzeugung von p Eingangssignalen wird eine Matrix $\boldsymbol{H}_{(N_H)}$ mit $N_H = 2^n = 2^{p-1}$ gebildet. Die periodische binäre Folge $h_i(k)$ ergibt sich dann aus den Komponenten der i-ten Zeilevon $\boldsymbol{H}$ multipliziert mit der Amplitude H_i. Da die erste Zeile von $\boldsymbol{H}$ die Zahl 1 enthält, wird $u_1(k)$ eine pseudobinäre Folge mit den Amplituden H_1 und $-H_1 P$. Die anderen Signale $u_2(k), u_3(k), \ldots, u_p(k)$ nehmen jeweils die vier Werte $\pm H_i$, $\pm H_i P$ an, so daß also vierwertige Signale entstehen, siehe Blessing (1980), Hensel (1987).

Die entstehende Periodendauer der einzelnen Testsignale ist $N = N_p N_H$. Für 2, 3, 4 Eingangssignale ist dann $n = 1, 2, 3$ und $N = 2N_H, 4N_H, 8N_H$. Dies ist dann auch die kleinstmögliche Identifikationszeit, damit alle p Eingangssignale zueinander orthogonal sind. In den Bildern 26.1 und 26.2 sind Beispiele für orthogonale Testsignale dargestellt.

26.2 Parameterschätzmethoden

Wegen der großen Vielfalt der Modellstrukturen und Parameterschätzmethoden ergeben sich bei der Parameterschätzung von Mehrgrößensystemen viele Möglichkeiten. Wenn außer den Ein- und Ausgangssignalen die Zustandsgrössen direkt meßbar sind, wie das bei manchen mechanischen und elektrischen Systemen

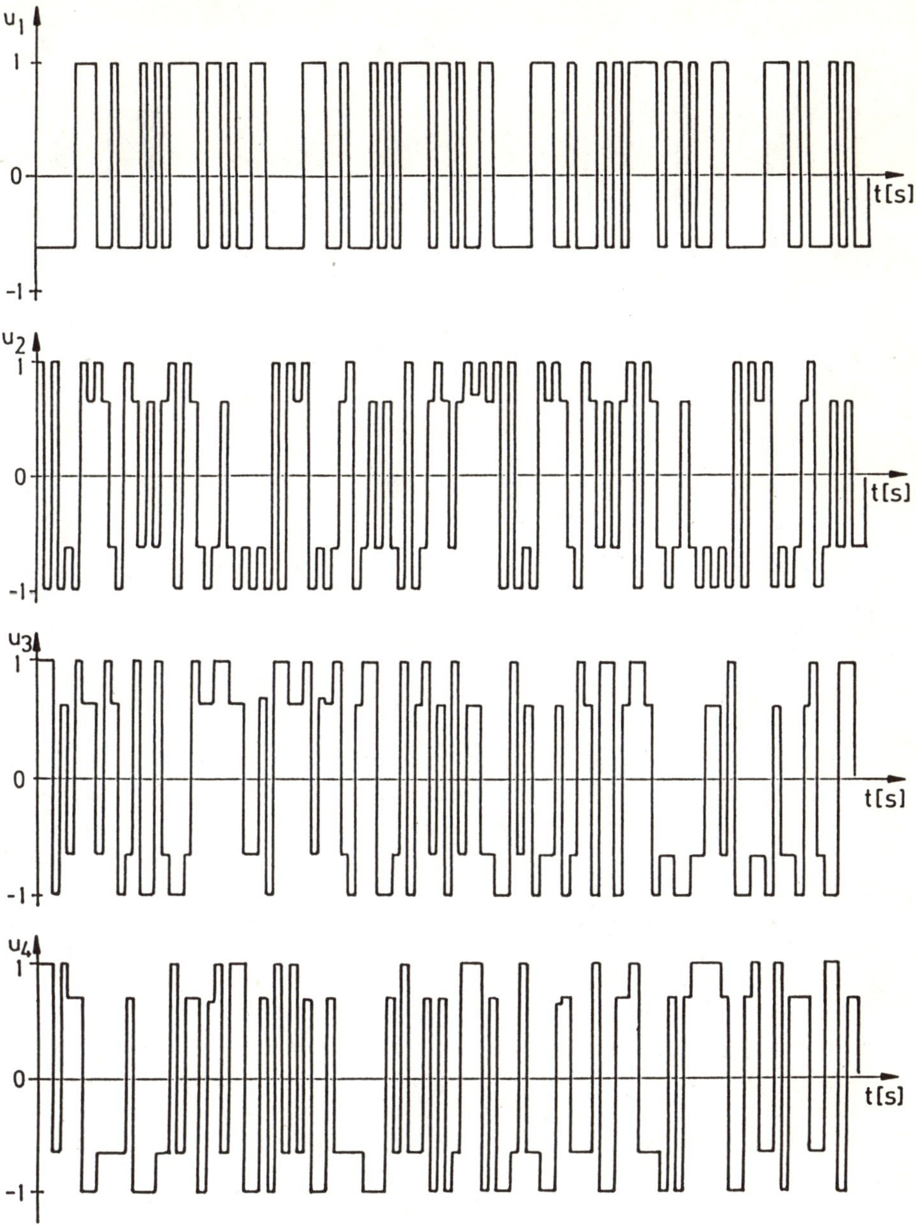

Bild 26.1. 4 Orthogonale Testsignale erzeugt aus einem PRBS mit $N_p = 31$ und einer Hadamard-Matrix 8. Ordnung (PRMS: Pseudo-Rausch-Mehrstufen-Signal)

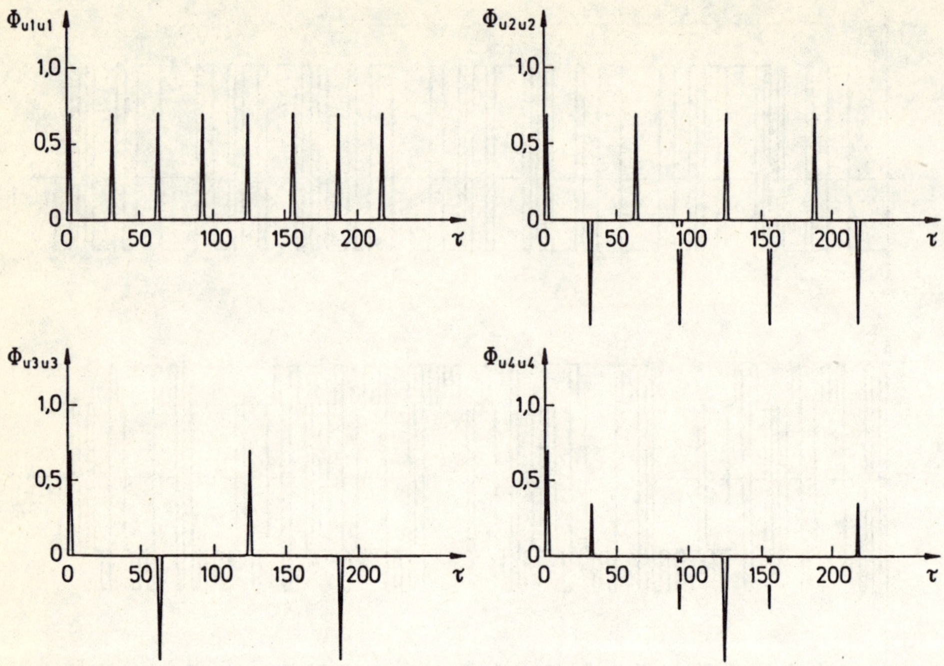

Bild 26.2. Autokorrelationsfunktionen der Testsignale nach Bild 26.1

der Fall ist (Schwinger, Fahrzeuge, Flugzeuge), dann geht man am besten vom *allgemeinen Zustandsmodell*, entsprechend zu Gl. (25.2.1, 2) aus, das z.B. aus einer theoretischen Modellbildung hervorgeht (zeitkontinuierliche Signale). Dieses Modell muß aber steuerbar und beobachtbar sein. Man kann dann eine der für Systeme mit einem Eingang und einem Ausgang angegebenen Parameterschätzmethode, z.B. LS, anwenden, wenn für jedes Ausgangssignal das Teilmodell

$$y_i(k) = \boldsymbol{\psi}_i^{\mathrm{T}}(k)\boldsymbol{\theta}_i + e_i(k) \quad i = 1, 2, \ldots, p \tag{26.2.1}$$

verwendet wird. Hierbei werden in $\boldsymbol{\psi}_i^{\mathrm{T}}(k)$ alle gemessenen Signale (einschließlich Zustandsgrößen), die auf $y_i(k)$ wirken, eingesetzt. Wenn die Zustandsgrößen nicht meßbar sind und die gleichzeitige Schätzung von Parametern und Zustandsgrößen wegen des dann entstehenden nichtlinearen Schätzproblems vermieden werden soll, dann müssen *Ein/Ausgangsmodelle* verwendet werden. Diese wurden im Kapitel 25 angegeben und in Bild 25.3 zusammenfassend dargestellt.

26.2.1 Methode der kleinsten Quadrate

Die Methode der kleinsten Quadrate kann direkt auf die Ein/Ausgangsmodelle „minimales E/A-Modell", „P-kanonisches E/A-Modell", „Vereinfachtes P-kanonisches E/A-Modell" und „Matrizenpolynom E/A-Modell" angewandt werden, wenn für jeden Ausgang $y_i(k)$ ein Teilmodell nach Gl. (26.2.1) angesetzt wird. D.h.

man zerlegt das Mehrgrößensystem zur Parameterschätzung in MISO-Systeme. Dann lauten Datenvektor und Parametervektor z.B. für das vereinfachte P-kanonische Modell

$$\psi_i^{\mathrm{T}}(k) = [\,-y_i(k-1)\ldots -y_i(k-m_i)\quad u_1(k-1)\ldots u_1(k-m_i)$$
$$\ldots\quad u_p(k-1)\ldots u_p(k-m_i)] \tag{26.2.2}$$

$$\theta_i^{\mathrm{T}} = [a_{i11}\ldots a_{iim_i}\quad b_{i11}\ldots b_{i1m_i}\ldots\quad b_{ip1}\ldots b_{ipm_i}] \tag{26.2.3}$$

siehe auch Schumann (1982), Hensel (1987). Auf dieses Modell können dann die Parameterschätzgleichungen in der nichtrekursiven Form z.B. LS oder in der rekursiven Form für z.B. RLS, RELS wie für Eingrößensysteme angewandt werden. Eine weitere Möglichkeit ergibt sich durch rekursive Berechnung der Elemente von $\boldsymbol{\Psi}^{\mathrm{T}}\boldsymbol{\Psi}$ und $\boldsymbol{\Psi}^{\mathrm{T}}\boldsymbol{y}$, und dann nichtrekursive Berechnung von $\hat{\boldsymbol{\theta}}$ nach Gl. (8.1.21), wie bereits in Abschnitt 8.1.1 angegeben, siehe auch Hensel (1987). Entsprechend kann man beim Einsatz der anderen Parameterschätzmethoden, wie z.B. IVA, ML, vorgehen.

26.2.2 Korrelationsanalyse und kleinste Quadrate

Die in Kapitel 14 angegebenen Vorteile bei der Identifikation nichtparametrischer Zwischenmodelle in Form von Korrelationsfunktionen kommen bei Mehrgrößensystemen verstärkt zur Auswirkung. Dies gilt ganz besonders für die Festlegung einer geeigneten Struktur einschließlich Ordnungszahlen und Totzeit.

Die in Abschnitt 14.2 beschriebenen Methoden der Korrelationsanalyse und kleinsten Quadrate (COR-LS) läßt sich auf mehrere Ein/Ausgangsmodelle von Mehrgrößensystemen anwenden. Geht man z.B. vom vereinfachten P-kanonischen E/A-Modell nach Gl. (25.2.46) aus

$$A_{ii}(q^{-1})\,y_i(q) = \sum_{j=1}^{p} B_{ij}(q^{-1})\,u_j(q) \tag{26.2.4}$$

dann erhält man nach Durchmultiplizieren mit $u_j(q-\tau)$ und Erwartungswertbildung entsprechend Gl. (14.2.5)

$$A_{ii}(q^{-1})\,\Phi_{u_j y_i}(\tau) = \sum_{j=1}^{p} B_{ij}(q^{-1})\,\Phi_{u_j u_j}(\tau) \tag{26.2.5}$$

und es läßt sich ein Gleichungssystem wie Gl. (14.2.7) aufstellen, das nach Gl. (14.2.11) gelöst werden kann.

Eine Verringerung des Rechenaufwandes wird erreicht, wenn man die Summe der Eingangssignale bildet, Hensel (1987),

$$u_\Sigma(k) = \sum_{j=1}^{p} u_j(k)\,. \tag{26.2.6}$$

Falls die Eingangssignale nicht korreliert sind, gilt

$$\Phi_{u_\Sigma u_j}(\tau) = \Phi_{u_j u_j}(\tau)\,. \tag{26.2.7}$$

Das Modell lautet dann

$$A_{ii}(q^{-1})\Phi_{u_\Sigma y_j}(\tau) = \sum_{j=1}^{p} B_{ij}(q^{-1})\Phi_{u_\Sigma u_j}(\tau)\,. \tag{26.2.8}$$

Die Korrelationsfunktionen können rekursiv bestimmt werden, um eine Datenreduktion zu erhalten, siehe Gl. (14.2.3).

Blessing (1979), (1980) hat die Methode COR-LS auf ein minimales Ein/Ausgangsmodell wie Gl. (25.2.44) angewandt, das aus einer beobachtbarkeitskanonischen Fom $[\boldsymbol{A}, \boldsymbol{B}, \boldsymbol{C}]$ folgt und sich deshalb wieder in eine solche direkt umrechnen läßt. Hierbei wurden in einer zweiten Stufe auch die Parameter eines Störsignalmodells geschätzt.

Zur *Bestimmung von Ordnung und Totzeit* bei Ein/Ausgangsmodellen und der *Strukturindizes* bei Zustandsmodellen können im Prinzip die für Eingrössensysteme angegebenen Methoden, Abschnitt 20.3, verwendet werden. Blessing (1980) beschreibt die Ermittlung der Strukturindizes $\hat{m}_i$, die dem Ausgangssignal $y_i(k)$ zugeordnet sind, mit Hilfe von Verlustfunktionen der Schätzmethode und Eigenwerten der Informationsmatrix. Hensel (1987) wendet den Determinanten-Verhältnis-Test von Woodside (1971) auf die Informationsmatrix und das vereinfachte P-kanonische E/A-Modell an.

Beispiele zu praktischen Anwendungen von Identifikationsmethoden für Mehrgrößensysteme sind in Kapitel 29 beschrieben.

26.3 Zusammenfassung

Die Identifikation von nichtparametrischen Modellen mit Korrelationsmethoden und von parametrischen Modellen mit Parameterschätzmethoden bei gleichzeitiger Anregung aller Eingangssignale kann im wesentlichen mit den Methoden von Eingrößensystemen durchgeführt werden. Zur Vereinfachung der Auswertung und zur schnelleren Konvergenz empfiehlt sich die Verwendung von orthogonalen Testsignalen, die man aus einem Basis-PRBS ermitteln kann. Die Markovparameter können durch Entfaltung der Korrelationsfunktionen bestimmt werden. Zur Auswahl von geeigneten Modellstrukturen für Parameterschätzmethoden orientiere man sich an Bild 25.3. Die Methode der kleinsten Quadrate und die aus ihr abgeleiteten Methoden kann für mehrere Arten von Ein/Ausgangsmodellen eingesetzt werden. Gut geeignet ist auch die zweistufige Methode der Korrelationsanalyse und kleinsten Quadrate. Die Bestimmung der Ordnungszahlen und Totzeiten bzw. Strukturindizes läßt sich ebenfalls in die Mehrgrößensystem-Identifikation einbeziehen.

F Identifikation nichtlinearer Systeme

27 Parameterschätzung nichtlinearer Systeme

Aufgrund der vielen verschiedenen strukturellen Möglichkeiten von nichtlinearen Beziehungen zwischen den Ein- und Ausgangssignalen dynamischer Systeme kann man nicht damit rechnen, mit einigen wenigen Modelltypen viele Arten von nichtlinearen Systemen identifizieren zu können. Es lassen sich nur für bestimmte Klassen von nichtlinearen Systemen Modellansätze formulieren, die zu den bekannten Identifikationsmethoden möglichst gut passen. In diesem Sinne werden im folgenden einige Modellstrukturen und zugehörige Parameterschätzmethoden beschrieben. Zunächst werden nichtlineare Systeme betrachtet, die stetig differenzierbar sind. Dann werden Systeme mit nichtstetig differenzierbarem Verhalten behandelt, wie z.B. Systeme mit Reibung oder Lose.

27.1 Dynamische Systeme mit stetig differenzierbaren Nichtlinearitäten

27.1.1 Volterrareihe

In Anlehnung an das für lineare Systeme geltende Faltungsintegral

$$y(t) = \int_0^t g(\tau) u(t-\tau)\,\mathrm{d}\tau \tag{27.1.1}$$

können Ein/Ausgangsbeziehungen für Systeme mit stetig differenzierbaren Nichtlinearitäten in Form einer gewöhnlichen nichtlinearen Differentialgleichung durch die *Volterrareihe*

$$\begin{aligned} y(t) = g'_0 &+ \int_0^t g'_1(\tau_1) u(t-\tau_1)\,\mathrm{d}\tau_1 + \int_0^t\int_0^t g'_2(\tau_1,\tau_2) u(t-\tau_1) u(t-\tau_2)\,\mathrm{d}\tau_1\,\mathrm{d}\tau_2 \\ &+ \int_0^t\int_0^t\int_0^t g'_3(\tau_1,\tau_2,\tau_3) u(t-\tau_1) u(t-\tau_2) u(t-\tau_3)\,\mathrm{d}\tau_1\,\mathrm{d}\tau_2\,\mathrm{d}\tau_3 + \cdots \end{aligned} \tag{27.1.2}$$

dargestellt werden, Volterra (1959), Gibson (1963), Eykhoff (1974), Schetzen (1980), Atherton (1982). Diese unendliche Funktionalpotenzreihe enthält symmetrische Volterrakerne $g'_n(\tau_1, \ldots, \tau_n)$ der Ordnung n, die auch Gewichtsfunktionen n-ter Ordnung genannt werden. Es gilt jeweils die Kausalitätsbedingung

$$g'_n(\tau_1, \ldots, \tau_n) = 0 \quad \tau_i < 0 \quad i = 1, 2, \ldots, n\,. \tag{27.1.3}$$

Mit $n = 1$ folgt das *Faltungsintegral* des linearen Systems. Für zeitdiskrete Signale lautet die Volterrareihe

$$\begin{aligned} y(k) &= g_0 + \sum_{\tau_1=0}^{k} g_1(\tau_1)u(k-d-\tau_1) \\ &+ \sum_{\tau_1=0}^{k}\sum_{\tau_2=0}^{k} g_2(\tau_1,\tau_2)u(k-d-\tau_1)u(k-d-\tau_2) \\ &+ \sum\sum\sum g_3(\tau_1,\tau_2,\tau_3)\cdots \end{aligned} \tag{27.1.4}$$

wobei die Totzeit $d = T_t/T_0$ explizit berücksichtigt wurde. Diese Volterrareihen sind *nichtparametrische Modelle*, zu deren Identifikation aber viele Funktionswerte der Kerne bestimmt werden müssen.

Die in Kleinbuchstaben geschriebenen Signale $u(k)$ and $y(k)$ können bei diesen nichtlinearen Modellen große Abweichungen von einem Arbeitspunkt beschreiben. Anstelle von $u(k)$ and $y(k)$ können deshalb im folgenden auch die Absolutwerte $U(k)$ und $Y(k)$ geschrieben werden.

Beschränkt man nun die diskrete Volterrareihe auf die Ordnung p, dann kann sie durch ein *parametrisches Modell* approximiert werden

$$\begin{aligned} A(q^{-1})y(k) &= c_{00} + B_1(q^{-1})u(k-d) \\ &+ \sum_{\beta_1=0}^{h} B_{2\beta_1}(q^{-1})u(k-d)u(k-d-\beta_1) + \cdots \\ &+ \sum_{\beta=0}^{h}\sum_{\beta_2=\beta_1}^{h}\cdots\sum_{\beta_{p-1}=\beta_{p-2}}^{h} B_{p\beta_1\beta_2\ldots\beta_{p-1}}(q^{-1}) \\ &\cdot u(k-d)\prod_{\xi=1}^{p-1} u(k-d-\beta_\xi) \end{aligned} \tag{27.1.5}$$

Bamberger (1978), Lachmann (1983), siehe Bild 27.1.

Diese nichtlineare Differenzengleichung erlaubt nun eine Approximation der Volterrareihe durch eine endliche Anzahl von Parametern. Durch Spezialisierung können besondere parametrische nichtlineare Modelle, sog. Hammerstein-Modelle abgeleitet werden. Die folgende Darstellung lehnt sich an Lachmann (1983), (1985) an.

27.1.2 Hammerstein-Modelle

Wenn im parametrischen Volterramodell keine Produkte mit Zeitverschiebungen der Eingangssignale $u(k)$ verwendet werden, also $h = 0$ gesetzt wird, dann entsteht das *verallgemeinerte Hammerstein-Modell*

$$\begin{aligned} A(q^{-1})y(k) &= c_{00} + B_1^H(q^{-1})u(k-d) + B_2^H(q^{-1})u^2(k-d) \\ &+ \cdots + B_p^H(q^{-1})u^p(k-d) \end{aligned} \tag{27.1.6}$$

siehe Bild 27.2.

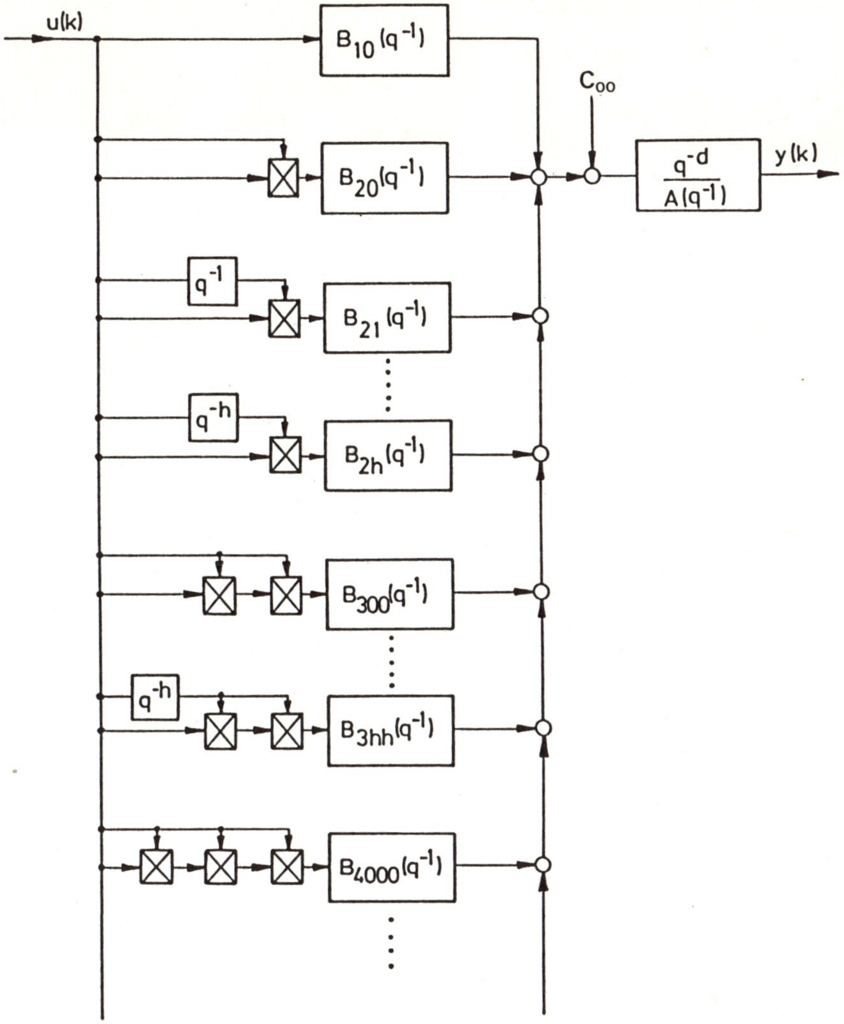

Bild 27.1. Blockschaltbild des parametrischen Volterra-Modells

Dieses Modell wird auch in Gallmann (1975) als Sonderfall des Uryson-Modells angegeben. Am bekanntesten ist das *einfache Hammerstein-Modell.* Es entsteht durch Hintereinanderschaltung einer statischen Nichtlinearität in Form eines Polynomes p-ten Grades

$$x^*(k) = r_0 + r_1 u(k) + r_2 u^2(k) + \cdots + r_p u^p(k) \tag{27.1.7}$$

und eines linearen Übertragungsgliedes

$$A(q^{-1})y(k) = B^*(q^{-1})q^{-d}x^*(k) \tag{27.1.8}$$

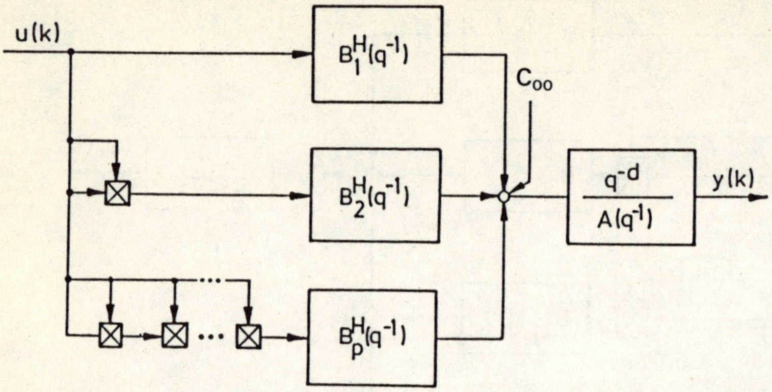

Bild 27.2. Blockschaltbild des verallgemeinerten Hammerstein-Modells

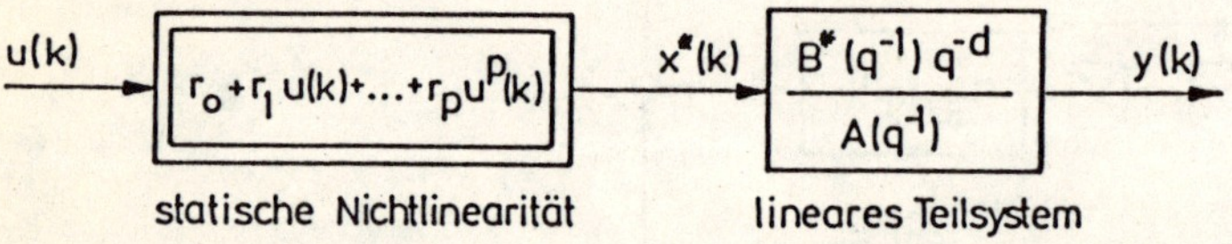

Bild 27.3. Blockschaltbild des einfachen Hammerstein-Modells

$$A(q^{-1}) = 1 + a_1 q^{-1} + \cdots + a_m q^{-m}$$
$$B^*(q^{-1}) = b_1^* q^{-1} + \cdots + b_m^* q^{-m}$$

siehe Bild 27.3, Hammerstein (1930). Somit gilt

$$\begin{aligned} A(q^{-1})y(k) = {} & r_0 B^*(1) + r_1 B^*(q^{-1})u(k-d) \\ & + \cdots + r_p B^*(q^{-1})u^p(k-d) \end{aligned} \tag{27.1.9}$$

bzw.

$$A(q^{-1})y(k) = r_{00} + B_1^*(q^{-1})u(k-d) + \cdots + B_p^*(q^{-1})u^p(k-d) \tag{27.1.10}$$

mit

$$\begin{aligned} & B_i^*(q^{-1}) = r_i B^*(q^{-1}) \quad i = 1, 2, \ldots, p \\ & r_{00} = r_0 \sum_{j=1}^{m} b_j^* . \end{aligned} \tag{27.1.11}$$

Mit Hilfe der Gl. (27.1.11) folgt Gl. (27.1.10) aus dem verallgemeinerten Hammerstein-Modell Gl. (27.1.6).

27.1.3 Wiener-Modelle

Führt man die nichtlinearen Terme nicht wie bei den Hammerstein-Modellen am Eingang, sondern am Ausgang ein, dann kommt man zu Wiener-Modellen. Das *verallgemeinerte Wiener-Modell* lautet

$$A(q^{-1})y(k) + A(q^{-1})y^2(k) + \cdots + A(q^{-1})y^l(k) = c_{00} + B(q^{-1})u(k-d) \quad (27.1.12)$$

siehe Bild 27.4.

Durch Hintereinanderschaltung eines linearen Übertragungsgliedes

$$A(q^{-1})x(k) = B(q^{-1})q^{-d}u(k) \quad (27.1.13)$$

und einer statischen Nichtlinearität

$$y(k) = r_0 + r_1 x(k) + r_2 x^2(k) + \cdots + r_1 x^l(k) \quad (27.1.14)$$

erhält man das *einfache Wiener-Modell*

$$y(k) = r_0 + r_1 \frac{B(q^{-1})q^{-d}}{A(q^{-1})}u(k) + r_2\left[\frac{B(q^{-1})q^{-d}}{A(q^{-1})}u(k)\right]^2 + \cdots \quad (27.1.15)$$

siehe Bild 27.5

Ordnet man die Nichtlinearität zwischen zwei linearen Übertragungsgliedern an, dann entsteht ein Wiener-Hammerstein-Modell.

Zur Parameterschätzung sind Modellansätze besonders geeignet, bei denen der Gleichungsfehler linear in den Parametern ist. Dies trifft auf das parametrische Volterra-Modell und auf die Hammerstein-Modelle zu, nicht aber auf die Wiener-Modelle. Deshalb hat Lachmann (1983) noch ein Modell angegeben, das die Nichtlinearität auf der Ausgangsseite hat, aber linear in den Parametern ist.

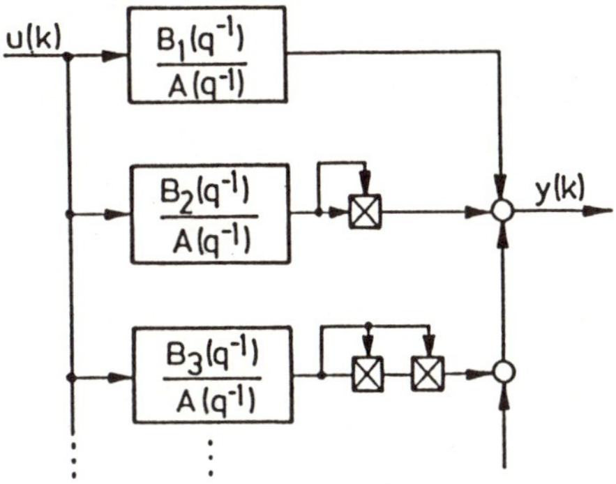

Bild 27.4. Blockschaltbild des verallgemeinerten Wiener-Modells (mit $B_1(q^{-1}) \neq B_2(q^{-1}) \neq B_3(q^{-1}) \neq \ldots$)

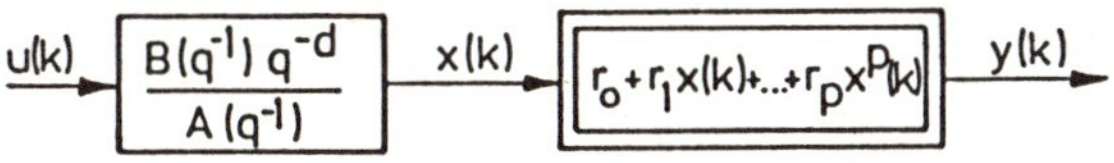

Bild 27.5. Blockschaltbild des vereinfachten Wiener-Modells

27.1.4 Modell nach Lachmann

Erweitert man das verallgemeinerte Wiener Modell durch Einführen zeitverschobener Produkte des Ausgangssignals, ähnlich wie beim parametrischen Volterra-Modell dann wird nach Lachmann (1983)

$$\begin{aligned} &A_1(q^{-1})y(k) + \sum_{\beta_1=0}^{h} A_{2\beta_1}(q^{-1})y(k)y(k-\beta_1) + \cdots \\ &+ \sum_{\beta_1=0}^{h} \sum_{\beta_2=\beta_1}^{h} \cdots \sum_{\beta_{p-1}=\beta_{p-2}}^{h} A_{p\beta_1\ldots\beta_{p-1}}(q^{-1})y(k) \prod_{\xi=1}^{p-1} y(k-\beta_\xi) \\ &= B(q^{-1})u(k-d) + c_{00} \end{aligned} \tag{27.1.16}$$

mit

$$A_{p\beta_1\ldots\beta_{p-1}}(q^{-1}) = a_{p\beta_1\ldots\beta_{p-1}}q^{-1} + \cdots + a_{p\beta_1\ldots\beta_{p-1}}q^{-m}\,. \tag{27.1.17}$$

In Bild 27.6 ist dieses Modell schematisch dargestellt. Der Vergleich mit Bild 27.1 zeigt die zum parametrischen Volterra-Modell spiegelsymmetrische Anordnung.

27.1.5 Parameterschätzmethoden

Wenn die für den nichtlinearen Prozeß zugrundegelegte Modellstruktur linear in den Parametern ist, ergibt sich ein lineares Schätzproblem, so daß die direkten Parameterschätzmethoden wie z.B. die Methode der kleinsten Quadrate und ihre Modifikationen einsetzbar sind. Folgende Modellstrukturen besitzen diese Linearität in den Parametern:

— parameterisches Volterra-Modell
— verallgemeinertes und einfaches Hammerstein-Modell
— Modell nach Lachmann.

Diese Modelle haben die Form

$$A(q^{-1})y(k) = \mathrm{NL}[u, y, q^{-1}]\,. \tag{27.1.18}$$

Für andere Modellstrukturen, wie z.B. das Wiener-Modell, ist die Schätzgleichung nach Einführen eines Gleichungsfehlers nichtlinear in den Parametern. Dann sind iterative Parameterschätzmethoden erforderlich.

Zur direkten Parameterschätzung schreibt man nun die Modelle in der Form, siehe Gl. (8.1.14),

$$y(k) = \boldsymbol{\psi}^{\mathrm{T}}(k)\hat{\boldsymbol{\theta}} + e(k) \tag{27.1.19}$$

und wendet auf diese Gleichung wie bei linearen Modellen z.B. die Parameterschätzmethoden LS oder RLS an.

Der Datenvektor erhält dann z.B. folgende Signalwerte ($d = 0$)

— *Parametrisches Volterra-Modell*:

$$\begin{aligned} \boldsymbol{\psi}^{\mathrm{T}}(k) = [&-y(k-1)\ldots u(k-1)\ldots u^2(k-1)\ldots \\ &u(k-1)u(k-2)\ldots u^3(k-1)\ldots u(k-1)u^2(k-2)\ldots] \end{aligned}$$

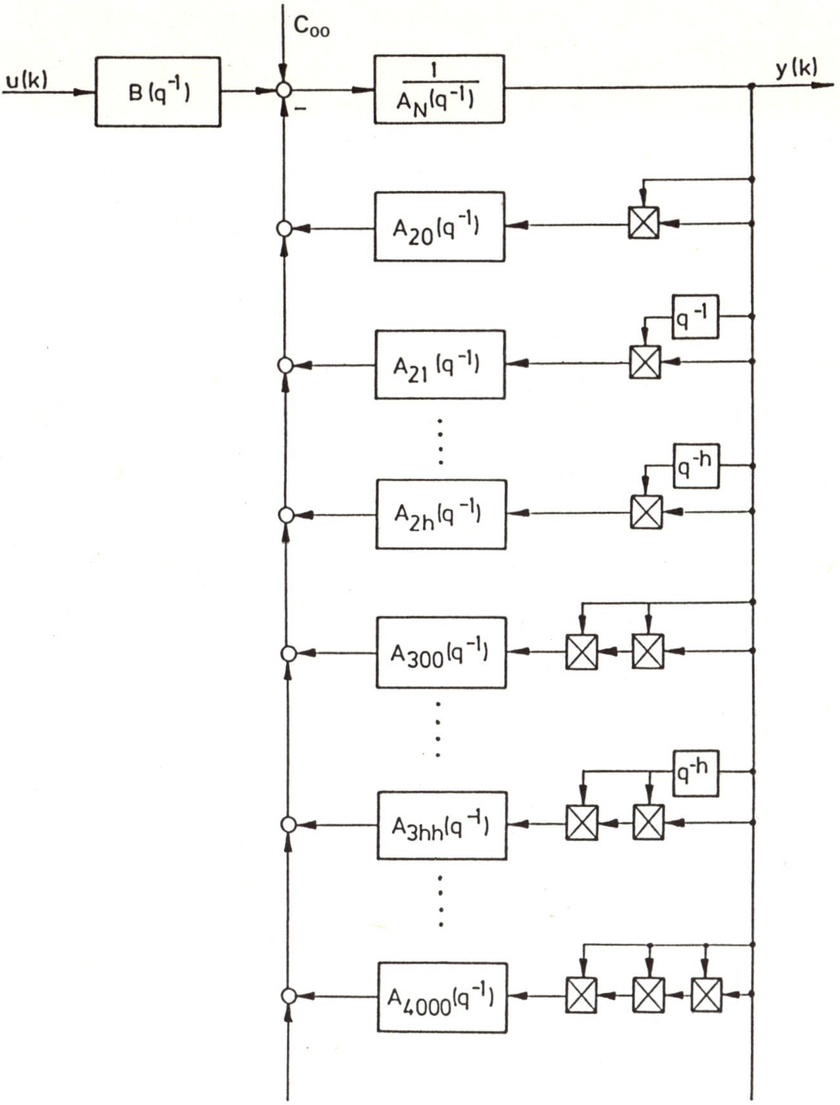

Bild 27.6. Blockschaltbild des Modells nach Lachmann

— *Verallgemeinertes Hammerstein-Modell*:

$$\psi^T(k) = [\,-y(k-1)\ldots u(k-1)\ldots u^2(k-1)\ldots u^3(k-1)\ldots\,]$$

— *Modell nach Lachmann*:

$$\psi^T(k) = [\,-y(k-1)\ldots\ -y^2(k-1)\ldots\ -y(k-1)y(k-2)\ldots$$
$$-y^3(k-1)\ldots\ -y(k)y^2(k-1)\ldots u(k-1)\ldots\,]\,.$$

Die Modelle können noch um ein Störsignalfilter erweitert werden, so daß aus Gl. (27.1.18) entsprechend Gl. (9.2.8) folgt

$$A(q^{-1})y(k) = \mathrm{NL}[u, y, q^{-1}] + D(q^{-1})v(k)\,. \tag{27.1.20}$$

Dann kann z.B. auch die Methode RELS angewandt werden.

Die Bedingungen für eine erwartungstreue Schätzung mit den Methoden LS bzw. RELS sind für das parametrische Volterra-Modell und das verallgemeinerte Hammerstein-Modell gleich wie bei den linearen Modellen, d.h. es ergibt sich kein Bias für ein Störsignalfilter der Form $1/A(q^{-1})$ bzw. $D(q^{-1})/A(q^{-1})$. Beim Modell nach Lachmann treten jedoch grundsätzlich Schätzwerte mit Bias auf, falls das Störsignal $n(k) \neq 0$, siehe Lachmann (1983).

Bedingungen für die Parameter-Identifizierbarkeit ergeben sich auch hier aus der Forderung, daß die Matrix $\boldsymbol{\Psi}^{\mathrm{T}}\boldsymbol{\Psi}$ positiv definit ist, siehe Abschnitt 8.1.3. Das Testsignal muß deshalb z.B. bei einem verallgemeinerten Hammerstein-Modell so beschaffen sein, daß die Matrix ($p = 2$)

$$\boldsymbol{H}_{22} = \begin{bmatrix} \phi_{uu}(0) & \cdots & \Phi_{uu}(m-1) & \Phi_{uu^2}(0) & \cdots & \Phi_{uu^2}(m-1) \\ & \ddots & & & & \vdots \\ & & \phi_{uu}(0) & & & \\ & & & \Phi_{u^2u^2}(0) & & \\ & & & & \ddots & \\ & & & & & \Phi_{u^2u^2}(0) \end{bmatrix} \tag{27.1.21}$$

positiv definit ist. Die Autokorrelationsfunktionen

$$\Phi_{u^iu^j}(\tau) = E\{u^i(k)u^j(k-\tau)\} \tag{27.1.22}$$

$$i = 1, \ldots, p; \qquad j = 1, \ldots, p$$

müssen also so beschaffen sein, daß

$$\det \boldsymbol{H}_{22} > 0\,. \tag{27.1.23}$$

Dies wird durch bestimmte mehrwertige Pseudo-Rausch-Signale erfüllt, siehe Godfrey (1966), Dotsenko u.a. (1971), Tuis (1975), Bamberger (1978), Lachmann (1983).

$\boldsymbol{H}_{22}$ folgt aus der angenommenen Modellstruktur.

Beispiele zur Parameterschätzung für nichtlineare Prozesse mit stetig differenzierbaren Nichtlinearitäten findet man bei Tuis (1979), Bamberger (1978), Haber (1979), Lachmann (1983).

27.2 Dynamische Systeme mit nicht stetig differenzierbaren Nichtlinearitäten

Nicht stetig differenzierbare nichtlineare Systeme treten besonders bei mechanischen Systemen mit Reibung oder Lose auf, oder bei anderen Systemen mit z.B.

Hystereseeffekten. Zur Identifikation dieser unstetigen nichtlinearen Systeme existieren bisher noch relativ wenig Arbeiten, siehe z.B. Andronikov, Bekey, Hadaegh (1983), Kofahl (1984), Tomizuka (1985), Jategoankar (1985).

27.2.1 Systeme mit Reibung

Als Beispiel werde ein einfacher mechanischer Schwinger mit der Masse m, der (linearen) Dämpfungskonstanten d, der Federkonstanten c und einer zusätzlichen Reibungskraft F_R betrachtet, Bild 27.7a). Es gilt dann die Differentialgleichung

$$m\ddot{y}_2(t) + d\dot{y}_2(t) + cy_2(t) + F_R(t) = cy_1(t) \tag{27.2.1}$$

wenn der Weg $y_1(t)$ Eingangsgröße ist. Im *bewegten Zustand* $\dot{y}_2(t) \neq 0$ entsteht die Reibungskraft durch *Gleitreibung*, für die man näherungsweise

$$F_R(t) = F_{RG}(t) = F_{G0}\,\mathrm{sign}\,\dot{y}_2(t) + f_{G1}\dot{y}_2(t) \tag{27.2.2}$$

ansetzen kann. Hierbei ist F_{G0} der geschwindigkeitsunabhängige Anteil, die trockene oder Coulombsche Reibung, und f_{G1} der Koeffizient für den den geschwindigkeitsproportionalen Gleitreibungsanteil, die viskose Reibung. Für die Bewegung in

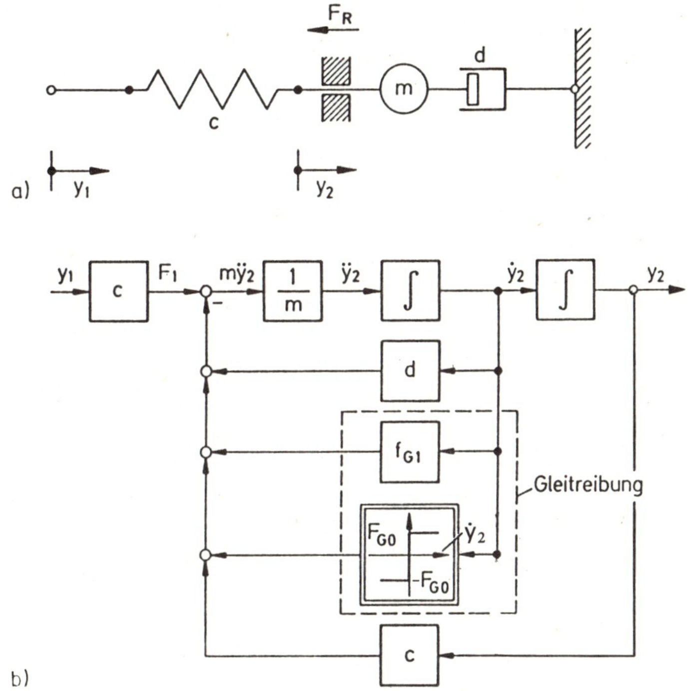

Bid 27.7. Mechanischer Schwinger mit Reibung
a) Schematische Anordnung
b) Blockschaltbild für Gleitreibung nach Gl. (27.2.2)

Richtung $\dot{y}_2(t) > 0$ gilt dann

$$m\ddot{y}_2(t) + (d + f_{G1})\dot{y}_2(t) + cy_2(t) + F_{G0} = cy_1(t) \tag{27.2.3}$$

und in Richtung $\dot{y}_2(t) < 0$

$$m\ddot{y}_2(t) + (d + f_{G1})\dot{y}_2(t) + cy_2(t) - F_{G0} = cy_1(t). \tag{27.2.4}$$

Der Koeffizient f_{G1} addiert sich somit zum Koeffizient d. Beide bilden den linearen Anteil der Dämpfung. Die trockene Reibung tritt als Konstante auf, deren Vorzeichen von der Richtung der Geschwindigkeit $\dot{y}_2(t)$ abhängt. Das zugehörige Blockschaltbild ist in Bild 27.7b) zu sehen.

Für den linearen Teil gilt somit die Übertragungsfunktion

$$G(s) = \frac{y_2(s)}{F_s(s)} = \frac{1}{ms^2 + (d + f_{G1})s + c} \tag{27.2.5}$$

mit der Teilsumme für die Kräfte

$$F_s(t) = cy_1(t) - F_{G0}\,\mathrm{sign}\,\dot{y}_2(t)\,.$$

Bild 27.8 zeigt das dann entstehende Ersatzschaltbild. Die Auswirkung des konstanten Anteils der Gleitreibung kann somit durch eine Gleichwertverschiebung des Eingangssignales mit wechselndem Vorzeichen aufgefaßt werden.

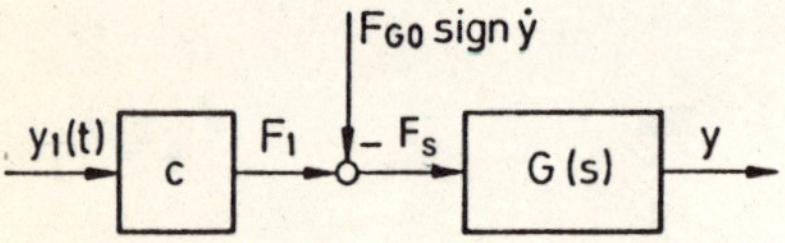

Bild 27.8. Ersatzschaltbild für ein lineares System mit Gleitreibung

Setzt man sämtliche Ableitungen $\ddot{y}_2 = \dot{y}_2 = 0$, dann erhält man für den Ruhezustand aus den Gln. (27.2.3), (27.2.4) die Beziehungen

$$y_2 = y_1 - \frac{1}{c}F_{G0} \quad \dot{y}_2 \to +0 \tag{27.2.6}$$

$$y_2 = y_1 + \frac{1}{c}F_{G0} \quad \dot{y}_2 \to -0\,. \tag{27.2.7}$$

Als Grenzfall entsteht somit aus den dynamischen Beziehungen eine Hysteresekurve für die trockene Reibung, Bild 27.9.

Da die Gleitreibung gelegentlich einen mit $\dot{y}(t)$ zunächst abfallenden, dann ansteigenden Wert zeigt, wird auch folgende Gleichung verwendet

$$F_{RG}(t) = F_{G0}\,\mathrm{sign}\,\dot{y}(t) + f_{G1}\dot{y}(t) + F_{G1}\mathrm{e}^{-c|\dot{y}(t)|}\mathrm{sign}\,\dot{y}(t)$$
$$(\dot{y}(t) \neq 0) \tag{27.2.8}$$

die sog. Stribeck-Kennlinie, Stribeck (1902), Dietz (1985), siehe Bild 27.10. Rein rechnerisch ergibt sich, außerhalb des Definitionsbereiches, für $\dot{y}(t) = 0$,

$$F_{RG} = F_{G0} + F_{G1}\,. \tag{27.2.9}$$

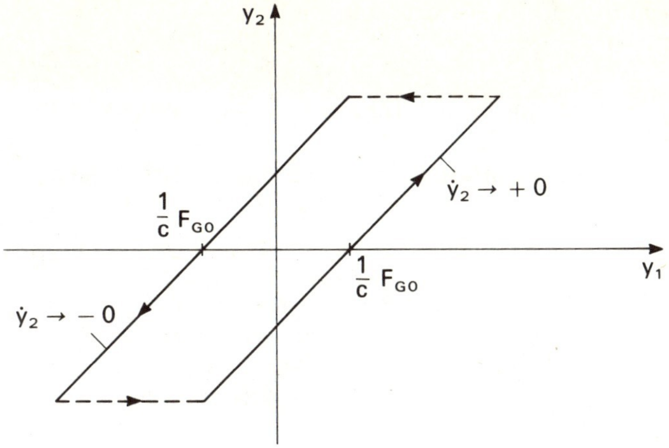

Bild 27.9. Hysteresekurve für die trockene Reibung

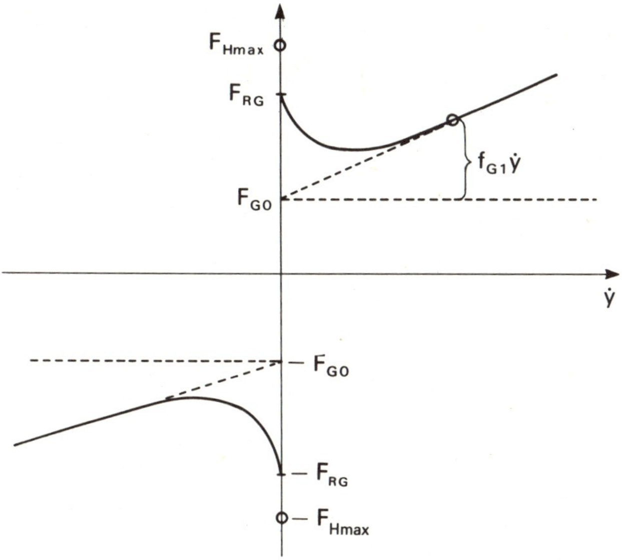

Bild 27.10. Reibungskennlinie nach Stribeck (1902) für die Gleitreibung ($\dot{y}(t) \neq 0$)

F_{G0} trockene Reibung
$f_{G1}\,\dot{y}$ viskose Reibung
F_{RG} Reibungsgrenzwert für $\dot{y} \to +0$
F_{Hmax} maximale Haftreibung

Im *Ruhezustand* $\dot{y}_2(t) = 0$ wirkt die *Haftreibung*

$$F_R(t) = F_{RH}(t) \leqq F_{Hmax}\,. \tag{27.2.10}$$

Hierbei ist F_{Hmax} die maximal auftretende Haftreibungskraft, bei der sich das

System gerade noch nicht bewegt. Im Ruhezustand gilt

$$|cy_2(t) - F_1(t)| \leqq F_{\mathrm{Hmax}} \quad (\dot{y}(t) = 0;\ \ddot{y}(t) = 0) \tag{27.2.11}$$

und somit eine andere Beschreibung als Gl. (27.2.3, 4) und das Blockschaltbild Bild 27.7b).

Die Haftreibung ist im allgemeinen größer als die trockene Gleitreibung für $\dot{y}_2(t) \approx 0$

$$F_{\mathrm{Hmax}} > F_{\mathrm{G0}}\,. \tag{27.2.12}$$

Bei Stopfbuchsreibung in Stellventilen gilt z.B. $F_{\mathrm{Hmax}}/F_{\mathrm{G0}} = 1{,}45$ ohne Richtungsumkehr und $F_{\mathrm{Hmax}}/F_{\mathrm{G0}} = 1{,}75$ mit Richtungsumkehr, Bender (1972) und bei hydraulischen Stellzylindern $F_{\mathrm{Hmax}}/F_{\mathrm{G0}} = 1{,}5$, Dietz (1985).

Besonders schwierig zu beschreiben ist der Übergang von Haft- zu Gleitreibung. Man kann hierzu jedoch in Gl. (27.2.9)

$$F_{\mathrm{G1}} = F_{\mathrm{Hmax}} - F_{\mathrm{G0}} \tag{27.2.13}$$

setzen, so daß

$$F_{\mathrm{RG}} = F_{\mathrm{Hmax}} \quad \text{für } \dot{y}(t) = 0 \tag{27.2.14}$$

wird, und damit die sogenannte Losbrechkraft in die Gleitreibungsgleichung einbezogen wird.

Zur Identifikation von Prozessen mit Reibung kann zunächst die Hysteresekurve direkt durch langsame stetige oder sprungförmige Änderungen der Eingangsgröße $u(t) = y_1(t)$ in einer Richtung und Messung von $y(t) = y_2(t)$ punktweise ermittelt werden.

Beschreibt man die Hysteresegeraden durch

$$\begin{aligned} y_+(u) &= K_{0+} + K_{1+}u \\ y_-(u) &= K_{0-} + K_{1-}u\,, \end{aligned} \tag{27.2.15}$$

dann lassen sich die Parameter durch Anwenden der Methode der kleinsten Quadrate aus jeweils $v = 1, 2, \ldots, N-1$ gemessenen Kennlinienpunkten wie folgt ermitteln

$$\hat{K}_{1\pm} = \frac{N\sum u(v)y_\pm(v) - \sum u(v)\sum y_\pm(v)}{N\sum u^2(v) - \sum u(v)\sum u(v)} \tag{27.2.16}$$

$$K_{0\pm} = \frac{1}{N}\left[\sum y_\pm(v) - \hat{K}_{1\pm}\sum u(v)\right]. \tag{27.2.17}$$

$\hat{K}_{1\pm}$ folgt z.B. aus Beispiel 7.1, $K_{0\pm}$ direkt aus Gl. (27.2.15).

Da die Differentialgleichungen Gl. (27.2.3), (27.2.4) linear in den Parametern sind, kann man bei Prozessen mit trockener und viskoser Reibung im bewegten Zustand die direkten Methoden der Parameterschätzung anwenden. Hierzu eignen sich als Prozeßmodelle sowohl Differentialgleichungen, als auch Differenzengleichungen. In manchen Fällen ist es zweckmäßig, nicht nur eine richtungsabhängige trockene Reibung, sondern auch richtungsabhängige dynamische Parameter anzusetzen, z.B. in Form der Differenzengleichungen

$$y(k) = -\sum_{i=1}^{m} a_{1+}y(k-i) + \sum_{i=1}^{m} b_{i+}u(k-i) + K_{0+} \tag{27.2.18}$$

$$y(k) = -\sum_{i=1}^{m} a_{i-}y(k-i) + \sum_{i=1}^{m} b_{1-}u(k-i) + K_{0-}\,. \tag{27.2.19}$$

K_{0+} und K_{0-} können hierbei als richtungsabhängige Gleichwertparameter aufgefaßt werden, Kofahl (1984). Dann lassen sich die in Abschnitt 8.1.4 angegebenen Methoden anwenden, Maron (1989), (1991):

— Implizite Schätzung der Gleichwertparameter K_{0+}, K_{0-} mit Parametervektor Gl. (8.1.93);
— explizite Schätzung der Gleichwertparameter. Hierzu Differenzenbildung $\Delta y(k)$ und $\Delta u(k)$ nach Gl. (8.1.90), und Parameterschätzung für

$$\Delta y(k) = -\sum_{i=1}^{m} \hat{a}_i \Delta y(k-i) + \sum_{i=1}^{m} \hat{b}_i \Delta u(k-i) \tag{27.2.20}$$

unter Annahme richtungsunabhängiger Dynamikparameter $\hat{a}_i$ und $\hat{b}_i$. Dann lassen sich mit Gln. (8.1.97) bis (8.1.99) für jede Bewegungsrichtung getrennt $\hat{K}_{0+}$ und $\hat{K}_{0-}$ bestimmen.

Bei dieser Parameterschätzung mit richtungsabhängigem Modell ist als zusätzliche Identifikationsbedingung zu beachten, daß die Bewegung ohne Umkehr in einer Richtung erfolgt, d.h. es muß gelten

$$\dot{y}(t) > 0 \text{ oder } \dot{y}(t) < 0 \tag{27.2.21}$$

was man z.B. dadurch überprüft, daß

$$\Delta y(k) > \varepsilon \text{ oder } \Delta y(k) < \varepsilon$$

für alle k mit $\varepsilon \geqslant 0$.

Ein Testsignal für proportionalwirkende Prozesse, das diese Bedingungen erfüllt, hat Maron (1991) vorgeschlagen, Bild 27.11. Durch einen linearen Anstieg wird die

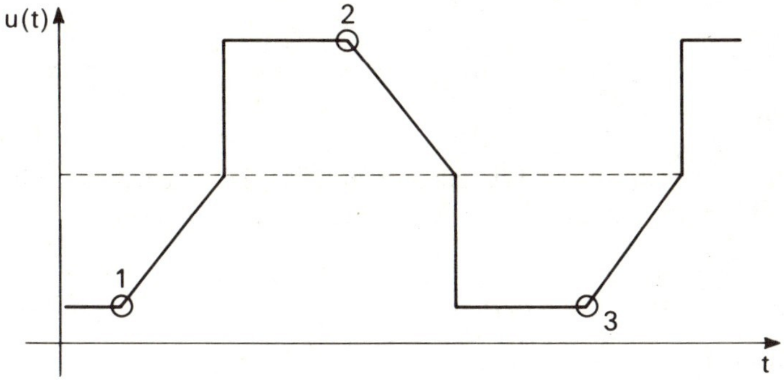

Bild 27.11. Testsignal zur Parameterschätzung von Prozessen mit trockener Reibung

Bewegung in einer Richtung mit bestimmter Geschwindigkeit erzeugt. Dann erfolgt ein Sprung zur Anregung der höheren Frequenzen mit einem Übergang zu einem Beharrungszustand. Die Parameterschätzung muß jeweils bei Bewegungsumkehr (in Bild 27.11 die Punkte 1, 2, 3, . . .) abgebrochen und neu gestartet oder mit den Werten derselben Bewegungsrichtung fortgesetzt werden.

Die Hysteresekennlinie berechnet sich aus dem statischen Verhalten der Gln. (27.2.18, 19)

$$y_+(u) = \frac{\hat{K}_{0+}}{1 + \sum \hat{a}_{i+}} + \frac{\sum \hat{b}_{i+}}{1 + \sum \hat{a}_{i+}} u \qquad (27.2.22)$$

$$y_-(u) = \frac{\hat{K}_{0-}}{1 + \sum \hat{a}_{i-}} + \frac{\sum \hat{b}_{i-}}{1 + \sum \hat{a}_{i-}} u \,. \qquad (27.2.23)$$

Zur Verifikation der Parameterschätzung aus dem dynamischen Verhalten kann diese so berechnete Kennlinie mit der direkt aus dem statischen Verhalten gemessenen Kennlinie, siehe oben, verglichen werden.

Für rotierende Antriebe wurde von Held und Maron (1988) ein besonderes Parameterschätzverfahren angegeben, das das gemessene Drehmoment mit der Drehzahlbeschleunigung korreliert und hieraus das Trägheitsmoment bestimmt. Dann kann die Reibungsmomentkennlinie in nichtparametrischer Form ermittelt werden.

Die hier beschriebenen Methoden zur Identifikation reibungsbehafteter Prozesse wurden mit sehr gutem Erfolg praktisch erprobt und zur digitalen Regelung mit Reibungskompensation eingesetzt, siehe Maron (1991), Raab (1990) und Kap. 32.

27.2.2 Systeme mit Lose (Tote Zone)

Als Beispiel wird wiederum ein mechanischer Schwinger mit einer *Lose* oder *toten Zone* der Breite $2y_t$ betrachtet, Bild 27.12a). Für den Schwinger ohne Lose gilt

$$m\ddot{y}_2(t) + d\dot{y}_2(t) + cy_2(t) = cy_3(t) \,. \qquad (27.2.24)$$

Die Lose läßt sich wie folgt beschreiben

$$y_3(t) = \left\{ \begin{array}{ll} y_1(t) - y_t & \text{für } y_1(t) > y_t \\ 0 & \text{für } -y_t \leqq y_1(t) \leqq y_t \\ y_1(t) + y_t & \text{für } y_1(t) < -y_t \end{array} \right\} \qquad (27.2.25)$$

Diese Gleichung führt zu der in Bild 27.12b) eingezeichneten nichtlinearen Kennlinie. Für den Fall, daß sich die Lose an einem Anschlag befindet, so daß $y_1(t) > y_t$, gilt somit

$$m\ddot{y}_2(t) + d\dot{y}_2(t) + cy_2(t) + cy_t = cy_1(t) \,. \qquad (27.2.26)$$

und am anderen Anschlag, $y_1(t) < -y_t$,

$$m\ddot{y}_2(t) + d\dot{y}_2(t) + cy_2 - cy_t = cy_1(t) \,. \qquad (27.2.27)$$

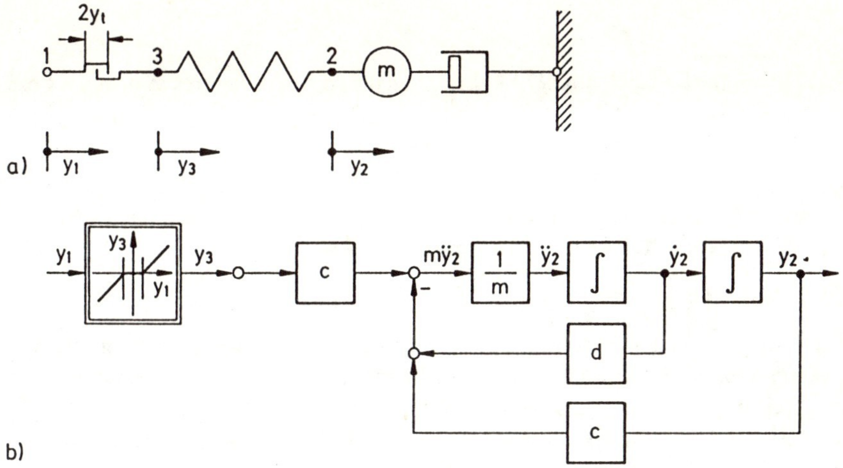

Bild 27.12. Mechanischer Schwinger mit Lose (tote Zone)
a) Schematische Anordnung
b) Blockschaltbild für die Fälle
$y_1(t) > y_t$ und $y_1(t) < -y_t$

Die Lose tritt also als Konstante auf, deren Vorzeichen vom Vorzeichen von $y_1(t)$ abhängt. Für den Bereich innerhalb der Lose ist $y_3(t) = 0$ und es gilt somit das Eigenverhalten des Schwingers

$$m\ddot{y}_2(t) + d\dot{y}_2(t) + cy_2(t) = 0\,, \tag{27.2.28}$$

wenn der Punkt 3 (z.B. durch eine hier nicht betrachtete Reibung) festgehalten wird. Wenn der Punkt 3 nicht festgehalten wird, und sich innerhalb der Lose frei bewegen kann, fallen die Federkräfte weg. Man muß dann $y_2 = y_3$ und in Gl. (27.2.18) $c = 0$ setzen.

Als vereinfachtes Ersatzschaltbild erhält man für die Bereiche außerhalb der Lose Bild 27.13. Man kann die Auswirkung der Lose in diesen Bereichen als Gleichwertverschiebung des Eingangsignales mit wechselndem Vorzeichen auffassen.

Zur Identifikation von Systemen mit Lose ergeben sich für die Bereiche außerhalb der Lose ähnliche Methoden wie bei Systemen mit trockener Reibung, wie man aus dem Vergleich der Gleichungen (27.2.3), (27.2.4) und (27.2.26), (27.2.27) erkennt. Durch langsame stetige Änderung der Eingangsgröße $y_1(t)$ in einer Richtung und Messung von $y_2(t)$ läßt sich die Hysteresekurve direkt messen. Im Unterschied zur trockenen Reibung ist die Hysteresebreite im allgemeinen im ganzen Arbeitsbereich gleich groß. Ferner können die Methoden der Parameterschätzung mit richtungsabhängiger Gleichwertschätzung, s. Gln. (27.2.18) bis (27.2.20), angewandt werden. Die Identifikationsbedingungen ändern sich jedoch. In Ergänzung zu Prozessen mit trockener Reibung muß das Eingangssignal sich nicht nur in einer Richtung bewegen, sondern es muß, damit keine Bewegung

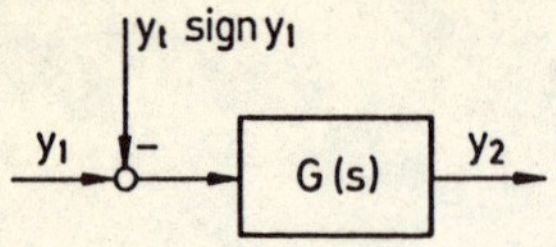

Bild 27.13. Ersatzschaltbild für ein lineares System mit Lose für $|y_1(t)| > |y_t|$

innerhalb der Lose entsteht, stets ein Kraftschluß in dieser Richtung herrschen. Wenn keine trockene Reibung auftritt, muß deshalb

$$\ddot{y}(t) > 0 \text{ oder } \ddot{y}(t) < 0$$

sein. Im Falle trockener Reibung kann dann eine gleichförmige Bewegung, Gl. (27.2.21), ausreichen. Es kann allerdings nicht mehr zwischen den Konstanten für trockene Reibung und Lose unterschieden werden, siehe Maron (1991).

Eine Methode zur Identifikation von Lose mit Hilfe einer Mustererkennung hat Specht (1986), (1989) vorgeschlagen. Bei Antriebsregelungen kann man im Prinzip die Lose aus der Differenz von Positionssollwert und Positionsistwert erkennen. Wenn jedoch wie bei Robotern, eine lastseitige Positionsmessung nicht vorhanden ist, stehen im wesentlichen nur der Ankerstrom und die Drehzahl des Antriebes zur Verfügung. Aus einer Mustererkennung des Ankerstromverlaufs erkennt man den Beginn und das Ende des Durchlaufens der Lose bei einer Änderung der Beschleunigungsrichtung. Eine Integration der Differenz des Drehzahlverlaufes zwischen Motor- und Last liefert dann die Lose.

27.3 Zusammenfassung

Die ursprünglich für lineare Systeme entwickelten Parameterschätzmethoden lassen sich direkt auf nichtlineare Systeme anwenden, wenn Modellstrukturen anwendbar sind, deren Gleichungsfehler linear in den Parametern ist. Für stetig differenzierbare nichtlineare Systeme sind dann besonders parametrische Volterra-Modelle, Hammerstein-Modelle u.a. geeignet. Für nichtlineare Systeme die nichtlinear in den Parametern sind, sind iterative Parameterschätzmethoden anwendbar, die die Verlusffunktion numerisch minimieren, wie z.B. die Maximum-Likelihood-Methode. Als Testsignale haben sich mehrwertige Pseudo-Rausch-Binär-Signale bewährt. Bei Systemen mit nicht stetig differenzierbaren Nichtlinearitäten kann man rekursive Parameterschätzmethoden mit Gleichwertschätzung einsetzen und für gleiche Bewegungsrichtungen auswerten.

G Zur Anwendung der Identifikations-methoden – Beispiele

Die erfolgreiche Identifikation dynamischer Systeme setzt außer der Anwendung der beschriebenen Identifikationsmethoden noch eine Reihe von zusätzlichen Maßnahmen voraus. In Kapitel 28 werden deshalb noch einige verbleibende Aufgaben, wie die *Elimination besonderer Störsignale* und die *Verifikation* der erhaltenen Modelle beschrieben. Dann erfolgt eine kurze Betrachtung von *besonderen Geräten* und von *Digitalrechnern* zur Identifikation. Schließlich werden in den Kapiteln 29 bis 32 mehrere *Beispiele zur Identifikation von Prozessen* beschrieben. Dabei werden Ergebnisse mit zeitdiskreten und zeitkontinuierlichen Modellen für lineare und nichtlineare, zeitinvariante und zeitvariante, Ein- und Mehrgrößenprozesse aus den Bereichen der Energie- und Verfahrenstechnik, Kraft- und Arbeitsmaschinen und Aktoren gezeigt.

28 Praktische Aspekte zur Identifikation

Da bei der Identifikation dynamischer Systeme viele Randbedingungen zu beachten sind, ist es zweckmäßig die Experimente genau zu planen und bezüglich der Wahl der freien Parameter auszulegen. Das generelle Vorgehen bei der Identifikation wurde bereits in Kapitel 1 angegeben, siehe Bild 1.6 und Bild 1.7. Allgemeine Gesichtspunkte zur Wahl der Testsignale, Off-line-oder On-line-Identifikation und Messung im offenen oder geschlossenen Regelkreis wurden ebenfalls in Kapitel 1 betrachtet. Weitere Angaben zur Wahl der Abtastzeit und über die erforderlichen Meßzeiten sind bei der Beschreibung der einzelnen Identifikationsmethoden zu finden. Deshalb wird im folgenden nur noch auf einige verbleibende Aufgaben, wie Elimination besonderer Störsignale, Verifikation der resultierenden Modelle, besondere Geräte zur Identifikation und die Identifikation mit Digitalrechnern eingegangen.

28.1 Elimination besonderer Störsignale

Bei der Systemidentifikation interessiert im allgemeinen nur der vom Testsignal angeregte Frequenzbereich des Ausgangssignales. Die zugehörigen Identifikationsmethoden sind deshalb auch nur in der Lage, die Störsignale in diesem Frequenzbereich im Laufe der Meßzeit zu eliminieren. Wesentlich höherfrequentere und niederfrequentere Störsignale sollten deshalb durch besondere Maßnahmen ausgefiltert werden.

Hochfrequente Störsignale werden am besten durch analoge Tiefpaßfilter ausgefiltert. Passive Filter können im allgemeinen für Grenzfrequenzen $f_g > 5$ Hz, aktive Filter im Bereich von etwa 0,1 Hz $< f_g <$ 5 Hz verwendet werden. Für $f_g <$ 0,1 Hz sind digitale Tiefpaßfilter zu verwenden, siehe z.B. Isermann (1987).

Eine besondere Beachtung ist den niederfrequenten Störsignalen zu widmen, die sich oft in Form von Driftsignalen bemerkbar machen. Es wurde bei der Behandlung der einzelnen Identifikationsmethoden verschiedentlich gezeigt, welchen großen fälschenden Einfluß solche niederfrequente Störsignale haben können. Siehe z.B. Kap. 1, Abschnitt 3.4, Abschnitt 4.4.

Diese niederfrequenten Störsignale können z.B. durch folgende Modelle beschrieben werden:

a) Nichtlineare Drift q-ter Ordnung

$$d(k) = h_0 + h_1 k + h_2 k^2 + \cdots + h_q k^q \,. \tag{28.1.1}$$

b) Integrierender autoregressiv-summierender Prozeß

$$d(z) = \frac{F(z^{-1})}{E(z^{-1})(1 - z^{-1})^p} v(z) \quad p = 1, 2 \tag{28.1.2}$$

$v(k)$ ist ein stationäres, statistisch unabhängiges Signal.
Siehe Gl. (2.2.53)

c) Niederfrequente periodische Signale

$$d(k) = \sum_{v=0}^{l} \beta_v \sin[\omega_v T_0 k + \alpha_v] \,. \tag{28.1.3}$$

Die niederfrequenten Störsignale lassen sich durch folgende Verfahren aus dem gemessenen Ausgangssignal $y(k)$ eliminieren:

Nichtlineare Drift q-ter Ordnung

Man schätzt die Parameter $\hat{h}_0, \hat{h}_1, \ldots, \hat{h}_q$ durch Anwenden der in Abschnitt 7.2 beschriebenen Methode der kleinsten Quadrate für „statische" Prozesse und bildet

$$\tilde{y}(k) = y(k) - d(k) \,. \tag{28.1.4}$$

Diese Methode ist jedoch nur bei Off-line-Identifikation und großen Identifikationszeiten zu empfehlen.

Integrierender autoregressiv-summierender Prozeß

Der nichtstationäre Anteil der Störsignale läßt sich dadurch eliminieren, daß man

$$\tilde{y}(z) = (1 - z^{-1})^p y(z) \tag{21.1.5}$$

bildet, das gemessene Signal $y(k)$ also p-mal differenziert, Young u.a. (1971). Hierbei wird allerdings auch der hochfrequente Störsignalanteil verstärkt, so daß diese Methode nur dann empfohlen werden kann, wenn der hochfrequente Störsignalpegel $n(k)$ klein ist im Vergleich zum Nutzsignal $y_u(k)$.

Niederfrequente periodische Störsignale

Zur Bestimmung der niederfrequenten periodischen Signalanteile ist die Fourieranalyse geeignet. Falls die Kreisfrequenzen ω_v nicht bekannt sind, werden sie durch die Berechnung von Amplitudenspektren ermittelt. Dann werden β_v und α_v ermittelt und

$$\tilde{y}(k) = y(k) - d(k)$$

gebildet. Man kann jedoch auch stückweise eine nichtlineare Drift 2. Ordnung annehmen und deren zeitvariante Parameter schätzen.

Hochpaßfilterung

Alle bisher beschriebenen Verfahren haben den großen Nachteil, daß sie nur für ganz bestimmte Störsignale geeignet sind, deren Ordnung q, p oder l im voraus bekannt oder mit aufwendigen Prozeduren gesucht werden müssen. Wesentlich zweckmäßiger sind im allgemeinen *Hochpaßfilter*, die die niederfrequenten Signalanteile ausfiltern, die hochfrequenten Signalanteile jedoch unverändert passieren lassen. Hierzu eignet sich das Hochpaßfilter erster Ordnung mit der kontinuierlichen Übertragungsfunktion

$$G_{\mathrm{HF}}(s) = \frac{Ts}{1 + Ts} \,. \tag{28.1.6}$$

Für zeitdiskrete Signale gilt dann, wenn man vor diese s-Übertragungsfunktion noch ein Halteglied nullter Ordnung anbringt, die z-Übertragungsfunktion

$$G_{\mathrm{HF}}(z) = \frac{\tilde{y}(z)}{y(z)} = \frac{(1 - z^{-1})}{1 + a_1 z^{-1}} \tag{28.1.7}$$

mit

$$a_1 = -\,\mathrm{e}^{-T_0/T}$$

siehe Isermann (1987). Die rekursive Filtergleichung lautet dann

$$\tilde{y}(k) = -\,a_1 \tilde{y}(k-1) + [y(k) - y(k-1)] \,. \tag{28.1.8}$$

Damit das zu identifizierende Übertragungsverhalten des Prozesses nicht verfälscht wird, ist derselbe Hochpaßfilteralgorithmus auch auf das auszuwertende Eingangssignal anzuwenden

$$\tilde{u}(k) = -\,a_1 \tilde{u}(k-1) + [u(k) - u(k-1)] \,. \tag{28.1.9}$$

Ein Vergleich verschiedener Methoden zur Driftelimination bei Parameterschätzmethoden zeigte, daß das Hochpaßfilter im allgemeinen vorzuziehen ist, Baur (1976).

Bei der Wahl des einzigen Parameters, der Filterzeitkonstante T, muß man davon ausgehen, daß nicht wesentliche niederfrequente Anteile des Nutzsignals ausgefiltert werden. Deshalb hängt die Wahl von T einerseits vom Testsignal, andererseits vom Spektrum des niederfrequenten Störsignals ab. Wenn ein PRBS mit der Taktzeit λ und der Periodendauer N als Eingangssignal verwendet wird, dessen niedrigste Frequenz $\omega_0 = 2\pi/N\lambda$ ist, dann sollte die Eckfrequenz des Filters $\omega_{\mathrm{HF}} < \omega_0$ sein, also

$$T > N\lambda/2\pi \tag{28.1.10}$$

falls die vom Testsignal angeregte Dynamik des Prozesses für $\omega > \omega_0$ interessiert.

28.2 Verifikation des Ergebnisses

Nachdem der Prozeß identifiziert bzw. seine Parameter geschätzt wurden, muß das erhaltene Modell auf seine Übereinstimmung mit dem Prozeß geprüft werden.

Diese Überprüfung hängt vom gewählten Identifikationsverfahren und der Art der Auswertung (nichtrekursiv, rekursiv) ab. Dabei sollte man stets prüfen:

— A-priori-Annahmen des Identifikationsverfahrens
— Übereinstimmung vom Ein-Ausgangs-Verhalten des identifizierten Modells mit dem gemessenen Ein-Ausgangs-Verhalten.

Die *Überprüfung der A-priori-Annahmen* kann z.B. wie folgt durchgeführt werden:

a) *Nichtparametrische Identifikationsverfahren*

Linearität: Vergleich der für verschiedene Eingangsamplituden identifizierten Modelle. Vergleich von Übergangsfunktionen für verschieden hohe Sprungfunktionen in beiden Richtungen.
Zeitinvarianz: Vergleich von Modellen aus verschiedenen Datenabschnitten.
Störsignal: Ist es statistisch unabhängig vom Eingangssignal und stationär: $\Phi_{un}(\tau) = 0? E\{n(k)\} = 0?$
Unerlaubte Störsignale: (Ausreißer, Mittelwertverschiebungen usw.) Überprüfung der gemessenen Signale.
Eingangssignal: Ist es fehlerfrei meßbar? Regt es den Prozeß dauernd an?
Beharrungswerte: Sind die Beharrungswerte von Ein- und Ausgangssignal exakt bekannt?

b) *Parametrische Identifikationsverfahren*

Zusätzlich zur Überprüfung der bereits angegebenen Punkte sollte man bei den einzelnen Parameterschätzverfahren alle anderen A-priori-Annahmen prüfen. Diese hängen von den einzelnen Parameterschätzverfahren ab. Beispiele sind:

Fehlersignal: Ist es statistisch unabhängig: $\Phi_{ee}(\tau) = 0$ für $|\tau| \neq 0$? Ist es statistisch unabhängig vom Eingangssignal: $\Phi_{ue}(\tau) = 0$? $E\{e(k)\} = 0$?
Kovarianzmatrix der Parameterfehler: Nehmen die Varianzen der Parameterfehler mit zunehmender Meßzeit ab? Sind sie klein genug?

Eine Gesamtbeurteilung des identifizierten Modells erhält man durch eine *Überprüfung des Ein/Ausgangsverhaltens*. Hierbei wird das gemessene Verhalten mit dem Verhalten des gewonnenen Modells verglichen. Dies kann erfolgen durch:

a) Vergleich des gemessenen Ausgangssignales $y(k)$ und des mit dem Modell berechneten Ausgangssignales $\hat{y}(k)$
— für dasselbe Eingangssignal $u(k)$ wie für die Identifikation
— für andere Eingangsignale wie z.B. Sprungfunktionen oder Impulse.
b) Vergleich der Kreuzkorrelationsfunktion $\Phi_{uy}(\tau)$ aus den gemessenen Signalen mit der aus dem Modell berechneten KKF.

Für Prozesse mit kleinen Störsignalen kann a) im allgemeinen direkt angewandt werden. Wenn jedoch der Störsignalpegel beträchtlich ist, dann ergibt sich als

Fehlersignal

$$\Delta y(k) = y(k) - \hat{y}(k) = \left[\frac{B(q^{-1})}{A(q^{-1})} - \frac{\hat{B}(q^{-1})}{\hat{A}(q^{-1})}\right] u(k) + n(k) . \tag{28.2.1}$$

Das Differenzsignal $\Delta y(k)$ hängt damit von den Modellfehlern und vom Störsignal ab. Wenn jedoch auch das Störsignalmodell identifiziert wurde, dann ist

$$\Delta y(k) = \left[\frac{B(q^{-1})}{A(q^{-1})} - \frac{\hat{B}(q^{-1})}{\hat{A}(q^{-1})}\right] u(k) + \left[n(k) - \frac{\hat{D}(q^{-1})}{\hat{C}(q^{-1})} \hat{v}(k)\right] . \tag{28.2.2}$$

Es kann somit der Einschritt-Vohersagefehler berechnet werden unter Berücksichtigung der Schätzung von $\hat{v}(k-1)$, Siehe z.B. die RELS-Methode, Abschnitt 9.2. Ein geeignetes Kriterium zum Vergleich verschiedener Modelle ist

$$V = \frac{1}{N} \sum_{k=1}^{N} \Delta y^2(k) . \tag{28.2.3}$$

Wenn verschiedene Datensätze zur Verfügung stehen, kann das Modell auch kreuzweise verifiziert werden.

Meist ist jedoch die beste Überprüfung der Einsatz des identifizierten Modells bei der letztlichen Anwendung. Einige Beispiele zur Verifikation von identifizierten Modellen sind in den Kap. 29, 30, 31 angegeben.

28.3 Besondere Geräte für die Identifikation

Zur Identifikation von dynamischen Prozessen werden etwa seit 1970 hauptsächlich Prozeßrechner und ab etwa 1975 zusätzlich Mikrorechner eingesetzt. Deshalb haben besondere Geräte zur Identifikation heute nur noch eine untergeordnete Bedeutung. Hier sollen deshalb lediglich einige Anmerkungen zur historischen Entwicklung gemacht werden. Grundsätzliche Anordnungen beim Einsatz verschiedener Geräte sind in Bild 1.7 zu sehen. Aufgrund des um 1955 entwickelten Verfahrens der orthogonalen Korrelation sind zur *Frequenzgangmessung* sogenannte Frequenzgangmeßplätze am Markt erschienen, die auch heute noch geliefert werden. Eine frühere Marktübersicht ist z.B. bei Seifert (1962) zu finden, siehe auch Balchen (1962).

Die Entwicklung von *Korrelationsmethoden* insbesondere für statistische Signalverläufe führte dann zur Entwicklung besonderer Korrelatoren. In Solodownikow (1963) ist eine Übersicht zu mechanischen, photoelektrischen und magnetischen Korrelatoren der Jahre 1950 bis 1956 gegeben. Ein Gerät von NORATOM (1964) erzeugte die Zeitverschiebung der Signale über Magnetbänder mit veränderlichem Abstand von Schreib- und Lesekopf. Es war in Analogrechentechnik aufgebaut und konnte Korrelationsfunktionen und über entsprechende Bandpaßfilterung auch Leistungsdichtespektren auf einem Zweikoordinaten-Schreiber ausgeben. Siehe auch Welfonder (1969).

Über den Einsatz von Prozeßrechnern, Mikrorechnern und Signalprozessoren zur Identifikation berichtet van den Bos (1976).

Eine besondere Bedeutung haben die Geräte zur *digitalen Fourieranalyse*, die fast ausschließlich nach den Methoden der schnellen Fouriertransformation (FFT) arbeiten. Siehe Bergland (1969), Brigham (1974), Stearns (1975) und Abschnitt 3.3.

Diese FFT-Analysatoren sind besonders für höherfrequente Signale mit großen anfallenden Datenmengen zweckmäßig. Sie erlauben auch die Umrechnung verschiedener Darstellungen wie z.B. Korrelationsfunktionen, Leistungsdichten, Cepstrum. Eine Marktübersicht wird z.B. in Markt und Technik (1986) gegeben. Zur Erzeugung von Testsignalen wie z.B. Sinus- oder Rechteckschwingungen, DRBS und PRBS gibt es nach wie vor zahlreiche *Signalgeneratoren* am Markt.

28.4 Identifikation mit Digitalrechnern

Die einzelnen Schritte des Ablaufs einer Prozeßidentifikation mit Auswertung durch Digitalrechner, wie z.B. in Bild 1.6 gezeigt, faßt man am zweckmäßigsten in einem Programmpaket zusammen. In Bild 28.1 sind die wichtigsten Teilaufgaben für Prozesse mit einem Eingang und einem Ausgang dargestellt, so wie sie z.B. in den Programmpaketen OLID, Baur (1976), Mann (1978), Isermann (1984b), INID, Schumann (1991) und CADRED-PC, Pfannstiel und Knapp (1991) ablaufen. Das Programmpaket OLID wurde zur On-line-Identifikation mit Prozeßrechnern entwickelt. INID und CADREG-PC dagegen arbeiten im OFF-line-Modus und sind auf IBM-kompatiblen Personal-Computern implementiert. Von entscheidender Bedeutung ist bei allen Programmpaketen ein interaktiver Dialog zwischen Bediener und Rechner während aller Phasen des Ablaufs. Diese Benutzerschnittstelle ist insbesondere bei den PC-gestützten Programmpaketen INID und CADREG-PC relativ komfortabel ausgebildet.

Im folgenden wird nun kurz auf die einzelnen Programmpakete eingegangen. Ihre Anwendung wird in Kap. 29 bis 31 beschrieben.

OLID

Dieses Programmpaket wurde in FORTRAN IV für die Prozeßrechner HP 21 MX mit dem Betriebssystem RTE IVb und DEC PDP 11/34 und RSX 11 M geschrieben und mehrfach auf verschiedene andere Rechner übertragen und bei mehreren Prozessen in der Industrie angewandt, siehe Isermann (1984b). Der Speicherplatz beträgt 16 k-Worte für den Hauptseicher und 20 k-Worte für den Massenspeicher. Die mit diesem Programmpaket identifizierten Prozesse sind z.B. Klimaanlagen, Trommeltrockner, Filmtrocknungsanlagen, Schneckenpresse, Saatkonditionierer, Kunststoffrohrextrusionsanlagen, Werkstoffprüfmaschine, Dieselmotor. Einige Beispiele sind in Kapitel 29, und in Isermann (1987), Bd. II, zusammen mit rechnerunterstüzt entworfenen digitalen Regelungen, gezeigt. Siehe auch Hensel u.a. (1987). Für Systeme mit mehreren Ein- und Ausgängen wurde das Programmsystem CADOCS entwickelt, Hensel (1987). Dieses ist ein Gesamtentwurfssystem, das alle Teilaufgaben der Identifikation und des Regelungsentwurfs für Mehrgrößensysteme enthält und als Modulverbund mit zentraler Verwaltung aufgebaut ist.

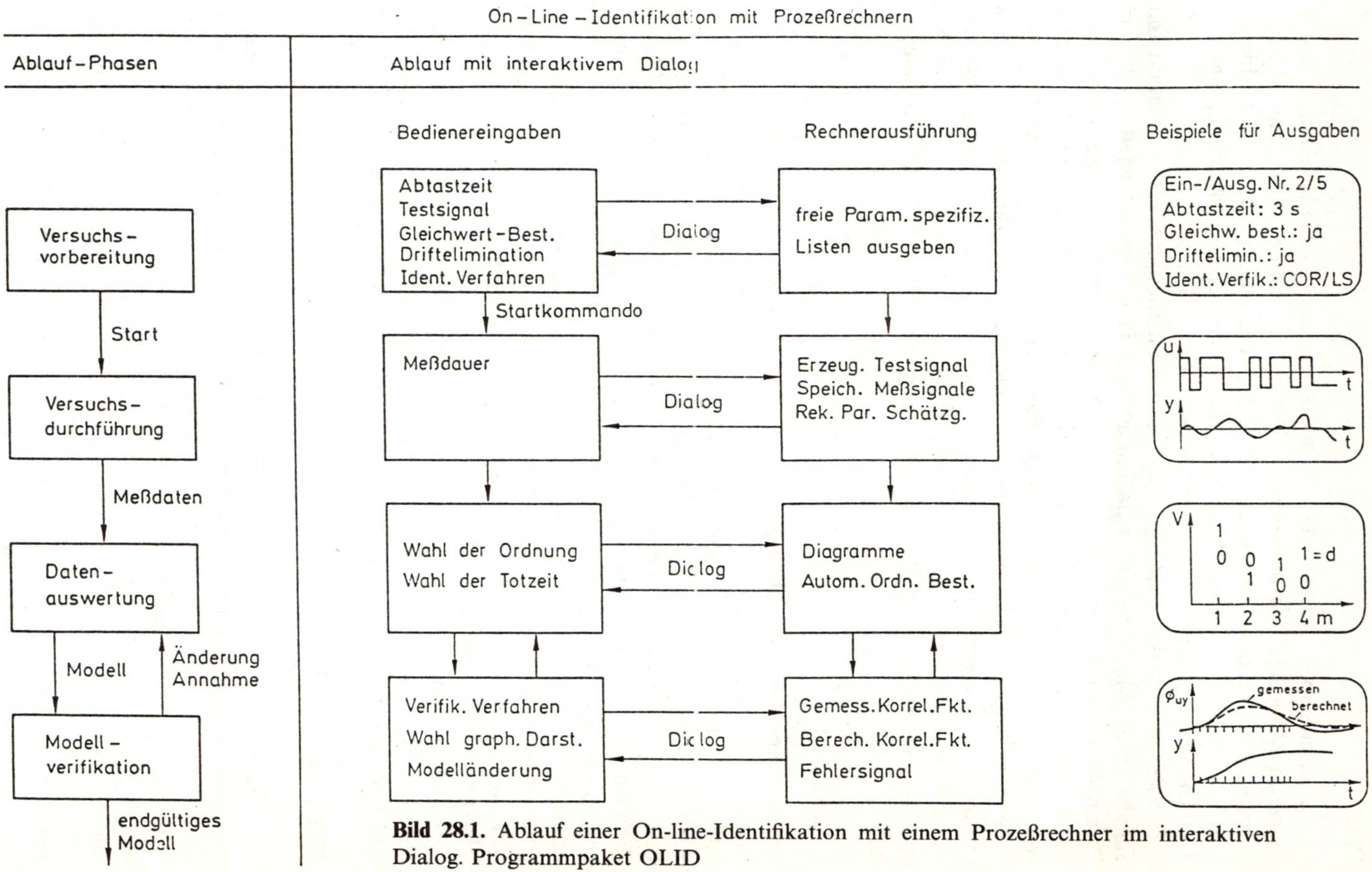

Bild 28.1. Ablauf einer On-line-Identifikation mit einem Prozeßrechner im interaktiven Dialog. Programmpaket OLID

INID

Das Programmpaket bietet die Möglichkeit einer rechnergestützten experimentellen Modellbildung dynamischer Prozesse im Sinne einer systematischen Modellparametrierung und -validierung. Die Modellbildung beruht auf der Identifikation zeitkontinuierlicher Prozeßmodelle in Ein/Ausgangsdarstellung und der digitalen Simulation der ermittelten Modelle.

Das Programmpaket INID (Interaktive Identifikation) führt Identifikation und Simulation an Meßwertdateien im interaktiven Dialog durch. Meßsignale und Parameter werden an der Benutzeroberfläche durch symbolische Namen identifiziert und können in vielfältiger Weise verändert werden. Die Modellstruktur wird vom Bediener in algebraischer Schreibweise eingegeben. Die numerische Verarbeitung erfolgt zur Laufzeit über einen Formelinterpreter. Ein Grafikprogramm erlaubt unter anderem die Verfolgung von Verläufen der Schätzwerte und die Ausgabe der Simulationsergebnisse. Das Programm ist in FORTRAN geschrieben und ist auf verschiedenen Rechnern lauffähig (z.B. VAX, PC), siehe Schumann (1991).

CADREG-PC

Dieses Programmpaket dient zur rechnergestützten Analyse und Synthese von Regelsystemen. Es beinhaltet Tools zur Meßwerterfassung, Identifikation zeitdiskreter Prozeßmodelle, Reglerentwurf und Echtzeitregelung. Es ist in TURBO PASCAL geschrieben und auf IBM-kompatiblen Personal Computern mit dem Betriebssystem MSDOS lauffähig. Mit dem Programmtool Meßwerterfassung kann der Prozeß dynamisch angeregt und die Prozeßsignale in einer Datenbasis abgelegt werden. Die minimale Abtastzeit beträgt dabei $T_0 \approx 5$ ms. Aufgrund der gemessenen Daten kann dann off-line ein optimales zeitdiskretes Prozeßmodell ermittelt werden, dessen Parameter zur evtl. Weiterverarbeitung (z.B. Reglerentwurf) wiederum in einer Datenbasis abgelegt werden, siehe Pfannstiel und Knapp (1991) und Knapp (1991).

Die Realisierung von Parameterschätzmethoden in Mikrorechnern in Assembler für 8-bit-Prozessoren und in PL/M für 16-bit-Prozessoren ist in Bergmann (1983) und Radke (1984) beschrieben. Siehe auch Isermann (1987) Bd. II.

28.5 Zusammenfassung

Die praktische Anwendung von Identifikationsmethoden setzt außer dem Einsatz einer geeigneten Identifikationsmethode eine Reihe von zusätzlichen Maßnahmen voraus. In Abschnitt 28.1 wurde zunächst beschrieben, wie sich besondere Störsignale bei höheren Frequenzen und bei niederen Frequenzen durch entsprechende Filterung eliminieren lassen. Die Überprüfung des identifizierten Modells mit dem wirklichen Prozeßverhalten (Verifikation) wurde in Abschnitt 28.2 behandelt. Eine Beschreibung besonderer Geräte zur Identifikation zeigt die historische Entwicklung der Identifikationsmethoden in den letzten 30 bis 40 Jahren. Als besondere Geräte sind heute nur noch Frequenzgangmeßplätze, schnelle Fourieranalysatoren und Signalgeneratoren im Handel, Abschnitt 28.3. Die Identifikation dynamischer Systeme erfolgt in den meisten Fällen mit universellen Digitalrechnern, Prozeßrechnern Personalcomputern oder Mikrorechnern und besonderen Software-Programmen. In Abschnitt 28.4 wird deshalb der Aufbau von Programmpaketen beschrieben.

29 Identifikation von Prozessen der Energie- und Verfahrenstechnik

In den folgenden Kapiteln werden Beispiele zur Anwendung von Methoden zur Identifikation verschiedener technischer Prozesse gezeigt. Tabelle 29.1 gibt eine Übersicht der Prozesse, der verwendeten Klassen von Modellen, Identifikationsmethoden und Testsignale. Die Anwendungszwecke der jeweils erhaltenen Modelle waren bei den Prozessen der Energie- und Verfahrenstechnik der Entwurf digitaler Regelungen, bei den Kraft- und Arbeitsmaschinen und den Aktoren sowohl digitale Redelung als auch Fehlererkennung.

29.1 Dampfbeheizter Wärmeaustauscher 1 – zeitdiskretes, lineares Modell

Bild 29.1 zeigt den untersuchten dampfbeheizten Wämeaustauscher (Heizkraftwerk der Universität Stuttgart), Baur (1976). Eingangsgröße ist der durch ein pneumatisches Stellventil verstellbare Dampfstrom, Ausgangsgröße die Temperatur des aufgeheizten Wassers, das durch die Rohre eines Rohrbündels strömt. In den Bildern 29.2 und 29.3 sind die Ein- und Ausgangssignale zu sehen.

Bild 29.2 zeigt den Verlauf der Differenztemperatur des Wassers zwischen Aus- und Eintritt für die ersten Perioden des Eingangssignals. Die maximale Änderung des Stellhubes beträgt 10%, die maximalen Änderungen der Austrittstemperatur (Spitze-Spitze-Wert) 1,7 grd. Die ausgewählte Modellordnung und die geschätzten Parameter sind in Tabelle 29.2 dargestellt.

Bild 29.3 und Tabelle 29.3 zeigen die Ergebnisse für sehr kleine Änderungen von Ein- und Ausgangsgröße. Die Stellhubänderung beträgt 8% (kleineres Stellventil als bei Bild 29.2) und der Spitze-Spitze-Wert der Austrittstemperatur nur etwa 0,4 grd. In diesem Fall ist die Ausgangsgröße stark gestört, wie auch aus den Messungen für $t < 0$ s hervorgeht. Das Störsignal enthält wesentliche niederfrequente Komponenten, so daß eine Hochpaßfilterung unbedingt erforderlich ist.

Aus den Tabellen 29.2 und 29.3 ist zu entnehmen, daß die Variation der Totzeit d beim Verstärkungsfaktor K und bei den Parametern a_i nur kleine Änderungen bewirken und daß sich nur die b_i wesentlich ändern. Tabelle 29.3 zeigt die Abhängigkeit der geschätzten Parameter von der Meßzeit. Bis zur dritten Periode des Testsignales ändern sich die Parameter, bleiben jedoch für $T_M = 411$ s etwa konstant. Es ist vielleicht überraschend, daß trotz des stark gestörten Ausgangs-

Tabelle 29.1. Übersicht der Anwendungsbeispiele

Prozeß		Modelle: zeit-diskret	Modelle: zeit-kont.	Modelle: lin.	Modelle: nicht-lin.	Modelle: Mehr-größ.	Modelle: zeit var.	Identi-fikations-methode	Test-signale	Anwendungs-zweck
Energie- und Verfahrens-technik	1. Wärmeaustauscher 1	×		×				COR-LS	PRBS	Regelung
	2. Wärmeaustauscher 1	×			×			COR-LS	PRTS	Regelung
	3. Wärmeaustauscher 2		×	×				DSFI	Sprung	Regelung
	4. Klimaanlage	×		×		×		COR-LS	PRTS	Regelung
	5. Folientrockner	×		×		×		COR-LS	PRTS	Regelung
	6. Trommeltrockner	×		×		×		COR-LS	PRBS	Regelung
Kraft-maschi-nen	7. Gleichstrommotor-Kreiselpumpe		×		×			DSFI	Sprung	Fehlererkennung
	8. Verbrennungs-motor-Prüfstand		×	×				DSFI	PRBS	Regelung
Arbeits-maschi-nen	9. Industrieroboter		×		×		×	RLSC DSFI	Sprung Sprung	Regelung Fehlererkennung
	10. Werkzeugmaschinen-vorschub		×		×		×	DSFI	Sinus	Fehlererkennung
	11. Werkzeugmaschinen-Hauptantrieb		×	×			×	DSFI	Sprung	Fehlererkennung
	12. Werkzeugmaschinen: Fräs-/Bohrprozeß		×	×			×	DSFI	Arbeits-vorgang	Fehlererkennung
Aktoren	13. Hubmagnet	×			×		×	Ausgangsf. Minimierg.	Sprung/ Rampe	Regelung
	14. Pneumatischer Membranantrieb	×			×		×	DSFI	Sprung	Adap. Regelung

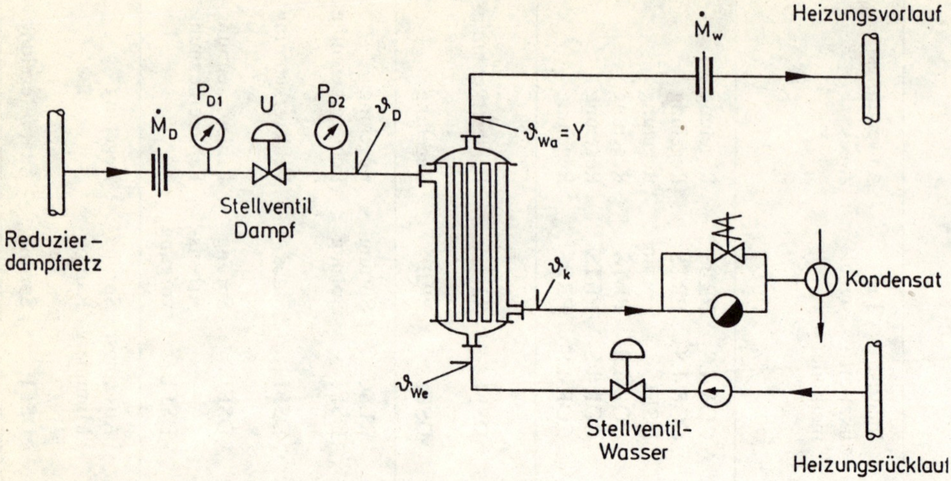

Bild 29.1. Dampfbeheizter Wärmeaustauscher
$L = 2{,}5\,\mathrm{m}$
Eingangssignal: U Stellung Dampfstromventil
Ausgangssignal: $Y = \vartheta_{\mathrm{wa}}$ Wasseraustrittstemperatur

signales und den sehr kleinen, mit Betriebsinstrumenten meist nicht wahrnehmbaren Ausgangssignaländerungen von $\pm$ 0,2 grd schon nach der ersten Periode bei $T_{\mathrm{M}} = 134$ s relativ gute Parameterschätzwerte erhalten werden.

29.2 Dampfbeheizter Wärmeaustauscher 1 – zeitdiskretes, nichtlineares Modell

Für denselben Wärmeaustauscher wie Bild 29.1 hat Bamberger (1978) die Parameterschätzung durch Anregung des Dampfstromes mit einem driewertigen Pseudo-Rausch-Signal ein verallgemeinertes Hammerstein-Modell

$$A(q^{-1})y(k) = B_1^{\mathrm{H}}(q^{-1})u(k-d_1) + B_2^{\mathrm{H}}(q^{-1})u^2(k-d_2)$$

geschätzt, mit

$$A(q^{-1}) = 1 - 1{,}396q^{-1} + 0{,}457q^{-2}$$

$$B_1^{\mathrm{H}}(q^{-1}) = -0{,}015q^{-1} - 0{,}0425q^{-2}$$

$$B_2^{\mathrm{H}}(q^{-1}) = 0{,}0043q^{-1} - 0{,}0172q^{-2}$$

$$d_1 = 0; \qquad d_2 = 2\,.$$

Als Parameterschätzmethode wurde COR-LS für nichtlineare Prozesse mit Ordnungssuche verwendet. Bild 29.4 zeigt gemessenes und geschätztes Ausgangssignal mit guter Übereinstimmung. Auch gemessene und berechnete Übergangsfunktionen zeigen eine gute Übereinstimmung. Bei Änderung des Wasserstromes

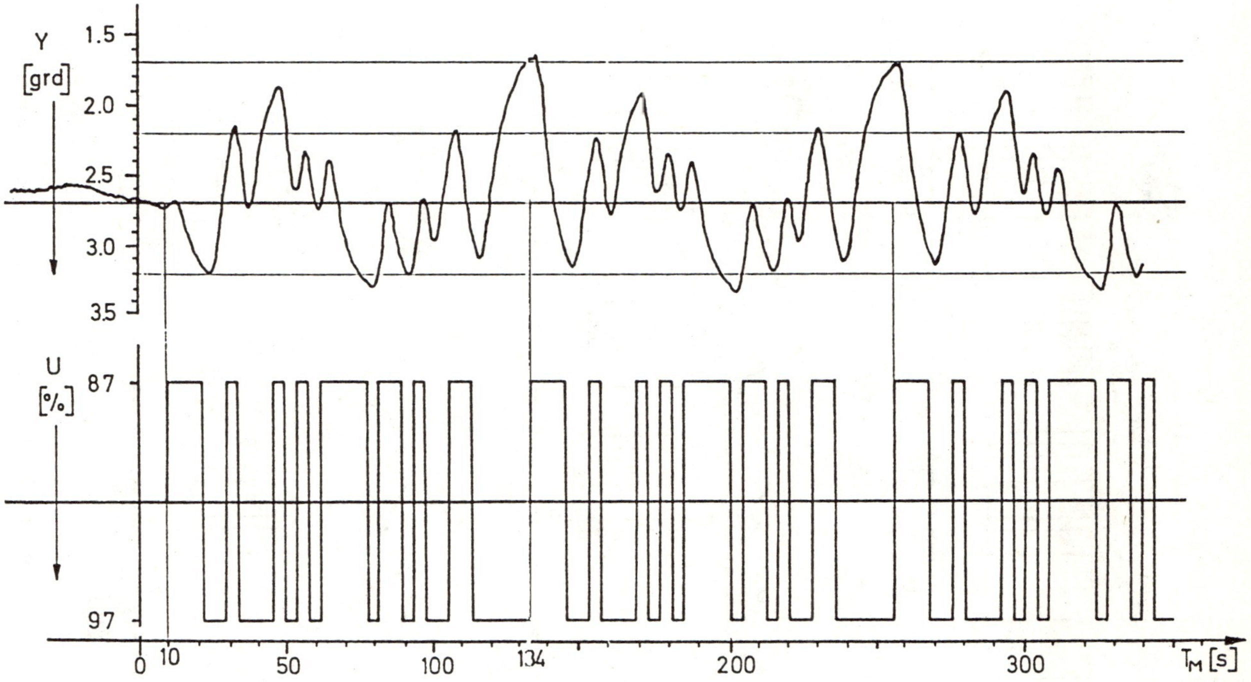

Bild 29.2. Ein- und Ausgangssignal bei der On-line-Identifikation eines dampfbeheizten Wärmeaustauschers mit einem Prozeßrechner
Wasserstrom: $\bar{\dot{M}}_W = 7300$ kg/h; Dampfstrom: $\bar{\dot{M}} = 26{,}3$ kg/h
Abtastzeit: $T_0 = 1$ s. Eingangssignal: PRBS mit $N = 31$, $\lambda = 4$
Driftelimination: Hochpaßfilterung
Gleichwertidentifikation: 0 . . . 10 s
Identifikationsmethode: COR-LS

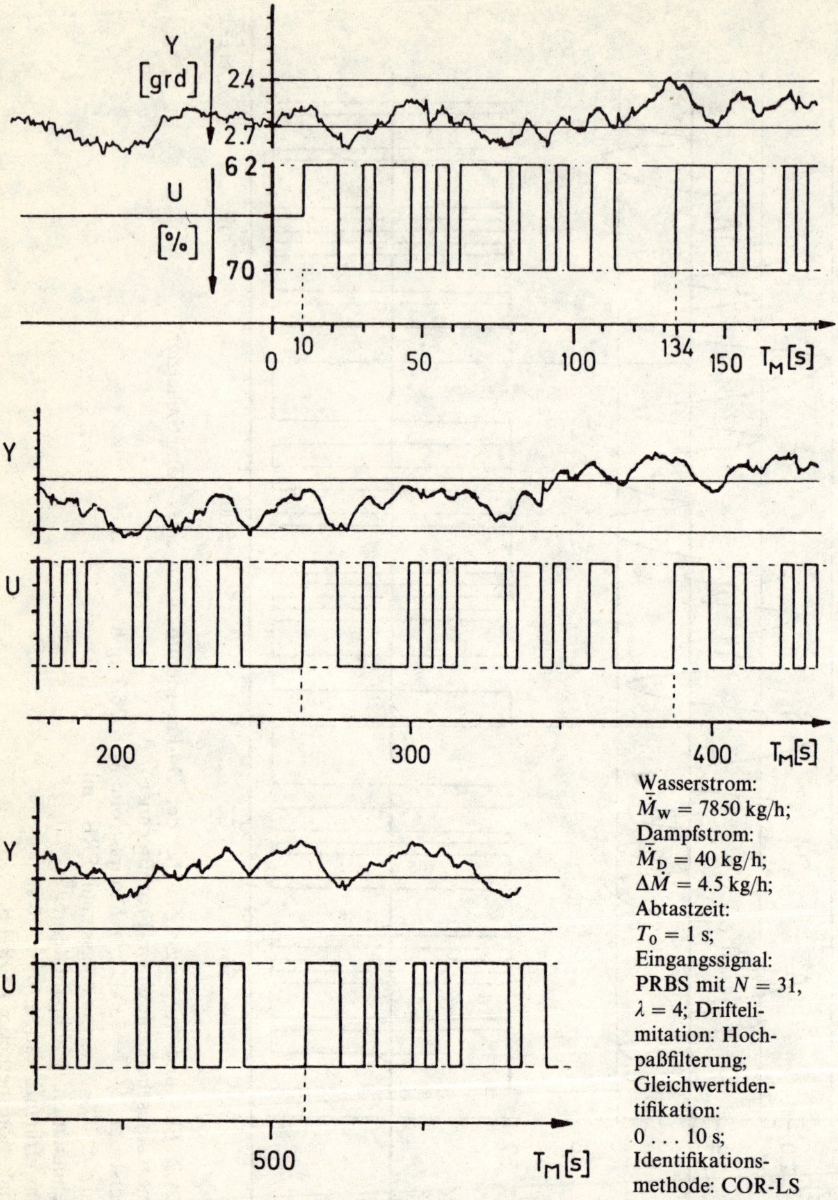

Bild 29.3. Ein- und Ausgangssignal bei der On-line-Identifikation eines dampfbeheizten Wärmeaustauschers mit einem Prozeßrechner

$\dot{M}_W$ konnte ebenfalls gut übereinstimmende nichtlineare Hammerstein-Modelle im Bereich von 6100 kg/h $\leqq \dot{M}_W \leqq$ 9400 kg/h identifiziert werden, in dem sich der Verstärkungsfaktor (des linearisierten Modells) im Verhältnis 4:1 ändert, Bamberger (1978).

Tabelle 29.2. Parameterschätzwerte für Messung nach Bild 29.2

T_M s	m	d	a_1	a_2	a_3	b_1	b_2	b_3	K V/mA
535	3	0	−1,9302	1,3320	−0,3555	0,0012	−0,0022	−0,0515	−1,1349
535	3	1	−1,8672	1,2436	−0,3251	0,0020	−0,0541	−0,0053	−1,1187

Tabelle 29.3. Parameterschätzwerte für Messung nach Bild 29.3

T_M s	m	d	a_1	a_2	a_3	b_1	b_2	b_3	K V/mA
163	3	0	−1,5470	0,8848	−0,2628	−0,0013	−0,0018	−0,0394	−0,5712
287	3	0	−1,3540	0,4879	−0,0520	−0,0172	0,0333	−0,0597	−0,5324
411	3	0	−1,5326	0,8174	−0,2051	−0,0254	0,0451	−0,0609	−0,5186
535	3	0	−1,5194	0,7778	−0,1773	−0,0242	0,0434	−0,0592	−0,4914
163	3	1	−1,4039	0,8017	−0,3001	−0,0073	−0,0249	−0,0232	−0,5678
287	3	1	−0,9093	−0,0450	0,0787	−0,0056	−0,0195	−0,0387	−0,5127
411	3	1	−1,2198	0,3874	−0,0598	−0,0011	−0,0297	−0,0193	−0,4641
535	3	1	−1,3670	0,5385	−0,0791	−0,0052	−0,0398	−0,0058	−0,4366

29.3 Dampfbeheizter Wärmeaustauscher 2 – zeitkontinuierliches lineares Modell

An einem Wärmeaustauscher derselben Bauart, wie im Abschnitt 29.1, 29.2 (Institut für Regelungstechnik, TH Darmstadt) wurden im Rahmen von Untersuchungen zur Fehlerdiagnose parametrische lineare Modelle mit zeitkontinuierlichen Signalen identifiziert, Goedecke (1987).

Die vereinfachte Übertragungsfunktion mit dem Dampfstrom als Eingangsgröße und der Wasseraustrittstemperatur als Ausgangsgröße lautet

$$G_{D\vartheta}(s) = \frac{\Delta\vartheta_{Fa}(s)}{\Delta\dot{M}_D(s)} = \frac{K_D}{(1 + T_{1D}s)(1 + T_{2D}s)}\,e^{-T_{tD}s}.$$

Aufgrund von Übergangsfunktionsmessungen wurden mit einer Abtastzeit von $T_0 = 50$ ms, der Zeitdauer einer Messung von 360 s (720 Abtastwerte pro Übergangsfunktion) mit der Methode der Wurzelfilterung in Informationsform (DSFI) und Verwendung eines Zustandsvariablenfilters die Parameter des zeitkontinuierlichen Modells geschätzt. Es konnte bei insgesamt 540 Experimenten (auch für andere Eingangssignale) eine schnelle und gute Konvergenz der Parameterschätzwerte erreicht werden. Die Totzeit wurde dabei getrennt ermittelt. Bild 29.5 zeigt ein Beispiel, Tabelle 29.4 die Parameterschätzwerte.

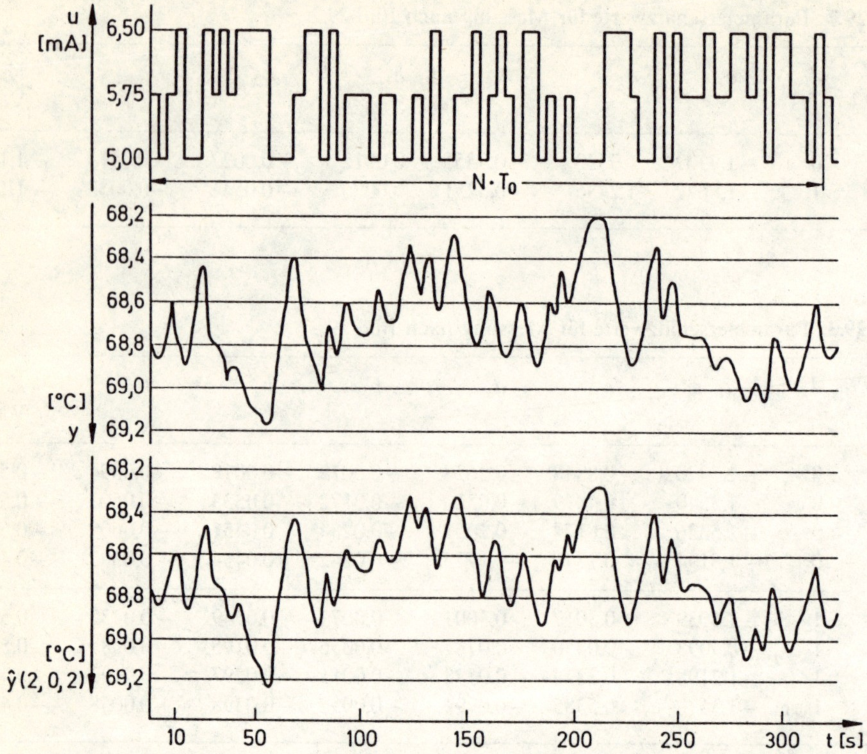

Bild 29.4. Gemessenes Eingangssignal $u(k)$ und Ausgangssignal $y(k)$ des Wärmeaustauschers. $\hat{y}(k)$ ist das aus dem identifiziertten Hammerstein-Modell berechnete Ausgangssignal $\dot{M}_W = 8330$ kg/h; $\dot{M}_{D\min} = 13$ kg/h; $\dot{M}_{D\max} = 36{,}2$ kg/h. $\vartheta_{We} = 67{,}5$°C.
Meßzeit $T_M = 1600$ s. $T_0 = 2$ s

Tabelle 29.4. Parameterschätzwerte für 60 gemessene Übergangsfunktionen (abnehmende Temperatur)

	$\hat{K}_D$ Kh/kg	$\hat{T}_{1D}$ s	$\hat{T}_{2D}$ s
Mittelwert $\bar{\hat{\theta}}_i$	0,1708	12,38	7,21
Standardabweichung $\sigma_{\theta i}$	0,0032	1,63	1,07

Die Standardabweichung für 60 Übergangsfunktionsmessungen betrug etwa 2% für den Verstärkungsfaktor und etwa 14% für die Zeitkonstanten. Änderungen dieser Parameter konnten zur Erkennung von Fehlern im Wärmeaustauscher, wie, z.B. Inertgasbildung, verstopfte Rohre, fehlerhafte Kondensatableitung verwendet werden, Goedecke (1987).

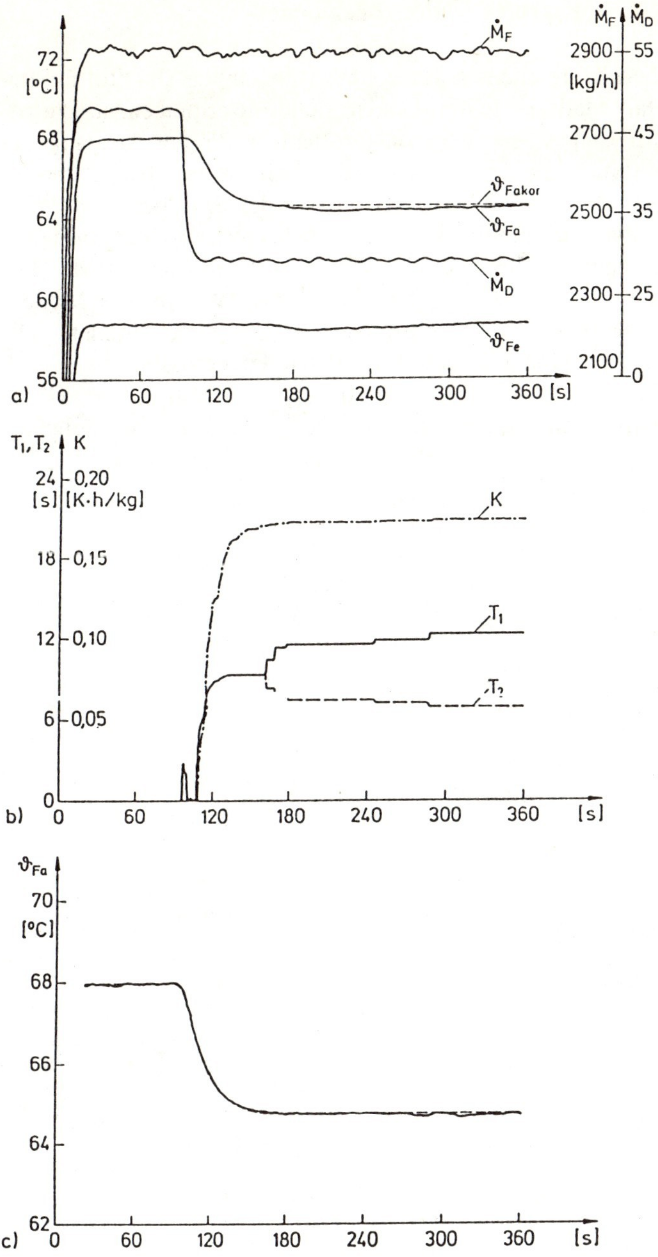

Bild 29.5. Verlauf der Parameterschätzwerte während einer Übergangsfunktionsmessung $\dot{M}_F = 3000$ kg/h; $\dot{M}_D = 50$ kg/h; $\vartheta_{Fe} = 60°C$; $\vartheta_{Fa} \approx 70°C$

a) Gemessene Übergangsfunktion

b) Parameterschätzwerte

c) Vergleich von gemessener und aufgrund des Modells berechneter Übergangsfunktionen

29.4 Klimaanalage – zeitdiskretes Mehrgrößenmodell

Die aus handelsüblichen Komponenten aufgebaute Klimaanlage (Institut für Regelungstechnik, TH Darmstadt) besteht aus einem Lufterhitzer und einem Luftbefeuchter, Bild 29.6. Im Lufterhitzer wird die Lufttemperatur am Ausgang des Kreuzstrom-Wärmeaustauschers durch Stellen des Warmwasserstromes beeinflußt, im Luftbefeuchter die Luftfeuchte durch Stellen des Sprühwasserstromes. Bild 29.7 zeigt die Signalverläufe für eine Identifikation bei gleichzeitiger Anregung bei der Eingänge mit einem PRBS und einem dazu orthogonalen PRMS. Die Taktzeit des Basis-PRBS war $\lambda = 1$, die Meßzeit betrug 195 min. Als Modellstruktur wurde ein vereinfachtes P-kanonisches Modell angenommen. Die Ordnungs- und Totzeitermittlung nach dem Determinanten-Verhältnis-Test ergab $\hat{m}_1 = 2$, $\hat{d}_{11} = 0$, $\hat{d}_{12} = 0$ und $\hat{m}_2 = 1$, $\hat{d}_{21} = 0$, $\hat{d}_{22} = 0$. Mittels der COR-LS-Methode für Mehrgrößensysteme, Hensel (1987), wurden dann folgende Modelle ermittelt:

$$G_{11}(z) = \frac{\Delta\vartheta_{\mathrm{La}}(z)}{\Delta U_\vartheta(z)} = \frac{0{,}0509z^{-1} + 0{,}0603z^{-2}}{1 - 0{,}8333z^{-1} + 0{,}1493z^{-2}}$$

$$G_{21}(z) = \frac{\Delta\vartheta_{\mathrm{La}}(z)}{\Delta U_\varphi(z)} = \frac{-0{,}0672z^{-1} - 0{,}0136z^{-2}}{1 - 0{,}8333z^{-1} + 0{,}1493z^{-3}}$$

$$G_{22}(z) = \frac{\Delta\varphi_{\mathrm{La}}(z)}{\Delta U_\varphi(z)} = \frac{0{,}2319z^{-1}}{1 - 0{,}3069z^{-1}} .$$

$$G_{12}(z) = \frac{\Delta\varphi_{\mathrm{La}}(z)}{\Delta U_\vartheta(z)} = \frac{0{,}0107z^{-1}}{1 - 0{,}3069z^{-1}} .$$

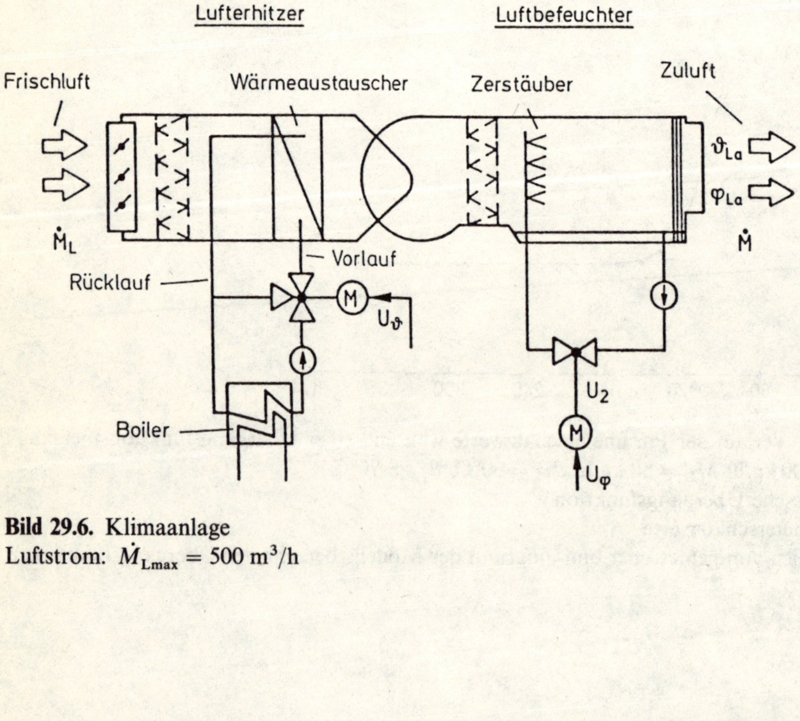

Bild 29.6. Klimaanlage
Luftstrom: $\dot{M}_{\mathrm{Lmax}} = 500\ \mathrm{m}^3/\mathrm{h}$

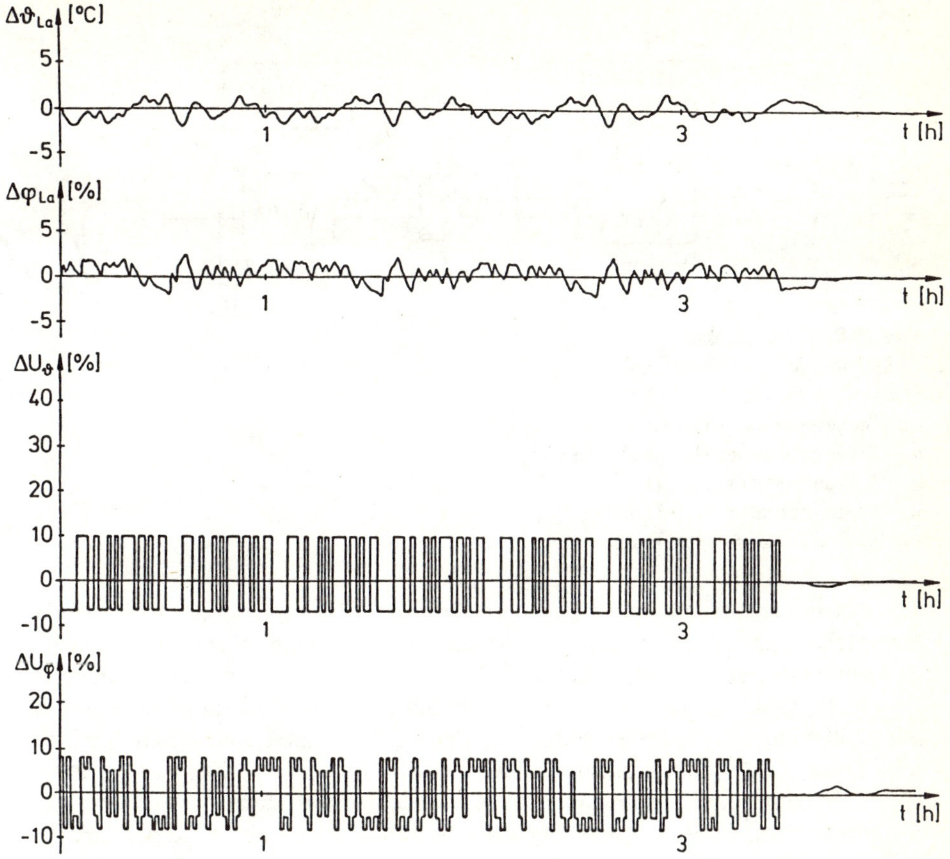

Bild 29.7. Gemessene Signalverläufe bei der Identifikation des Zweigrößenprozesses Klimaalage
Arbeitspunkt: $\vartheta_{\mathrm{La}} = 30°\,\mathrm{C}$. $\varphi_{\mathrm{La}} = 35\%$
$T_0 = 1$ min
Testsignalamplituden: $u_1 = 1$ V; $u_2 = 0{,}8$ V

Die Verstärkungsfaktoren sind $K_{11} = 0{,}3520$; $K_{21} = -0{,}2557$; $K_{22} = 0{,}3345$; $K_{12} = 0{,}0154$. Die Kopplung von $\Delta U_{\vartheta}(z)$ nach $\Delta\varphi_{\mathrm{La}}(z)$ ist also vernachlässigbar klein. Eine Modellverifikation über Korrelationsfunktionen zeigte gute Ergebnisse.

29.5 Folientrocknungsanlage – zeitdiskretes Mehrgrößenmodell in Zustandsdarstellung

Bild 29.8 zeigt die untersuchte Trocknungsanlage für Kunststoff-Folien (Fa. Agfa-Gevaert, Leverkusen). Die über einen Ventilator angesaugte Luft wird in der mit

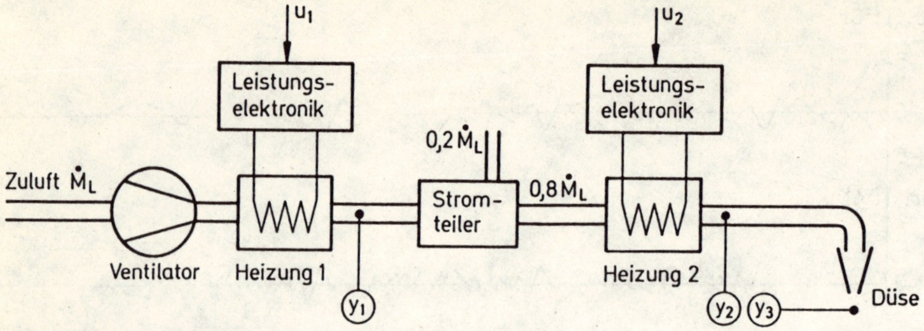

Bild 29.8. Folientrockner
Luftstrom: $\dot{M}_L = 3000\ \mathrm{m^3/h}$
Gemessene Größen:
u_1 Steuerspannung Heizung 1 (80 kW)
u_2 Steuerspannung Heizung 2 (15 kW)
y_1 Lufttemperatur nach Heizung 1
y_2 Lufttemperatur nach Heizung 2
y_3 Lufttemperatur nach Düse

Gleichstrom gespeisten Heizung 1 vorerwärmt und dann über einen Kanal einem Stromteiler zugeführt. Ein Teil des Luftstromes wird dann in Heizung 2 auf die Endtemperatur erwärmt und gelangt dann über eine Düse auf die zu trocknenden Folien. In Bild 29.9 sind die Signale während eines Identifikationsversuches zu sehen, Blessing (1980). Dabei wurde der Prozeß durch zwei quarternäre, periodische Testsignale simultan angeregt (Basis-PRBS mit $N_p = 31$). Ziel war die Parameterschätzung eines Zustandsmodells in beobachtbarkeitskanonischer Form. Die Strukturindizes wurden durch Eigenwertberechnungen einer Kriteriumsmatrix aufgrund von Korrelationsfunktionen bestimmt zu $\hat{m}_1 = 1$, $\hat{m}_2 = 2$ und $\hat{m}_3 = 2$. Die Gesamtordnung ist somit $\hat{m} = 5$. Mit der für Mehrgrössen-Zustandsmodelle von Blessing (1980) angegebenen Methode COR-LS wurden dann folgende Parameter geschätzt:

$$\hat{A} = \begin{bmatrix} 0{,}7407 & 0 & 0 & 0 & 0 \\ 0 & 0 & 1 & 0 & 0 \\ 2{,}838\,10^{-2} & 2{,}895\,10^{-3} & 0{,}7364 & 0 & 0 \\ 0 & 0 & 0 & 0 & 1 \\ 1{,}251\,10^{-2} & -8{,}917\,10^{-2} & 6{,}733\,10^{-2} & -4{,}062\,10^{-3} & 0{,}8603 \end{bmatrix}$$

Bild 29.9. Signalverläufe während des Identifikation des Mehrgrößen prozesses Folientrockner. Alle Größen in Volt.
$z_i(k) = y_i(k) - \hat{y}_{ui}$: Ausgangsfehler Prozeßmodell
$w_i(k) = y_i(k) - y_i(k|k-1)$:. Ausgangsfehler Gesamtmodell (Prozeß- und Störmodell)
Abtastzeit $T_0 = 1\ \mathrm{s}$

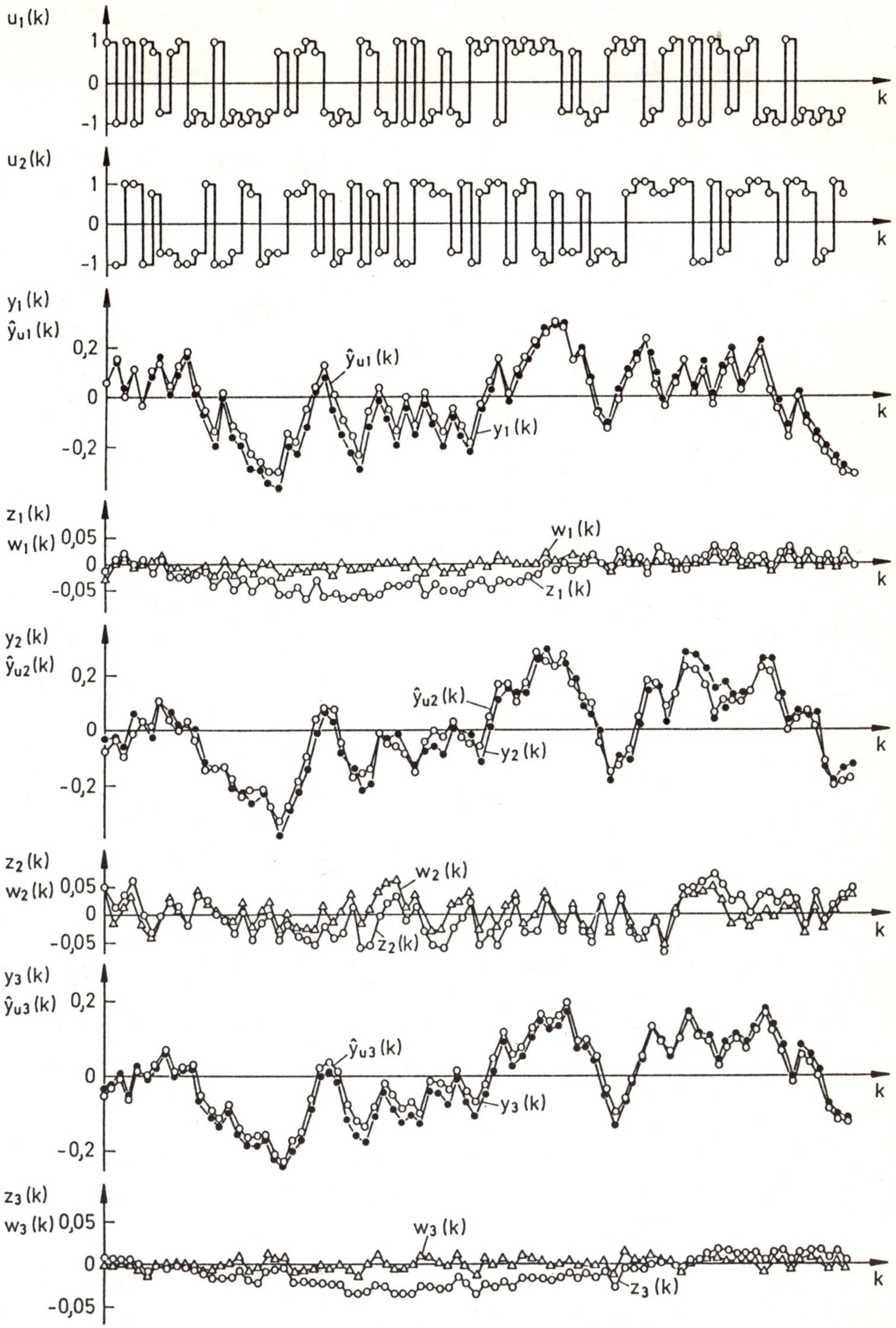

u1(k)
1
0
-1
k
u2(k)
1
0
-1
k
y1(k)
ŷu1(k)
0,2
0
-0,2
ŷu1(k)
y1(k)
k
z1(k)
w1(k) 0,05
0
-0,05
w1(k)
z1(k)
k
y2(k)
ŷu2(k)
0,2
0
-0,2
ŷu2(k)
y2(k)
k
z2(k)
w2(k) 0,05
0
-0,05
w2(k)
z2(k)
k
y3(k)
ŷu3(k)
0,2
0
-0,2
ŷu3(k)
y3(k)
k
z3(k)
w3(k) 0,05
0
-0,05
w3(k)
z3(k)
k

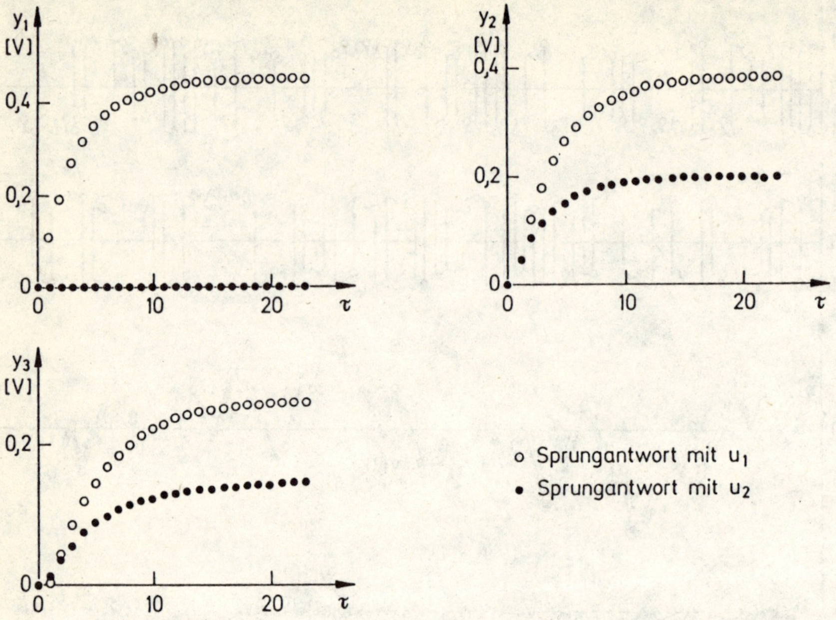

Bild 29.10. Aus dem identifizierten Mehrgrößen-Zustandsmodell berechnete Übergangsfunktionen

$$\hat{\boldsymbol{B}} = \begin{bmatrix} 0{,}114 & 4{,}985\,10^{-4} \\ 5{,}107\,10^{-2} & 4{,}734\,10^{-2} \\ 7{,}358\,10^{-2} & 4{,}013\,10^{-2} \\ 7{,}265\,10^{-4} & 8{,}626\,10^{-3} \\ 4{,}442\,10^{-2} & 2{,}726\,10^{-2} \end{bmatrix}$$

$$\hat{\boldsymbol{C}} = \begin{bmatrix} 1 & 0 & 0 & 0 & 0 \\ 0 & 1 & 0 & 0 & 0 \\ 0 & 0 & 0 & 1 & 0 \end{bmatrix}.$$

Die mit diesem Modell berechneten Übergangsfunktionen sind in Bild 29.10 dargestellt. Zur Verifikation sind in Bild 29.9 auch die Ausgangsfehler $z_i(k)$ eingetragen. Diese lassen sich noch wesentlich verkleinern, wenn man in die Parameterschätzung ein Störsignalmodell einbezieht, wie die Ausgangsfehler $w_i(k)$ zeigen, die mit guter Näherung ein weißes Rauschen darstellen. Die Gesamtordnung des Modells steigt dann auf $\hat{m} = 9$ an.

29.6 Trommeltrockner – zeitdiskretes P-kanonisches Mehrgrößenmodell

Für den in Mann (1980) und Isermann (1987) ausführlich beschriebenen Trommeltrockner für Zuckerrübenschnitzel sind in Bild 29.11 Ergebnisse der Verifikation gezeigt. Als Beispiel wurde der Brennstoffstrom als Eingangsgröße und der Trokkensubstanzgehalt als Ausgangsgröße gewählt. Der Prozeß ist relativ stark gestört, so daß in der relativ kurzen zur Verfügung stehenden Identifikationszeit keine sehr genauen Modelle erwartet werden können. Bild 29.11a) zeigt, daß gemessenes und berechnetes Ausgangssignal die Änderungen relativ gut wiedergeben. Die Differenzen der absoluten Signalwerte sind durch Störsignale zu erklären. Das mit COR-LS identifizierte Prozeßmodell lautet

$$G(z) = \frac{-1{,}15z^{-1} + 1{,}52z^{-1} - 0{,}54z^{-3} + 0{,}27z^{-4} + 0{,}27z^{-5}}{1 - 2{,}01z^{-1} + 1{,}27z^{-2} - 0{,}24z^{-3} + 0{,}07z^{-4} - 0{,}07z^{-5}}\, z^{-2}\,.$$

Es ergibt sich ein Modell mit Allpaßverhalten und Totzeit, siehe Bild 29.11c). Ergebnisse der digitalen Regelung der Gesamtanlage sind in Mann (1980) und Isermann (1987) beschrieben.

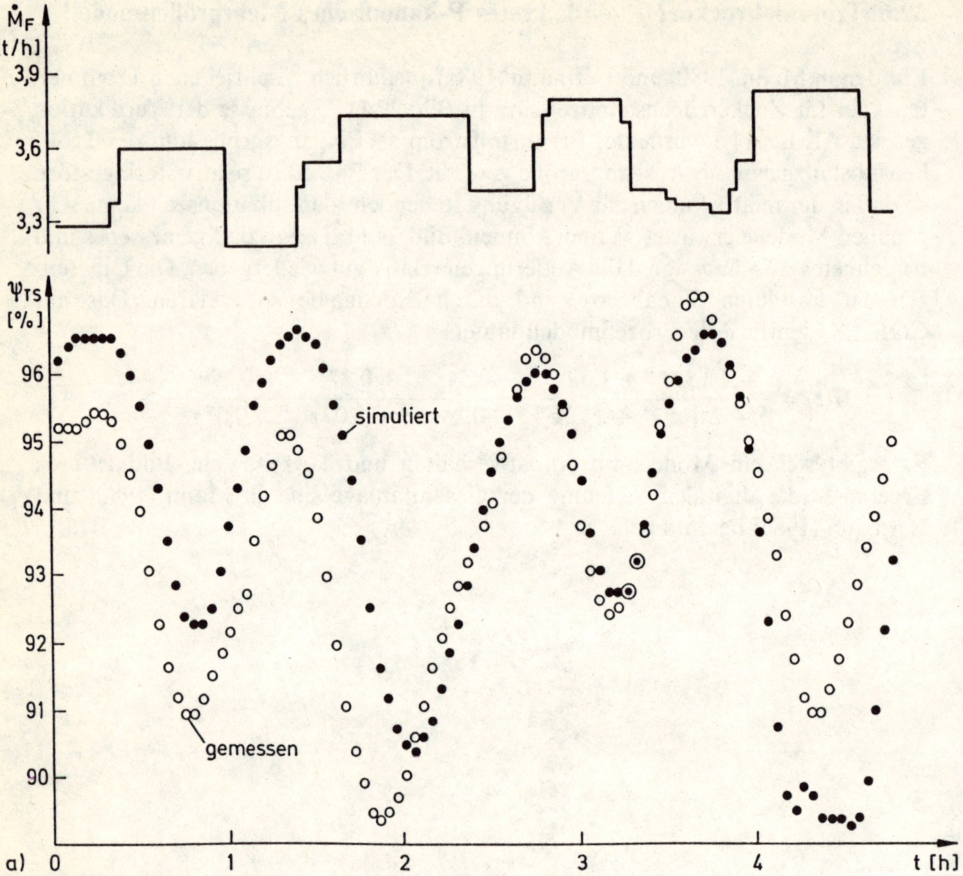

Bild 29.11. Signalverläufe zur Identifikation eines Trommeltrockners
Eingangsgröße: $\dot{M}_F$, Brennstoffstrom
Ausgangsgröße: ψ_{TS}, Trockensubstanzgehalt Rübenschnitzel $T_0 = 3$ min

a) Gemessener und aus dem identifizierten Modell berechneter (simulierter) Signalverlauf

b) Gemessener und aus dem identifizierten Modell berechneter Verlauf der AKF des Eingangssignales und der KKF

c) Aus dem identifizierten Modell berechnete Übergangsfunktion

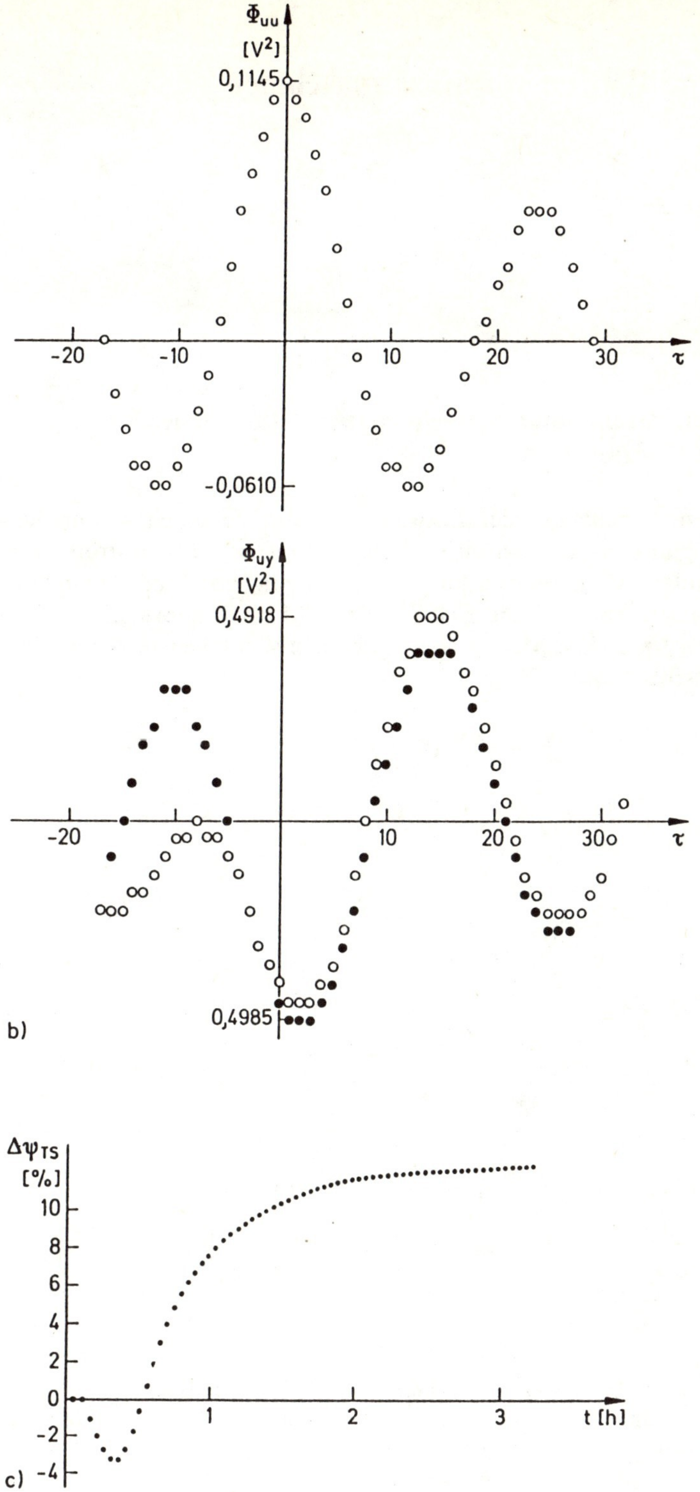

Φuu
[V²]
0,1145
-0,0610
-20
-10
10
20
30
τ
Φuy
[V²]
0,4918
0,4985
-20
10
20
30
τ
b)
Δψ_TS
[%]
10
8
6
4
2
0
-2
-4
1
2
3
t [h]
c)

30 Identifikation von Kraftmaschinen

30.1 Gleichstrommotor-Kreiselpumpe – zeitkontinuierliches, nichtlineares Modell

Im Zusammenhang mit der Entwicklung von Methoden zur modellgestützten Fehlerdiagnose wurden an einer drehzahlgeregelten Gleichstrommotor-Kreiselpumpenanlage Methoden zur Parameterschätzung von Modellen mit kontinuierlichen Signalen erprobt, Geiger (1985). Bild 30.1 zeigt die Anlage.
Aus der theoretischen Modellbildung ergeben sich folgende Gleichungen:
a) Gleichstrommotor:

$$U_2(t) = L_2 \frac{\mathrm{d}I_2(t)}{\mathrm{d}t} + R_2 I_2(t) + \bar{\Psi}\omega(t) \qquad (30.1.1)$$

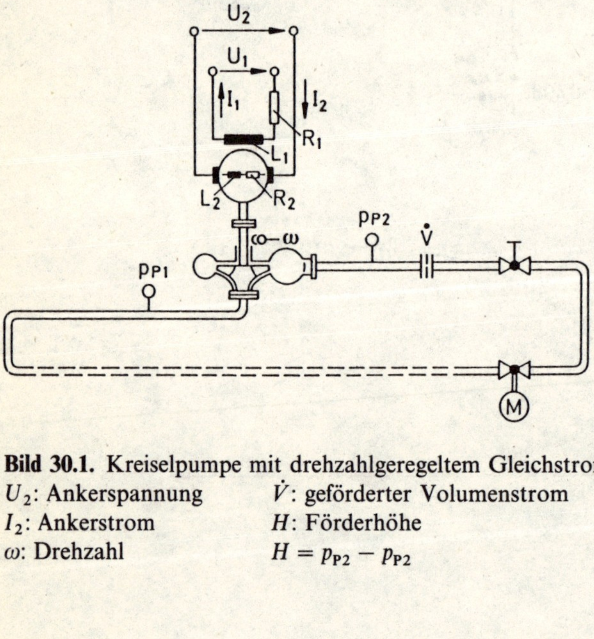

Bild 30.1. Kreiselpumpe mit drehzahlgeregeltem Gleichstrommotor
U_2: Ankerspannung $\dot{V}$: geförderter Volumenstrom
I_2: Ankerstrom H: Förderhöhe
ω: Drehzahl $H = p_{P2} - p_{P2}$

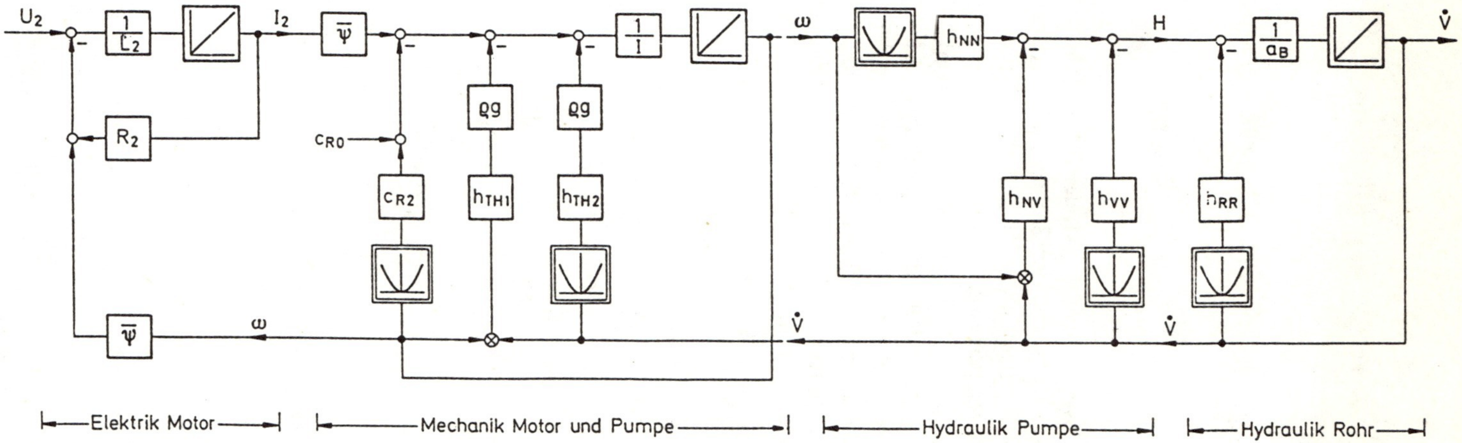

Bild 30.2. Blockschaltbild von Gleichstrommotor und Kreiselpumpe

b) Mechanik Motor-Pumpe:

$$\bar{\Psi} I_2(t) = J\,\frac{\mathrm{d}\omega(t)}{\mathrm{d}t} + c_{\mathrm{R0}} + \rho g h_{\mathrm{TH1}}\,\omega(t)\dot{V}(t) \tag{30.1.2}$$

c) Hydraulik Pumpe:

$$H(t) = h_{\mathrm{NN}}\,\omega^2(t) \tag{30.1.3}$$

d) Hydraulik Rohr:

$$H(t) = a_{\mathrm{B}}\,\frac{\mathrm{d}\dot{V}(t)}{\mathrm{d}t} + h_{\mathrm{RR}}\,\dot{V}^2(t)\,. \tag{30.1.4}$$

Das Blockschaltbild des nichtlinearen Modells ist in Bild 30.2 zu sehen.

Zur Parameterschätzung wurde der Sollwert der Drehzahl sprungförmig verstellt von $n = 1000\,\mathrm{min}^{-1}$ nach $n = 1750\,\mathrm{min}^{-1}$ und umgekehrt, so daß fortlaufend Übergangsfunktionen gemessen werden. Dabei wurden die in Bild 30.3 eingetragenen Signale mit der Abtastzeit $T_0 = 5\,\mathrm{ms}$ für den Gleichstrommotor und $T_0 = 20\,\mathrm{ms}$ für die Pumpe und Rohrleitung erfaßt und in einer DEC LSI 11/23 abgespeichert. Nach jeder Übergangsfunktionsmessung der Dauer von 2,5 s bzw. 10 s wurden die Parameter mit der DSFI-Methode und Zustandsvariablenfiltern zur Ermittlung der Ableitungen der Signale geschätzt. Die zur Parameterschätzung zugrunde gelegte Modellstruktur war:

$$y_i(k) = \boldsymbol{\psi}_i^{\mathrm{T}}(k)\hat{\boldsymbol{\theta}}_i \quad i = 1, 2, 3, 4$$

mit

$$\boldsymbol{\psi}_1^{\mathrm{T}}(t) = [U_2(t), I_2(t), \omega(t)] \qquad y_1(t) = \frac{\mathrm{d}I_2(t)}{\mathrm{d}t}$$

$$\boldsymbol{\psi}_2^{\mathrm{T}}(t) = [I_2(t), 1, \omega(t), \dot{V}(t)] \qquad y_2(t) = \frac{\mathrm{d}\omega(t)}{\mathrm{d}t}$$

$$\boldsymbol{\psi}_3^{\mathrm{T}}(t) = [\omega^2(t)] \qquad y_3(t) = H(t)$$

$$\boldsymbol{\psi}_4^{\mathrm{T}}(t) = [H(t)\,\dot{V}^2(t)] \qquad y_4(t) = \frac{\mathrm{d}\dot{V}(t)}{\mathrm{d}t}$$

und den Parametern

$$\hat{\boldsymbol{\theta}}_1^{\mathrm{T}} = [\hat{a}_{11}\hat{a}_{12}\hat{b}_1]$$

$$\hat{\boldsymbol{\theta}}_2 = [\hat{a}_{21}\hat{a}_{22}\hat{a}_{23}]$$

$$\hat{\boldsymbol{\theta}}_3 = [\hat{a}_{31}]$$

$$\hat{\boldsymbol{\theta}}_4 = [\hat{a}_{41}\hat{a}_{42}]\,.$$

Aus den geschätzten Modellparametern $\hat{\boldsymbol{\theta}}_i$ konnten dann die physikalischen Prozeßkoeffizienten

$$\boldsymbol{p}^{\mathrm{T}} = [L_2, R_2, \Psi, J, c_{\mathrm{R0}}, h_{\mathrm{TH_1}}, h_{\mathrm{NN}}, a_{\mathrm{B}}, h_{\mathrm{RR}}]^{\mathrm{T}}$$

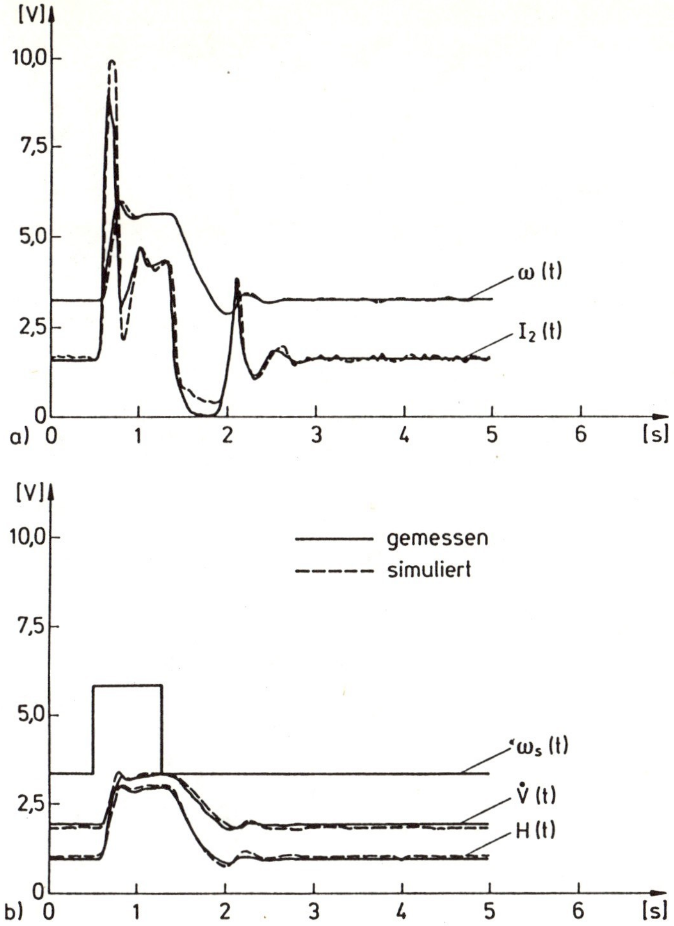

Bild 30.3. Gemessene und aus dem identifizierten Modell berechnete Signalverläufe für zwei sprungförmige Sollwertänderungen der Drehzahl

a) ω: $1\,\mathrm{V} \triangleq 31,42\,\mathrm{s}^{-1}$; I_2: $1\,\mathrm{V} \triangleq 2\,\mathrm{A}$

b) $\dot{V}$: $1\,\mathrm{V} \triangleq 1\,\mathrm{s}^{-1}$; H: $1\,\mathrm{V} \triangleq 5\,\mathrm{m}$

eindeutig berechnet werden, siehe Geiger (1980). Aus 550 Übergangsfunktionsmessungen über mehrere Versuchstage hinweg ergeben sich dann die Schätzwerte nach Tabelle 30.1.

Die Änderungen dieser Prozeßkoeffizienten wurden zur Erkennung von künstlich eingebauten Fehlern in Gleichstrommotor und Kreiselpumpe verwendet. Auf diese Weise konnten 19 verschiedene Fehler erkannt und diagnostiziert werden. Siehe Geiger (1980) und Isermann (1984c).

Bild 30.3 zeigt die relativ gute Übereinstimmung von gemessenen und berechneten Signalen.

Tabelle 30.1. Geschätzte Prozeßkoeffizienten

Prozeß-koeffizienten	$L_2 10^{-3}$ H	R_2 Ω	$\bar{\Psi}$ Wb	$J\,10^{-3}$ kg m^2	c_{RO} Nm
Mittelwert $\bar{p}_i$	57,6	2,20	0,947	24,5	0,694
Standard-abweichung σ_p%	5,6	5,0	1,2	3,7	13,5

Prozeß-koeffizienten	$h_{TH1}\,10^{-3}$ ms^2	$h_{NN} 10^3$ ms^2	$a_B\,10^3$ s^2/m^2	$h_{RR}\,10^6$ s^2/m^5
Mittelwert $\bar{p}_i$	1,27	0,462	0,905	1,46
Standard-abweichung σ_p %	3,6	0,8	9,7	3,9

30.2 Dynamischer Motorprüfstand

Bei dynamischen Verbrennungsmotorprüfständen muß dem Verbrennungsmotor die Last an der Kupplung so eingeprägt werden, wie dies z.B. beim Betrieb eines Fahrzeuges erfolgt. Hierzu muß die Belastungseinrichtung, z.B. ein Gleichstrommotor, dynamisch schnelle Drehmomentänderungen im generatorischen sowie im motorischen Betrieb erzeugen können. Außerdem muß noch die dynamische Trägheit der Bremse und des zugehörigen Antriebsstranges kompensiert werden. Zur Steuerung und Regelung der Belastungseinrichtung ist deshalb ein genaues mathematisches Modell erforderlich.

Bild 30.4 zeigt den Aufbau eines dynamischen Motorprüfstandes (Institut für Regelungstechnik, TH Darmstadt). Die Gleichstrommaschine wird von einem netzgeführten Stromrichter (ABB Veritron PAD) gespeist. Der Ankerstrom I_A wird über einen Shunt gemessen. Unter Vernachlässigung der thermischen Effekte in der Gleichstrommaschine, des Riemenschlupfes und der hohen Steifigkeiten der Wellenverbindungen kann die Prüfstandmechanik durch das in Bild 30.5 dargestellte mechanische Ersatzbild beschrieben werden.

Nach Aufstellen der entsprechenden Prozeßelementgleichungen erhält man ein Zustandsraummodell der Form

$$\begin{aligned} \dot{\boldsymbol{x}} &= \boldsymbol{A}\boldsymbol{x} + \boldsymbol{b}u \\ \boldsymbol{y} &= \boldsymbol{C}^T\boldsymbol{x}\,. \end{aligned} \qquad (30.1.5)$$

Eingangsgröße u ist der Ankerstrom I_A, Ausgangsgrößen $\boldsymbol{y}$ sind das Signal der Drehmomentmeßwelle M_{DW} sowie die gemessene Drehzahl ω_{S2}. Zustandsgrößen $\boldsymbol{x}$ sind die Torsionswinkel der Federelemente sowie die Drehgeschwindigkeit der

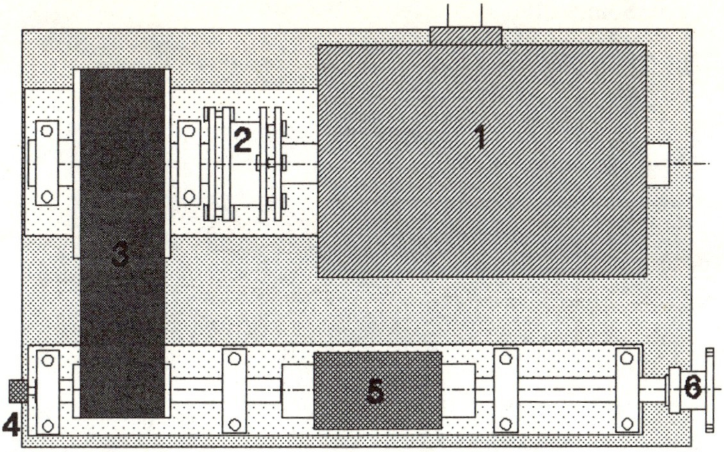

Bild 30.4. Mechanischer Aufbau des Motorprüfstandes
1. Gleichstrommaschine 65 kW
2. Kupplung Mayr ROBA-D
3. Flachriementrieb ($\nu = 3{,}2$)
4. Drehzahlsensor
5. Drehmomentmeßwelle 1000 Nm
6. Flansch zum Prüfling

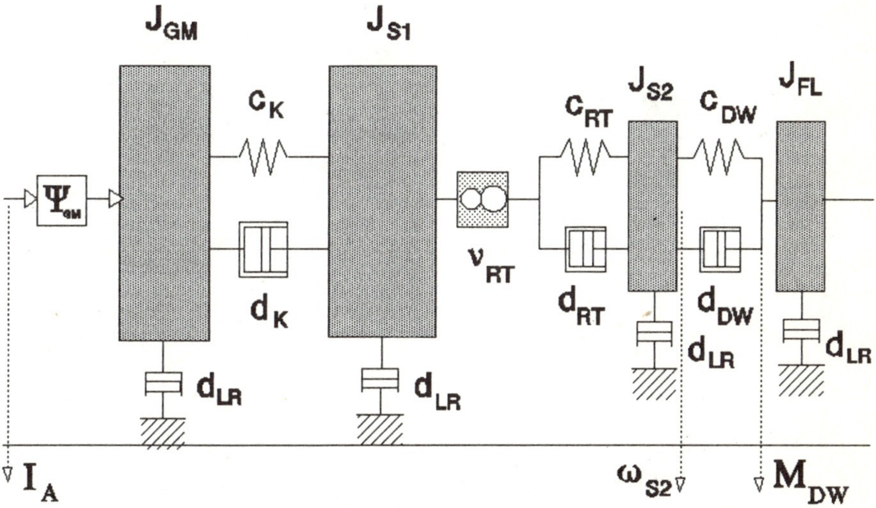

Bild 30.5. Mechanisches Ersatzschaltbild des Prüfstandes Indizes:

LR:	Lagerreibung	RT:	Riementrieb
GM:	GS-Maschine	S2:	Riemenscheibe 2
K:	Kupplung	DW:	Drehmoment-Meßwelle
S1:	Riemenscheibe 1	FL:	Flansch

einzelnen Drehmassen. Somit gilt

$$\begin{aligned} \boldsymbol{x}^{\mathrm{T}} &= [\omega_{\mathrm{FL}}\, \varphi_{\mathrm{DW}}\, \omega_{\mathrm{S2}}\, \varphi_{\mathrm{RT}}\, \omega_{\mathrm{S1}}\, \varphi_{\mathrm{DK}}\, \omega_{\mathrm{GM}}] \\ u &= I_{\mathrm{A}} \\ \boldsymbol{y}^{\mathrm{T}} &= [M_{\mathrm{DW}}\, \omega_{\mathrm{S2}}]\ . \end{aligned} \tag{30.1.6}$$

Für die Systemmatrizen ergibt sich damit:

$$\boldsymbol{A} = \begin{bmatrix} \frac{d_{\mathrm{DW}}+d_{\mathrm{LR}}}{J_{\mathrm{L}}} & \frac{c_{\mathrm{DW}}}{J_{\mathrm{L}}} & \frac{d_{\mathrm{DW}}}{J_{\mathrm{L}}} & 0 & 0 & 0 & 0 \\ -1 & 0 & 1 & 0 & 0 & 0 & 0 \\ \frac{d_{\mathrm{DW}}}{J_{\mathrm{S2}}} & -\frac{c_{\mathrm{DW}}}{J_{\mathrm{S2}}} & -\frac{d_{\mathrm{RT}}+d_{\mathrm{DW}}+d_{\mathrm{LR}}}{J_{\mathrm{S2}}} & \frac{c_{\mathrm{RT}}}{J_{\mathrm{S2}}} & \frac{\nu d_{\mathrm{RT}}}{J_{\mathrm{S2}}} & 0 & 0 \\ 0 & 0 & -1 & 0 & \nu & 0 & 0 \\ 0 & 0 & \frac{\nu d_{\mathrm{RT}}}{J_{\mathrm{S1}}} & -\frac{\nu c_{\mathrm{RT}}}{J_{\mathrm{S1}}} & -\frac{\nu^2 d_{\mathrm{RT}}+d_{\mathrm{K}}+d_{\mathrm{LR}}}{J_{\mathrm{S1}}} & \frac{c_{\mathrm{K}}}{J_{\mathrm{S1}}} & \frac{d_{\mathrm{K}}}{J_{\mathrm{S1}}} \\ 0 & 0 & 0 & 0 & -1 & 0 & 1 \\ 0 & 0 & 0 & 0 & \frac{d_{\mathrm{K}}}{J_{\mathrm{GM}}} & -\frac{c_{\mathrm{K}}}{J_{\mathrm{GM}}} & -\frac{d_{\mathrm{K}}+d_{\mathrm{LR}}}{J_{\mathrm{GM}}} \end{bmatrix}$$

$$\boldsymbol{b} = \begin{bmatrix} 0 \\ 0 \\ 0 \\ 0 \\ 0 \\ 0 \\ \frac{\Psi_{\mathrm{GM}}}{J_{\mathrm{GM}}} \end{bmatrix}$$

$$\boldsymbol{C}^{\mathrm{T}} = \begin{bmatrix} 0 & c_{\mathrm{DW}} & 0 & 0 & 0 & 0 & 0 \\ 0 & 0 & 1 & 0 & 0 & 0 & 0 \end{bmatrix}. \tag{30.1.7}$$

Die Übertragungsfunktionen erhält man aus

$$\boldsymbol{G}(s) = \boldsymbol{C}^{\mathrm{T}}(s\boldsymbol{I} - \boldsymbol{A})^{-1}\boldsymbol{b}\ . \tag{30.1.8}$$

Für die Eingangsgröße I_{A} und die Ausgangsgröße M_{DW} folgt damit:

$$G_{\mathrm{IM}}(s) = \frac{\Delta M_{\mathrm{DW}}(s)}{\Delta I_{\mathrm{A}}(s)} = \frac{b_0 + b_1 s}{1 + a_1 s + a_2 s^2 + \cdots + a_7 s^7}\ . \tag{30.1.9}$$

Die Parameter der Übertragungsfunktion hängen dabei sehr komplex von den physikalischen Parametern der Belastungseinrichtung ab. Für a_1 gilt zum Beispiel:

$$a_1 = \frac{J_{\mathrm{GM}} + J_{\mathrm{S1}} + \nu^2(J_{\mathrm{FL}} + J_{\mathrm{S2}})}{2d_{\mathrm{LR}}(\nu^2 + 1)} + \frac{2d_{\mathrm{LR}} + d_{\mathrm{RT}}(\nu^2 + 1)}{c_{\mathrm{RT}}(\nu^2 + 1)}$$
$$+ \frac{2d_{\mathrm{DW}}(\nu^2 + 1) + d_{\mathrm{LR}}(\nu^2 + 2)}{2c_{\mathrm{DW}}(\nu^2 + 1)} + \frac{2d_{\mathrm{K}}(\nu^2 + 1) + d_{\mathrm{LR}}(2\nu^2 + 1)}{2c_{\mathrm{K}}(\nu^2 + 1)} .$$

Für die restlichen Parameter ergeben sich wesentlich komplexere Ausdrücke.

Für die optimale Auslegung des Drehmomentregelkreises über rechnergestützte Entwurfsverfahren wird nun ein genaues Modell der Belastungseinrichtung benötigt.

Wegen der durch den Verbrennungsmotor verursachten, drehzahlabhängigen Oberschwingungen im Lastmoment ist eine Parameterschätzung bei angeflanschtem Prüfling nicht zweckmäßig. Die Messung der Ein- und Ausgangssignale wurde daher an der ‚offenen' Belastungseinrichtung durchgeführt. Über Parameterschätzverfahren wird die zeitkontinuierliche Übertragungsfunktion der Belastungseinrichtung bestimmt. Zur Parameterschätzung wurde der Sollwerteingang des Stromreglers I_{soll} mit einem PRBS-Signal beaufschlagt. Um alle wesentli-

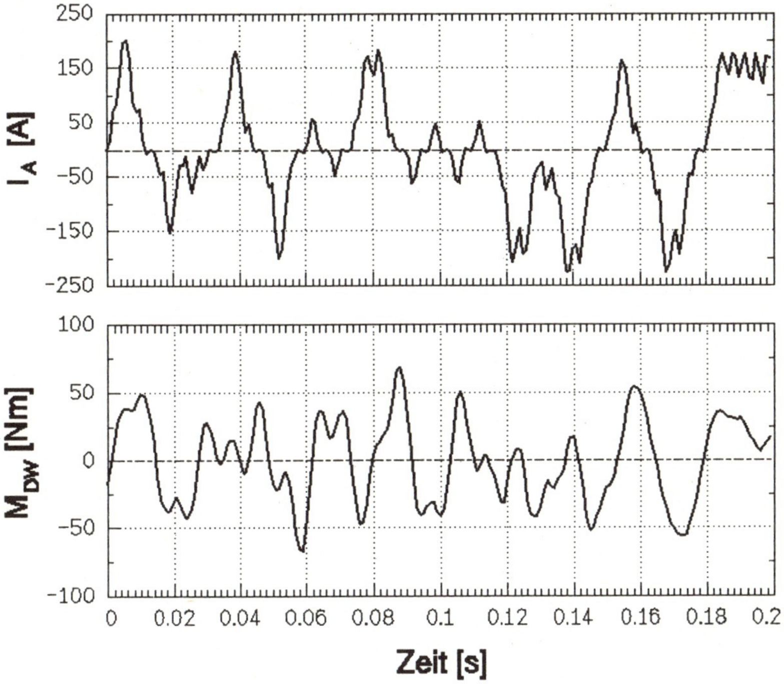

Bild 30.6. Gemessene Ein- und Ausgangssignale für die Parameterschätzung (Anregung des Stromreglersollwertes mit einem PRBS)

Tabelle 30.2. Parameterschätzwerte zu $G_{IM}(s)$

b_0	$1{,}39633\,10^{-1}$	a_1	$7{,}94813\,10^{-3}$	a_2	$1{,}29026\,10^{-4}$	a_3	$2{,}09721\,10^{-8}$
c_{gl}	$-6{,}3389\,10^{-1}$	a_4	$2{,}38753\,10^{-10}$	a_5	$7{,}34338\,10^{-15}$	a_6	$7{,}13650\,10^{-17}$

chen Resonanzstellen zu erfassen, wurde die Abtastzeit $T_0 = 1$ ms gewählt. Bild 30.6 zeigt die zur Identifikation verwendeten Signale.

Zur Parameterschätzung wurde das in Peter (1992), siehe Kap. 23, beschriebene Verfahren zur Schätzung von Übertragungsfunktionen eingesetzt. Für die Ermittlung der Zustandsvariablen wurden Tiefpaßfilter mit Butterworth-Charakteristik verwendet.

Die Eckfrequenz der Zustandsvariablenfilter (ZVF) konnte der halben Nyquist-Frequenz (250 Hz) gleichgesetzt werden, da die zur Schätzung verwendeten Signale nahezu ungestört waren. Eine automatische Ordnungssuche über Polynom- und Verlustfunktionstest lieferte eine Modellstruktur mit einer Nennerordnung von 6 und einer Zählerordnung von 0

$$\hat{G}_{IM}(s) = \frac{\Delta M_{DW}(s)}{\Delta I_A(s)} = \frac{b_0}{1 + a_1 s + a_2 s^2 + \cdots + a_6 s^6}\,.$$

Damit ergeben sich die in Tabelle 30.2 angegebenen Schätzwerte.

Bild 30.7 zeigt einen Vergleich von gemessenem und simulierten Prozeßausgang. Eine Schätzung für die Modellstruktur aus der theoretischen Modellbildung ($m = 1$, $n = 7$) lieferte keine zufriedenstellenden Ergebnisse. Untersucht man die

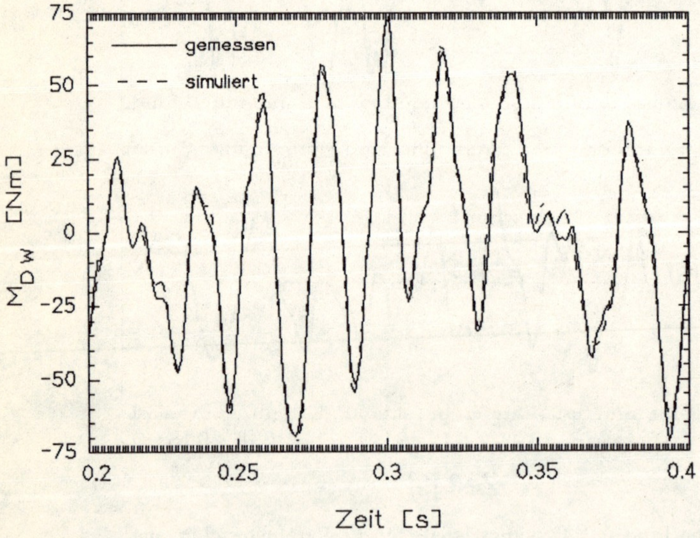

Bild 30.7. Vergleich von gemessenem und simuliertem Drehmoment (Modell 6/0)

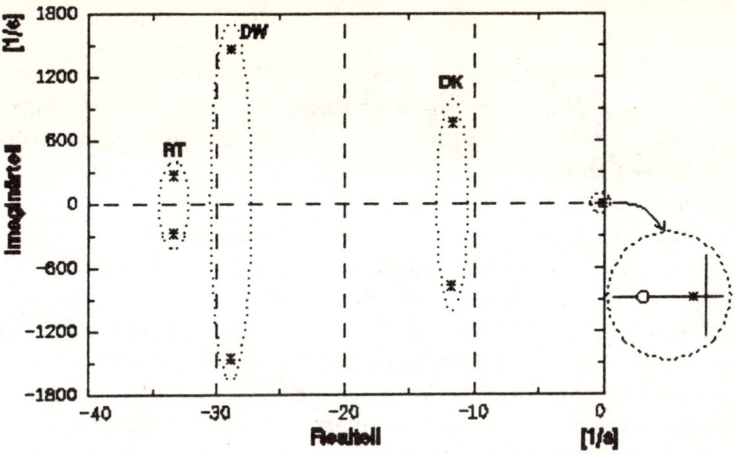

Bild 30.8. Pol-Nullstellenverteilung des theoretischen Modells
RT: Riementrieb; DW: Drehmoment-Meßwelle; K: Kupplung

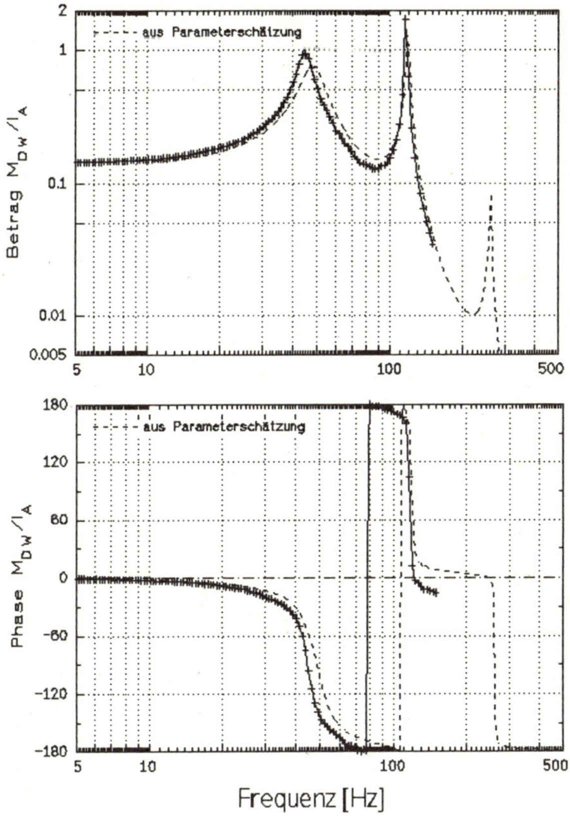

Bild 30.9. Vergleich von gemessenem und aus Parameterschätzwerten berechnetem Frequenzgang
————: gemessener Frequenzgang
------------: aus Parameterschätzwerten

Pol-Nullstellenverteilung des theoretischen Modells, so erkennt man einen Pol und eine Nullstelle nahe dem Ursprung der s-Ebene, Bild 30.8. Dieses Polpaar kann durch das Schätzverfahren nicht getrennt werden, es liegt also eine näherungsweise Pol-Nullstellen-Kürzung vor. Unter Berücksichtigung dieser Tatsache liefert die automatische Ordnungssuche die richtige Modellstruktur.

Zur Verifikation wurden nicht nur die Zeitverläufe verwendet, sondern es wurde auch der aus den Parameterschätzwerten berechnete Frequenzgang mit dem gemessenen Frequenzgang verglichen, Bild 30.9. Auch dabei zeigte sich im wesentlichen eine gute Übereinstimmung. Der Frequenzgang zeigt deutlich Resonanzen bei 45 Hz, 120 Hz und 270 Hz, die durch den Riementrieb, die Kopplung am GS-Motor und die Drehmomentmeßwelle entstehen. Da die Messungen für die Parameterschätzung und die Frequenzgangmessungen im Abstand von einem Jahr aufgenommen wurden, können die Unterschiede besonders durch Alterungserscheinungen des Riementriebs erklärt werden.

31 Identifikation von Arbeitsmaschinen

31.1 Industrieroboter – zeitkontinuierliches, nichtlineares, zeitvariantes Modell

Zur Erprobung von Parameterschätzmethoden wurden mit einem 6-achsigen Knickarm-Industrieroboter Jungheinrich R106, Bild 31.1a), Experimente durchgeführt. (Institut für Regelungstechnik, TH Darmstadt). Bild 31.1b) zeigt ein Schema der Anordnung von Gleichstrommotor, Getriebe, Robotergelenk, Lagern und Sensoren und Bild 31.2 das Blockschaltbild der Lageregelung mit unterlagerter Drehzahlregelung.

Für die Bewegung um die Hauptachse 1 (senkrechte Grundachse) gilt bei Annahme einer starren Lastankopplung, Specht (1986), Isermann, Freyermuth, He (1991)

$$J\dot{\omega}(t) = K_T I_A(t) - K_D\omega(t) - M_R(\omega(t)) - M_G(\varphi(t)). \tag{31.1.1}$$

Hierbei sind

$\bar{J} = J_M + v^2 J_L$	Gesamtträgheitsmoment
$\bar{J}_M, J_L$	Trägheitsmoment von Motor und Last
v	Getriebeübersetzung
I_A	Ankerstrom
$\omega = 2\pi n$	Motorkreisgeschwindigkeit [1/s]
n	Motordrehzahl [Umdrehungen/s]
φ	Achsposition ($\dot{\varphi}(t) = v\omega(t)$)
K_T	Motordrehmomentkonstante
K_D	Motordämpfungskonstante
M_R	Reibungsdrehmoment, auf die Motorachse bezogen
M_G	Gravitationsdrehmoment, auf die Motorachse bezogen

31.1.1 Parameterschätzung einer Grundachse

Zur Parameterschätzung der Grundachse 1 kann man das Reibungsmoment als trockene Reibung annehmen

$$M_R = M_{R0}\,\mathrm{sign}\,\omega(t)\,. \tag{31.1.2}$$

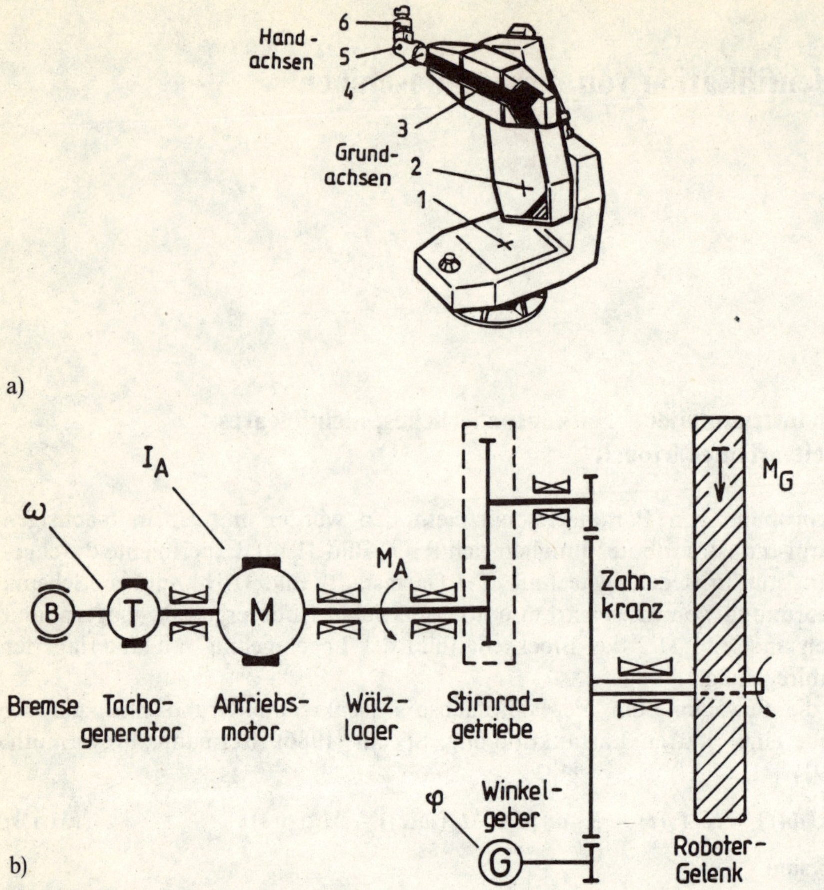

Bild 31.1. 6-Achsen-Industrieroboter
a) Anordnung der Achsen
b) Schema des Antriebs einer Achse

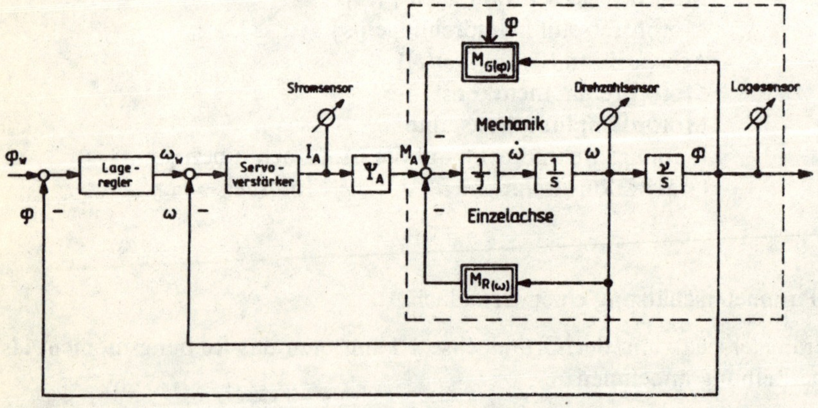

Bild 31.2. Blockschaltbild einer Antriebseinheit im geschlossenen Lageregelkreis

Das Gravitationsmoment ist $M_G = 0$. Somit ergibt sich als Gleichung für die Parameterschätzung, Specht (1986)

$$2\pi \frac{\bar{J}_1}{K_{T1}} \dot{n}_1(t) + \frac{K_{D1}}{K_{T1}} n_1(t) + \frac{M_{R01}}{K_{T1}} \operatorname{sign} n_1(t) = I_{A1}(t) . \tag{31.1.3}$$

Es können also $r = 3$ Parameter geschätzt werden. Diese setzen sich aus $l = 4$ Prozeßkoeffizienten zusammen. Zur Bestimmung der drei Prozeßkoeffizienten, $\bar{J}_1$, K_{D1} und M_{R01} muß also ein Prozeßkoeffizient, hier die Motordrehmomentkonstante K_{T1} bekannt sein, vgl. Abschnitt 23.3. Diese kann jedoch mit guter Genauigkeit den Motordaten entnommen werden.

Das wirksame Trägheitsmoment $\bar{J}_1$ des Roboters, der Reibungskoeffizient M_{R01} und eventuell auch der Motordämpfungskoeffizient K_{D1} ändern sich laufend im Betrieb, z.B. je nach Position der anderen Achsen, angebrachter Last, Kabel- und Schlauchverbindungen und Verschleißzustand. Deshalb wurden die Prozeßkoeffizienten $\bar{J}_1$, M_{R01} und K_{D1} für verschiedene Stellungen der Achsen 2 und 3 mit Schwenkbewegungen im Punkt-zu-Punkt-Betrieb geschätzt. Die Signale wurden mit einer Abtastzeit von $T_0 = 5$ ms mit einem Personalcomputer AT (Prozessor 80286) und entsprechenden Meßsignal-Erfassungskarten on-line erfaßt und abgespeichert. Die Parameterschätzung erfolgte dann anschließend mit dem RLSC-Algorithmus and einfacher Differenzenbildung für die erste Ableitung der Drehzahl in den Sprachen PL/M und Assembler. Die der Schätzung zugrunde liegende Prozeßgleichung lautet

$$\frac{2\pi}{T_0} \bar{J}_1 [n_1(k) - n_1(k-1)] + M_{R01} \operatorname{sign} n_1(k) + K_{D1} n_1(k)$$
$$= K_{T1} i_{A1}(k) . \tag{31.1.4}$$

Bild 31.3 zeigt die gemessenen Signale für Punkt-zu-Punkt-Bewegungen um die Hauptachse 1 in beiden Richtungen. Die Schätzwerte der Koeffizienten $\hat{J}_1$, $\hat{M}_{R01}$ und $\hat{K}_{D1}$ schwingen schon nach der ersten Bewegung ein und werden während der zweiten Bewegung in die andere Richtung nur noch geringfügig korrigiert. Eine Verifikation des identifizierten Modells durch Bildung des Ausgangsfehlers zeigt maximal 3% Abweichung, Bild 31.4. Die identifizierten Trägheitsmomente der Achse 1 wurden dann für verschiedene Stellungen der Achsen 2 und 3 aufgetragen, Bild 31.5. Das Trägheitsmoment ändert sich dabei im Bereich 24,5 kg cm^2 $\leq J_1 \leq$ 54,5 kg cm^2, wenn keine Nutzlast angebracht ist. In Bild 31.6 sind die Ergebnisse der rekursiven Parameterschätzung aufgetragen für den Fall, daß sich während der Drehung um die Hauptachse 1 die Achsen 2 und 3 bewegen. Das geschätzte zeitvariante Trägheitsmoment folgt schnell dem Bewegungsverlauf. Der Reibungskoeffizient wird im ausgefahrenen Zustand geringfügig größer. Durch das nachlassende Gedächtnis der rekursiven Parameterschätzung wird erwartungsgemäß die Varianz der Schätzwerte im Vergleich zu Bild 31.3 etwas größer. Entsprechende Ergebnisse wurden für Bewegungen der Achsen 2 und 3 erhalten, einschließlich der Schätzung von Gravitationsmomenten, Specht (1986). Über die Änderung von Trägheitsmomenten können auch am Endeffektor angebrachte

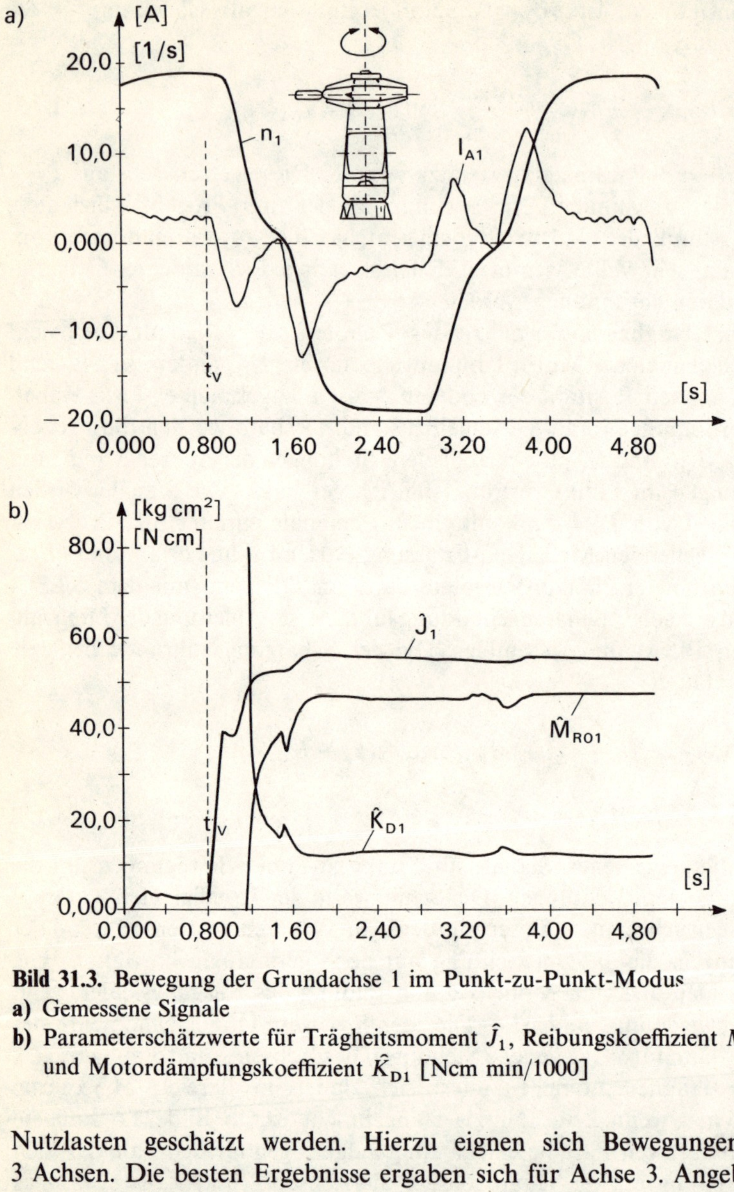

Bild 31.3. Bewegung der Grundachse 1 im Punkt-zu-Punkt-Modus
a) Gemessene Signale
b) Parameterschätzwerte für Trägheitsmoment $\hat{J}_1$, Reibungskoeffizient $\hat{M}_{R01}$ und Motordämpfungskoeffizient $\hat{K}_{D1}$ [Ncm min/1000]

Nutzlasten geschätzt werden. Hierzu eignen sich Bewegungen um jede der 3 Achsen. Die besten Ergebnisse ergaben sich für Achse 3. Angebrachte Massen von 4, 8 und 12 kg konnten mit mittleren Schätzfehlern von etwa 4 bis 6% bei Annahme von Punktmassen (etwa 2 bis 3% Fehlern in Bezug auf die genauen Trägheitsmomente der wirklichen Stahlquader) geschätzt werden.

31.1.2 Parameterschätzung einer Handachse

Zur Verfeinerung der Parameterschätzung reibungsbehafteter mechanischer Systeme wurde die Handachse 6 für Experimente verwendet. Dieser Handachsen-

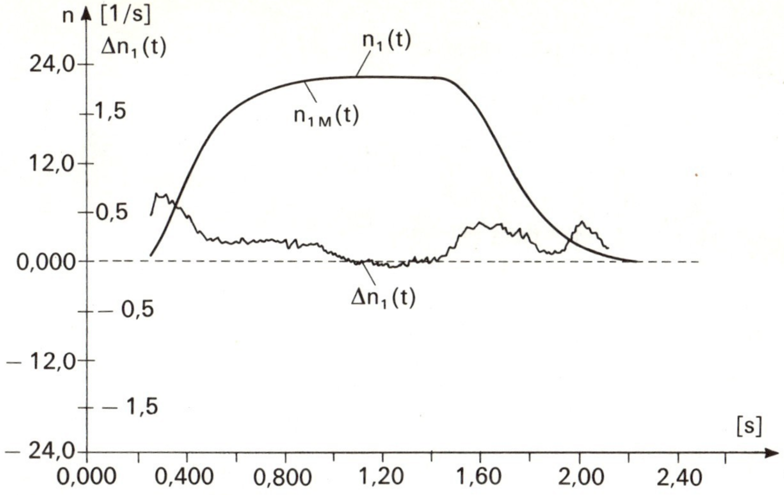

Bild 31.4. Verifikation der Parameterschätzwerte: Modellausgangsfehler $\Delta n_1(t) = n_1(t) - n_{1M}(t)$ für Achse 1

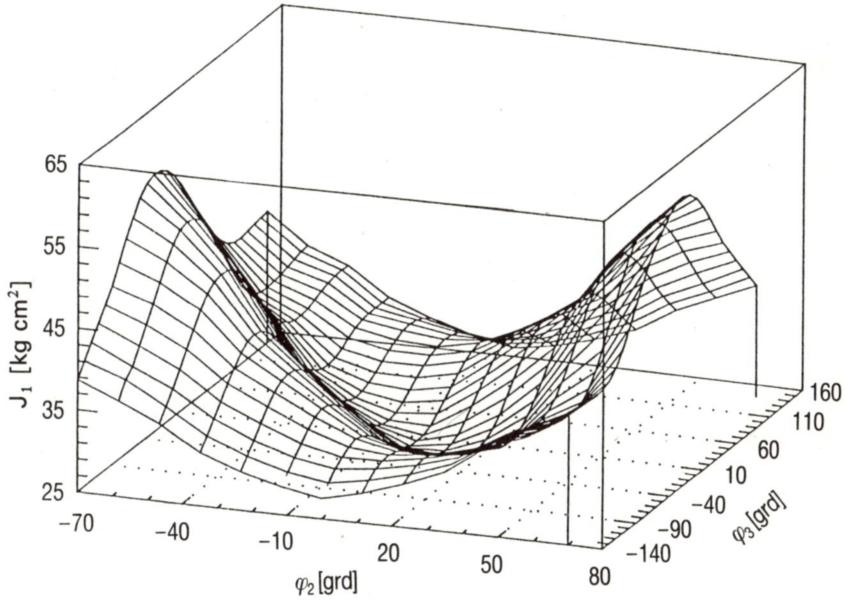

Bild 31.5. Kennfeld der identifizierten Trägheitsmomente in Abhängigkeit der Positionen von Achse 2 und 3

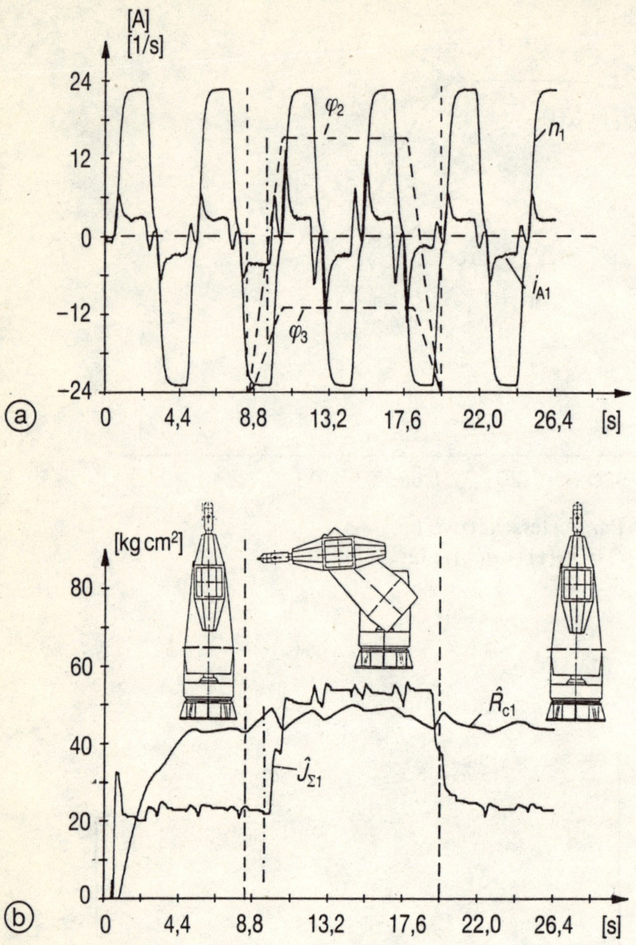

Bild 31.6. Bewegung der Grundachse 1 und bei $t = 8,\ 4$ s und $t = 19{,}8$ s gleichzeitig der Achsen 2 und 3

a) Gemessene Signale

b) Parameterschätzwerte mit RLS und $\lambda = 0{,}98$

antrieb ist mehrfach wälzgelagert und besitzt eine Gesamtübersetzung von $v = 0{,}005144$. In Referenzposition aller Handachsen (ausgestrecketer Arm in horizontaler Lage) kann der Anteil des Gravitationsmomentes $M_G(\varphi) = 0$ gesetzt werden. Für das Reibungsmoment wird nun angesetzt

$$M_R(\omega) = M_{R0}\,\mathrm{sign}\,(\omega(t)) + M_{R1}\,\omega(t) + M_{R3}\,\omega^3(t)\,. \tag{31.1.5}$$

In Ergänzung zu Gl. (31.1.2) kommen noch die viskosen Reibungsanteile M_{R1} und M_{R3} hinzu. Diese folgen aus einer Polynomapproximation der Reibungsgesetze

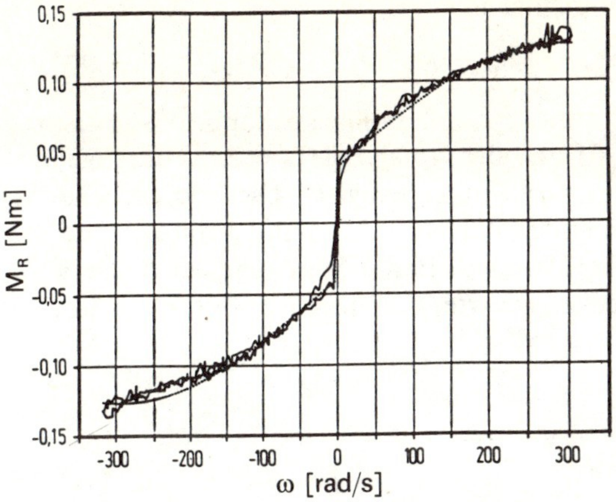

Bild 31.7. Reibungscharakteristik von Handachse 6 im Nominalzustand
————: durch ein Korrelationsverfahren ermittelte Kennlinie
. . . . : mittels $\hat{M}_{R0}$, $\hat{M}_{R1}$ und $\hat{M}_{R3}$ berechnete Kennlinie

von Wälzlagern, Palmgren (1964)

$$M_R(\omega) = M_{R0}\,\mathrm{sign}\,(\omega(t)) + M^*_{R1}\,[\omega(t)]^{2/3}\,. \tag{31.1.6}$$

Der Ansatz Gl. (31.1.5) wurde über nichtparametrische Reibungskennlinien, Bild 31.7, mit dem in Held (1989) beschriebenen, speziellen Korrelationsverfahren verifiziert.

Für die Parameterschätzung wurde dann folgende Gleichung mit der diskreten Zeit $k = t/T_0$ verwendet:

$$K_T I_A(k) = \bar{J}\dot{\omega}(k) + M_{R0}\,\mathrm{sign}\,\omega(k) + M_{R1}\omega(k) + M_{R3}\omega^3(k)\,. \tag{31.1.7}$$

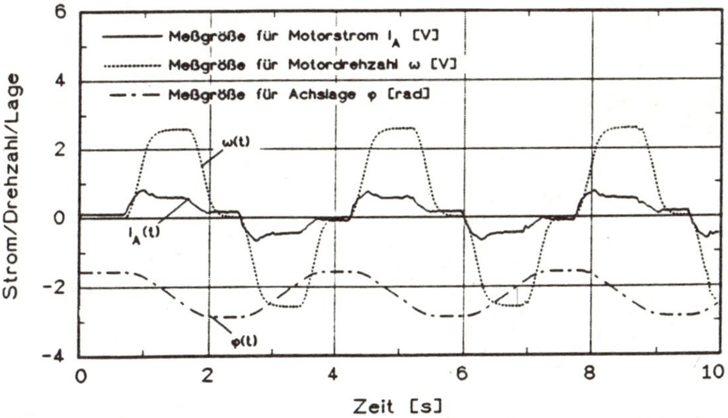

Bild 31.8. Gemessene Signale für die Parameterschätzung an Achse 6

Der Parametervektor $\boldsymbol{\theta}$ ergibt sich demnach zu

$$\boldsymbol{\theta}^{\mathrm{T}} = [a_1, a_{00}, a_{01}, a_{03}] = [\bar{J}/K_{\mathrm{T}}, M_{\mathrm{R0}}/K_{\mathrm{T}}, M_{\mathrm{R1}}/K_{\mathrm{T}}, M_{\mathrm{R3}}/K_{\mathrm{T}}] \,. \tag{31.1.8}$$

Die Parameterschätzung wurde mit einem on-line gekoppelten Personalcomputer, der Schätzmethode DSFI und der Abtastzeit $T_0 = 5$ ms durchgeführt. Diese Abtastzeit ist gleich der des digitalen Lagereglers. Die erforderliche Ableitung der Drehzahl wurde mit einem Zustandsvariablenfilter ermittelt. Bild 31.8 zeigt die gemessenen Signale für eine Punkt-zu-Punkt-Bewegung der Achse 6. Die in Echtzeit ermittelten Parameterschätzwerte sind in Bild 31.9 zu sehen. Sie

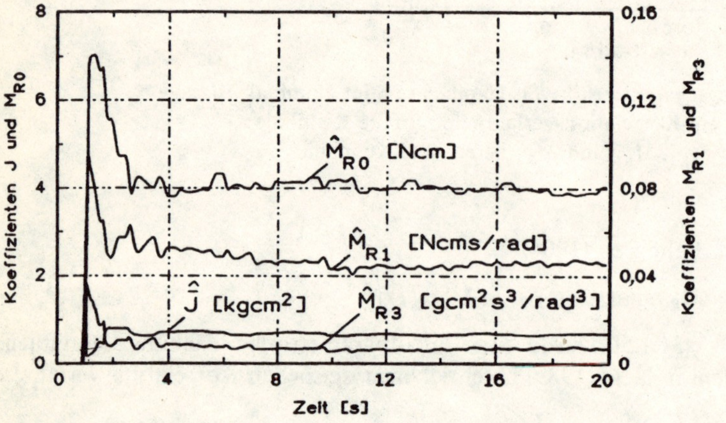

Bild 31.9. Verlauf der Parameterschätzwerte für die Achse 6 beim Start des Verfahrens

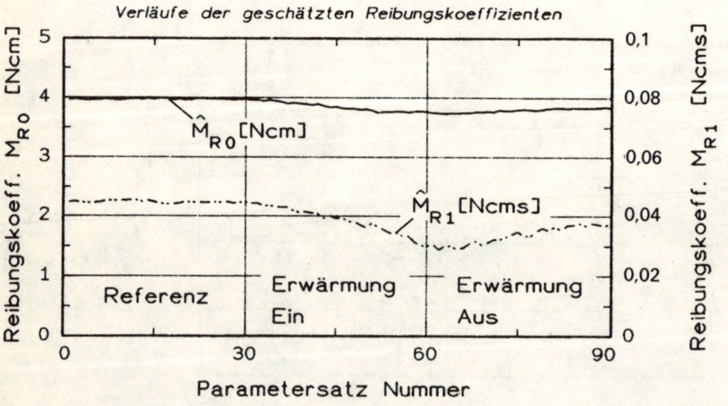

Bild 31.10. Einfluß einer Erwärmung der Motor-Getriebe-Einheit (Achse 6) von $\vartheta \approx 25°$C bis $\vartheta \approx 40°$C auf die Reibungskoeffizienten

konvergieren bereits nach einer Bewegung und ändern sich dann nur noch geringfügig.

Bild 31.10 zeigt den Verlauf von zwei Reibungskoeffizienten während der Erwärmung der Achse mit einem Heizlüfter. Man erkennt, daß sowohl die trockene als auch viskose Reibung kleiner werden. Anhand des Verlaufes der Reibungskoeffizienten kann also eine Erwärmung erkannt werden. Dies läßt sich zur Fehlererkennung anwenden. Weitere Versuche zur Fehlerdiagnose an Robotern mit Parameterschätzmethoden, wie z.B. zu große Getriebeverspannung, statische Überlastung, defekte Bremsen werden in Freyermuth (1990) und Isermann, Freyermuth, He (1991) beschrieben.

31.2 Werkzeugmaschinen–Vorschub – zeitkontinuierliches, nichtlineares zeitvariantes Modell

An einem Vorschubantrieb (Versuchsstand am Institut für Regelungstechnik, TH Darmstadt) wurden Parameterschätzmethoden zur Fehlererkennung eingesetzt, Isermann, Freyermuth, He (1991). Eine schematische Darstellung des Vorschubantriebes ist in Bild 31.11 zu sehen.

Ein 1,8-kW-Gleichstrommotor treibt über einen Zahnriemen eine Kugelumlaufspindel an. Der Tisch ist mit einer Masse von 150 kg belastet und wird in zwei Gleitwellen geführt. Die Führungsbuchsen können für eine Einstellung der Reibung zwischen Schlitten und Gleitwellen durch Anziehen der Spannschrauben mit einem Drehmomentschlüssel verengt werden. Die Riemenvorspannung kann durch Verändern des Wellenabstandes des Riemengetriebes eingestellt werden,

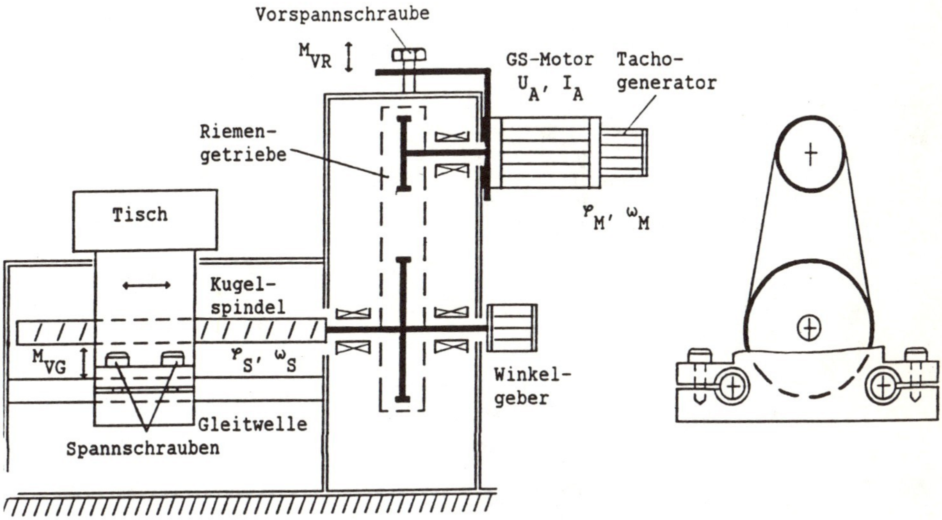

Bild 31.11. Schematische Darstellung des Vorschubantrieb-Versuchsstands

indem man den Motor über eine Vorspannschraube mit einem Drehmomentschlüssel bewegt. An diesem Versuchsstand werden die Ankerspannung U_A, der Ankerstrom I_A und die Drehzahl ω_M des Gleichstrommotors im geschlossenen Regelkreis gemessen. Außerdem können die Drehwinkel der Antriebswelle φ_M und der Spindel φ_S erfaßt werden.

Die Vereinfachung des Gesamtmodells hängt vom Aufbau and von den Steifigkeiten und Dämpfungen der einzelnen Bauelemente ab. Bisherige Untersuchungen haben gezeigt, daß die ganze Vorschubeinheit näherungsweise sowohl als Zweimassenschwinger (elastisches Modell bei der Anregung des Systems mit einem breitbandigen Testsignal) als auch als Einmassensystem (starres Modell bei niederfrequenter Anregung im normalen Betrieb) beschrieben werden kann. Im folgenden werden experimentelle Ergebnisse gezeigt, welche auf dem starren Modell basieren. Für das vereinfachte Antriebsmodell gilt dann das nichtlineare Differentialgleichungssystem

$$L_A \dot{I}_A(t) = -R_A I_A(t) - \Psi_A \omega_M(t) + U_A(t) \tag{31.2.1}$$

$$\bar{J} \dot{\omega}_M(t) = \Psi_A I_A(t) - M_{R0} \operatorname{sign}[\omega_M(t)] - M_{R1} \omega_M(t) , \tag{31.2.2}$$

wobei sich das Reibungsmoment der Lager und der Schlittenführung aus der Coulombschen Reibung M_{R0} und der viskosen Reibung M_{R1} zusammensetzt. $\bar{J}$ ist das auf die Motorwelle bezogene Gesamt-Trägheitsmoment. Die Korrektheit dieses Reibungsmodells wurde durch die nichtparametrische Reibungskennlinie verifiziert, die mit einem in Held, Maron (1988) beschriebenen Korrelationsverfahren ermittelt wurde, siehe Bild 31.12. Die zur Parameterschätzung verwendeten Gleichungen lauten:

$$\Psi_A \omega_M(t) = -L_A \dot{I}_A(t) - R_A I_A(t) + U_A(t) \tag{31.2.3}$$

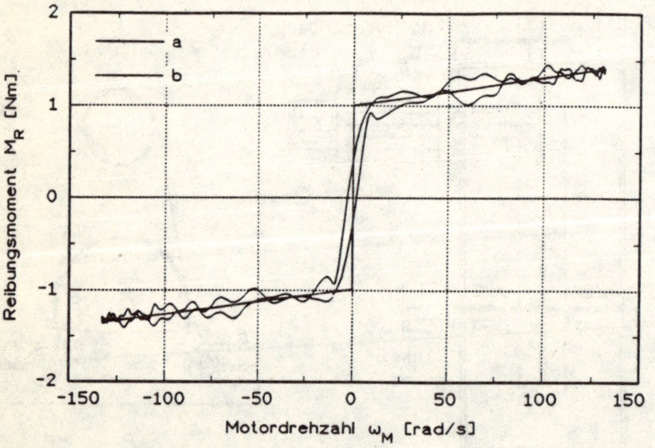

Bild 31.12. Nichtparametrische Reibungskennlinie des Versuchsstands im Nominalzustand
————: durch ein Korrelationsverfahren ermittelte Kennlinie
. . . . : mittels $\hat{M}_{R0}$, $\hat{M}_{R1}$ berechnete Kennlinie

$$\Psi_A I_A(t) = \bar{J}\dot{\omega}_M(t) + M_{R1}\omega_M(t) + M_{R0}\,\mathrm{sign}\,[\omega_M(t)]\,. \tag{31.2.4}$$

Die den Modellgleichungen (31.2.3) und (31.2.4) entsprechenden Parametervektoren $\boldsymbol{\theta}$ ergeben sich mit

$$\boldsymbol{\theta}_1^T = [a_{11}, a_{10}, b_{10}] = [L_A/\Psi_A, R_A/\Psi_A, 1/\Psi_A] \tag{31.2.5}$$

$$\boldsymbol{\theta}_2^T = [a_{21}, a_{20}, a_{200}] = [\bar{J}/\Psi_A, M_{R1}/\Psi_A, M_{R0}/\Psi_A]\,. \tag{31.2.6}$$

Aus diesen Parameterschätzwerten können alle 6 im Prozeßmodell enthaltenen physikalischen Koeffizienten eindeutig bestimmt werden:

$$\begin{aligned} R_A &= a_{10}/b_{10} & \bar{J} &= a_{21}/b_{10} \\ L_A &= a_{11}/b_{10} & M_{R1} &= a_{20}/b_{10} \\ \Psi_A &= 1/b_{10} & M_{R0} &= a_{200}/b_{10}\,. \end{aligned} \tag{31.2.7}$$

Die Parameterschätzung wurde nach Anregung des Prozesses durch sinusförmige Sollwertänderungen der Drehzahl $W(t) = W_0 \sin(\omega_w t)$ mit $W_0 = 5$ V und $\omega_w = 3.142$ rad/s entsprechend einer Drehzahländerung $n_w = 1000\ U/\mathrm{min}.\ \sin(\omega_w t)$ durchgeführt. Bild 31.13 zeigt exemplarisch die gemessenen Signale am Ausgang der analogen Antialiasing-Butterworth-Filter 8. Ordnung (Eckfrequenz: 100 Hz).

Bild 31.14 zeigt ein Beispiel für den Verlauf der geschätzten Motorparameter. Die Abtastzeit betrug $T_0 = 6$ ms, und zur Ermittlung der Ableitung $\dot{\omega}_M(t)$ wurde ein digitales Butterworth-Zustandsvariablenfilter 4. Ordnung mit einer Eckfrequenz von 50 Hz verwendet. Die Parameterschätzwerte zeigen eine schnelle Konvergenz schon nach 0.5 s und stimmen mit den Angaben aus dem Datenblatt des Motors etwa überein, siehe Tabelle 31.1. Die im definierten nominalen Betriebszu-

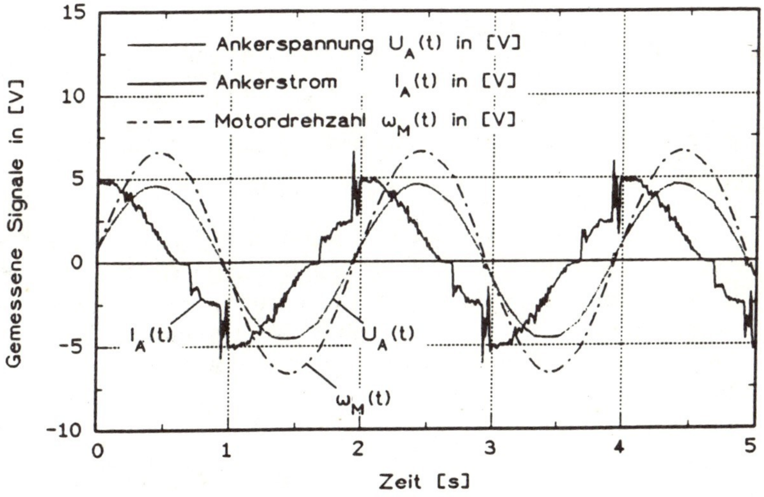

Bild 31.13. Gemessene Signale des Vorschubantriebes

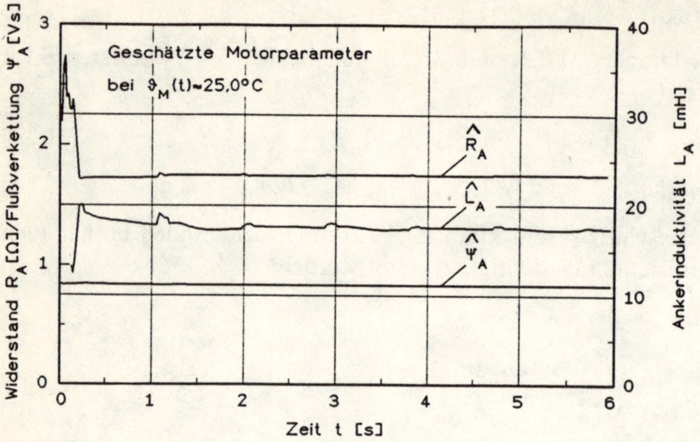

Bild 31.14. Konvergenzverlauf der geschätzten Motorparameter

Tabelle 31.1. Nominale Motorparameter aus dem Datenblatt (bei 23°C).

R_A [Ω]	L_A [mH]	Ψ_A [Vs]
1,685	15,6	0,83

stand mit

$$\text{Anzugsmoment für Riemenvorspannung:} \quad M_{VR} = 45 \text{ cmkp}$$

$$\text{Verspannungsmoment an Gleitwellen:} \quad M_{VG} = 150 \text{ cmkp}$$

ermittelten Referenzkoeffizienten des mechanischen Teilsystems betragen

$$\bar{J} = 0.0078 \text{ kg m}^2 \quad M_{R0} = 1.02 \text{ Nm} \quad M_{R1} = 0.00485 \text{ N ms/rad} .$$

Mit Hilfe von statistischen Auswertverfahren für signifikante Koeffizientenänderungen und Vergleich der aktuellen Schätzwerte mit den in einer Lernphase ermittelten Nominalwerten wurden verschiedene Untersuchungen zur modellgestützten Fehlerdiagnose durchgeführt. Die experimentellen Ergebnisse zeigen, daß folgende Auswirkungen auf die Prozeßkoeffizienten erkannt werden können:

I. Fehler am Gleichstrommotor

F1 Erwärmung der Antriebseinheit (kritische Betriebsbedingungen wie unzureichende Kühlung bzw. Dauerüberlastung des Motors)
F2 Kommutatorschaden durch Abnutzung

II. Fehler am Antriebstrang

F3 Mangelnde Schmierung an den Gleitwellen
F4 Zu große Verspannung zwischen Schlitten und Gleitwellen
F5 Zu große Riemenvorspannung (zu starke Wellen- und Lagerbelastungen; Gefahr des Riemenlebensdauerabfalls bzw. vorzeitig auftretender Antriebsschaden)
F6 Reißen des Riemenzugstrangs durch zu starke Belastung bzw. Einsetzen von zu schmalen Riemen
F7 Statische Überlastung durch aufgenommene Zusatzlasten bzw. Werkzeuge

Bild 31.15 zeigt die dem Fall F1 entsprechenden Untersuchungsergebnisse während eines Dauerversuchs. Hierzu wurde die statische Belastung durch eine bestimmte Vorspannung des Riemens ($M_{VR} = 65$ cmkp) und eine Verspannung zwischen Schlitten und Gleitwellen ($M_{VG} = 150$ cmkp) hergestellt. Die Temperatur $\vartheta_M(t)$ wurde am Motorgehäuse mit einem Mantelwiderstandsthermometer PT100 gemessen. Die Änderungen des geschätzten Ankerwiderstands und der Flußverkettung zeigen eine deutliche Abhängigkeit von der Temperatur, die Ankerinduktivität wird dagegen kaum von der Temperatur beeinflußt.

Um den Fehlerzustand F4 einzubringen wurde das Anzugsmoment der 4 Spannschrauben an den beiden Gleitwellen von 100 cmkp bis 275 cmkp in Schritten zu 25 cmkp erhöht. Der geschätzte Coulombsche Reibungskoeffizient $\hat{M}_{R0}$ vergrößerte sich dem Anzugsmoment entsprechend, während die viskose Reibung $\hat{M}_{R1}$ kaum beeinflußt wurde, siehe Bild 31.16.

Für die Untersuchung des Fehlers F5 wurde die Zahnriemen-Vorspannschraube schrittweise angezogen. Im Bild 31.17 ist das Verhalten der geschätzten Prozeßkoeffizienten bei verschiedenen Anzugsmomenten dargestellt. Die beiden Reibungskoeffizienten zeigen eine erhebliche Zunahme. Es ist ersichtlich, daß die

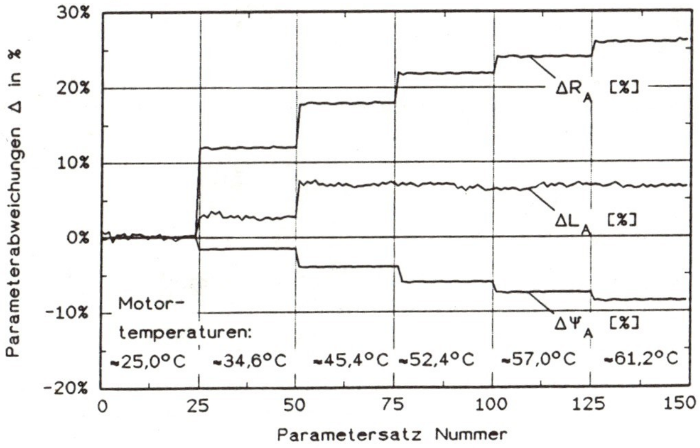

Bild 31.15. Änderungen der Motorparameterschätzwerte während eines Dauerversuchs

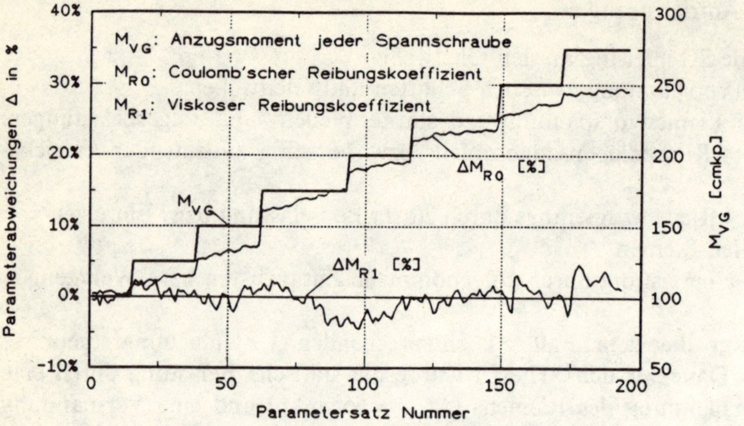

Bild 31.16. Änderungen der geschätzten Reibungskoeffizienten $\hat{M}_{R0}$ und $\hat{M}_{R1}$ durch schrittweises Anziehen der Spannschrauben an den Gleitwellen

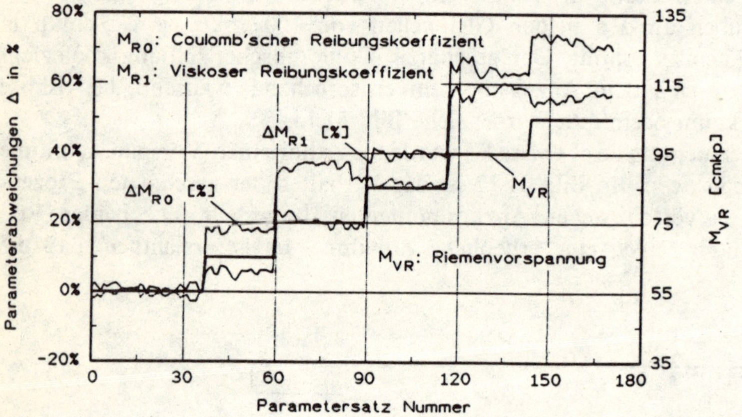

Bild 31.17. Änderungen der geschätzten Reibungsparameter durch schrittweise Erhöhung der Riemenvorspannung

Änderung der viskosen Reibung M_{R1} im Bereich höherer Vorspannung größer ist als die von M_{R0}.

Tabelle 31.2 gibt eine Übersicht der Auswirkungen der untersuchten Fehler auf die Prozeßkoeffizienten. Für jeden Fehlerzustand ergibt sich eine andere Kombination von Abweichungen der verschiedenen Prozeßkoeffizienten. Deshalb ist durch eine Mustererkennung der Änderungen der geschätzten Prozeßkoeffizienten eine Fehlerdiagnose möglich.

Tabelle 31.2. Auswirkungen verschiedener Fehler des Vorschubantriebs auf die geschätzten Prozeßkoeffizienten
+ ... + + + → Zunahme gering ... stark;
− ... − − − → Abnahme gering ... stark;
0 → kaum Beeinflussung

F_i \ p_i	R_A	L_A	ψ_A	F_i \ p_i	$\bar{J}$	M_{R0}	M_{R1}
F_1	+ +	+	− −	F_3	0	+ +	−
F_2	+	0	−	F_4	0	+ +	0
				F_5	−	+ + +	+ + +
				F_6	0	− −	+ + +
				F_7	+	+ +	+

31.3 Werkzeugmaschinen-Hauptantrieb

Bild 31.18 zeigt die Anordnung des Hauptantriebes des flexiblen Bearbeitungszentrums MAHO MC5. Ein drehzahlregelbarer Gleichstrommotor treibt über einen Riementrieb und ein Getriebe die Arbeitsspindel an, in der das Werkzeug, z.B. ein Fräser oder ein Bohrer eingespannt wird. Hieraus folgt als Ersatzschaltbild der einzelnen Drehmassen/Drehfedersysteme Bild 31.19. Durch Messungen von Strom, Spannung und Drehzahlen soll das dynamische Verhalten des Hauptantriebs ermittelt werden.

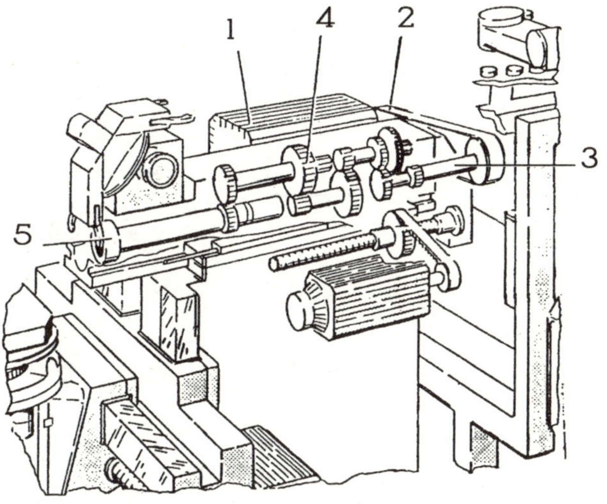

Bild 31.18. Hauptantrieb der Werkzeugmaschine MAHO MC5
1 Gleichstrommotor, 2 Riementrieb, 3 Welle 4 Getriebe, 5 Arbeitsspindel

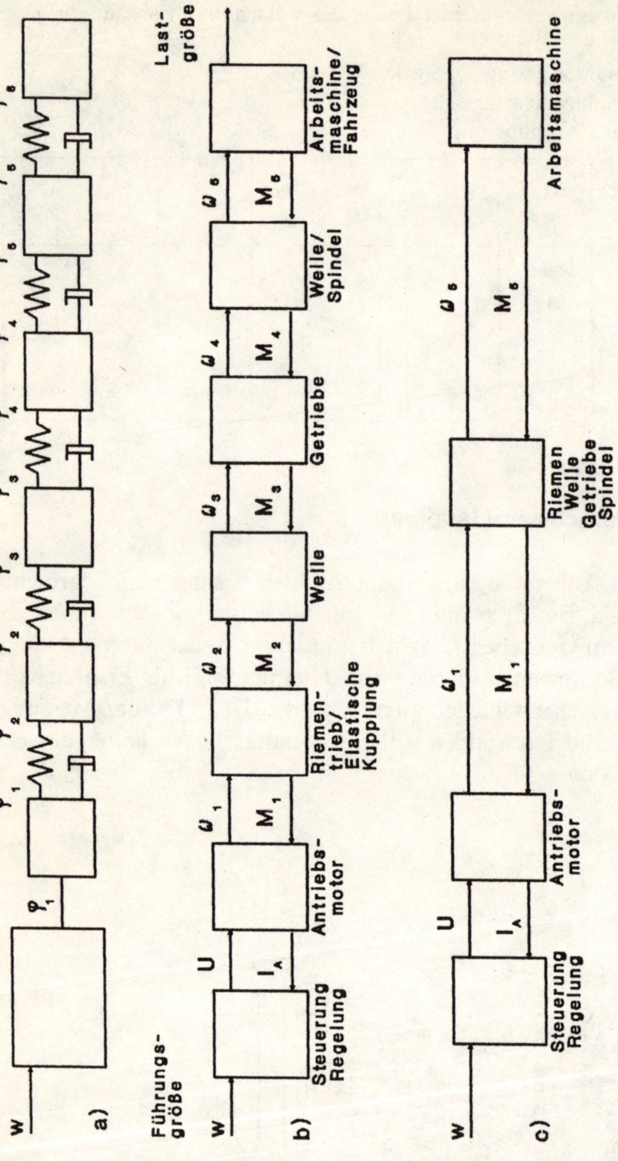

Bild 31.19. Näherungsmodelle eines Antriebstranges einer Maschine
a) Ersatzschaltbild
b) Vierpoldarstellung
c) Vereinfachtes Modell

Das dynamische Verhalten des *Gleichstrommotors* wird durch die Grundgleichungen für den Ankerstromkreis und für die Mechanik beschrieben

$$L\frac{\mathrm{d}I_A(t)}{\mathrm{d}t} = -RI_A(t) - \Psi\omega_1(t) + U_A(t) \tag{31.3.1}$$

$$J_1\frac{\mathrm{d}\omega_1(t)}{\mathrm{d}t} = -\Psi I_A(t) - M_1(t) \tag{31.3.2}$$

mit

- L Ankerinduktivität
- R Ankerwiderstand
- Ψ magnetischer Fluß ($\Psi = f(I_E)$, I_E Erregerstrom bei Feldschwächbetrieb)
- J_1 Trägheitsmoment
- U_A Ankerspannung
- I_A Ankerstrom
- ω_1 Motordrehzahl
- M_1 Lastmoment

Zur Modellbildung der mechanischen Teilsysteme zwischen Antriebsmotor und Last (Werkzeug) werden kleine Drehwinkeländerungen angenommen. Riementrieb, Getriebe und Spindel können dann als elastische Zweimassenschwinger betrachtet werden, Bild 31.20. Das Zustandsmodell des Zweimassenschwingers lautet somit

$$\begin{bmatrix}\dot\omega_1\\ \omega_1\\ \dot\omega_2\\ \omega_2\end{bmatrix} = \begin{bmatrix}-d/J_1 & -c/J_1 & d/vJ_1 & c/vJ_1\\ 1 & 0 & 0 & 0\\ d/vJ_2 & c/vJ_2 & -d/v^2J_2 & -c/v^2J_2\\ 0 & 0 & 1 & 0\end{bmatrix}\begin{bmatrix}\omega_1\\ \varphi_1\\ \omega_2\\ \varphi_2\end{bmatrix} + \begin{bmatrix}1/J_1 & 0\\ 0 & 0\\ 0 & -1\\ 0 & 0\end{bmatrix}\begin{bmatrix}M_1\\ M_2\end{bmatrix}. \tag{31.3.3}$$

Auf der Grundlage dieses Zweimassenmodells können durch Spezialisierungen die Modelle der mechanischen Teilsysteme abgeleitet werden, Wanke (1991), Wanke und Reiß (1991). Für Wellen gilt $v_w = 1$, für den Riemen $v_R = r_2/r_1$ aus den Radien der Riemenscheiben (und zusätzlichem Schlupf), für das Getriebe die entsprechenden Übersetzungen v_G Durch Zusammenschalten erhält man dann ein Modell 11. Ordnung, das in Zustandsdarstellung lautet

$$\dot{\boldsymbol{x}}(t) = \boldsymbol{A}\boldsymbol{x}(t) + \boldsymbol{b}u(t) + \boldsymbol{f}z(t) \tag{31.3.4}$$

mit $u(t) = \Delta U_A(t)$; $z(t) = \Delta M_L(t)$.

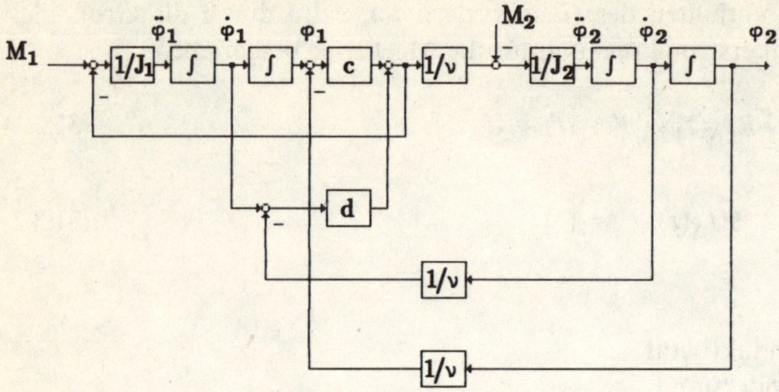

Bild 31.20. Blockschaltbild eines mechanischen Zweimassensystems

J_1, J_2	Trägheitsmomente
c, d	Feder- und Dämpfungskonstante
v	Übersetzungsfaktor
M_1, M_2	Ein- und Ausgangsmoment
$\dot{\varphi}_1, \dot{\varphi}_2$	Motor- und Lastdrehzahl

Die Lastmomentänderungen $\Delta M_L(t)$ hängen vom Zerspanprozeß ab, also z.B. vom Fräsen oder Bohren. Im folgenden wird die Parameterschätzung für den nichtbelasteten Hauptantrieb betrachtet, also für den Leerlauf mit $\Delta M_L(t) = 0$. Der belastete Zustand wird im nächsten Abschnitt behandelt.

Bild 31.21 zeigt die Lage der Pole für den Antriebsstrang. Hieraus ist zu erkennen, daß sie über einen weiten Bereich verteilt sind. Der Gleichstrommotor hat zwei reelle Pole, die zwei Zeitkonstanten von $T_1 = 20$ ms und $T_2 = 6$ ms entsprechen. Aufgrund seines Frequenzganges kann der Motor im offenen Regelkreis Frequenzen $f_g < 10/2\pi\ T_2 = 80$ Hz, im geschlossenen Regelkreis < 300 Hz

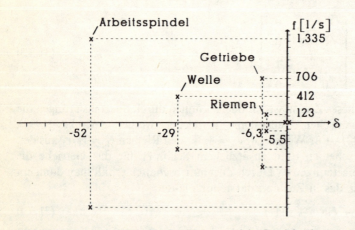

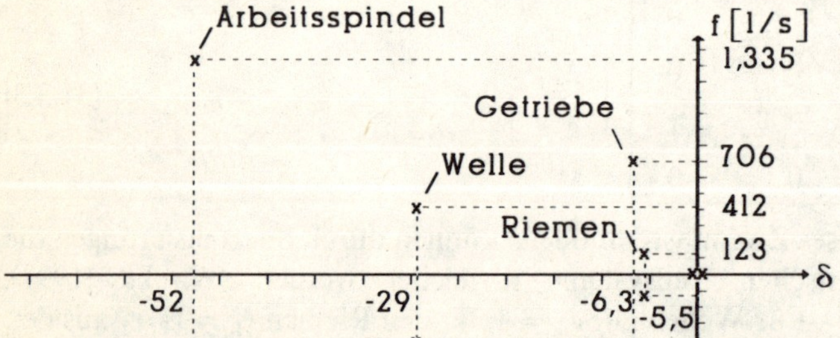

Bild 31.21. Lage der Pole für den Hauptantrieb (Getriebeübersetzung 1:16 = 0,065)

anregen. Die Eigenfrequenzen von Welle, Getriebe (Stufe 1, $v = 0{,}065$) und Spindel liegen bei 706, 412 und 1335 Hz, die des Riemens bei 123 Hz. Deshalb ist für die dynamische Übertragungsstrecke im wesentlichen nur der Gleichstrommotor und der Riementrieb maßgebend. Eine physikalisch begründete Modellreduktion kann dann wie folgt durchgeführt werden.

Nimmt man die Torsionssteifigkeiten von Welle und Spirale als groß an, gegenüber denjenigen von Riemen und Getriebe, dann reduziert sich das Modell auf 7. Ordnung. Faßt man die Elastizitäten von Getriebe und Riemen zusammen, dann entsteht ein Modell 5. Ordnung mit

$$\boldsymbol{x}^{\mathrm{T}}(t) = [I_{\mathrm{A}}(t)\varphi_1(t)\dot{\varphi}_1(t)\varphi_5(t)\dot{\varphi}_5(t)] \,. \tag{31.3.5}$$

Dieses Modell enthält nur noch ein konjugiert komplexes Polpaar für das weichste Element des Antriebs. Dies ist im wesentlichen der Riemen mit kleinen Zuschlägen aus den anderen Elastizitäten.

Zur Parameterschätzung werden nun drei Schätzgleichungen verwendet. Für den Motor folgt aus Gl. (31.3.1)

$$U_{\mathrm{A}}(t) = \theta_1 \omega_1(t) + \theta_2 I_{\mathrm{A}}(t) + \theta_3 \dot{I}_{\mathrm{A}}(t) \tag{31.3.6}$$

mit

$$\theta_1 = \Psi; \quad \theta_2 = R; \quad \theta_3 = L \,.$$

Aus Gl. (31.3.3) erhält man zwei Gleichungen für $\dot{\omega}_1(t)$ und $\dot{\omega}_5(t)$. Hierin wird für die Momente

$$M_1(t) = \Psi I_{\mathrm{A}}(t) - M_{\mathrm{R}}(t)$$

$$M_6(t) = 0 \tag{31.3.7}$$

gesetzt, wobei $M_{\mathrm{R}}(t)$ ein Reibungsmoment ist, das für die kleinste Drehzahl im Leerlauf bestimmt wird.

Dann folgen

$$\theta_1 I_{\mathrm{A}}(t) - M_{\mathrm{R}}(t) = \theta_4 \dot{\omega}_1(t) + \theta_5 \dot{\omega}_5(t) \tag{31.3.8}$$

$$\omega_5(t) = \theta_6 \dot{\omega}_1(t) + \theta_7 \omega_1(t) - \theta_8 \dot{\omega}_5(t) - \theta_9 \ddot{\omega}_5(t) \tag{31.3.9}$$

mit

$$\theta_4 = J_1 \qquad \theta_7 = v$$

$$\theta_5 = vJ_2 \qquad \theta_8 = d/c$$

$$\theta_6 = dv/c \qquad \theta_9 = J_0 v^2/c \,.$$

Das für Gl. (31.3.8) benötigte $\theta_1 = \Psi$ wird zunächst über Gl. (31.3.6) geschätzt (oder den Motorkennwerten entnommen). Dann können alle Prozeßkoeffizienten nach der Parameterschätzung mit Gln. (31.3.8), (31.3.9) berechnet werden.

$$v = \theta_7 \qquad c = \theta_5\theta_7/\theta_9$$

$$J_1 = \theta_4 \qquad d = \theta_5\theta_7\theta_8/\theta_9$$

$$J_2 = \theta_5/\theta_7 \,.$$

Zur Parameterschätzung des Hauptantriebs werden 4 Meßgrößen verwendet:

$I_A(t)$ Ankerstrom $\omega_1(t)$ Motordrehzahl

$U_A(t)$ Ankerspannung $\omega_5(t)$ Spindeldrehzahl .

Diese Signale sind alle am Bearbeitungszentrum standardmäßig vorhanden. Um eine höhere Auflösung der Spindeldrehzahl zu erreichen wurde ein inkrementaler

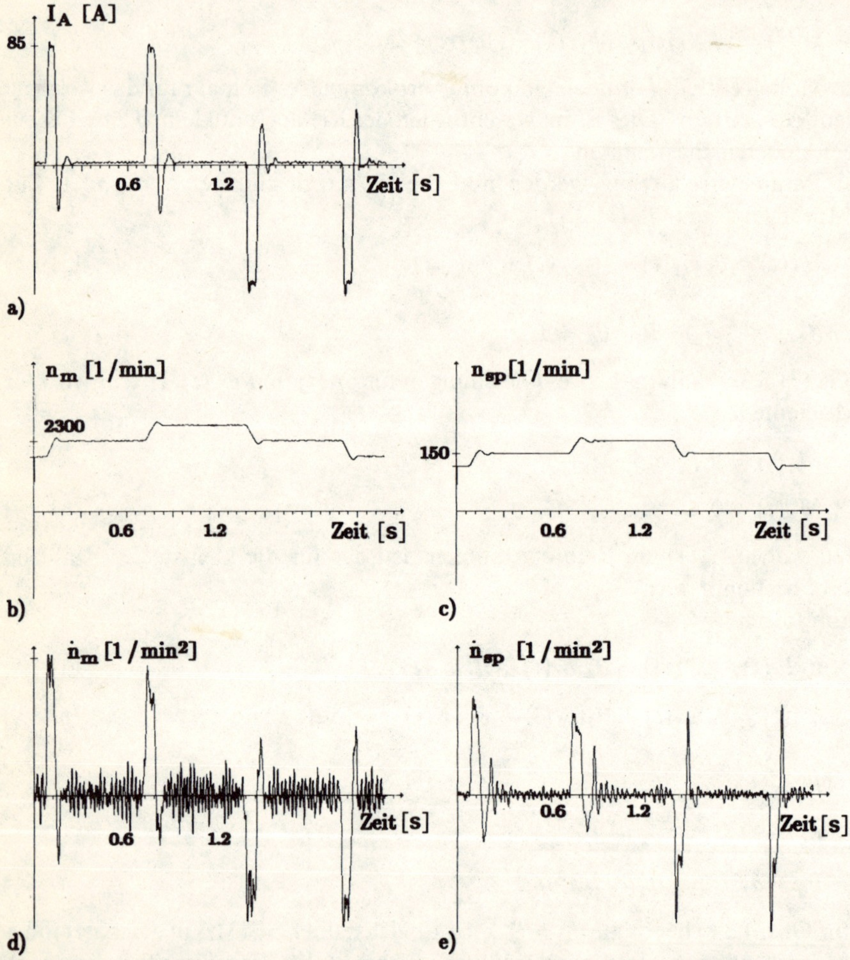

Bild 31.22. Gemessene Signale am Hauptantrieb ($\nu = 0{,}065$)
a) Ankerstrom
b) Motordrehzahl
c) Spindeldrehzahl
d) 1. Ableitung der Motordrehzahl
e) 1. Ableitung der Spindeldrehzahl

Drehgeber mit 4096 Strichen eingebaut. Für die Motordrehzahl wurden entsprechend 1024 Striche verwendet.

Bild 31.22 zeigt gemessene Signale für sprungförmige Änderungen des Drehzahlsollwertes. Besonders an den über Zustandsvariablenfilter gewonnenen 1. Ableitungen der Drehzahlsignale ist der dämpfende Charakter der Antriebsstrangdynamik zu erkennen. Die Ergebnisse der Parameterschätzung (DSFI) aus 28 Drehzahlsprüngen über eine Gesamtdauer von 15 s sind im Bild 31.23 dargestellt. Die

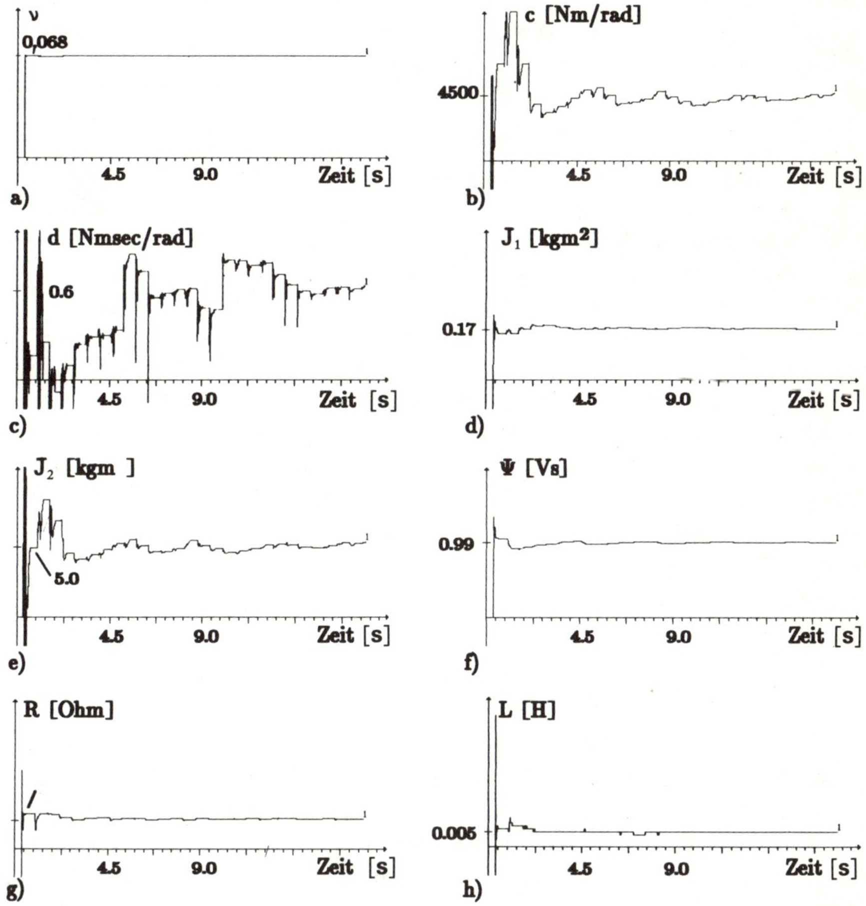

Bild 31.23. Aus Parameterschätzwerten $\hat{\theta}$ berechnete Prozeßkoeffizienten des Hauptantriebs

a) Übersetzung v
b) Steifigkeit c
c) Dämpfung d
d) Trägheitsmoment J_1 (Motorseite)
e) Trägheitsmoment J_2 (Lastseite)
f) Flußverkettung ψ
g) Ankerwiderstand R
h) Ankerinduktivität L

Signale wurden mit der Abtastzeit $T_0 = 0{,}5$ ms abgetastet und durch verschiedene Butterworth-Zustandsvariablenfilter 6. Ordnung mit Eckfrequenz $f_{g1} = 79{,}6$ Hz, $f_{g2} = 47{,}8$ Hz gefiltert.

Besonders schnell konvergieren die Prozeßkoeffizienten v, J_1, Ψ, R und L, also die motorseitigen Größen, am langsamsten die Prozeßkoeffizienten c, d, J_2, also die lastseitigen Größen. Alle 8 Prozeßkoeffizienten konvergieren nach etwa 15 s, gegen konstante Werte und stimmen relativ gut mit theoretisch bestimmten Werten überein. Sie werden zur Fehlerdiagnose im Hauptantrieb eingesetzt, siehe Wanke, Reiß (1991).

Ähnliche Ergebnisse wurden bei Parameterschätzung des Vorschubantriebes desselben Bearbeitungszentrums erhalten. Hierbei muß allerdings die Reibung mit modelliert werden, da sie eine entscheidende Rolle spielt, Wanke, Reiß (1991).

31.4 Werkzeugmaschinen – Fräsen und Bohren

Mittels mathematischer Modelle des Zerspanprozesses ist ein tiefergehender Einblick in das statische und dynamische Prozeßverhalten möglich, Isermann (1989, 1990). Dazu genügt es, einige vorhandene Signale, wie Ströme und Drehzahlen, zu messen. Über Parameterschätzmethoden werden dann die physikalischen Prozeßkoeffizienten ermittelt und deren Änderungen im Hinblick auf eine Verschleißüberwachung beim Fräsen und Bohren ausgewertet. Ziel ist es zum einen, das Werkzeug solange wie möglich zu nutzen, zum anderen bei vorzeitig erhöhtem Werkzeugverschleiß Folgeschäden für Werkstück und Werkzeug zu vermeiden.

Im folgenden wird die Vorgehensweise beim Fräsen und Bohren erläutert und es werden experimentelle Ergebnisse an einem Bearbeitungszentrum MAHO MC5 gezeigt, Reiß, Wanke (1991).

31.4.1 Modellbildung und Parameterschätzung beim Fräsprozeß

a) *Modelle für die Verschleißerkennung*

Das Fräsen ist ein Bearbeitungsverfahren mit mehrschneidigen Werkzeugen, Beispiele sind Walzen-, Bohrnuten- oder Stirnfräser. Bedingt durch die Drehbewegung des Fräsers sind ständig verschiedene Schneiden im Engriff. Das auf die Frässpindel, Bild 31.24, wirkende mittlere Drehmoment $M_{\mathrm{cm}}(t)$ ergibt sich aus der Summe der Schnittmomente jeder einzelnen Schneide. Entsprechend ergibt sich die mittlere Vorschubkraft $F_{\mathrm{fm}}(t)$.

Die Ersatzschaltbilder in Bild 31.24 sind die Basis für die dynamischen Modellansätze am Haupt- und Vorschubantrieb. Beim Aufstellen der jeweiligen Drehmomenten- bzw. Kräftebilanzen in der Kontaktzone ergeben sich Differentialgleichungen, die den Fräsvorgang beschreiben. Exemplarisch ergibt sich für die Kräftebilanz am x-Vorschub:

$$m_{\mathrm{f}}\ddot{f}_{\mathrm{c}} + (d + d_{\mathrm{fw}})\dot{f}_{\mathrm{c}} + c_{\mathrm{f}} f_{\mathrm{c}} = d_{\mathrm{f}}\dot{f} + c_{\mathrm{f}} f - F_{\mathrm{fm}} \tag{31.4.1}$$

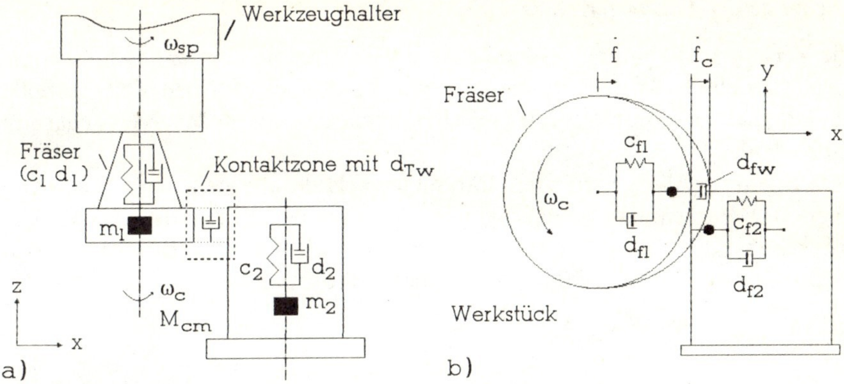

Bild 31.24. Ansichten von Fräser und Werkstück beim Anschnitt
a) Hauptantrieb; **b)** Vorschub

mit

$\dot{f}_c$ Geschwindigkeit in der Kontaktzone,
$\dot{f}$ Vorschubgeschwindigkeit,
F_{fm} Mittlere Vorschubkraft in x-Richtung und
m_f wirksamer (beschleunigter) Massenanteil.

Der Dämpfungsfaktor d_{fw} steht, ähnlich wie d_{tw} beim Hauptantrieb in direktem Zusammenhang mit der vom Verschleiß der Schneiden abhängigen Reibung an der Werkstückoberfläche. Die Federsteifigkeit c_f und der Dämpfungsfaktor d_f beschreiben das dominante mechanische Element, also den Fräser (m_{f1}) mit Einspannung oder das Werkstück (m_{f2}) mit Aufspannung.

Zusätzliche Berücksichtigung der geometrischen Gegebenheiten beim Anschnitt ergibt für die mittlere Vorschubkraft (wegen der relativ langsamen Zunahme des Spanvolumens) näherungsweise

$$\Delta \dot{F}_{fm}\tau_f + \Delta F_{fm} = \alpha \Delta \dot{f}_c \qquad (31.4.2)$$

mit

τ_f Anschnitt-Zeitkonstante (Vorschubantrieb) sowie
α Schnittkraftfaktor, abhängig von Verschleiß und Schnittdaten.

Wird die relativ kleine Masse vernachlässigt, so berechnet sich aus den Gln. (31.4.1) und (31.4.2) die Übertragungsfunktion während des Anschnitts zu

$$\frac{\Delta F_f m(s)}{\Delta \dot{f}(s)} = \frac{\alpha(c_f + s d_f)}{c_f + s(c_f\tau_f + d_f + d_{fw} + \alpha)} = \frac{\alpha\left(1 + \frac{d_f}{c_f}s\right)}{1 + \frac{c_f\tau_f + d_f + d_{fw} + \alpha}{c_f}s}. \qquad (31.4.3)$$

Im Experiment zeigt sich, daß der D-Anteil aufgrund der hohen Störfrequenzen vernachlässigt werden kann ($d_f/c_f \approx 0$). Die Struktur der Übertragungsfunktion für das Modell des Hauptantriebs Kann entsprechend abgeleilet werden.

b) *Ergebnisse der Parameterschätzung*

Für die Verschleißerkennung wird auf eine direkte Drehmomentbzw. Schnittkraftmessung verzichtet. Anstelle dieser Größen werden die Ströme der Antriebe verwendet, die bei automatisierten Werkzeugmaschinen in der NC-Steuerung verfügbar sind.

Bild 31.25 zeigt die geschätzten Parameterverläufe, die den Zusammenhang zwischen der Vorschubänderung $\Delta\dot{f}$ und der Summenstromänderung ΔI_s des Vorschubantriebs beschreiben. Der Parameterschätzung liegt die Gl. (31.4.3) zugrunde. Der Verstärkungsfaktor α und die Zeitkonstante T_{1f}

$$T_{1f} = \tau_f + \frac{d_f + d_{fw} + \alpha}{c_f}$$

wurden für verschiedene Verschleißzustände der Schneiden geschätzt (Schnittbedingungen: Zahnvorschub $f_z = 0{,}15$ mm, Drehzahl $\omega_{sp} = 400\ \mathrm{min}^{-1}$ und Zustellung $a_p = 1$ mm). Bild 31.26 zeigt die Veränderung der geschätzten Parameter des Hauptantriebs für einen Fräsvorgang bei der Zerspanung von Stahl St 37

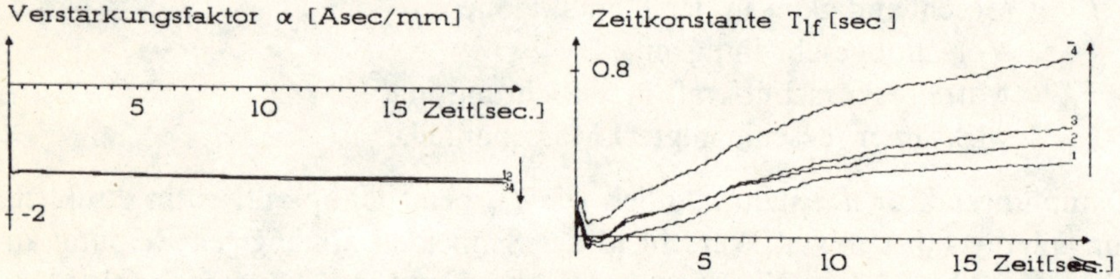

Bild 31.25. Geschätzte Parameter am Vorschubantrieb des Bearbeitungszentrums
a) Verstärkungsfaktor α_1
b) Zeitkonstante T_{1f}[s]. 1 unverschlissen; 2, 3, 4 zunehmender Verschleiß

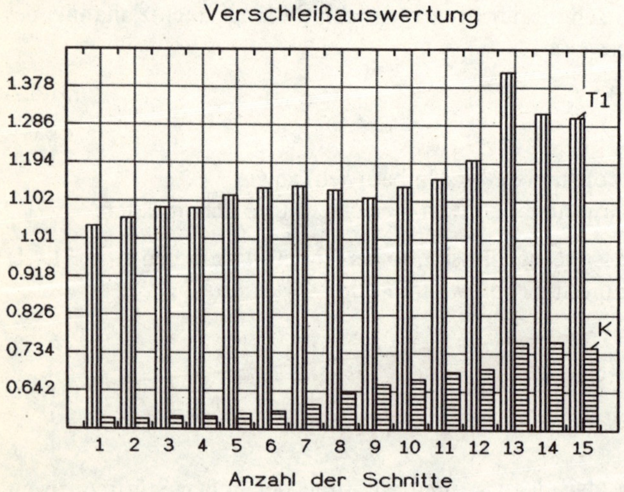

Bild 31.26. Schätzergebnisse am Hauptantrieb. K Verstärkungsfaktor [As], T_1 Zeitkonstante [s]

($f_z = 0{,}2$ mm, $\omega_{sp} = 935\ \text{min}^{-1}$, $a_p = 1$ mm). Die einzelnen Balken entsprechen den Parametern für einen bestimmten Schärfegrad der Schneiden, z.B. Schnitt 1: scharfe Schneiden; Schnitt 15: verschlissene Schneiden.

Deutlich ist bei beiden im letzten Abschnitt gezeigten Ergebnissen der Anstieg der Parameter in Abhängigkeit des Schärfegrades zu erkennen, so daß frühzeitig auf Werkzeugverschleiß geschlossen werden kann.

31.4.2 Modellbildung und Parameterschätzung beim Bohrprozeß

Das Bohren ist ein spanendes Verfahren mit kreisförmiger Schnittbewegung. Das Werkzeug führt hierbei lediglich eine Vorschubbewegung in Richtung der Drehachse aus. Unabhängig von der Vorschubbewegung behält die Drehachse der Schnittbewegung ihre Lage zu Werkzeug und Werkstück bei.

Mit Hilfe eines mathematischen Ansatzes für ein Prozeßmodell des Bohrens, wie er bereits für das Fräsen vorgestellt wurde, kann auch hier ein Zusammenhang zwischen den prozeßbestimmenden Meßgrößen – der Vorschubgeschwindigkeit und der Vorschubkraft – aufgestellt werden. Dies wird exemplarisch am Vorschubantrieb gezeigt. Dabei wird anstelle der Vorschubkraft der Motorstrom des sich bewegenden Vorschubantriebs als Meßgröße verwendet. Die Auswertung erfolgt nur in der Anbohrphase.

a) *Statisches Modell des Bohrvorgangs*

Für den Spiralbohrer als meist benutztes Bohrwerkzeug wird zunächst ein statisches Modell des Bohrprozesses aufgestellt. Dabei wird ein in der Praxis angewandtes Verfahren zur Berechnung der Zerspankräfte angesetzt, das von einer näherungsweise proportionalen Beziehung zwischen Vorschubkraft und Spanfläche ausgeht.

Die Vorschubkraft berechnet sich dann aus

$$F_f = A_f k_f \tag{31.4.4}$$

mit

A_f Spanungsquerschnitt
k_f spezifische Vorschubkraft .

In vereinfachter Form ergibt sich dann für die Vorschubkraft F_f

$$F_f = \alpha \dot{f} , \tag{31.4.5}$$

wobei α eine Funktion der Vorschubgeschwindigkeit $\dot{f}$, des Stumpfungsfaktors k_w und weiterer Einflußfaktoren ist.

b) *Dynamisches Modell des Bohrvorgangs*

Entsprechend dem dynamischen Ansatz beim Fräsen gelten für das dynamische Modell des Bohrprozesses die gleichen Aussagen. Es werden die mechanischen Elemente, wie Steifigkeiten und Dämpfung von Werkzeug, Halterung und Werk-

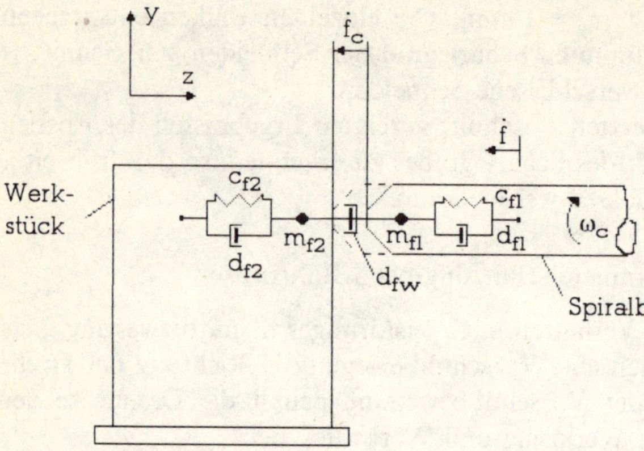

Bild 31.27. Darstellung der dynamischen Elemente beim Anbohrvorgang

stückaufspannung, die während der Bearbeitung zusammenwirken, modelliert, Bild 31.27.

Ausgehend von der Kräftebilanz in der Kontaktzone zwischen Werkstück und Schneiden

$$m_f \ddot{f}_c + (d_f + d_{fw})\dot{f}_c + c_f f_c = d_f \dot{f} + c_f f - F_f \qquad (31.4.6)$$

ergibt sich durch Berücksichtigung der Werkzeuggeometrie, insbesondere beim Eindringen der Querschneiden, das dynamische Prozeßmodell des Anbohrvorgangs. Die Zerspangeometrie beim Anbohren kann näherungsweise durch ein PDT-1-Glied beschrieben werden. Die Übertragungsfunktion lautet

$$\dot{F}_f \tau_f + F_f = \alpha \dot{f}_c + \chi_f \ddot{f}_c \qquad (31.4.7)$$

mit $\tau_f = 1/(3\dot{f})$ Anschnitt-Zeitkonstante des Vorschubantriebs.

Der Anteil χ_f ist physikalisch der Kraftanstieg, den das Eindringen der Querschneiden verursacht. Die Zeitkonstante τ_f ergibt sich näherungsweise aus der vorgegebenen Vorschubgeschwindigkeit $\dot{f}$ und der Spitzenlänge l des Spiralbohrers. Für das dynamische Modell des Bohrprozesses mit der Vorschubkraft F_f als Ausgangsgröße ergibt sich die Laplace-Übertragungsfunktion in reduzierter Form

$$\frac{F_f(s)}{\dot{f}(s)} = \frac{\alpha + \alpha(d_f/c_f + \chi_f)s}{1 + ((d_{fw} + d_f + \alpha)/c_f + \tau_f)s} = \frac{K(1 + T_D s)}{1 + T_1 s}\,. \qquad (31.4.8)$$

Der Verschleiß an den Bohrerschneiden wirkt sich unmittelbar in den Parametern α und d_{fw} aus. Der D-Anteil wird überwiegend vom Parameter χ_f bestimmt. Da bei zunehmendere Einsatzzeit des Werkzeugs sich auch die Querschneiden abnutzen, kann davon ausgegangen werden, daß sich der Verschleiß auch in einer Änderung von χ_f bemerkbar macht.

Für die folgenden experimentellen Ergebnisse am Vorschub wird anstelle einer kostenintensiven Kraftmessung der kraftproportionale Summenstrom-Sollwert des Vorschub-Synchronmotor-Antriebs am Klemmbrett direkt abgegriffen.

c) *Experimentelle Ergebnisse am Vorschub*

Ausgehend von dem in vorigen Abschnitt entwickelten PDT_1-Glied als Prozeßmodell erfolgt aufgrund der hohen drehzahlabhängigen Störfrequenzen, Bild 31.28, welche die Frequenzumrichtung des permanenterregten Synchronmotors verursacht, eine Reduzierung auf ein PT_1-Glied. Die Koeffizienten dieses vereinfachten Modells werden mit Hilfe von Parameterschätzmethoden in der Anbohrphase ermittelt.

Die Verschleißreihe wurde auf einer Fräsmaschine MAHO 700 S gefahren. Eingesetzt wurde ein HSS-Bohrer mit dem Durchmesser 5 mm (Vorschub pro Schneide, $f_z = 0{,}04$ mm).

Die Bilder 31.28 und 31.29 zeigen den Summenstrom-Sollwert I_s, die Ausgangsgröße des Prozeßmodells, und dessen erste Ableitung nach der Zeit $\dot{I}_s$. Der Zeitpunkt des Auftreffens der Querschneiden des Bohrers auf dem Werkstück (Stahl) ist deutlich in der ersten Ableitung des Summenstrom-Sollwerts $\dot{I}_s$ in Bild 31.29 nach etwa 0,9 s erkennbar.

In den Bildern 31.30 und 31.31 sind die geschätzten Parameter, der Verstärkungsfaktor α und die Zeitkonstante T_1 über der Zahl der Bohrungen aufgetragen. Der Verstärkungsfaktor α ist (physikalisch) die Momentzunahme am Vorschubmotor aufgrund der Zerspanung. Beide Parameter steigen von der ersten bis zur sechsten Messung an. Die Zeitkonstante T_1 zeigt dann bis zur 212. Bohrung nur einen geringfügigen Ansteig. Vor der 213. Bohrung wurden dic Schneiden des Bohrers künstlich verschlissen. Die geschätzten Parameter α und T_1 steigen entsprechend an. Deutlich ist dies bei T_1 zu erkennen. Die zwei folgenden Messungen zeigen dann eine in größerem Maße zunehmende Abnutzung des Werkzeugs.

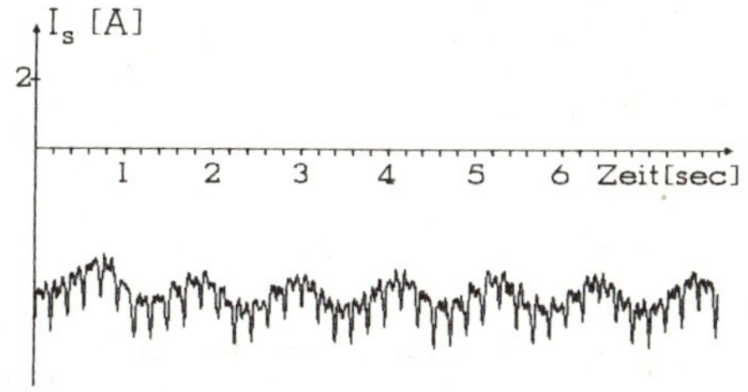

Bild 31.28. Summenstromsollwert I_s des Vorschubs

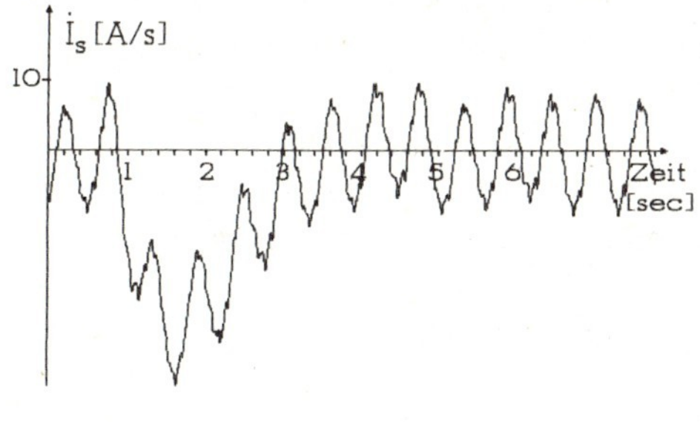

Bild 31.29. Erste Ableitung des Summenstromsollwerts $\dot{I}_s$ nach der Zeit (Tiefpaßfilterung $f_g = 2$ Hz)

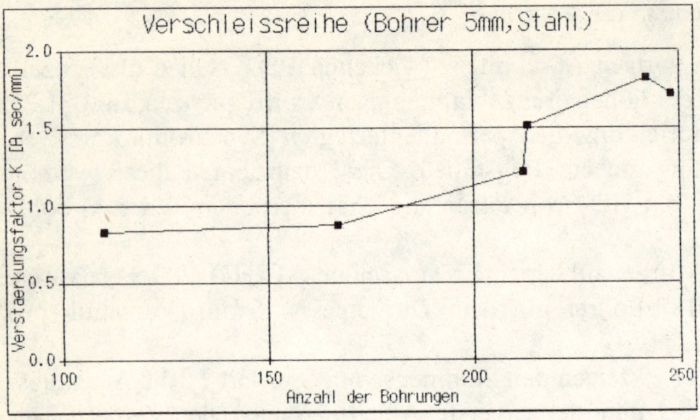

Bild 31.30. Verstärkungsfaktor $K = \alpha$ des vereinfachten PT_1-Modells für den Vorschub

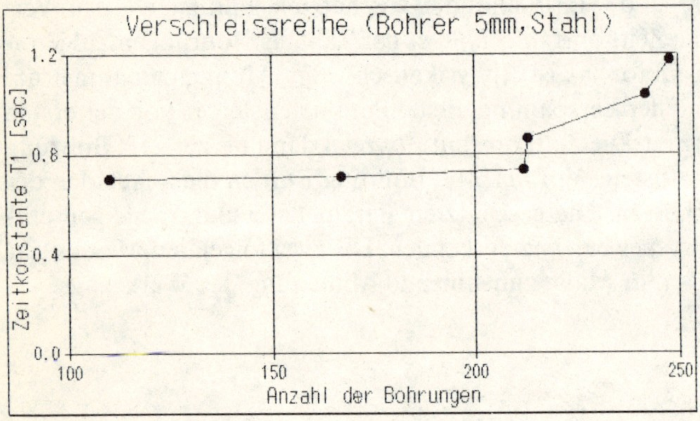

Bild 31.31. Zeitkonstante T_1 des vereinfachten PT_1-Modells

d) *Verschleißdiagnose*

Die Modellbildung des Fräs- und Bohrprozesses und die sich daran anschließende Schätzung der physikalischen Prozeßkoeffizienten sind die analytische Wissensbasis der Fehlerdiagnose. Mit ihr können mehrere mit dem Verschleißzustand des eingesetzten Werkzeugs in direktem Zusammenhang stehende Werte gewonnen werden. Dazu zählen die Modellparameter des Haupt- und des jeweils bewegten Vorschubantriebs.

Die bei einer Strommessung anfallenden Reibungswerte aufgrund einer zusätzlichen Auswertung der Stromaufnahme vor dem Anschnitt können getrennt für eine Überwachung mechanischer Elemente wie Spindellagerung oder Schlittenführung genutzt werden.

Mit geeignet gewählten Gewichtungsfaktoren entsteht dann aus den Anderungen der geschätzten Parameter von Haupt- und Vorschubantrieb bezüglich der

Referenzparameter – den Symptomen – ein Verschleißwert. Mit diesem und allen weiteren Verschleißwerten wird die heuristische Wissensbasis ergänzt, so daß nach dem ersten Werkzeugwechsel eine vollständige Lernkurve zur Verfügung steht.

Die experimentellen Ergebnisse zeigen, daß es auch bei den spanabhebenden Verfahren wie Fräsen und Bohren möglich ist, nur aus den gemessenen Strömen und Drehzahlen von Vorschub- und Hauptantrieb auf Veränderungen im Schnittprozeß zu schließen. Dabei spielt das dynamische Verhalten zwischen den Signalen eine entscheidende Rolle.

32 Identifikation von Aktoren

32.1 Hubmagnet

Der untersuchte Hubmagnet ist in Bild 32.1 dargestellt. Er arbeitet gegen eine Feder und hat einen Stellbereich von 25 mm. Der Gleichstrom wird über einen Transistorverstärker gesteuert, die Stellung durch einen induktiven Wegsensor abgegriffen. Bild 32.2 zeigt das gemessene Magnetkraft-Weg-Kennfeld, Bild 32.3 die Übergangsfunktionen von Strom und Weg. Ein stabiler Betrieb ist aufgrund der Schnittpunkte von Feder- und Magnet-Kennlinie nur im Bereich 0 bis 15 mm möglich.

Über eine theoretische Modellbildung, Raab (1992) erhält man das in Bild 32.4 dargestellte Blockschaltbild. Das nichtlineare Verhalten entsteht durch die magnetische Hysterese und durch die trockene Reibung der Lagerung. Der unterlagerte Strom-Regelkreis wird durch ein Verzögerungsglied erster Ordnung angenähert.

Zur Parameterschätzung werden der geregelte Stromkreis, die hysteresebehaftete Magnetkraftkennlinie und das Feder-Masse-System mit der Last $F_L(t)$ durch folgende richtungsabhängige Gleichungen beschrieben

$$\dot{I}(t) = \frac{1}{T_I}(U(t) - I(t)) \tag{32.1.1}$$

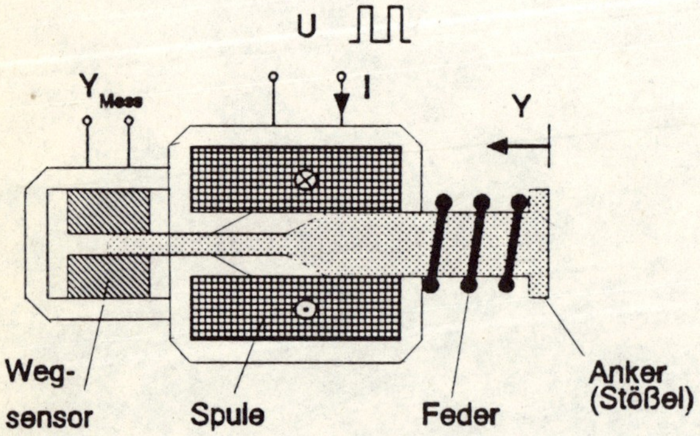

Bild 32.1. Schema des Hubmagneten

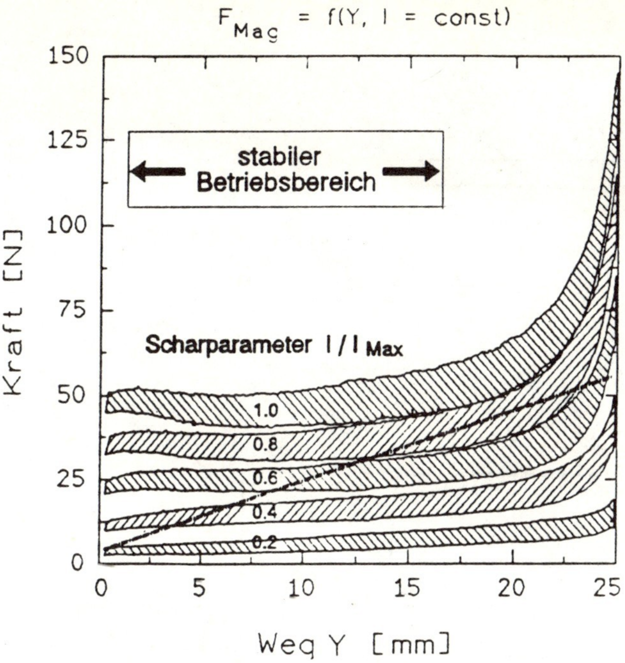

Bild 32.2. Magnetkraft-Weg-Kennfeld $F_{\mathrm{Mag}} = f(Y)$ für $I = \mathrm{const}$

$$\ddot{Y}(t) = \frac{1}{m}\left[-d_+\,\dot{Y}(t) - c_\mathrm{f}\,Y(t) + K_{\mathrm{M}+}\,I(t) + F_\mathrm{L}(t) - F_{\mathrm{C}+}(Y)\right] \qquad (32.1.2)$$

für $\dot{Y} > Y_0$ und $\dot{F}_\mathrm{M} > 0$

$$\ddot{Y}(t) = \frac{1}{m}\left[-d_-\,\dot{Y}(t) - c_\mathrm{f}\,Y(t) + K_{\mathrm{M}-}\,I(t) + F_\mathrm{L}(t) + F_{\mathrm{C}-}(Y)\right] \qquad (32.1.3)$$

für $\dot{Y} < Y_0$ und $\dot{F}_\mathrm{M} < 0$.

Zur Parameterschätzung eignen sich im Hinblick auf den Entwurf einer digitalen Regelung zeitdiskrete Modelle 3. Ordnung mit Totzeit, z.B. für die eine Richtung

$$Y(k) = -\sum_{i=1}^{3} a_1\,Y(k-i) + \sum_{i=1}^{3} b_i U(k-d-i) + c_+$$

$$Y(k) > Y(k-1) > \cdots \qquad (32.1.4)$$

Die Totzeit ist durch die Stromsteuerung schaltungstechnisch bedingt.

In Bild 32.5 ist der Verlauf der gemessenen Signale zu sehen, in Bild 32.6 die mit niederfrequenten Sinussignalen gemessene Kennlinie $Y = f(U)$. Die Kennlinie zeigt, daß die Hysteresebreite und der Verstärkungsfaktor von der Stellung abhängig sind.

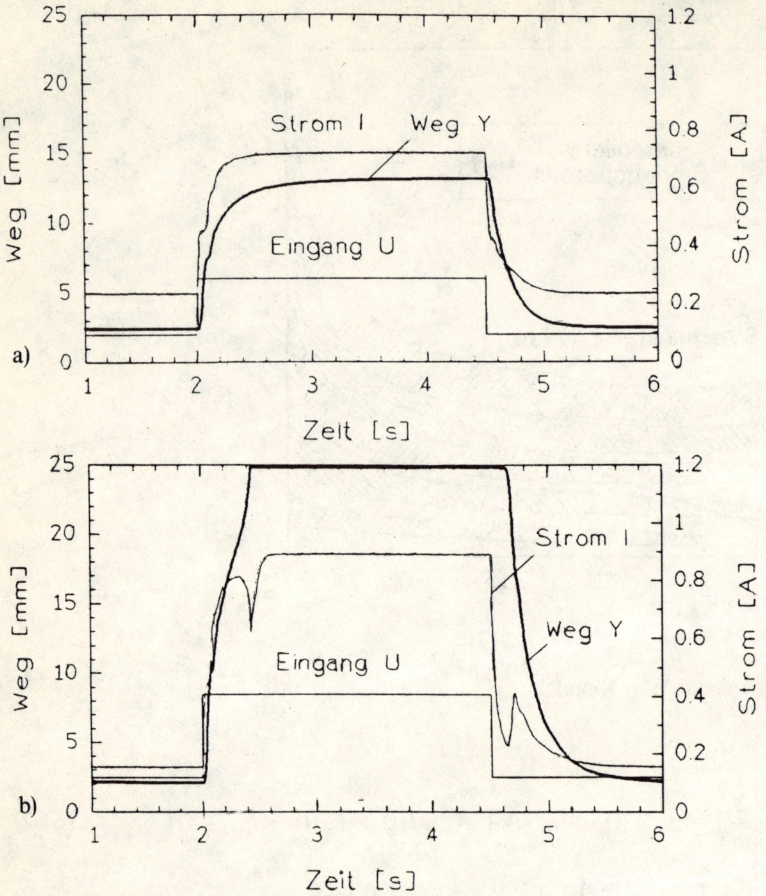

Bild 32.3. Übergangsfunktionen (ohne Stromregelung)
a) $U = 2 \rightarrow 6 \rightarrow 2$ V
b) $U = 2 \rightarrow 8 \rightarrow 2$ V

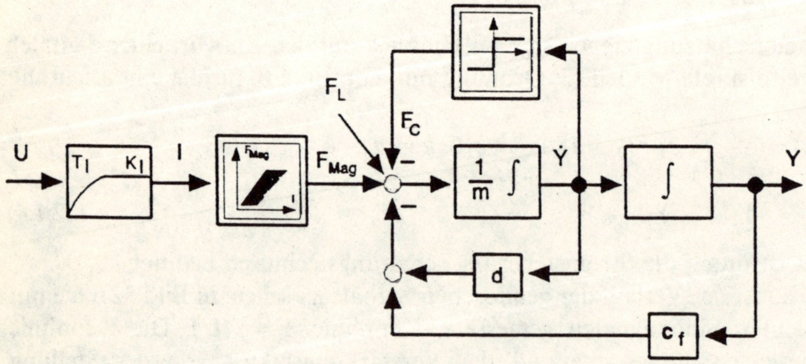

Bild 32.4. Vereinfachtes Blockschaltbild des Hubmagneten

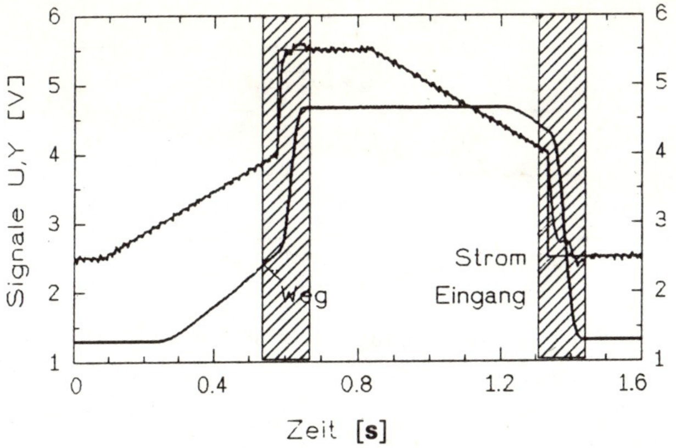

Bild 32.5. Testsignal für die Auf- und Abwärtsbewegung des Hubmagneten

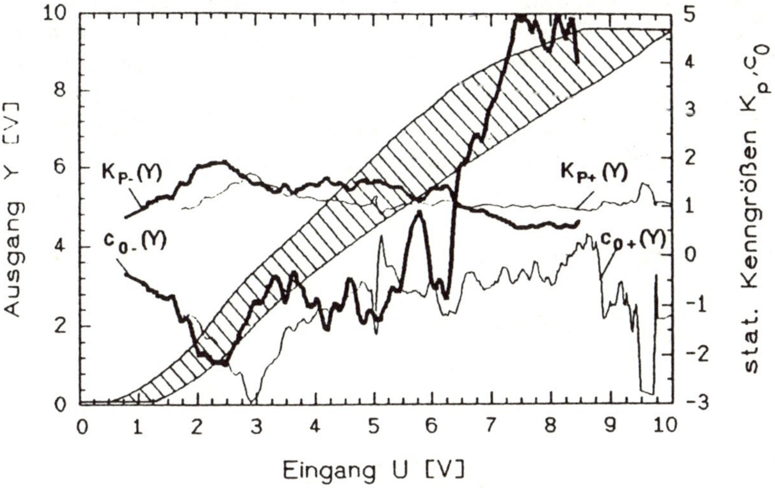

Bild 32.6. Gemessene Hysteresekennlinie des Hubmagneten

Zur Parameterschätzung wurde hier die Summe der Quadrate des Ausgangsfehlers durch ein numerisches Optimierungsverfahren minimiert. Die mit einer Abtastfrequenz $f_0 = 500$ Hz erhaltenen Parameterschätzwerte sind in Tabelle 32.1 angegeben. Die Verifikation des Ausgangssignales ergibt Fehler $|\Delta y| < 5\%$, also eine sehr gute Übereinstimmung.

Diese Modelle des Hubmagneten wurden dann zum rechnerunterstützten Entwurf von digitalen PID-Regelalgorithmen mit Kompensation der nichtlinearen statischen Kennlinie und der Hysterese verwendet. Im Vergleich zu einem linearen PID-Regler konnte die Stellgenauigkeit von etwa 100 μm auf 40 μm verbessert und ein stabiles Verhalten im ganzen Stellbereich von 0 bis 25 mm erreicht werden,

Tabelle 32.1. Parameterschätzwerte für den Hubmagneten für $T_0 = 2$ ms

	$\hat{a}_1$	$\hat{a}_2$	$\hat{b}_1 * 10^{-3}$	$\hat{b}_2 * 10^{-3}$	$\hat{c}^*$	$\hat{K}_P$
Aufsprung ↑ (+)	−1,861	0,868	7,700	7,331	−2,12	2,09
Absprung ↓ (−)	−1,909	0,913	5,223	5,062	−3,30	2,686

Raab (1992). Ähnliche Ergebnisse wurden für eine magnetisch gestellte Dieseleinspritzpumpe erzielt.

32.2 Pneumatischer Antrieb

Bild 32.7 zeigt den Aufbau eines pneumatischen Membranantriebes, der zur Stellung der Hauptdrosselklappe im Pierburg-Ecotronik-Vergaser eingesetzt wird. Die pneumatische Hilfsenergie wird dem Saugrohr des Ottomotors entnommen. Die Ansteuerung erfolgt dabei über zwei pulsbreitenmodulierte Magnetventile, die den Luftdruckspeicher oberhalb der Rollmembrane entweder zum Saugrohr-Unterdruck ($U_2 = 1$) oder zum Atmosphären-Außendruck ($U_1 = 1$) öffnen. Der an der Membrane befestigte Stößel ist mit einer vorgespannten Feder versehen und

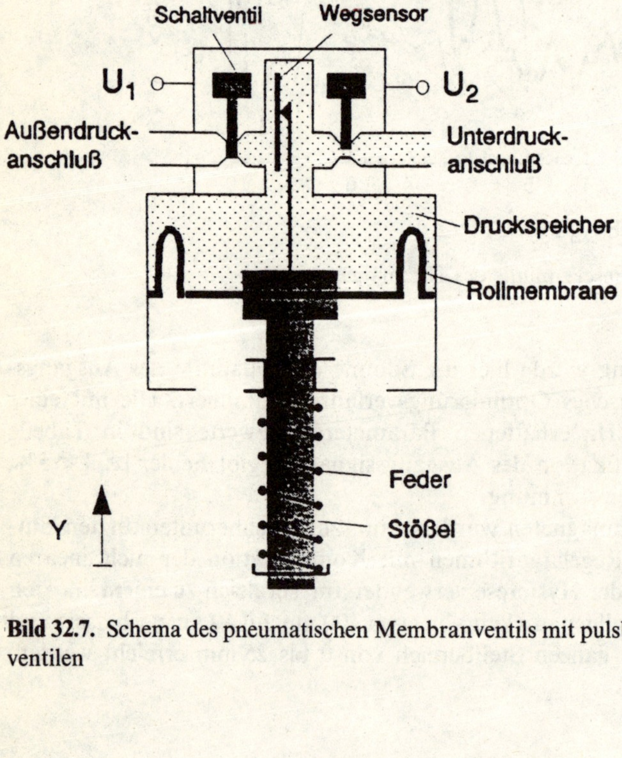

Bild 32.7. Schema des pneumatischen Membranventils mit pulsbreitenmodulierten Magnetventilen

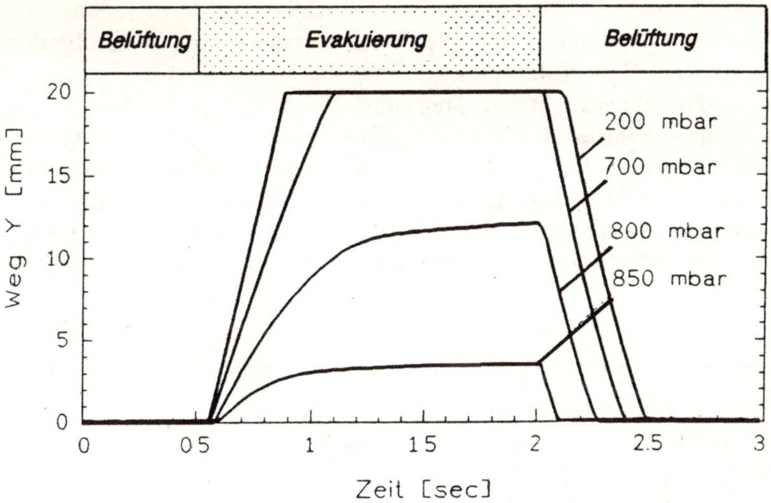

Bild 32.8. Übergangsfunktionen des pneumatischen Membranantriebs für verschiedene Unterdrücke und Bewegungsrichtungen

stellt über Hebelanordnung die Drosselklappe des Vergasers. Seine Stellung wird durch ein Linearpotentiometer gemessen. Bild 32.8 zeigt die gemessenen Übergangsfunktionen, Raab (1992). Für geöffnetes Außendruckventil ($U_1 = 1$) und geschlossenes Unterdruckventil ($U_2 = 0$) stellt sich die untere Stellung $Y = 0$ mm ein. Im umgekehrten Fall ($U_1 = 0$; $U_2 = 1$) ist das statische und dynamische Verhalten stark vom momentanen Wert des Unterdrucks im Saugrohr abhängig, der im üblichen Fahrbetrieb zwischen 200 . . . 900 mbar schwankt. Bei kleinem Unterdruck $p_u = 200$ mbar, (also großem Differenzdruck $\Delta p = p_0 - p_u = 800$ mbar), erreicht der Antrieb mit relativ großer Stellgeschwindigkeit den oberen Anschlag bei $Y = 20$ mm. Die Stellgeschwindigkeit wird deutlich kleiner bei $p_u = 700$ mbar ($\Delta p = 300$ mbar). Für $p_u > 750$ mbar kann die maximale Stellung nicht mehr erreicht werden, wie die Übergangsfunktionen für $p_u = 800$ mbar und 850 mbar zeigen. Zusätzlich wird die Stellgeschwindigkeit noch wesentlich kleiner. Nach Schließen des Unterdruckventiles ($U_2 = 0$) und Öffnen des Außendruckventiles ($U_2 = 1$) stellt sich wieder $Y = 0$ mm ein. Die Stellgeschwindigkeiten sind hierbei nur wenig unterschiedlich. Die gemessenen Übergangsfunktionen zeigen im Anfangsbereich „Verzugszeiten", die unter anderem durch die Hysterese der Magnetventile bedingt ist. Der hierdurch bedingte Anteil der Verzugszeit liegt bei $t_{an} = 4 \ldots 10$ ms.

Der pneumatische Antrieb wird hier im „Einventilbetrieb" angesteuert, d.h. nur eines der beiden Magnetventile ist geöffnet. Durch Umwandlung der Stellgrößenänderung in ein pulsbreiten-moduliertes Ansteuersignal eines Magnetventils kann eine bestimmte Stellwegänderung ΔY erreicht werden.

In Raab (1992) wurde eine theoretische Modellbildung des pneumatischen Membranantriebs durchgeführt. Aus den Elementen Magnetventile, pneumatisches und mechanisches Teilsystem ergibt sich ein nichtlineares Übertragungsverhalten dritter Ordnung mit einem Verhalten ohne Ausgleich für Einventilbetrieb und einen energielosen Haltezustand für geschlossene Magnetventile.

Zur genauen und schnellen Stellungsregelung dieses stark zeitvarianten und nichtlinearen Membranantriebes war eine digitale adaptive Regelung zu entwikkeln. Wegen der relativ großen Verzugszeit der Schaltventile kann die Abtastfrequenz auf maximal $f_0 \approx 50$ Hz begrenzt werden, so daß die Dynamik des mechanischen Teilsystems vernachläßigbar ist. Weitere Vereinfachungen, Raab (1992), erlauben schließlich als Modellstruktur für eine On-line-Parameterschätzung die

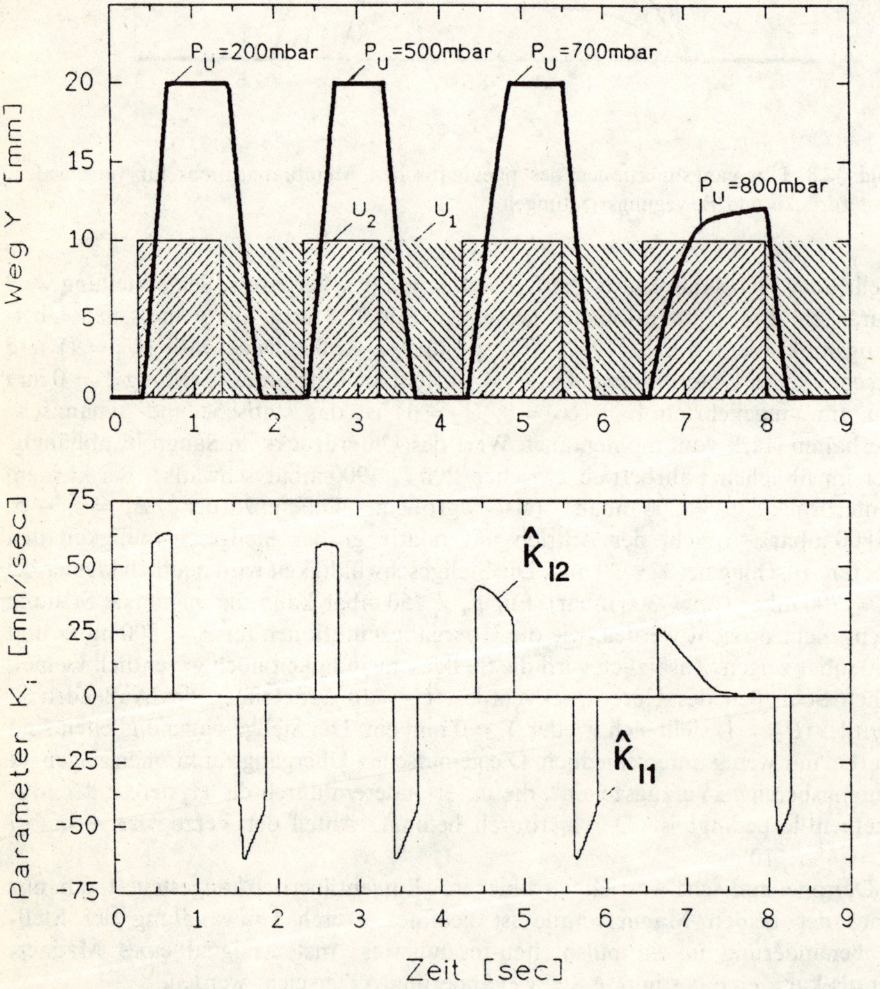

Bild 32.9. Gemessene Ein- und Ausgangssignale des pneumatischen Stellantriebs und zugehörige Parameterschätzwerte, $T_0 = 20$ ms

Beschreibung durch ein richtungsabhängiges integrierendes Übertragungsglied mit Halteglied nullter Ordnung der Form

$$\begin{aligned} Y(k) - Y(k-1) &= K_{11} U_1(k-1) \quad \text{für } Y(k) < Y(k-1) \\ Y(k) - Y(k-1) &= K_{12} U_2(k-1) \quad \text{für } Y(k) > Y(k-1)\,. \end{aligned} \tag{32.1.5}$$

Zur Parameterschätzung wurde die DSFI-Methode eingesetzt. Eine schnelle Anpassung an die zeitvarianten Parameter wurde durch die Verwendung der letzten $N = 5 \ldots 10$ gemessenen Signale (in Form eines mitlaufenden Datenfensters erreicht, Bild 32.9 zeigt die gemessenen Signalwerte und die On-line geschätzten Parameter für eine Abtastfrequenz $f_0 = 50$ Hz. Der Parameter $\hat{K}_{12}$ für die Aufwärtsbewegung ändert sich dabei zwischen etwa 65 mm/s und 25 mm/s. Der Parameter für die Abwärtsbewegung ist dagegen relativ konstant $\hat{K}_{11} \approx -65$ mm/s.

Mit diesem einfachen, zeitvarianten Modell konnte eine adaptive Stellungsregelung realisiert werden, die unabhängig von den starken Unterdruckschwankungen und Laständerungen an der Drosselklappe eine gute Regelgüte ermöglicht.

Literaturverzeichnis

Ackermann J (1972): Abtastregelung. Berlin: Springer-Verlag

Ackermann J (1983): Abtastregelung. 2. Auflage Bd I u. II. Berlin: Springer-Verlag

Aitken AC (1952): Statistical mathematics. Edinburgh: Oliver and Boyd

Akaike H (1970): Statistical predictor identification. Ann Inst Statist Meth 22, 203–217

Albert A, Sittler RW (1965): A method for computing least squares estimators that keep up with the data. SIAM J Control 3, 384–417

Albert AE, Gardner LA (1967): Stochastic approximation and nonlinear regression. Cambridge, Mass.: M.I.T.-Press

Ammon W (1967): Der Einfluß unvermeidbarer Fehler auf die Berechnung des Frequenzganges aus der Sprungantwort. Regelungstechnik 15, 456–460

Anderson BDO (1968): A simplified viewpoint of hyperstability. IEEE Trans Autom Control AC-13, 292–294

Anderson BDO (1985): Identification of scalar errors-in-variables models with dynamics. Automatica 21, 709–716

Andronikov AM, Bekey GA, Hadaegh FY (1983): Identifiability of nonlinear systems with hysteretic elements. J. Dyn Syst Meas Control 105, 209–214

Arnold L (1973): Stochastische Differentialgleichungen. München: Oldenbourg

Åström KJ (1968): Lectures on the identification problem – The least squares method. Report 6808, Lund Institute of Technology, Sweden

Åström KJ (1970): Introduction to stochastic control theory. New York: Academic Press

Åström KJ (1980): Maximum likelihood and prediction error methods. Automatica 16, 551–574

Åström KJ, Bohlin T (1966): Numerical identification of linear dynamic systems from normal operating records. IFAC-Symposium Theory of selfadaptive Control Systems, Teddington, 1965. New York: Plenum Press

Åström KJ, Eykhoff P (1971): System identification – a survey. Automatica 7, 123–162

Åström KJ, Källström CG (1973): Application of system identification techniques to the determination of ship dynamics. IFAC-Symp Identification. Amsterdam: North Holland and Automatica (1981) 17, 187–198

Atherton DP (1982): Nonlinear control engineering. London: Van Nostrand Reinhold

Ba Hli F (1954): A general method for the time domain network synthesis. Trans IRE on Circuit Theory 1, 21–28

Balakrishnan AV, Peterka V (1969): Identification in automatic control systems. 4th IFAC-Congress, Warszawa

Balchen JG (1962): Ein einfaches Gerät zur experimentellen Bestimmung des Frequenzganges von Regelungsanordnungen. Regelungstechnik 10, 200–205

Bamberger W (1978): Verfahren zur On-line-Optimierung des statischen Verhaltens nichtlinearer, dynamisch träger Prozesse. KfK-PDV-Bericht 159, Kernforschungszentrum Karlsruhe

Barlow JL, Ipsen I (1987): Scaled Givens-rotations for the solution of linear least squares problems on systolic arrays. SIAM J. Sci. Comput., 8, No. 5

Bartels E (1966): Praktische Systemanalyse mit Korrelationsverfahren. Regelungstechnik 14, 49–55

Bartlett MS (1946): On the theoretical specification and sampling properties of autocorrelated time series. J. Royal Stat Soc B 8, 27–41

Bastl W (1966): Korrelationsverfahren in der Kernreaktormeßtechnik. Regelungstechnik 14, 56–63

Baur U (1976): On-line Parameterschätzverfahren zur Identifikation linearer, dynamischer Prozesse mit Prozeßrechnern – Entwicklung, Vergleich, Erprobung. Dissertation Universität Stuttgart. KfK-PDV-Bericht-65, Kernforschungszentrum Karlsruhe

Baur U, Isermann R (1977): On-line identification of a heat exchanger with a process computer – a case study. Automatica 13, 487–496

Bellman R, Åström KJ (1970): On structural identifiability. Math. Biosciences 7, 329–338

Bendat JS, Piersol AG (1967): Measurement and analysis of data. New York: Wiley-Interscience (3rd printing)

Bendat JS, Piersol AG (1971): Random data: analysis and measurement procedures. New York: Wiley-Interscience

Bender E (1972): Analyse und digitale Simulation des Stellungsregelkreises. 4. Tagung des NAMUR-VDI/VDE-Ausschusses Regelung und Steuerung in der Verfahrenstechnik, 8./9.6.72 Frankfurt

Bergland GD (1969): Fast fourier transform hardware implementations – An overview. IEEE Trans Audio Electroacoust 17, 104–119

Bergmann S (1983): Digitale parameteradaptive Regelung mit Mikrorechner. Dissertation TH Darmstadt, Fortschritt-Ber VDI-Z Reihe 8, Nr. 55

Biermann GJ (1977): Factorization methods for discrete sequential estimation. New York: Academic Press

Blandhol E, Balchen JG (1963): Determination of system dynamics by use of adjustable models. Automatic and Remote Control (Proc. 2nd IFAC-Congress, Basle). London: Butterworth 315–323

Blessing P (1979): Identification of the input/output and noise-dynamics of linear multivariable system. Proc. 5th IFAC-Symp Identification, Darmstadt. Oxford Pergamon-Press.

Blessing P (1980): Ein Verfahren zur Identifikation von linearen, stochastisch gestörten Mehrgrößensystemen. KfK-PDV-Bericht 181, Kernforschungszentrum Karlsruhe

Blessing P, Baur U, Isermann R (1976): Identification of multivariable systems with recursive correlation, least squares parameter estimation and use of a compensating technique. Proc. 4th IFAC-Symp Identification, Tbilisi (USSR), Amsterdam: North Holland

Blum J (1954): Multidimensional stochastic approximation procedures. Ann Math Statist 25, 737–744

Bohlin T (1971): On the problem of ambiguities in maximum likelihood identification. Automatica 7, 199–210

Boom AJW van den (1982): System Identification – on the variety and coherence in parameter – and order estimation methods. Dissertation TH Eindhoven

Boom A van den, Enden A van den (1973): The determination of the order of process- and noise dynamics. Proc. of 3rd IFAC-Symp Identification, Amsterdam: North Holland

Bos A van den (1967): Construction of binary multifrequency testsignals. 1st IFAC-Symp Identification, Prag

Bos A van den (1970): Estimation of linear system coefficients from noisy responses to binary multifrequency testsignals. Proc. of 2nd IFAC-Symp Identification, Prag

Bos A van den (1973): Selection of periodic testsignals for estimation on linear system dynamics. Proc. of 3rd IFAC-Symp Identification, The Hague

Bos A van den (1976): Identification hardware and instrumentation. Proc. of 4th IFAC-Symp Identification Param Estim, Tbilisi (USSR), Amsterdam: North Holland

Box GEP, Jenkins GM (1970): Time series analysis, forecasting and control. San Francisco: Holden Day

Brammer K, Siffling G (1975): Stochastische Grundlagen des Kalman-Filters: Wahrscheinlichkeitsrechnung und Zufallsprozesse. München: Oldenbourg

Brauer A (1953): On a new class of Hadamard determinants. Math Z 58, 219–226

Briggs PAN, Godfrey KR, Hammond PH (1967): Estimation of process dynamic characteristics by correlation methods using pseudo random signals. IFAC-Symposium Identification, Prag 3, 10

Briggs PAN, Hammond PH, Hughes MTG, Plumb GO (1964–65): Correlation analysis of process dynamics using pseudo-random binary test perturbations. Proc Inst Mech Eng 179, 37–51

Brigham EO (1974): The fast Fourier transform. Englewood Cliffs: Prentice-Hall

Bronstein IN, Semendjajew KA (1979): Taschenbuch der Mathematik, Thun: Verlag Harri Deutsch

Butchart RL, Shackeloth B (1966): Synthesis of model reference adaptive control systems by Ljapunov's second method. Proc. IFAC-Symp Adaptive Control, Teddington (1965). Instrument Soc America (ISA)

Bux D, Isermann R (1967): Vergleich nichtperiodischer Testsignale zur Messung des dynamischen Verhaltens von Regelstrecken. Fortschritt-Ber VDI-Z Reihe 8, Nr. 9

Chow PEK, Davies AC (1964): The synthesis of cyclic code generators. Electron Eng 253–259

Clarke DW (1967): Generalized least squares estimation of the parameters of a dynamic model. Preprints IFAC-Symp Identification. Prag

Clymer AB (1959): Direct system synthesis by means of computers. Trans AIEE 77, part I (Communications and Electronics), 798–806

Corran ER, Cummins JD, Hopkinson A (1964): Identification of some cross-flow heat exchanger dynamic responses be measurement with low-level binary pseudo random input signals. Atomic Energy Establishment, Winfrith (AEEW), Dorset (England), Rep. No. 373

Cramér H (1946): Mathematical methods of statistics. Princeton: Princeton University Press

Cuénod M, Sage AP (1968): Comparison of some methods used for process identification. Automatica 4, 235–269

Cummins JC (1964): A note on errors and signal to noise ratio of binary cross-correlation measurements of system impulse response. Atom Energy Establishment, Winfrith (AEEW), Dorset (England) Rep. No. R 329

Darowskikh LN (1962): Experimental determination of automatic control systems links transfer functions by means of standard electronic models. Autom Remote Control 23, 1180–1187

Dasgupta S, Anderson BDO, Kaye RI (1988): Identification of physical parameters in structured systems. Automatica 24, 217–225

Davenport W, Root W (1958): An introduction to the theory of random signals and noise. New York: McGraw-Hill

Davies WDT (1970): System identification for self-adaptive control. London: Wiley-Interscience

Davies WDT, Douce JL (1967): On-line system identification in the presence of drift. IFAC-Symposium Identification, Prag Nr. 3. 12

Deutsch R (1965): Estimation theory. Englewood Cliffs, N.J.: Prentice Hall

Deutsch R (1969): Systems analysis techniques. Englewood Cliffs N.J.: Prentice Hall

Desoer CA, Vidyasagar M (1975): Feedback systems; input-output properties, New York: Academic Press

Dietz U (1985): Regelung eines Systems mit nichtdifferenzierbarer Nichtlinearität. Fachgebiet Meß-, Steuer- und Regeltechnik, GH-Universität, Duisburg

Doetsch G (1967): Anleitung zum praktischen Gebrauch der Laplace-Transformation und der z-Transformation. München: Oldenbourg

Doob JL (1953): Stochastic processes. New York: J. Wiley

Dotsenko VI, Faradzhev RG, Charkartisvhili GS (1971): Properties of maximal length sequences with p-levels. Automatika i Telemechanika H. 8, 189–194

Draper ChS, Kay WMc, Lees S (1953): Methods for associating mathematics solutions with commons forms. Instrument Engineering Vol. II. New York: McGraw-Hill

Durbin J (1954): Errors in variables. Rev Int Statist Inst 22, 23–32

Durbin J (1960): Estimation of parameters in time-series regression models. J R Statist Soc Ser B 22, 139–153

Dvoretzky A (1956): On stochastic approximation. Proc. 3rd Berkley Symp Math Statist and Prob (J. Neyman Ed.) Berkley (California): University of California Press 39–55

Ehrenburg L, Wagner M (1966): Erprobung der Methode der Korrelationsfunktionen für die Bestimmung der Dynamik industrieller Anlagen. Messen, Steuern, Regeln 9, 41–45

Elsden CS, Ley AJ (1969): A digital transfer function analyser based on pulse rate techniques. Automatica 5, 51–60

Endl K, Luh W (1972): Analysis II, Frankfurt: Akad. Verlagsgesellschaft

Everett D (1966): Periodic digital sequences with pseudonoise properties. GEC J Sci Technol 33, 115–126

Eykhoff P (1961): Process parameter estimation using an analog model. Proc. 3rd Internat Analog Computation Meetings, Opatija (Yugoslavia) Sept. 1961, 276–290

Eykhoff P (1963): Some fundamental aspects of process parameter estimation. IEEE-Trans Autom Control AC-8, 347–357

Eykhoff P (1964): Process parameter estimation. Progress in Control Engineering. London: Heywood Vol. 2, 162–206

Eykhoff P (1967): Process parameter and state estimation, Automatica 4, 205–233

Eykhoff P (1974): System identification. London: J. Wiley

Eykhoff P (Ed.) (1981): Trends and progress in system identification. Oxford: Pergamon Press

Eykhoff P, Grinten PMEM van der, Kwakernaak H, Veltman BPTh (1966): Systems modelling and identification. Automatic and remote Control, 3rd IFAC-Congress, London, 1966, London/Munich: Butterworth/Oldenbourg

Eykhoff P, Smith OJM (1962): Optimalizing control with process dynamics identification. IRE Trans Autom Control AC-7, 140–155

Eykhoff PMEM et al. (1966): Systems modelling and identification. Surveypaper IFAC-Congress, London: Inst. Mech. Eng.

Fischer AF (1967): Einführung in die statistische Übertragungstheorie. Mannheim: Bibliographisches Institut

Fisher RA (1921): On the mathematical foundation of theoretical statistics. Phil Trans A 222, 309

Fisher RA (1950): Contributions to mathematical statistics. New York: J. Wiley

Fletcher R, Powell MJD (1963): A rapid descent method for minimisation. Comput J 6, 163–168
Föllinger O (1974): Lineare Abtastsysteme. München: Oldenbourg
Föllinger O (1978): Regelungstechnik. Berlin: Elitera
Föllinger O (1980): Regelungstechnik, Berlin: AEG-Telefunken
Föllinger O, Franke D (1982): Einführung in die Zustandsbeschreibung dynamischer Systeme. München: Oldenbourg
Fortescue TR, Kershenbaum LS, Ydstie BE (1981): Implementation of self-tuning regulators with variable forgetting factor. Automatica 17, 831–835
Freyermuth B (1990): Modellgestützte Fehlerdiagnose von Industrierobotern mittels Parameterschätzung. Robotersysteme 6, 202–210
Fuhrt BP, Carapic M (1975): On-line maximum likelihood algorithm for the identification of dynamic systems. 4th IFAC-Symp Identification, Tbilisi (USSR)
Gabor D et al. (1961): A universal nonlinear filter predictor and simulator which optimizes itself by a learning process. Proc IEE Vol 108 B, No 40, 422–438
Gallmann PG (1975): An iterative method for the identification of nonlinear systems using an Uryson-model. IEEE Trans Autom Control AC-20, 771–775
Gantmacher FR (1960, 1974): Matrix theory, Vol 1 and 2. New York, Chelsea
Gauss KF (1809): Theory of the motion of the heavenly bodies moving about the sun in conic sections. New York: Dover Publications (1963 reprint)
Gauss KF (1887): Abhandlungen zur Methode der kleinsten Quadrate. Hrsg: Börsch A, Simon P. Berlin: Stankiewicz' Buchdruckerei
Geiger G (1985): Technische Fehlerdiagnose mittels Parameterschätzung und Fehlerklassifikation am Beispiel einer elektrisch angetriebenen Kreiselpumpe. Dissertation TH Darmstadt. Fortschritt-Ber. VDI-Z Reihe 8, Nr. 91
Genin Y (1968): A note on linear minimum variance estimation problems: IEEE Trans Autom Control AC-13, 103
Gibson JE (1963): Nonlinear automatic control. New York: McGraw Hill
Godfrey KR (1970): The application of pseudo-random sequences to industrial processes. 2nd IFAC-Symp Identification, Prag. Preprints Academia-Verlag
Godfrey KR (1986): Three-level m-sequences. Electron lett 2, 241–243
Goedecke W (1985): Fault detection in a tubular heat exchanger based on modelling and parameter estimation. Proc. 6th IFAC-Symp Identification Syst Param Estim, York. Oxford: Pergamon Press
Goedecke W (1987): Fehlererkennung an einem thermischen Prozeß mit Methoden der Parameterschätzung. Dissertation TH Darmstadt. Fortschritt Ber VDI-Z Reihe 8, Nr. 130, Düsseldorf: VDI-Verlag
Goldberger AS (1964): Econometric theory. New York: J. Wiley
Göldner K (1965): Zur Berechnung des Frequenzganges aus der Übergangsfunktion. Messen, Steuern, Regeln 8, 412–415
Golub GH, Loan CF van (1980): An analysis of the total least squares problems. SIAM J Numer Anal 17, 883–893
Golub GH, Reinsch C (1970): Singular value decomposition and least squares solutions. Numer Meth 14, 403–420
Godman TP, Reswick JB (1956): Determination of systems characteristics from normal operation records. Trans ASME 78, 259–271
Goodwin GC, Payne RL (1977): Dynamic system identification; experiment design and data analysis. New York: Academic Press
Graupe D (1972): Identification of systems. New York: Van Nostrand Reinhold
Gröbner W (1966): Matrizenrechnung. Mannheim: BI-Hochschultaschenbücher-Verlag

Guidorzi R (1979): Canonical structures in the identification of multivariable systems. Automatica 11, 361–374

Guillemin EA (1957): Synthesis of passive networks. New York: J. Wiley

Guillemin EA (1966): Mathematische Methoden des Ingenieurs. München: Oldenbourg

Gustavsson I (1973): Survey of applications of identification in chemical and physical processes. 3rd IFAC-Symp Identification, The Hague. Amsterdam: North Holland

Gustavsson I, Ljung L, Söderström T (1974): Identification of linear multivariable process-dynamics using closed loop experiments. Report 7401 Lund Inst of Technology, Dep of Aut Control

Gustavsson I, Ljung L, Söderström T (1977): Identification of processes in closed loop – identifiability and accuracy aspects. Automatica 13, 59–75

Haber R (1979): Eine Identifikationsmethode zur Parameterschätzung bei nichtlinearen dynamischen Modellen für Prozeßrechner. KfK-PDV-Bericht 175, Kernforschungszentrum Karlsruhe

Hägglund T (1984): Adaptive control of systems subject to large parameter changes. Proc IFAC-Congress Budapest. Oxford: Pergamon Press

Hägglund T (1985): Recursive estimation of slowly time-varying parameters. 7th IFAC Symp Identification Syst Param Estim, York Proc. Oxford: Pergamon Press

Hamel P, Koehler R et al. (1980): Systemidentifizierung am Institut für Flugmechanik der DFVLR, Braunschweig

Hammerstein A (1930): Nichtlineare Integralgleichungen nebst Anwendungen. Acta Mathematica 54, 117–176

Hardtwig E (1968): Fehler- und Ausgleichsrechnung. Mannheim: Bibliographisches Institut

Hartree DR (1958): Numerical analysis. Oxford: The Clarendon Press

Hastings-James R, Sage MW (1969): Recursive generalized least procedure for on-line identification of process parameters. Proc IEEE 166, 2057–2062

Hang CC (1974): On the design of multivariable model-reference adaptive control systems. Int J. Control 19, 365–372

Hang CC, Parks PC (1973): Comparative studies of model reference adaptive control systems. IEEE Trans Autom Control AC-18, 419–428

Hänsler E (1983): Grundlagen der Theorie statistischer Signale. Berlin: Springer-Verlag

Held V, Maron Chr (1988): Estimation of Friction Characteristics, Inertial and Coupling Coefficients in Robotic Joints Based on Current and Speed Measurements. IFAC-Symposium Robot Control 1988 (SYROCO '88) Karlsruhe, Oktober 1988. Oxford: Proc. Pergamon Press

Held V (1989): Identifikation der Trägheitsparameter von Industrierobotern. Robertersysteme 5, 11–119

Hengst M (1967): Einführung in die mathematische Statistik. Mannheim: Bibliographisches Institut

Hensel H (1987): Methoden des rechnergestützten Entwurfs und Echtzeiteinsatzes zeitdiskreter Mehrgrößenregelungen und ihre Realisierung in einem CAD-System. Dissertation TH Darmstadt, Fortschritt-Ber VDI-Z Reihe 20, Nr. 4

Hensel H, Isermann R, Schmidt-Mende P (1986): Experimentelle Identifikation und rechnergestützter Reglerentwurf bei technischen Prozessen. Chem Ing Tech 58, 875–887

Himmelblau DM (1968): Process analysis by statistical methods. New York: J. Wiley

Hitz L, Anderson BDO (1969): Discrete positive-real transfer functions and their application to system stability. Proc IEE 116, 135–155

Ho BL, Kalman RE (1966): Effective construction of linear state variable models from input/output functions. Regelungstechnik 14, 545–548

Ho YC (1962): On the stochastic approximation method and optimal filtering theory. J Math Anal 6, 152–154

Hoffmann U, Hofmann H (1971): Einführung in die Optimierung. Weinheim: Verlag Chemie

Holst J, Poulsen NK (1985): A robust self-tuning controller for timevarying dynamic systems. Proc. 7th IFAC-Symposium on Identification and Syst Par Estim, York. Oxford: Pergamon Press

Hougen JO (1964): Experiences and experiments with process dynamics. Chem Eng Prog Monogr Ser 4, Vol 60

Householder AS (1957): A survey of some closed methods for inverting matrices. J Soc Industr Appl Math 5, 155–168

Householder AS (1958): A class of methods for inverting matrices. J Soc Industr Appl Math 6, 189–195

Hughes MIG, Norton ARM (1962): The measurement of control system characteristics by means of crosscorrelator. Proc Inst Elec Eng 109, Part B, 77–83

Hung JC, Liu CC, Chou PY (1980): Proc. 14th Asilomar Conf. Circuits, Systems and Computers, Pacific Grove, California

IFAC-Symp Identification Syst Param Estim Proceedings: (1967) Prag: Akademia-Verlag; (1970) Prag: Akademia-Verlag; (1973) The Hague: North Holland, Amsterdam; (1976) Tbilisi: Proc. North Holland, Amsterdam; (1979) Darmstadt: Pergamon Press, Oxford; (1982) Washington: Pergamon Press, Oxford; (1985) York: Pergamon Press, Oxford

Illiff KW (1974): Identification of aircraft stability and control derivatives in the presence of turbulence. In: Par Est Techn and Appl in Flight Testing. NASA TN D-7647

Isermann R (1963): Frequenzgangmessung an Regelstrecken durch Eingabe von Rechteckschwingungen. Regelungstechnik 11, 404–407

Isermann R (1967): Zur Messung des dynamischen Verhaltens verfahrenstechnischer Regelstrecken mit determinierten Testsignalen. Regelungstechnik 15, 249–257

Isermann R (1969): Über die erforderliche Genauigkeit der Frequenzgänge von Regelstrecken. Regelungstechnik 17, 454–462

Isermann R (1971a): Experimentelle Analyse der Dynamik von Regelsystemen. Mannheim: Bibliographisches Institut Nr. 515/515a

Isermann R (1971b): Theoretische Analyse der Dynamik industrieller Prozesse. Mannheim: Bibliographisches Institut Nr. 764/764a

Isermann R (1971c): Vergleich der Genauigkeiten und Mindestmeßzeiten einiger Identifikationsverfahren. Regelungstechnik und Prozeßdatenverarbeitung 19, 339–344

Isermann R (1972): Identification of the static behavior of very noisy dynamic processes. Preprints of 1972 IEEE-Conference on Cybernetics and Society, Washington D.C. und Regelungstechnik und Prozeßdatenverarbeitung 21, 1973, 118–125

Isermann R (1973): Testcases for comparison of different identification and parameter estimation methods using simulated processes. 3rd IFAC-Symp Identification. Amsterdam (North Holland), paper E-2

Isermann R (1974): Prozeßidentifikation – Identifikation und Parameterschätzung dynamischer Prozesse mit diskreten Signalen. Berlin: Springer Verlag

Isermann R (1977): Digitale Regelsysteme. Berlin: Springer Verlag

Isermann R (Hrsg.) (1980): IFAC-Tutorials System Identification. Oxford: Pergamon Press, auch Automatica 16, 505–587

Isermann R (1981): Digital control systems. Berlin: Springer-Verlag

Isermann R (1984a): Process fault detection on modeling and estimation methods – a survey. Automatica 20, 387–404

Isermann R (1984b): Rechnerunterstützter Entwurf digitaler Regelungen mit Prozeßidentifikation. Regelungstechnik 32, 179–189, 227–234

Isermann R (1984c): Fehlerdiagnose mit Prozeßmodellen. Technisches Messen 51, 345–355

Isermann R (1987): Digitale Regelsysteme, Bd. 1 und 2, 2. Auflage. Berlin: Springer Verlag

Isermann R (1988): Wissensbasierte Fehlerdiagnose technischer Prozesse. Automatisierungstechnik 36, H.9, 421–426

Isermann R (1989): Beispiele für die Fehlerdiagnose mittels Parameterschätzung. Automatisierungstechnik 37, H.9, 336–343

Isermann R (1990): Estimation of physical parameters for dynamic process with application to an industrial robot. American Control Conference, San Diego and International Journal of Control (1991)

Isermann R (1991): Schätzung physikalischer Parameter für dynamische Prozesse. Automatisierungstechnik 39, H.9, S. 323–328, H.10, S. 371–375

Isermann R, Baur (1973): Results of testcase A. 3rd IFAC-Symposium on Identification. Amsterdam: North Holland, paper E-3

Isermann R, Baur U (1974): Two-step process identification with correlation analysis and least-squares parameter estimation. J Dyn Syst Meas Control 96 Series G, 426–432

Isermann R, Baur U, Bamberger W, Kneppo P, Siebert H (1973): Comparison of six on-line identification and parameter estimation methods with three simulated processes. 3rd IFAC-Symposium on Identification. Amsterdam: North Holland, paper E-1 und IFAC Automatica (1974) 81–103

Isermann R, Baur U, Blessing P (1975): Testcase C for comparison of different identification and parameter estimation methods using simulated processes. Proc. 6th IFAC-Congress, Boston. Oxford: Pergamon Press

Isermann R, Baur U, Kurz H (1974): Identifikation linearer Prozesse mittels Korrelation und Parameterschätzung, Regelungstechnik und Prozeßdatenverarbeitung 22, Heft 8

Isermann R, Freyermuth B, He X (1991): Modellgestützte Fehlerdiagnose elektromechanischer Antriebe mittels Parameterschätzung. Antriebstechnisches Kolloquium ATK, 4./5.6.91, TH Aachen

Isermann R, Lachmann KH, Matko D (1991): Adaptive digital control systems. London: Prentice Hall

Isermann R, Lachmann KH, Matko D (1992): Adaptive digital control systems. London: Prentice Hall

Isobe T, Totani T (1963): Analysis and design of a parameter-perturbation adaptive system for application to process-control. Automatic and Remote Control. Proc. 2nd IFAC-Congress Basle 315–323

Izawa K, Furuta K (1967): Measurement of plant dynamics. Bull JSME 10, 68–76

Jategaonkar RV (1985): Parametric identification of discontinuous nonlinearities. Proc. IFAC-Symp Identification Param. Estim., York. Oxford: Pergamon Press

Jazwinski AH (1970): Stochastic processes and filtering theory. New York: Academic Press

Jenkins G, Watts D (1969): Spectral analysis and its application. San Francisco: Holden Day

Jensen JR (1959): Notes on measurement of dynamic characteristics of linear systems, Part III Report Servoteknisk forsksingslaboratorium, Copenhagen Jan. 1959

Johnston J (1963, 1972): Econometric methods. New York: McGraw Hill

Jordan M (1986): Strukturen zur Identifikation von Regelstrecken mit integralem Verhalten. Int. Bericht, Inst. Regelungstechnik, TH Darmstadt

Joseph P, Lewis J, Tou J (1961): Plant identification in the presence of disturbances and application to digital adaptive systems. Trans. AIEE (Appl and Ind) 80, 18–24

Kallenbach R (1987): Kovarianzmethoden zur Parameteridentifikation zeitkontinuierlicher Systeme. Fortschritt-Bericht, VDI-Zsch., Reihe 11, Nr. 92

Kalman RE (1958): Design of a self-optimizing control system. Trans ASME 80, 468–478

Kaminski PG, Bryson AE, Schmidt SF (1971): Discrete square root filtering. A survey of current techniques. IEEE Trans Autom Control AC-16, 727–735

Kant D, Winkler D (1971): Numerische Lösung schlecht konditionierter linearer Gleichungssysteme auf dem Prozeßrechner. Regelungstechnik und Prozeßdatenverarbeitung 19, 145–149, 211–214

Kashyap RL (1970): Maximum-Likelihood identification of stochastic linear systems. IEEE Trans Autom Control AC-15, No. 1, 35–34

Kaufmann H (1959): Dynamische Vorgänge in linearen Systemen der Nachrichten- und Regelungstechnik. München: Oldenbourg

Kendall MG, Stuart A (1958, 1969: Vol 1), (1961, 1973: Vol 2), (1966, 1968: Vol 3): The advanced theory of statistics. London: Griffin

Kiefer J, Wolfowitz J (1952): Statistical estimation of the maximum of a regression function. Ann Math Statist 23, 462–466

Kippo AK (1980): Identification of linear multivariable systems – a review. Report No 40. Dep of Process Engineering, University of Oulu (Finnland)

Kitamori T (1960): Applications of orthogonal functions to the determination of process dynamic characteristics and to the construction of self optimizing control systems. Automatic and Remote control. Proc 1st IFAC-Congress, Moscow

Klinger A (1968): Prior information and bias in sequential estimation. IEEE Trans Autom Control AC-13, 102–103

Knapp T, Isermann R (1990): Supervision and coordination of parameter-adaptive controllers. American Contr. Conf., San Diego 1990

Knapp T (1991): Process Identification, Controller Design and Digital Control with a Personal Computer. Mediterranean Electrotechnical Conference, melecon '91, Ljubljana, Jugoslawien

Kofahl R (1984): Ein Verfahren zur On-line-Identifikation und adaptiven Regelung von Systemen mit nichtholomorphen Nichtlinearitäten. Int. Bericht, Inst für Regelungstechnik, TH Darmstadt

Kofahl R (1986): Verfahren zur Vermeidung numerischer Fehler bei Parameterschätzung und Optimalfilterung. Automatisierungstechnik 421–431

Kofahl R (1988): Robuste parameteradaptive Regelungen. Fachbericht Nr. 19. Messen, Steuern, Regeln. Berlin: Springer

Kofahl R, Isermann R (1985): A simple method for automatic tuning of PID-controllers based on process parameter estimation. American Control Conference, Boston

Koopmans T (1937): Linear regression analysis of economic time series. Haarlem: De Erven F Bohn, The Netherlands

Kopacek P (1978): Identifikation zeitvarianter Systeme. Braunschweig: Vieweg

Kreuzer W (1975): Ein parametrisches Modell für lineare zeitvariante Systeme. Regelungstechnik 23, 307–312

Krolikowski A, Eykhoff P (1985): Input signal design for system identification: a comparative analysis. 7th IFAC-Symp Identification, York. Oxford: Pergamon Press

Kumar R, Moore JB (1979a): Towards bias elimination in least squares identification via detection techniques. Proc. 5th IFAC-Symp Identification, Darmstadt. Oxford: Pergamon Press

Kumar R, Moore JB (1979b): Convergence of adaptive minimum variance algorithms via weighting coefficient selection. Techn Rep No EE 7917. Universität of Newcastle (Australia)

Kuo BC (1970): Discrete data control systems. Englewood-Cliffs N.J.: Prentice-Hall

Küpfmüller K (1928): Über die Dynamik der selbsttätigen Verstärkungsregler. ENT 5, 456–467

Kurz H (1977): Recursive process identification in closed loop with switching regulators. Proc. 4th IFAC-Symp Dig. Comp Applic to Proc Contr, Amsterdam: North Holland

Kurz H (1979): Digital parameter-adaptive control of processes with unknown constant or time-varying deadtime. 5th IFAC-Symp Identification Param Estim, Darmstadt. Oxford: Pergamon Press

Kurz H, Goedecke W (1981): Digital parameter-adaptive control of processes with unknown deadtime. Automatica 17, 245–252

Kurz H, Isermann R (1975): Methods for on-line process identification in closed loop. Proc. 6th IFAC-Congress Boston. Oxford: Pergamon Press

Kushner H (1962): A simple iterative procedure for the identification of the unknown parameters of a linear time-varying discrete system. Joint Automatic Control Conference New York 1–8

Kwakernaak H, Sivan R (1972): Linear optimal control systems. New York: Wiley-Interscience

Lachmann KH (1983): Parameteradaptive Regelalgorithmen für bestimmte Klassen nichtlinearer Prozesse mit eindeutigen Nichtlinearitäten. Dissertation TH Darmstadt, Fortschritt-Ber VDI-Z Reihe 8, Nr. 66

Lachmann KH (1985): Selbsteinstellende nichtlineare Regelalgorithmen für eine bestimmte Klasse nichtlinearer Prozesse. Automatisierungstechnik 33, 210–218

Landau ID (1979): Adaptive Control – the model reference approach. New York: M Dekker

Laning JH, Battin RH (1956): Random processes in automatic control. New York: Mc Graw Hill

Lee RCK (1964): Optimal estimation, identification and control. Cambridge, Mass: M.I.T. Press

Leonhard W (1972): Diskrete Regelsysteme. Mannheim: Bibliographisches Institut 523/523a

Leonhard W (1973): Statistische Analyse linearer Regelsysteme. Stuttgart: Teubner

Leonhardt St, Glotzbach J, Ludwig Chr.: Rekursive Parameterschätzverfahren und ihre Parallelisierung. Int. Bericht 1/91. Inst. f. Regelungstechnik, TH Darmstadt

Larminat Ph de (1979): On overall stability of certain adaptive control systems. 5th IFAC-Symp Identification Syst Param Estim, Darmstadt. Oxford: Pergamon Press

Levin MJ (1960): Optimum estimation of impulse response in the presence of noise. IRE Trans on Circuit Theory 50–56

Levin MJ (1964): Estimation of a system pulse transfer function in the presence of noise. IEEE Trans Autom Control AC-9, 229–335

Levin MJ, Morris J (1959): Estimation of characteristics of linear systems in the presence of noise. Technical Report IBM 2, Department of Electrical Engineering, Columbia University, New York April 1959

Levy EC (1959): Complex curve fitting. IRE Trans Autom Control 4, 37–43

Lindorff DP (1965): Theory of sampled-data control systems. New York: J. Wiley

Lindorff DP, Carroll RL (1973): Survey of adaptive control using Ljapunov design. Int J Control 18, 897

Liewers P (1964): Einfache Methode zur Drifteliminierung bei der Messung von Frequenzgängen. Messen, Steuern, Regeln 7, 384–388

Liewers P, Buttler E (1967): Measurement of correlation functions of reactor noise by means of the polarity correlation method. IFAC-Symp Identification, Prag

Ljung L (1977a): On positive real transfer functions and the convergence of some recursive schemes. IEEE Trans Autom Control AC-22, No 4, 539–551

Ljung L (1977b): Analysis of recursive stochastic algorithms. IEEE Trans Autom Control AC-22, No 4, 551–575

Ljung L (1987): System identification: theory for the user. Englewood Cliffs: Prentice Hall

Ljung L (1991): Optimal and ad hoc adaptation mechanisms. European Control Conference, Grenoble Juli 2–5, 1991

Ljung L, Gustavsson, I, Söderström T (1974): Identification of linear multivariable systems operating under feedback control. IEEE Trans Autom Control AC-19, 836–840

Ljung L, Morf M, Falconer D (1978): Fast calculation of gain matrices for recursive estimation schemes. Int J Control 27, 1–19

Ljung L, Söderström T (1983): Theory and practice of recursive identification. Cambridge, Mass: MIT Press

Mäncher H (1980): Vergleich verschiedener Rekursionsalgorithmen für die Methode der kleinsten Quadrate. Diplomarbeit I/822, Inst. für Regelungstechnik, TH Darmstadt

Mäncher H, Hensel H (1985): Determination of order and deadtime for multivariable discrete-time parameter estimation methods. 7th IFAC-Symp Identification, York. Oxford: Pergamon Press

Mann HB, Wald W (1943): On the statistical treatment of linear stochastic difference equations. Econometrica 11, 173–220

Mann W (1978): "OLID-SISO" Ein Program zur On-line-Identifikation dynamischer Prozesse mit Prozeßrechnern – Benutzeranleitung. Gesellschaft für Kernforschung, Karlsruhe, Ber E-PDV 114

Margolis M, Leondes CT (1959): A parameter tracking servo for adaptive control systems. IRE Trans Autom Control AC-4, 100–111

Maron Chr (1989): Identification and adaptive control of mechanical system with friction. IFAC-Symp. on Adaptive Control and Signal Processing, Glasgow

Maron Chr (1991): Methoden zur Identifikation und Lageregelung mechanischer Prozesse mit Reibung. Diss. TH Darmstadt. Fortschrittbericht, VDI-Zsch., Reihe 8, Nr, 246

Maršik J (1966): Versuche mit einem selbsteinstellenden Modell zur automatischen Kennwertermittlung von Regelstrecken. Messen, Steuern, Regeln 9, 210–213

Maršik J (1967): Quick-response adaptive identification. IFAC-Symposium Identification Prag

Markt und Technik (1986): Marktübersicht Spektrum Analysatoren. Markt und Technik 27, 86–96

Matko D, Schumann R (1982): Comparative stochastic convergence analysis of seven recursive parameter estimation methods. 6th IFAC-Symp Identification Syst Param Estim., Washington, June 1982. Oxford: Pergamon Press

Mehra RK (1970): Maximum likelihood identification of aircraft parameters. Joint Automatic Control Conference 442–444

Mehra RK (1973): Case studies in aircraft parameter identification. 3rd IFAC-Symposium on Identification. Amsterdam: North Holland

Mehra RK (1974): Optimal input signals for parameter estimation in dynamic systems – survey and new results. IEEE Trans Autom Control AC-19, 753–768

Mehra RK, Tyler JS (1973): Case studies in aircraft parameter identification. Proc. 3rd IFAC-Symp Identification Syst Param Estim. Amsterdam: North Holland, 117–144

Mendel JM (1973): Discrete techniques of parameter estimation. New York: Dekker

Mesch F (1964): Selbsteinstellung auf vorgegebenes Verhalten – ein Vergleich mehrerer Systeme. Regelungstechnik 12, 356–364

Mesch F (1966): Anwendung statisticher Methoden bei der Auswertung von Flugversuchen.

VDI-Bildungswerk: Lehrgang 'Anwendung theoretischer Verfahren der Regelungstechnik" BW 596

Mesch R (1964): Vergleich von Frequenzgangmeßverfahren bei regellosen Störungen. Messen, Steuern, Regeln 7, 162–166

Meschkowski H (1968): Wahrscheinlichkeitsrechnung. Mannheim: Bibliographisches Institut Nr. 285/285a

Miller BJ (1962): A general method of computing system parameters with an application to adaptive control. Conf. paper AIEE CP 62–96

Millnert M (1984): Adaptive control of abruptly changing systems. Proc. 9th IFAC-Congress Budapest. Oxford: Pergamon Press

Müller JA (1968): Regelstreckenanalyse mittels adaptiver Modelle. Messen, Steuern, Regeln 11, 78–80, 146–152

Nahi NE (1969): Estimation theory and applications. New York: J. Wiley

Narendra KS, Kudva P (1974): Stable adaptive schemes for system identification and control. Parts I, II IEEE Trans Syst Man Cypern SMC-4, 542–560

Natke HG (1977): Die Korrektur des Rechenmodells eines elastomechanischen Systems mittels gemessener erzwungener Schwingungen. Ing. Archiv 46, 168–184

Natke HG (1983): Einführung in Theorie und Praxis der Zeitreihen- und Modalanalyse-Identifikation schwingungsfähiger elastomechanischer Systeme. Braunschweig: Vieweg

Neumann D, Isermann R, Nold S (1988): Comparison of some parameter estimation methods for continuous-time models. IFAC-Symposium on Identification, Bejing

Niederlinski A, Hajdasinski A (1979): Multivariable system identification – a survey. IFAC-Symp Identification, Darmstadt. Oxford: Pergamon Press

Nieman RE, Fisher DG, Seborg DE (1971): A review of process identification and parameter estimation techniques. Int J Control 13, 209–264

Nold S, Isermann R (1986): Identifiability of process coefficients for technical failure diagnosis. 25th IEEE-Conf. on Dec. and Control, 10./12. Dez. 86, Athen

NORATOM (1964): Instrument for statistical analog computations. Technical Description. Noratom, Holmenveien 20, Oslo 3 (Norwegen)

Norton JP (1986): An introduction to identification. London: Academic Press

Nour Eldin HA, Heister M (1980, 1981): Zwei neue Zustandsdarstellungsformen zur Gewinnung von Kroneckerindizes, Entkopplungsindizes und eines Prim-Matrix-Produktes. Regelungstechnik 28, 420–425 und 29, 26–30

Oppelt W (1972): Kleines Handbuch technischer Regelvorgänge. Weinheim: Verlag Chemie

Ortega JM, Rheinboldt WC (1970): Iterative solutions of nonlinear equations in several variables. New York: Academic Press

Osburn PV, Whitaker HP, Kezer A (1961): New developments in the design of adaptive control systems. Inst Aeronautical Sciences, paper 61-99

Otto H (1968): Über die Möglichkeit des Einsatzes der Methode der Spektralanalyse zur Kennwertermittlung in hydraulischen Systemen. Messen, Steuern, Regeln 11, 212–215

Palmgren A (1964): Grundlagen der Wälzlagertechnik, Stuttgart: Franckh

Panuska V (1969): An adaptive recursive least squares identification algorithm. Proc. IEEE Symp Adaptive Processes, Decision and Control

Papoulis A (1962): The Fourier integral and its application. New York: McGraw Hill

Papoulis A (1965): Probability, random variables and stochastic processes. New York: McGraw Hill

Parks PC (1966): Ljapunov redesign of model reference adaptive control systems. IEEE Trans Autom Control AC-11, 362–367

Parks PC (1967): Stability problems of modelreference and identification systems. IFAC-Symposium on Identification, Prag

Parks PC (1981): Stability and convergence of adaptive controllers – continuous systems. In: Harris CJ, Billings SA (ed.) Self-tuning and adaptive control. London: P. Peregrinus

Perriot-Mathonna DM (1984): Improvements in the application of stochastic estimation algorithms for parameter jump detection. IEEE Trans Autom control AC-29, 962–969

Peter K, Isermann R (1989): Parameter adaptive PID-Control based on continuous-time process models. IFAC-Symposium on Adaptive Systems, Glasgow (UK)

Peter K, Isermann R (1990): Parameter-Adaptive Control Based on Continuous-Time Process Models. 11th IFAC World Congress, 13.-17. August 1990, Tallin, UdSSR

Peter K (1992): Parameteradaptive Regelalgorithmen auf der Basis zeitkontinuierlicher Prozeßmodelle. Dissertation TH Darmstadt

Peterka V (1975): A square root filter for real time multivariate regression. Kybernetika 11, 53–67

Peterka V (1981): Bayesian approach to system identification. In: Eykhoff P (Ed.), Trends and progress in system identification. Oxford: Pergamon Press

Pfannstiel D, Knapp T (1991): Selftuning and adaptive control with personal computers. 9th IFAC Symposium on Identification, Budapest. Oxford: Proc. Pergamon Press

Pittermann F, Schweizer G (1966): Erzeugung und Verwendung von binärem Rauschen bei Flugversuchen. Regelungstechnik 14, 63–70

Plaetschke E, Mulder JA, Breeman JH (1982): Flight test results of five input signals for aircraft parameter estimation. 6th IFAC-Symp Identification, Washington, June 1982. Oxford: Pergamon Press

Popov VM (1972): Invariant description of linear time-invariant controllable systems. SIAM J Control 10, 252–264

Popov VM (1973): Hyperstability of automatic control systems. New York: Springer

Pressler G (1967): Regelungstechnik I. Mannheim: Bibliographisches Institut. 3. Auflage

Raab U (1990): Application of digital control techniques for the design of actuators. VDI/VDE-Tagung Actuator 90, Bremen

Raab U (1992): Stellglieder Mikroelektronik, Intern. Bericht TH Darmstadt

Radke F (1984): Ein Mikrorechnersystem zur Erprobung parameteradaptiver Regelverfahren. Dissertation TH Darmstadt. Fortschritt-Ber VDI-Z Reihe 8, Nr. 77

Radtke M (1966): Zur Approximation linearer aperiodischer Übergangsfunktionen. Messen, Steuern, Regeln 9, 192–196

Rajbmann NS, Čadeev VM (1980): Identifikation – Modellierung industrieller Prozesse. Berlin: VEB-Verlag

Rake H (1965): Selbsteinstellende Systeme nach dem Grandientenverfahren. Dissertation TH Hannover

Rake H (1972): Korrelationsanalyse und Betriebsverhalten eines Hochofens. Regelungstechnik und Prozeßdatenverarbeitung 20, 9–12

Raksanyi A, Lecourtier Y, Walter E, Venot A: Identifiability and distinguishability testing via computer algebra. Mathematical biosciences 77, S. 245–266

Reiersøl O (1941) Confluence analysis by means of lag moments and other methods of confluence analysis. Econometrica 1–23

Reiß Th, Wanke P (1991): Fräsen und Bohren – Modellgestützte Überwachung des Zerspanprozesses. wt Werkstatt-Technik 81, 273–277

Reinisch K (1979): Analyse und Synthese kontinuierlicher Steuerungssysteme. Berlin: VEB-Verlag Technik

Rentzsch M (1988): Analyse des Verhaltens rekursiver Parameterschätzverfahren beim Einbringen von A-priori-Information. Diplomarbeit Nr. I/1322 am Inst. f. Regelungstechnik, TH Darmstadt

Richalet J, Rault A, Pouliquen R (1971): Identification des processus par la méthode du modèle. Paris, London, New York: Gordon and Breach

Richter H (1956): Wahrscheinlichkeitstheorie. Berlin: Springer-Verlag

Robbins H, Monro S (1951): A stochastic approximation method. Ann Math Statist 22, 400–407

Roberts PD (1967): Orthogonal transformations applied to control system identification and optimisation. IFAC-Symposium Identification, Prag

Rödder P (1973): Systemidentifikation mit stochastischen Signalen im geschlossenen Regelkreis – Verfahren mit Fehlerabschätzung. Dissertation TH Aachen. Kurzfassung in Regelungstechnik 22, 282–283 (1974)

Rödder P (1974): Nichtbeachtung der Rückkopplung bei der Systemanalyse mit stochastischen Signalen. Regelungstechnik 22, 154–156

Roether F (1986): Identifikation mechanischer Systeme mit zeitdiskreten Parameterschätzmethoden. Fortschritt-Bericht, VDI-Zsch., Reihe 8, Nr. 114

Rossen RH, Lapidus L (1972): Minimum realizations and system modeling. 1. Fundamentaltheory and algorithms. AIChe J 18, 673–684

Sagara S, Wada K, Gotanda H (1979): On asymptotic bias of linear least squares estimator. Proc. 5th IFAC-Symp Identification Syst Param Estim, Darmstadt.

Sage AP, Melsa JL (1971a): Estimation theory with applications to communications and control. New York: McGraw Hill

Sage AP, Melsa JL (1971b): System identification. New York: Academic Press

Sakrison DJ (1966): Stochastic approximation. Advan Commun Syst 2, 51–106

Saridis GN (1974): Comparison of six on-line identification algorithms. Automation 10, 69–79

Saridis GN, Stein G (1968a, b): Stochastic approximation algorithms for discrete time system identification. IEEE Trans Autom Control AC-13, 515–523, 592–594

Sawaragi V, Soeda T, Nakamizo T (1981): Classical methods and time series estimation. In: Eykhoff P (ed.) Trends and progress in system identification. Oxford: Pergamon Press

Schäfer O, Feissel W (1965): Ein verbessertes Verfahren zur Frequenzgang-Analyse industrieller Regelstrecken. Regelungstechnik 3, 225–229

Schenk Ch, Tietze V (1970): Aktive Filter. Elektronik 19, 329–334, 379–382, 421–424

Schetzen M (1980): The Volterra- and Wiener-theory of nonlinear systems. New York: J. Wiley

Scheurer HG (1973): Ein für den Prozeßrechnereinsatz geeignetes Identifikationsverfahren auf der Grundlage von Korrelationsfunktionen. Dissertation Universität Trier – Kaiserslautern

Schlitt H (1960): Systemtheorie für regellose Vorgänge. Berlin: Springer-Verlag

Schlitt H (1968): Stochastische Vorgänge in linearen und nichtlinearen Regelkreisen. Braunschweig: Vieweg

Schlitt H, Dittrich F (1972): Statistische Methoden der Regelungstechnik. Mannheim: Bibliographisches Institut Nr. 526

Schumann R (1982): Digitale parameteradaptive Mehrgrößenregelung. Dissertation TH Darmstadt. KfK-PDV-Bericht 217, Kernforschungszentrum Karlsruhe

Schumann R (1986): Konvergenz und Stabilität von digitalen parameteradaptiven Reglern. Automatisierungstechnik 34, 32–38, 66–71

Schumann A (1991): INID – A computer software for experimental modeling. 9th IFAC-Symp. on Identification, Budapest, Oxford: Proc. Pergamon Press

Schumann R, Lachmann KH, Isermann R (1981): Towards applicability of parameteradaptive control algorithms. 8th IFAC-Congress Kyoto. Oxford: Pergamon Press

Schüssler HW (1973): Digitale Systeme zur Signalbearbeitung. Berlin: Springer-Verlag

Schüssler W (1961): Messung des Frequenzverhaltens linearer Schaltungen am Analogrechner. Elektron Rundsch 471–477

Schüßler HW (1990): Netzwerke, Signale und Systeme. Bd. 1, Berlin: Springer

Schwarz H (1967, 1971): Mehrfach-Regelungen, Band I. Berlin: Springer-Verlag

Schwarz H (1970): Mehrfach-Regelungen, Band II. Berlin: Springer Verlag

Schwarz RG (1980): Identifikation mechanischer Mehrkörpersysteme. Fortschritt-Bericht. VDI-Zsch., Reihe 8, Nr. 30

Schwarze G (1962): Bestimmung der regelungstechnischen Kennwerte aus der Übergangsfunktion ohne Wendetangenten-Konstruktion. Messen, Steuern, Regeln 5, 447–449

Schwarze G (1964a): Algorithmische Bestimmung der Ordnung und Zeitkonstanten bei P-, I- und D-Gliedern mit zwei unterschiedlichen Zeitkonstanten und Verzögerung bis 6. Ordnung. Messen, Steuern, Regeln 7, 10–19

Schwarze G (1964b): Neue Ergebnisse zur Bestimmung der Zeitkonstanten im Zeitbereich für P-Systeme bis 10. Ordnung unter Verwendung von Zeitprozentkennwerten. Messen, Steuern, Regeln 7, 166–171

Schwarze G (1965): Übersicht über die Zeitprozent-Kennwertmethode zur Ermittlung der Übertragungsfunktion aus Gewichtsfunktion, Übergangsfunktion und Anstiegsantwort. Messen, Steuern, Regeln 8, 356–359

Schwarze G (1968): Regelungstechnik für Praktiker. Formeln, Kurven, Tabellen. Automatisierungstechnik Nr. 50. Berlin: VEB-Verlag Technik

Schweizer G (1966): Praktische Anwendung statistischer Verfahren. VDI-Bildungswerk: Lehrgang "Anwendung theoretischer Verfahren" BW 597

Seifert W (1962): Kommerzielle Frequenzgangmeßeinrichtungen. Regelungstechnik 10, 350–353

Senning MF (1982): Processparameter identification – total least squares approach. Preprints 3rd IFAC/IFIP Symp Software for Computer Control, Madrid

Siegel M (1985): Parameteradaptive Regelung zeitvarianter Prozesse. Studienarbeit Institut für Regelungstechnik, TH Darmstadt

Silverman LM (1971): Realization of linear dynamical systems. IEEE Trans Autom Control AC-16, 554–567

Simoju MP (1957): The determination of the coefficients of the transfer function of linearized links in autocontrol systems. Autom Remote Control 18, No 6, 514–528

Sinha NK, Lastman GJ (1982): Identification of continuous time multivariable systems from sampled data. Int J Control 35, 117

Sins AW (1967): The determination of a system transfer function in presence of output noise. (in Dutch). Thesis, E.E. Dept., University of Eindhoven (Netherland)

Slotboom HW et al. (1964): Application of automatic control in the chemical and oil industries. Automatic and Remote Control, 2nd IFAC-Congress Basle 1963. London/Munich: Butterworth/Oldenbourg, 222–228

Söderström T (1973): An on-line algorithm for approximate maximum likelihood identification of linear dynamic systems. Report 7308. Dept. of Automatic Control, Lund Inst. of Technology

Söderström T (1977): On model structure testing in system identification. Int J Control 26, 1–18

Söderström T (1981): Identification of stochastic linear systems in presence of input noise. Automatica 17, 713–725

Söderström T, Ljung L, Gustavsson I (1974): A comparative study of recursive identification methods. Dept. of Automatic Control, Lund Inst. of Technology, Report 7427

Söderström T, Ljung L, Gustavsson I (1978): A theoretical analysis of recursive identification methods. Automatica 14, 231–244

Söderström T, Stoica P (1983): Instrumental variable methods for system identification. Lecture Notes in Control and Information Sciences Nr. 57, Berlin: Springer

Söderström T, Stoica P. (1989): System identification. New York, London: Prentice Hall

Solo V (1979): The convergence of AML. IEEE Trans Autom Control AC-24, 958–962

Solo V (1981): The convergence of an instrumental-variable-like recursion. Automatica 17, 545–547

Solodownikow WW (1959): Grundlagen der selbsttätigen Regelung. Bd. I. München: Oldenbourg

Solodownikow WW (1963): Einführung in die statistische Dynamik linearer Regelungssysteme. München: Oldenbourg

Sorenson HW (1980): Parameter estimation – principles and problems. New York: Dekker

Specht R (1986): Ermittlung von Getriebelose und Getriebereibung bei Robotergelenken mit Gleichstromantrieben. VDI-Bericht 598. Düsseldorf: VDI-Verlag

Specht R (1989): Parameterschätzung und digitale adaptive Regelung eines Industrieroboters. Dissertation TH Darmstadt

Spellucci P, Törnig W (1985): Eigenwertberechnung in den Ingenieurswissenschaften. Stuttgart: Teubner

Speth W (1969): Simple method for the rapid self-adaptation of automatic controllers in drive applications. 4th IFAC-Congress Warschau

Staffin HK, Staffin R (1965): Approximation transfer functions from frequency response data. Instrum Control Syst 38, 137–144

Staley RM, Yue PC (1970): On system parameter identifiability. Inf Sciences 2, 127–138

Stearns SD (1975): Digital signal analysis. Rochelle Park: Hayden Book. Deutsche Übersetzung (1979): Digitale Verarbeitung analoger Signale. München: Oldenbourg

Steiglitz K, McBride LE (1965): A technique for the identification of linear systems. IEEE Trans Autom Control AC-10, 461–464

Stepner DE, Mehra RK (1973): Maximum likelihood identification and optimal input design for identifying aircraft stability and control derivatives. NASA Report No CR 2200

Stewart GW (1973): Introduction to matrix computations. New York: Academic Press

Stewart IL (1959): Theorie und Entwurf elektrischer Netzwerke. Berlin: VEB-Verlag Technik und Stuttgart: Berliner Union

Stoica P, Söderström T (1977): A method for the identification of linear systems using the generalized least squares principle. IEEE Trans Autom Control AC-22, 631–634

Stoica P, Söderström T (1982): Bias correction in least squares identification. Int J Control 35, 449–457

Strejc V (1959): Näherungsverfahren für aperiodische Übergangscharakteristiken. Regelungstechnik 7, 124–128

Strejc V (1960): Auswertung der dynamischen Eigenschaften von Regelstrecken bei gemessenen Ein- und Ausgangssignalen allgemeiner Art. Messen, Steuern, Regeln 3, 7–11

Strejc V (1967): Synthese von Regelsystemen mit Prozeßrechnern. Prag: Verlag der Tschechoslowakischen Akademie der Wissenschaften

Strejc V (1980): Least squares parameter estimation. Automatica 16, 535–550

Strejc V (1981): State space theory of discrete linear control. New York: J. Wiley

Stribeck R (1902): Die wesentlichen Eigenschaften der Gleit- und Rollenlager. Zeitschrift des VDI, Nr. 36

Strmčnik, S, Bremsak F (1979): Some new transformation algorithms in the identification of continuous-time multivariable systems using discrete identification methods. 5th IFAC-Symp Identification, Darmstadt. Oxford: Pergamon Press

Strobel H (1967, 1968): Das Approximationsproblem der experimentellen Systemanalyse. Messen, Steuern, Regeln 10, 460–464; 11, 29–34, 73–77

Strobel H (1968): Systemanalyse mit determinierten Testsignalen. Berlin: VEB-Verlag Technik

Strobel H (1975): Experimentelle Systemanalyse. Berlin: Akademieverlag

Takahashi Y, Rabins RM, Auslander DM (1972): Control and dynamic Systems. Reading: Addison, Wesley

Thoma M (1973): Theorie linearer Regelsysteme. Braunschweig: Vieweg

Tomizuka M, Jabbari A, Horowitz R, Auslander DM, Denome M (1985): Modelling and Identification of mechanical systems with nonlinearities. Proc. IFAC-Symp Identification Param Estim, York. Oxford: Pergamon Press

Törnig W (1979): Numerische Mathematik für Ingenieure und Physiker. Band I und II. Berlin: Springer-Verlag

Truxal JG (1960): Entwurf automatischer Regelsysteme. München: Oldenbourg

Tsafestes SG (1977): Multivariable control system identification using pseudo random test input. Int Control Theory and Applic 5, 58–66

Tse E, Anton JJ (1972): On the identifiability of parameters. IEEE Trans Autom Control AC-17, 637–646

Tuis L (1975): Anwendung von mehrwertigen pseudozufälligen Signalen zur Identifikation nichtlinearer Regelsysteme. Lehrstuhl für Meß- und Regeltechnik, Ruhr-Universität Bochum Nr. 6

Unbehauen H (1966): Kennwertermittlung von Regelungssystemen anhand des gemessenen Verlaufs der Übergangsfunktion. Messen, Steuern, Regeln 9, 188–195

Unbehauen H (1968): Fehlerbetrachtungen bei der Auswertung experimentell mit Hilfe determinierter Testsignale ermittelter Zeitcharakteristiken von Regelsystemen. Messen, Steuern, Regeln 11, 134–140

Unbehauen H, Göhring B (1974): Tests for determining the model order in parameter estimation. Automatica 10, 233–244

Unbehauen H, Göhring B, Bauer B (1974): Parameterschätzverfahren zur Systemidentifikation. München: Oldenbourg

Unbehauen H, Rao GP (1987): Identification of continuous systems. Amsterdam: North-Holland Publ. Comp.

Unbehauen R (1966): Ermittlung rationaler Frequenzgänge aus Meßwerten. Regelungstechnik 14, 268–273

Unbehauen R (1980): Systemtheorie, 3. Auflage. München: Oldenbourg

Veltmann BPTh, Kwakernaak H (1961): Theorie und Technik der Polaritätskorrelation für die dynamische Analyse niederfrequenter Signale und Systeme. Regelungstechnik 9, 357–364

Vince I (1971): Mathematische Statistik mit industriellen Anwendungen. Budapest: Akadémiai Kiadó

Voigt KU (1991): Regelung und Steuerung eines dynamischen Motorenprüfstandes. 36. Internat. Wissenschaftliches Kolloquium, 21.-24.10.1991, TH Ilmenau

Volterra V (1959): Theory of functionals and integrals and integro-differential equations. Dover, London

Waerden BL van der (1957, 1971): Mathematische Statistik. Berlin: Springer-Verlag

Walter E (1982): Identifiability of state space models. Springer lecture notes in Biomathematics No. 46. Berlin: Springer Verlag
Wanke P (1991): Model based fault diagnosis of the main drive of a horizontal milling machine. IFAC-Symp. on Identification, Budapest, Oxford: Pergamon Press
Wanke P, Reiß Th (1991): Model based fault diagnosis of the main and feed drives of a flexible milling center. IFAC Symposium SAFEPROCESS, Baden-Baden, Oxford: Pergamon Press
Weihrich G (1973): Optimale Regelung linearer stochastischer Prozesse. München: Oldenbourg
Welfonder E (1966): Kennwertermittlung an gestörten Regelstrecken mittels Korrelation und periodischen Testsignalen. Fortschritt-Ber BDI-Z Reihe 8, Nr. 4
Welfonder E (1969): Regellose Signalverläufe, statistische Mittelung unter realen Bedingungen. (Abbruch- und Durchlaßfehler bei Anwendung der Korrelationstheorie) Dissertation Universität Stuttgart. Fortschritt-Ber VDI-Z Reihe 8, Nr. 12
Werner GW (1965): Entwicklung einfacher Verfahren zur Kennwertermittlung an linearen, industriellen Regelstrecken mit Testsignalen. Dissertation TH Ilmenau
Werner GW (1966): Auswertung graphisch vorliegender Gewichtsfunktionen. Messen, Steuern, Regeln 9, 375–380
Westlake JR (1968): A handbook of numerical matrix inversion and solution of linear equations. New York: J. Wiley
Whitaker HP (1958): Design of model reference adaptive control system for aircraft. Report R-164 Instrument Lab., MIT Boston
Wilde D (1964): Optimum seeking methods. Englewood Cliffs, N.J.: Prentice-Hall
Wilfert HH (1969): Signal- und Frequenzganganalyse an stark gestörten Systemen. Berlin: VEB Verlag Technik
Wilks SS (1962): Mathematical statistics. New York: J. Wiley
Wong KY, Polak E (1967): Identification of linear discrete time systems using the instrumental variable method. IEEE Trans Autom Control AC 12, 707–718
Woodside CM (1971): Estimation of the order of linear systems. Automatica 7, 727–733
Xianya X, Evans RJ (1984): Discrete-time adaptive control for deterministic time-varying systems. Automatica 20, 309–319
Young PC (1968): The use of linear regression and related procedures for the identification of dynamic processes. Proc. 7th IEEE Symposium on Adaptive Processes, UCLA
Young PC (1970): An instrumental variable method for real-time identification of a noisy process. IFAC-Automatica 6, 271–287
Young PC (1981): Parameter estimation for continuous-time models – a survey. Automatica 17, 23–39
Young PC (1984): Recursive estimation and time-series analysis. Berlin: Springer-Verlag
Young PC, Shellswell SH, Neethling CG (1971): A recursive aproach to time-series analysis. Report CUED/B-Control/TR16, University of Cambridge (England)
Zadeh LA (1962): From circuit theory to system theory. Proc. IRE 50, 856–865
Zorn J (1963): Methods of evaluating Fourier transforms with applications to control engineering. Dissertation TH Delft (Holland)
Zurmühl R (1984): Matrizen und ihre Anwendungen, Bd. 1 und 2, 5. Auflage. Berlin: Springer-Verlag
Zurmühl R (1965): Praktische Mathematik. Berlin: Springer-Verlag

Sachverzeichnis